高等职业教育“十三五”规划教材

机械专业系列

金属切削原理与刀具

（第二版）

主　编　张立娟　蒋　帅

副主编　喻长发　李溪源

徐文博　刘　昕

扫码加入学习圈　轻松解决重难点

南京大学出版社

图书在版编目(CIP)数据

金属切削原理与刀具 / 张立娟，蒋帅主编. — 2 版
. — 南京 ：南京大学出版社，2019.8(2023.1 重印)
ISBN 978-7-305-22519-2

Ⅰ. ①金… Ⅱ. ①张… ②蒋… Ⅲ. ①金属切削—高等学校—教材②刀具(金属切削)—高等学校—教材 Ⅳ. ①TG501②TG71

中国版本图书馆 CIP 数据核字(2019)第 151024 号

出版发行 南京大学出版社
社　　址 南京市汉口路 22 号　　　　邮　编 210093
出 版 人 金鑫荣

书　　名 金属切削原理与刀具(第二版)
主　　编 张立娟　蒋　帅
责任编辑 史　琴　吴　华　　　　编辑热线 025-83596997

照　　排 南京南琳图文制作有限公司
印　　刷 南京玉河印刷厂
开　　本 787×1092　1/16　印张 17　　字数 414 千
版　　次 2019 年 8 月第 2 版　2023 年 1 月第 2 次印刷
ISBN 978-7-305-22519-2
定　　价 43.00 元

网址：http://www.njupco.com
官方微博：http://weibo.com/njupco
官方微信号：njuyuexue
销售咨询热线：(025) 83594756

☞ 扫码教师可免费申请教学资源

前 言

本书以满足高等职业教育人才培养为基本宗旨，以切削加工刀具的基本知识为起点，详尽地介绍了切削加工的基本知识、金属加工的主要现象和规律、切削基本理论的应用、车刀、铣刀、麻花钻、砂轮、螺纹刀具、数控刀具等。本书内容丰富详实，图文并茂，通俗易懂，吸收了各参编学校近年来的教学改革成果，是大家集体智慧的结晶。

在教材的编写过程中，我们始终注重把握高职教育的特点，使教材内容适应现代加工发展的需要，力争使教材具有鲜明的实用性、先进性、启发性、应用性和科学性，突出职业教育的特色，满足培养应用型人才的需要。在教材的编写过程中，我们贯彻了以下编写原则：

一是充分汲取高等职业技术院校在探索培养高等技术应用型人才方面取得的成功经验，从职业岗位分析入手，构建培养计划，确定相关课程的教学目标；二是贯彻先进的教学理念，以技能训练为主，相关知识为支撑，较好地处理了理论教学与技能训练的关系，切实落实管用、够用、适用的教学指导思想；三是突出教材的先进性，较多地编入新技术、新设备、新材料的内容，以期缩短学校教育与企业需要的距离，更好地满足企业用人的需要；四是以实际案例问题为切入点，图文并茂，通俗易懂，降低学习难度，提高学生的学习兴趣。

本书由平顶山工业职业技术学院张立娟编写课题一、课题二。平顶山工业职业技术学院喻长发编写课题三。平顶山工业职业技术学院李溪源编写课题四、课题五。河南工学院徐文博编写课题八、课题九。湖南铁道职业技术学院蒋帅编写课题六、课题七。湖南有色金属职业技术学院刘昕编写课题十。教材的诸位参与人员做了大量的工作，在此我们表示衷心的感谢。同时，恳切希望广大读者对教材提出宝贵的意见和建议，以便修订时加以完善。

编 者

2019 年 5 月

目　录

课题一　切削加工的基本知识

金属切削加工是指利用切削刀具从工件上切除多余材料的加工方法，其目的是使工件的加工精度和表面质量达到图样规定的技术要求。进行切削加工时，除了要有一定切削性能的切削刀具外，还要有机床提供工件与切削刀具间所必需的相对运动，而且这种相对运动还要与工件各种表面的形成规律和几何特征相适应。本课题学习：常见的金属切削刀具、金属切削刀具材料的选用、切削运动和切削用量、刀具的组成及其几何参数、常用车削用刀具的绘制、车刀的工作角度及其计算、刀具的刃磨等内容。

任务1　认识刀具

【知识点】 (1) 了解常见的刀具；
(2) 刀具的分类。

【技能点】 根据加工表面选择合理的刀具。

一、任务下达

如图1－1所示零件，零件材料为45＃，毛坯为棒料，试选用合理的刀具。

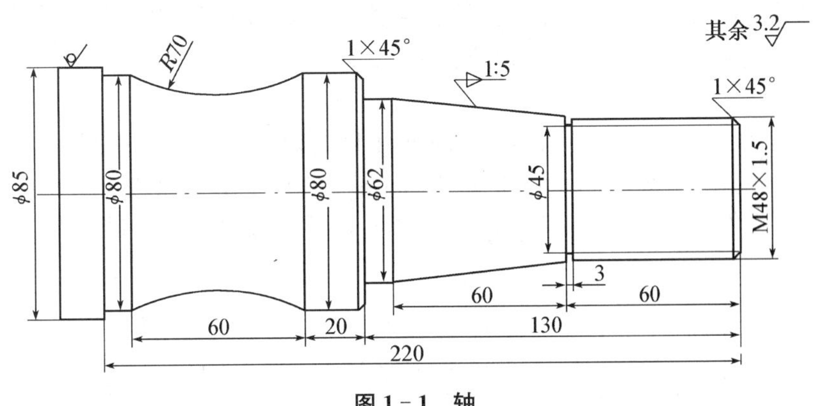

图1－1　轴

二、任务分析

在切削加工中，刀具直接承担着切除加工余量，形成零件表面的任务。图1－1所示零件形状较简单，由台阶、圆弧、槽、螺纹组成。精度要求不高，加工应分成粗加工、精加工、切槽、切螺纹等四个阶段，因此，应根据加工阶段来合理选择刀具。

三、相关知识

凡是能通过切削加工方法对工件进行加工的带刃工具都可称为刀具。在长期的生产实践中，随着机械零件的材料、结构和精度等不断发展变化，切削加工的方法越来越呈现出多样性，切削加工中所用的刀具也随之发展，形成了结构、类型和规格颇为复杂的系统。根据各种刀具与机床相配合使用，可分为车刀、铣刀、镗刀、刨刀、拉刀、砂轮等。其中的车刀结构简单，是生产上应用最为广泛的一种刀具。它可以在普通车床、转塔车床、立式车床、自动与半自动车床上完成工件的外圆、内孔、端面、切槽或切断以及部分内外成形面等的加工。

（一）车刀的种类和用途

按用途不同，车刀可分为外圆车刀、端面车刀、内孔车刀及切断刀等。

1. 外圆车刀

用于粗车或精车外回转表面（圆柱面或圆锥面）。如图 1－2 所示为常用的外圆车刀。宽刃精车刀Ⅰ的切削刃宽度大于进给量，可以获得表面粗糙度较低的已加工表面，一般用于加工余量为 0.1 mm～0.5 mm 的半精车或精车加工中。但由于其副偏角为 90°，径向力较大，易振动，故不适用于工艺系统刚度低的场合。直头外圆车刀Ⅱ结构简单，制造较为方便，通用性差，一般仅适用于车削外圆。90°偏刀Ⅲ由于主偏角为 90°，径向力较小，故适用于加工阶梯轴或细长轴零件的外圆面和肩面。弯头车刀Ⅳ不仅可车削外圆，还可车削端面及倒角，通用性较好。为适应单件和小批量生产的需要，一般主、副偏角均做成 45°（也有做成其他角度的）。

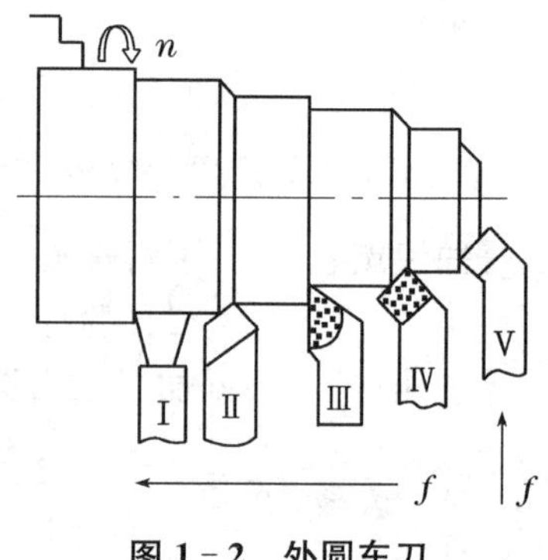

图 1－2　外圆车刀

2. 端面车刀

端面车刀如图 1－3 所示：专门用于车削垂直于轴线的平面。一般端面车刀都从外缘向中心进给，如图 1－3(a)所示，这样便于在切削时测量工件已加工面的长度。若端面上已有孔，则可采用由工件中心向外缘进给的方法，如图 1－3(b)所示，这种进给方法可使工件表面粗糙度降低。

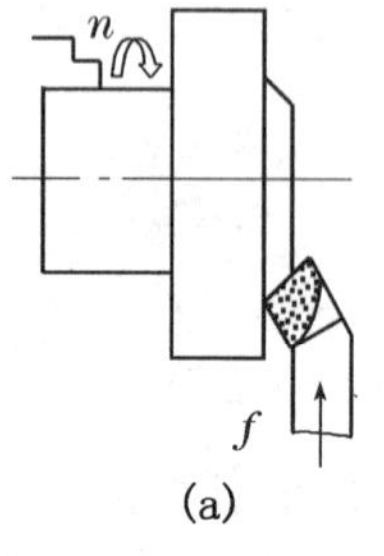

(a)

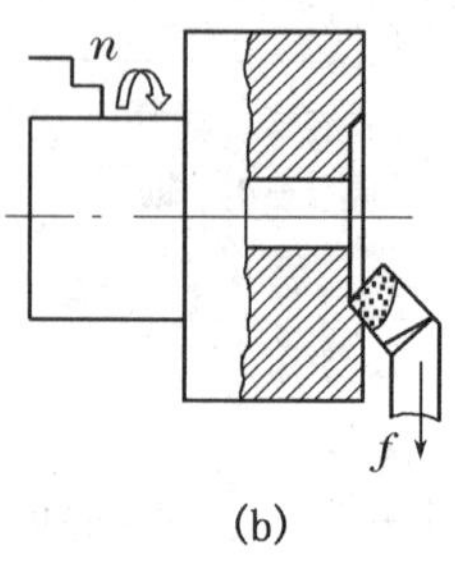

(b)

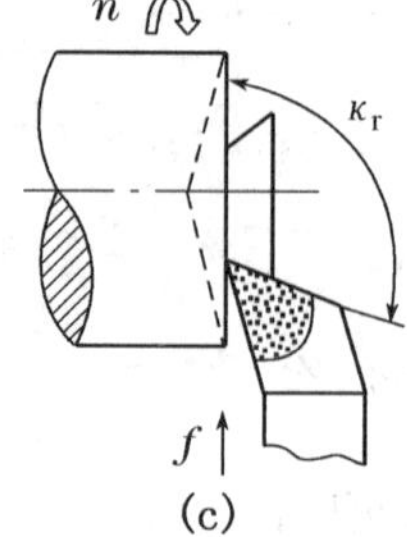

(c)

图 1－3　端面车刀

注意：端面车刀的主偏角一般不要大于 90°，否则易引起"扎刀"现象，使加工出的工件端面内凹，如图 1－3(c)所示。

3. 内孔车刀

常用内孔车刀如图 1－4 所示。Ⅰ用于车削通孔、Ⅱ用于车削盲孔、Ⅲ用于切割凹槽和倒角，内孔车刀的工作条件较外圆车刀差。这是由于内孔车刀的刀杆悬伸长度和刀杆截面尺寸都受孔的尺寸限制，当刀杆伸出较长而截面较小时，刚度低，容易引起振动。

4. 切断刀和切槽刀

切断刀用于从棒料上切下已加工好的零件，或切断较小直径的棒料，也可以切窄槽。考虑到切断刀的使用情况，按刀头与刀身的相对位置，可以分为对称和不对称（左偏和右偏）两种，如图 1－5 所示。

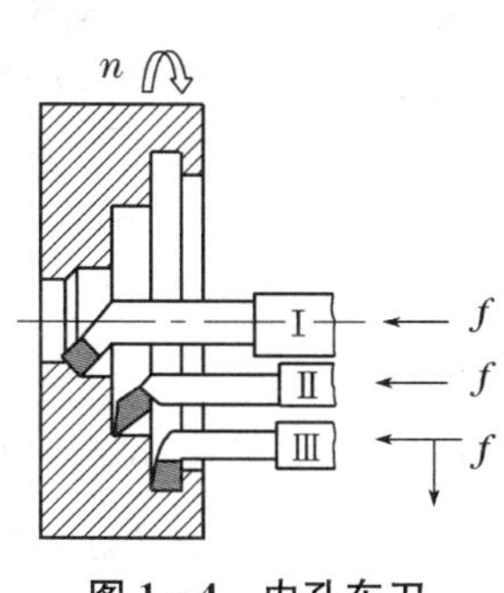

图 1－4　内孔车刀

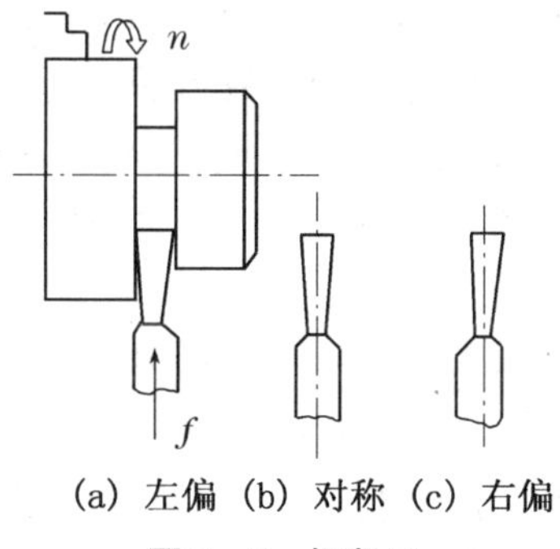

图 1－5　切断刀

（二）孔加工刀具的种类及用途

在工件实体材料上钻孔或扩大已有孔的刀具统称为孔加工刀具，机加工中孔加工刀具应用非常广泛。由于孔的形状、规格、精度要求和加工方法不相同，孔加工刀具种类很多。按其用途可分为在实体材料上加工孔用刀具和对已有孔加工用刀具。

1. 在实体材料上加工孔用刀具

（1）扁钻。

扁钻是一种古老的孔加工刀具，它的切削部分为铲形，结构简单，制造成本低，切削液容易导入孔中，但切削和排屑性能较差。

（2）麻花钻。

麻花钻是孔加工刀具中应用最为广泛的刀具，特别适合于直径小于 30 mm 的孔的粗加工，直径大一点的也可用于扩孔。麻花钻按其制造材料不同，可分为高速钢麻花钻和硬质合金麻花钻，而在钻孔中以高速钢麻花钻为主。

（3）中心钻。

中心钻主要用于加工轴类零件的中心孔。

根据其结构特点分为无护锥中心钻（如图 1－6(a)）和带护锥中心钻（如图 1－6(b)）两种。钻孔前，先打中心孔，有利于钻头的导

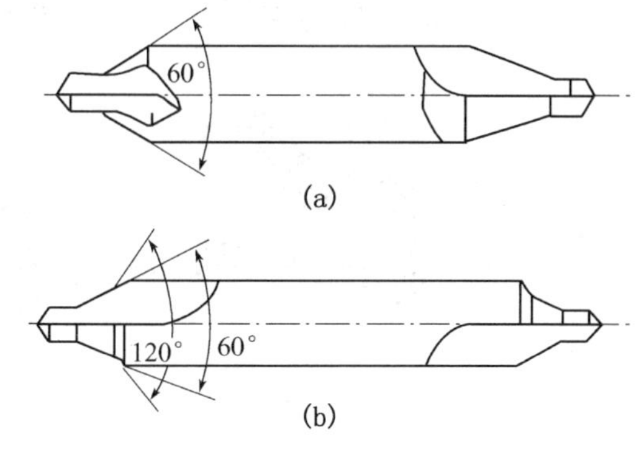

图 1－6　中心钻

向，防止孔的偏斜。

(4) 深孔钻。

深孔钻一般用来加工深度与直径之比值较大的孔，由于切削液不易到达切削区域，刀具的冷却散热条件差，切削温度高，刀具耐用度降低；再加上刀具细长，刚度较差，钻孔时容易发生引偏和振动。因此，为保证深孔加工质量和深孔钻的耐用度，深孔钻在结构上必须解决断屑排屑、冷却润滑和导向三个问题。

2. 对已有孔加工用刀具

(1) 铰刀。

铰刀是孔的精加工刀具，也可用于高精度孔的半精加工。由于铰刀齿数多，槽底直径大，其导向性及刚度好，而且铰刀的加工余量小，制造精度高、结构完善，所以铰孔的加工精度一般可达 IT6～IT8 级，表面粗糙度值 R_a 可达 1.6 μm～0.2 μm。其加工范围一般为中小孔。铰孔操作方便，生产率高，而且也容易获得高质量的孔，所以在生产中应用极为广泛。

(2) 镗刀。

镗刀是一种很常见的扩孔用刀具，在许多机床上都可以用镗刀镗孔(如车床、铣床、镗床及组合机床等)。镗孔的加工精度可达 IT6～IT8，加工表面粗糙度 R_a 可达 6.3 μm～0.8 μm，常用于较大直径的孔的粗加工、半精加工和精加工。根据镗刀的结构特点及使用方式，可分为单刃镗刀和双刃镗刀。

单刃镗刀的刀头结构与车刀相似，只有一个主切削刃，其结构简单、制造方便、通用性强，但刚度比车刀差得多。因此，单刃镗刀通常选取较大的主偏角和副偏角、较小的刃倾角和刀尖圆弧半径，以减少切削时的径向力。如图 1－7 所示，为不同结构的单刃镗刀。加工小直径孔的镗刀通常做成整体式，加工大直径孔的镗刀可做成机夹式或机夹可转位式。新型的微调镗刀[如图 1－7(e)所示]，调节方便、调解精度高。镗盲孔时，镗刀头与镗杆轴线倾斜 53.8°；镗通孔时刀头若垂直镗杆安装，可根据螺母刻度进行调整。这种刀具适用于坐标镗床、自动线和数控机床。

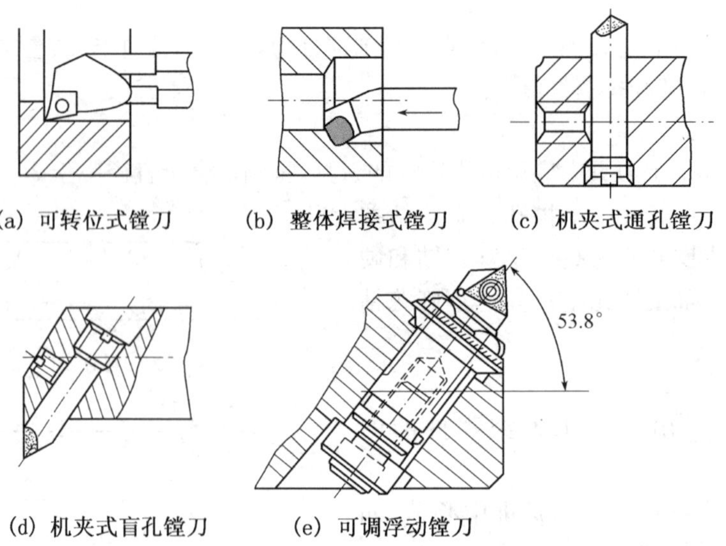

(a) 可转位式镗刀　(b) 整体焊接式镗刀　(c) 机夹式通孔镗刀

(d) 机夹式盲孔镗刀　(e) 可调浮动镗刀

图 1－7　单刃镗刀

双刃镗刀的两刀刃在两个对称位置同时切削，故可消除由径向切削力对镗杆的作用而造成的加工误差。这种镗刀切削时，孔的直径尺寸是由刀具保证的，刀具外径是根据工件孔径确定的，结构比单刃镗刀复杂，刀片和刀杆制造较困难，但生产率较高，所以适用于加工精度要求较高、生产批量大的场合。双刃镗刀可分为定装镗刀和浮动镗刀两种。整体定装镗刀如图 1－8 所示，直径尺寸不能调节，刀片一端有定位凸肩，供刀片装在镗杆中定位使用。刀片用螺钉或楔块紧固在镗杆中。可调浮动镗刀如图 1－9 所示的直径尺寸可在一定的范围内调节。镗孔时，刀片不紧固在刀杆上，可以浮动并自动定心。刀片位置由两切削刃上的切削力平衡，故可消除由于镗杆偏摆及刀片安装所造成的误差。但这种镗刀不能校正孔的直线度误差和孔的位置偏差，所以要求加工孔的直线度误差小，且表面粗糙度值不大于 R_a 为 3.2 μm 的工件，不能加工孔径 ϕ20 mm 以下的孔是它的缺点。而制造简单、刃磨方便则是其优点，在单件、小批量生产，特别是加工大直径孔时，浮动镗刀是实用的孔径加工刀具。

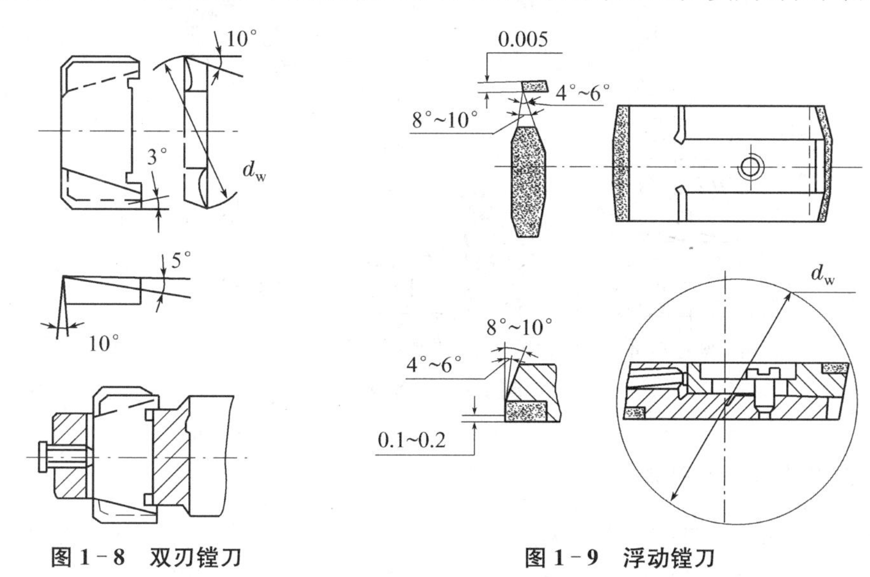

图 1－8　双刃镗刀　　**图 1－9　浮动镗刀**

(3) 扩孔钻。

扩孔钻通常用于铰或磨前的预加工或毛坯孔的扩大，其外形与麻花钻相类似。扩孔钻通常有三四个刃带，没有横刃，前角和后角沿切削刃的变化小，故加工时导向效果好，轴向抗力小，切削条件优于钻孔。另外，扩孔钻主切削刃较短，容屑槽浅；刀齿数目多，钻心粗壮，刚度强，切削过程平稳，再加上扩孔余量小。因此，扩孔时可采用较大的切削用量，而其加工质量却比麻花钻好。一般加工精度可达 IT10～IT11，表面粗糙度 R_a 可达 6.3 μm～3.2 μm。常见的结构形式有高速钢整体式、镶齿套式和硬质合金可转位式，分别如图 1－10(a)、图 1－10(b)、图 1－10(c)所示。

(4) 锪钻。

锪钻用于在孔的端面上加工圆柱形沉头孔如图 1－11(a)所示，加工锥形沉头孔如图 1－11(b)所示或凸台表面如图 1－11(c)所示。锪钻上的定位导向柱是用来保证被锪的孔或端面与原来的孔有一定的同轴度和垂直度的。导向柱可以拆卸，以便制造锪钻的端面齿。锪钻可制成高速钢整体结构或硬质合金镶齿结构。

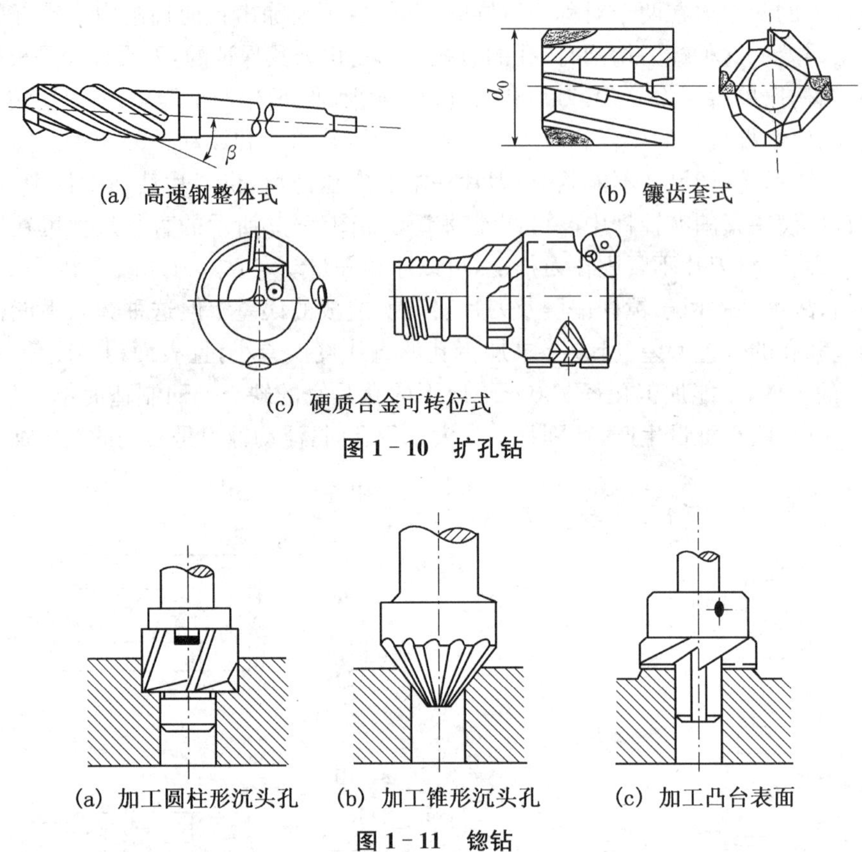

(a) 高速钢整体式　(b) 镶齿套式

(c) 硬质合金可转位式

图 1-10　扩孔钻

(a) 加工圆柱形沉头孔　(b) 加工锥形沉头孔　(c) 加工凸台表面

图 1-11　锪钻

(三) 铣刀的种类和用途

铣刀是金属切削刀具中种类最多的刀具之一，属于多齿刀具，其每一个刀齿都相当于一把单刃刀具固定在铣刀的回转表面上。铣刀可以按用途分类，也可以按齿背形式分类。

1. 按用途分

铣刀按其用途大体上可分为加工平面用铣刀、加工沟槽用铣刀和加工成形面用铣刀三类。

(1) 圆柱铣刀。

如图 1-12 所示，它用于卧式铣床上加工平面，主要用高速钢制造，常制成整体式，如图 1-12(a) 所示，也可以镶焊螺旋形的硬质合金刀片，即镶齿式，如图 1-12(b) 所示。螺旋形切削刃分布在圆柱表面上，没有副切削刃。螺旋形的刀齿切削时是逐渐切入和脱离工件的，所以切削过程较平稳，一般适宜于加工宽度小于铣刀长度的狭长平面。国家标准 GB 1115.2—2002 规定圆柱铣刀直径为 50 mm、63 mm、80 mm、100 mm 四种规格。

(2) 面铣刀。

又称端铣刀，如图 1-13 所示，它用于立式铣床上加工平面，铣刀的轴线垂直于被加工表面。面铣刀的主切削刃位于圆柱或圆锥表面上，副切削刃位于圆柱或圆锥的端面上。用面铣刀加工平面时，由于同时参加切削的齿数较多，又有副切削刃的修光作用，因此，已加工表面粗糙度小。小直径的面铣刀一般用高速钢制成整体式，如图 1-13(a) 所示，大直径的面铣刀是在刀体上焊接硬质合金刀片如图 1－13(b)所示，或采用机械夹固式可转位硬质合金刀片，如图 1－14(c)所示。

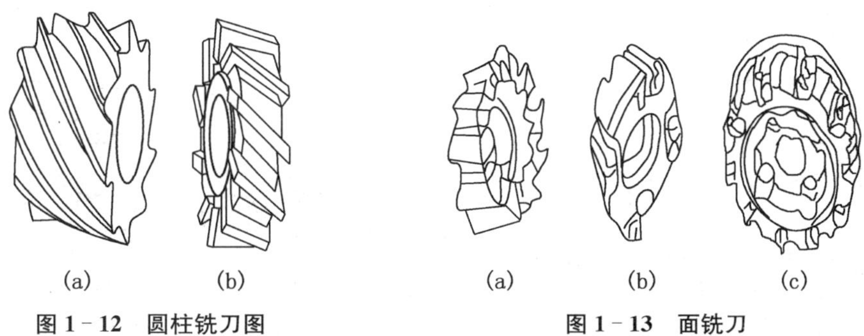

(a)　(b)

图 1－12　圆柱铣刀图

(a)　(b)　(c)

图 1－13　面铣刀

(3) 三面刃铣刀。

三面刃铣刀又称盘铣刀，如图 1－14 所示。在刀体的圆周上及两侧环形端面上均有刀齿，所以称为三面刃铣刀。盘铣刀的圆周切削刃为主切削刃，侧面刀刃是副切削刃，只对加工侧面起修光作用。它改善了两端面的切削条件，提高了切削效率，但重磨后宽度尺寸变化较大，主要用在卧式铣床上加工台阶面和一端或两端贯穿的浅沟槽。三面刃有直齿(如图 1－14(a))和斜齿(如图 1－14(b))之分，直径较大的三面刃铣刀常采用镶齿结构，如图 1－14(c)所示。

(4) 锯片铣刀。

如图 1－15 所示，这是薄片的槽铣刀，用于切削狭槽或切断，它与切断车刀类似，对刀具几何参数的合理性要求较高。为了避免夹刀，其厚度由边缘向中心减薄，使两侧形成副偏角。

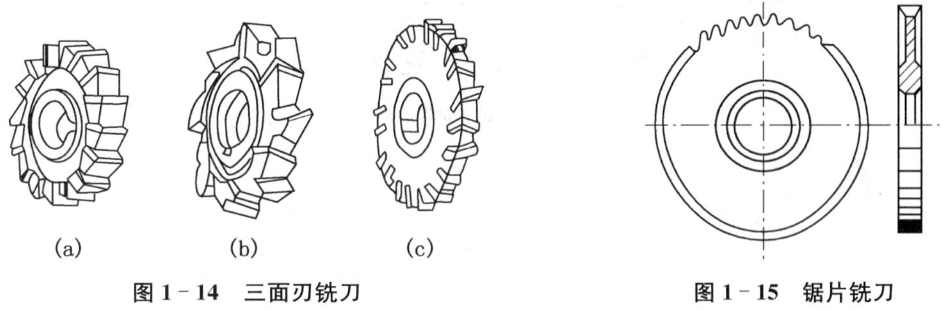

(a)　(b)　(c)

图 1－14　三面刃铣刀

图 1－15　锯片铣刀

(5) 立铣刀。

立铣刀相当于带柄的小直径圆柱铣刀，一般由三到四个刀齿组成。用于加工平面、台阶、槽和相互垂直的平面，利用锥柄或直柄紧固在机床主轴中，如图 1－16 所示。圆柱上的切削刃是主切削刃，端面上分布着副切削刃。工作时只能沿刀具的径向进给，而不能沿铣刀的轴线方向做进给运动。用立铣刀铣槽时槽宽有扩张，故应取直径比槽宽略小的铣刀。

(6) 键槽铣刀。

主要用来加工圆头封闭键槽，如图 1－17(a)所示。它的外形与立铣刀相似，不同的是键槽铣刀只有两个刃瓣,圆柱面和端面都有切削刃。其他槽类铣刀还有 T 形槽铣刀(如图 1-17(b))和燕尾槽铣刀(如图 1-17(c))等。

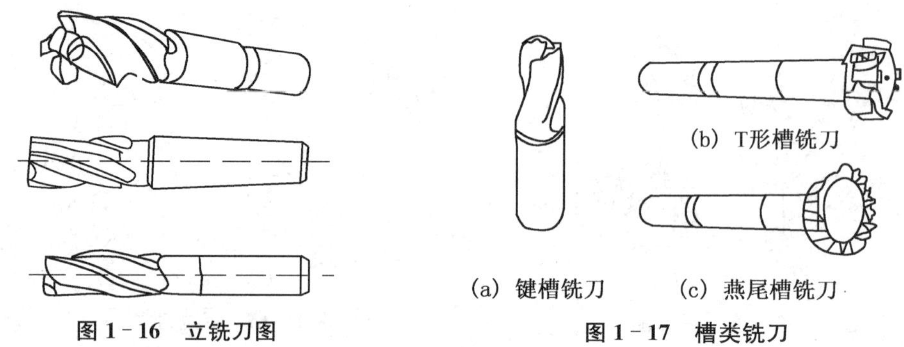

图 1-16 立铣刀图

图 1-17 槽类铣刀

(7) 角度铣刀。

角度铣刀有单角铣刀和双角铣刀,用于铣沟槽和斜面,如图 1-18(a)所示。角度铣刀大端和小端直径相差较大时,往往造成小端刀齿过密,容屑空间较小,因此,常将小端刀齿间隔去掉,使小端的齿数减少一半,以增大容屑空间。

(8) 成形铣刀。

成形铣刀是在铣床上用于加工成形表面的刀具,其刀齿廓形要根据被加工工件的廓形来确定。如图 1-18(b)所示,用成形铣刀可在通用的铣床上加工复杂形状的表面,并获得较高的精度和表面质量,生产率也较高。除此之外,还有仿形用的指状铣刀,如图 1-18(c)所示等。

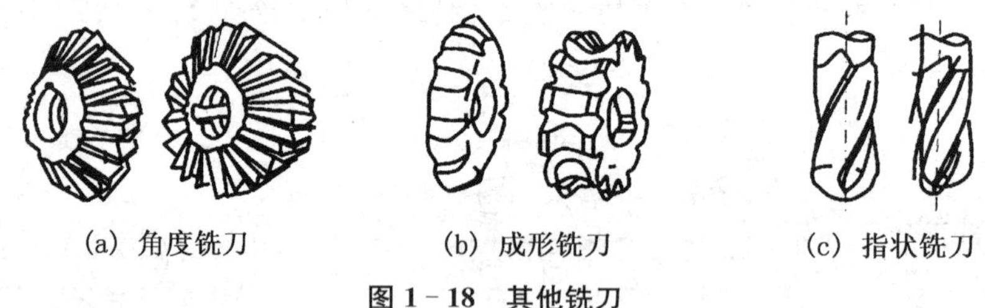

图 1-18 其他铣刀

2. 按刀齿齿背形式分

(1) 尖齿铣刀。

尖齿铣刀的特点是齿背经铣制而成,并在切削刃后磨出一条窄的后刀面,铣刀用钝后只需刃磨后刀面,刃磨比较方便。尖齿铣刀是铣刀中的一大类,上述铣刀基本为尖齿铣刀。

(2) 铲齿铣刀。

铲齿铣刀的特点是齿背经铲制而成,铣刀用钝后仅刃磨前刀面,易于保持切削刃原有的形状,因此,适用于切削廓形复杂的铣刀,如成形铣刀。

(四) 拉刀

拉削加工按拉刀和拉床的结构可分为内表面拉削和外表面拉削等。内表面拉削多用于加工工件上贯通的圆孔、多边形孔、花键孔、键槽及螺旋角较大的螺纹等。从受力状态又可分为拉削和推削。外表面拉削是指用拉刀加工工件外表面，拉刀常制成组合式。拉刀的类型按拉刀所加工表面的不同，可分为内拉刀和外拉刀两类。内拉刀用于加工各种形状的内表面，常见的有圆孔拉刀、花键拉刀、方孔拉刀和键槽拉刀等；外拉刀用于加工各种形状的外表面。在生产中，内拉刀比外拉刀应用更普遍。按拉刀工作时受力方向的不同，可分为拉刀和推刀。前者受拉力，后者受压力，考虑压杆稳定性，推刀长径比应小于 12。按拉刀的结构不同，可分为组合式和整体式以及装配式，采用组合拉刀，不仅可以节省刀具材料，而且可以简化拉刀的制造，并且当拉刀刀齿磨损或损坏后，能够方便地进行调节及更换。整体式主要用于中小型尺寸的高速钢整体式拉刀；装配式多用于大尺寸和硬质合金组合拉刀。拉刀可以用来加工各种截面形状的通孔、直线或曲线的外表面。图 1－19 所示为拉削加工的典型工件截面形状。

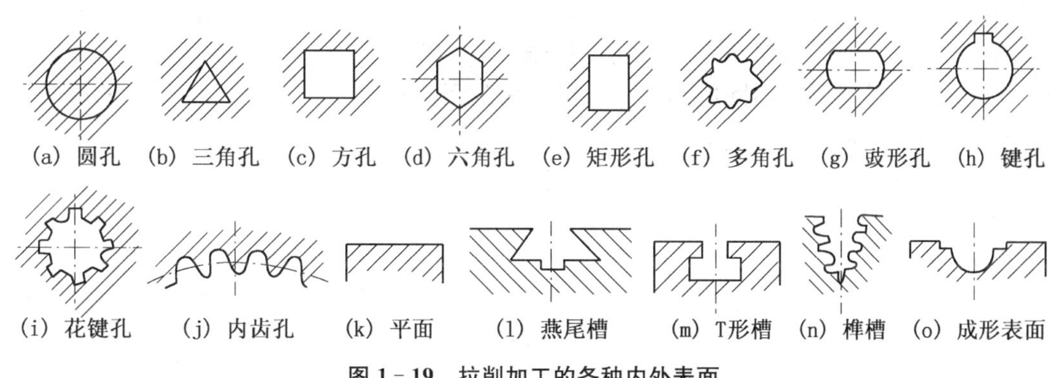

图 1－19 拉削加工的各种内外表面

拉刀的类型不同，其外形和构造也各有不同，但其组成部分和基本结构是相似的。如图 1－20 所示为圆孔拉刀的组成，其各部分的基本功能如下：

(1) 头部。拉刀与机床的连接部分，用以夹持拉刀和传递动力。

(2) 颈部。头部与过渡锥之间的连接部分，此处可以打标记(拉刀的材料和尺寸规格等)。

(3) 过渡部分。颈部与前导部分之间的锥度部分，起对准中心的作用，使拉刀易于进入工件孔。

(4) 前导部。用于引导拉刀的切削齿正确地进入工件孔，防止刀具进入工件孔后发生歪斜，同时还可以检查预加工孔尺寸是否过小，以免拉刀的第一个刀齿因负荷过重而损坏。

(5) 切削部。担负切削工作，切除工件上全部的拉削余量，由粗切齿、过渡齿和精切齿组成。

(6) 校准部。用以校正孔径、修光孔壁，以提高孔的加工精度和表面质量，也可以作精切齿的后备齿。

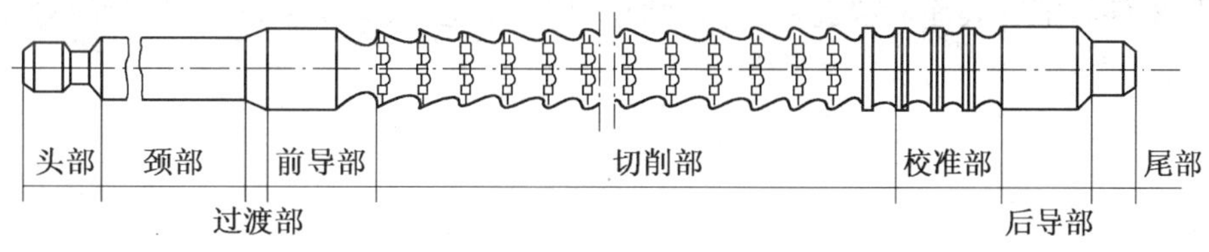

图 1－20 圆孔拉刀的组成

(7) 后导部。用于保证拉刀最后的正确位置，防止拉刀在即将离开工件时，因工件下垂而损坏已加工表面和刀齿。

(8) 尾部。用于支撑拉刀，防止其下垂而影响加工质量和损坏刀齿。只有拉刀既长又重时才需要。

(五) 砂轮

作为切削工具的砂轮，是由磨料加结合剂通过烧结的方法而制成的多孔物体。磨料起切削作用，结合剂把磨料结合起来，使之具有一定的形状、硬度和强度。结合剂没有填满磨料之间的全部空间，因而有气孔存在。如图 1-21 所示，砂轮是由磨料、结合剂和气孔三部分组成。

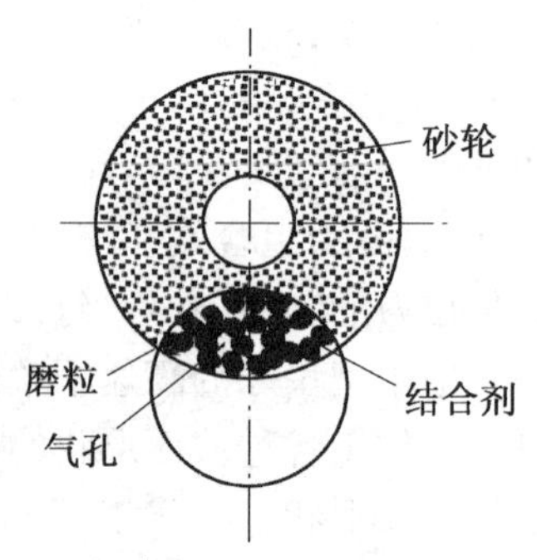

图 1-21　砂轮的构造

根据不同的用途，按照磨床类型、磨削方式以及工件的形状和尺寸等，将砂轮制成不同的形状和尺寸，并已标准化。表 1-1 为常用砂轮的种类、形状、代号及主要用途。

表 1-1

砂轮名称	代号	断面图	基本用途
平形砂轮	1		根据不同尺寸可用于磨外圆、内孔、平面，无心磨削、刃磨和装在砂轮机上磨削
筒形砂轮	2		用于在立式平面磨床的立轴上磨平面
杯形砂轮	6		主要用其端面刃磨铣刀、铰刀、拉刀等，或用其圆周磨平面和内孔
碗形砂轮	11		主要刃磨铣刀、铰刀、拉刀等，也可用来磨机床导轨
薄片砂轮	41		用于切断和开槽

四、任务实施

根据零件特征和表面形状选择 90°外圆车刀、切槽车刀、螺纹车刀来完成零件的加工。

课后习题

指出各种刀具名称?

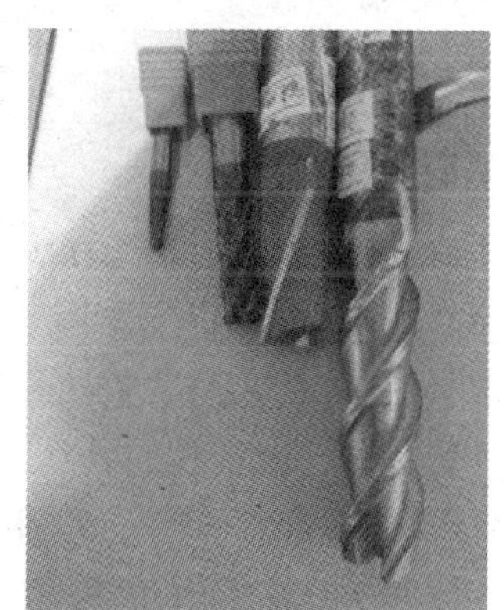

任务2　选择刀具材料

【知识点】 (1) 常用刀具材料的选用；
(2) 刀具材料应具备的性能；
(3) 其他刀具材料。

【技能点】 能够根据加工实际选用刀具材料。

一、任务下达

如图1-22所示，轴零件要求在车床上以100 m/min的切削速度精加工，已知零件材料为45钢，试选用合理的刀具材料。

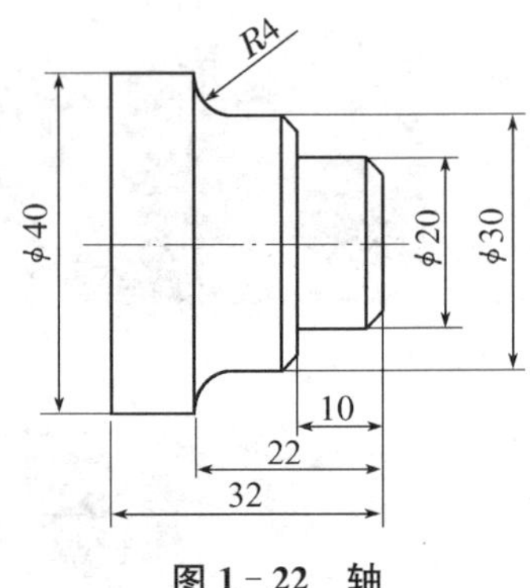

图1-22　轴

二、任务分析

在切削加工中，刀具直接承担着切除加工余量，形成零件表面的任务。刀具切削部分的材料对加工表面质量、刀具寿命、切削效率和加工成本均有直接影响。在选择刀具材料时，需要考虑的因素主要包括：被加工零件的材料、切削加工速度和切削加工阶段。对于不同的被加工材料，如钢和铸铁，由于它们具有不同的切削特点，故需要选择不同的刀具材料。对于不同的加工阶段，如粗加工、半精加工和精加工等，由于加工要求不同，在选用具体刀具牌号时，也应有所不同。另外，需要指出的是切削速度在很大程度上决定着刀具材料的选用。总之，我们应当重视刀具材料的合理选用。

三、相关知识

(一) 刀具材料应具备的性能

因为金属切削刀具是在极其恶劣的条件下工作的，刀具在切削过程中通常要承受较大的切削力、较高的切削温度、剧烈的摩擦及冲击振动，所以很容易造成磨损或损坏。要胜任切削加工，刀具材料必须具备相应的性能。

1. 足够的硬度和耐磨性

刀具材料的硬度必须高于被加工材料的硬度才能切下金属，这是刀具材料必须具备的基本性能，通常要求常温下刀具材料硬度在60HRC以上。刀具材料越硬，其耐磨性越好，但由于切削条件较复杂，材料的耐磨性还取决于它的化学成分和金相组织的稳定性。

2. 足够的强度和冲击韧性

强度是指刀具抵抗切削力的作用而不至于刀刃崩碎或刀杆折断所应具备的性能，一般用抗弯强度来表示。冲击韧性是指刀具材料在间断切削或有冲击的工作条件下保证不崩刃的能力。一般来说，硬度越高，冲击韧性越低，材料越脆。硬度和韧性是一对矛盾，也是刀具材料所应克服的一个关键问题。

3. 高的耐热性

耐热性又称红硬性，是指刀具材料在高温下保持硬度、耐磨性、强度、抗氧化、抗黏结和抗扩散的能力。耐热性是衡量刀具材料切削性能的主要指标。刀具材料的耐热性越好，高温硬度越高，允许的切削速度就越高。

注意：常用刀具材料的耐热温度如下——碳素工具钢 200 ℃～250 ℃，合金工具钢 300 ℃～400 ℃，普通高速钢 600 ℃～700 ℃，硬质合金 800 ℃～1 000 ℃。

4. 工艺性和经济性

为了便于刀具的制造，刀具材料还应具有良好的工艺性，如锻造、热处理及磨削加工性能等，当然在选用刀具材料时还应综合考虑经济性。目前，超硬材料及涂层刀具材料费用较高，不过其使用寿命很长，在成批生产中，分摊到每个零件中的费用反而有所降低。因此，在选用时一定要综合考虑。

各种刀具材料的主要物理力学性能见表 1－2 所示。

表 1－2　常用刀具材料的主要物理力学性能

材料种类		硬　度 /HRC(HRA)	抗弯强度 /GPa	冲击值 /(MJ/cm²)	热导率 /[W/(m·k)]	耐热性 /℃
工具钢	碳素工具钢	60～65 (81.2～84)	2.16	—	≈41.87	200～250
	合金工具钢	60～65 (81.2～84)	2.35	—	≈41.87	300～400
高速钢		63～70 (83～86.6)	1.96～4.41	0.098～0.588	16.75～25.1	600～700
硬质合金	钨钴类	(89～91.5)	1.08～2.16	0.019～0.059	75.4～87.9	800
	钨钛钴类	(89～92.5)	0.882～1.37	0.002 9～0.006 8	20.9～62.8	900
	含有碳化钽、铌类	(～92)	～1.47	—	—	1 000～1 100
	碳化钛基类	(92～93.3)	0.78～1.08	—	—	1 000
陶瓷	氧化铝陶瓷	(91～95)	0.44～0.686	0.004 9～0.011 7	41.9～20.93	1 200
	氧化铝碳化物混合陶瓷		0.71～0.88			1 100
超硬材料	立方氮化硼	HV 8 000～9 000	～0.294	—	75.55	1 400～1 500
	人造金刚石	HV 10 000	0.21～0.48		146.54	700～800

（二）常用刀具材料的选用

一般来说，选择刀具材料时主要考虑的因素是工件材料和切削速度。目前，我国常用刀具材料有工具钢和硬质合金两种类型。

1. 低速切削时的刀具材料

低速切削时,选择工具钢作为刀具材料较为适宜,部分刀具常用工具钢见表 1-3 所示。

表 1-3　部分刀具常用工具钢

刀具种类	碳素工具钢	合金工具钢	高速钢
车刀、镗刀	—	—	W18Cr4V,W6Mo5Cr4V2
成型车刀	—	—	W18Cr4V,W6Mo5Cr4V2
麻花钻	—	—	W18Cr4V,W6Mo5Cr4V2
机用铰刀	—	—	W18Cr4V,W6Mo5Cr4V2
手用铰刀	T12	9SiCr	—
拉刀	—	CrWMn	W18Cr4V
圆板牙	T12A,T10A	9SiCr	—

由表 1-3 不难看出,碳素工具钢和合金工具钢仅适合于制作诸如手用铰刀、圆板牙等手用刀具,而手用刀具工作时的切削速度一般不会高于 10 m/min。所以,在工具钢中高速钢才是机加工刀具的主要材料。高速钢刀具能加工碳素结构钢、合金结构钢、铸铁等常用金属,不过,由于受材料耐热温度(普通高速钢为 600 ℃~700 ℃)的制约,对于像 W18Cr4V 和 W6Mo5Cr4V2 这样的普通高速钢,在使用时仍然必须注意切削速度的限制。切削中碳钢时,切削速度一般不能大于 30 m/min。需要强调的是,由于高速钢具有良好的综合性能,目前在形状复杂的刀具,如标准麻花钻、铰刀、拉刀、成型车刀、齿轮铣刀、齿轮刀具的制造中,仍占有主要地位。

任务引入中的例子由于要求切削速度为 70 m/min,所以不适宜采用工具钢,包括普通高速钢。作为刀具材料,当然,若采用高性能高速钢等则应另当别论。

注意:高速钢是一种加入了较多的钨、铬、钒、钼等合金元素的高合金工具钢,因其强度和韧性在现有刀具材料中最高,并且制造工艺简单,容易刃磨出锋利的切削刃,锻造、热处理变形小,所以有着良好的综合性能。高速钢按其用途和切削性能,可分为普通高速钢和高性能高速钢。高性能高速钢是在普通高速钢成分中添加碳、钒、钴、铝等合金元素后而成,由于进一步提高了材料的耐热性,其使用寿命约为普通高速钢的 1.5~3 倍,并能用于切削加工不锈钢、耐热钢、钛合金及高强度钢等难加工材料。我国推广使用的高性能高速钢牌号是 W6Mo5Cr4V2Al,清除了碳化物的偏析现象,大大改善了高速钢的物理、力学性能和工艺性能,特别适用于制造切削难加工材料的形状复杂的刀具。另外,高速钢的表面处理与涂层技术的采用,大大提高了刀具的耐磨性和使用寿命。

2. 高速切削时的刀具材料

高速度、高精度一直是切削加工的追求目标。硬质合金刀具材料因其具有较高的耐热性(耐热温度达 800 ℃~1 000 ℃)、较高的切削速度(为高速钢的 4~10 倍,切削中碳钢时可达 100 m/min 以上),在生产实际中得到了普遍的应用,已成为主要的刀具材料。根据 GB/T 18376.1—2001,常用的硬质合金分为 3 类,其牌号及用途见表 1-4 所示。

表 1－4　常用硬质合金的牌号及用途

种类	牌号	相近旧牌号	主要用途
P 类（钨钛钴类）	P30	YT5	粗加工钢料
	P10	YT15	半精加工钢料
	P01	YT30	精加工钢料
K 类（钨钴类）	K30	YG8	粗加工铸铁、有色金属及其合金
	K20	YG6	半精加工铸铁、有色金属及其合金
	K10	YG3	精加工铸铁、有色金属及其合金
M 类 钛钽(铌)钴类	M10	YW1	半精加工、精加工难加工材料
	M20	YW2	粗加工、断续切削难加工材料

【知识链接】 硬质合金是将高硬度、高熔点的金属碳化物粉末，用钴等金属作为黏结剂在高温下压制、烧结而成的粉末冶金制品。硬质合金的性能取决于碳化物（也称硬质相）和黏结剂（也称黏结相）的比例，碳化物的多少决定了硬质合金的硬度和耐磨性，黏结剂的多少决定了硬质合金的强度。含碳化物多，适用于精加工，含黏结剂多，适用于粗加工。

(1) P 类硬质合金。

相当于我国原钨钛钴类（YT）硬质合金，主要成分为 WC＋TiC＋Co。常用牌号有 P01、P10、P20、P30、P40。P 类硬质合金具有较高的耐热性、较好的抗黏结、抗氧化能力，主要用于加工长切屑的黑色金属，用蓝色作标志。其中，P01 适合精加工，P10、P20 适合半精加工，P30、P40 适合粗加工。特别需要指出的是，P 类硬质合金不适宜切削含 Ti 元素的不锈钢，这是因为刀具和工件中的 Ti 元素之间的亲和作用会加剧刀具磨损。

【知识链接】 各类硬质合金牌号中的数字越大，Co 的含量越多，韧性越好，适用于粗加工，如果碳化物的含量越多，则热硬性越高，韧性越差，适用于精加工。

如果要求车削的零件材料为 Cr18Ni9Ti 的不锈钢，又该如何选择刀具材料呢？我们知道，Cr18Ni9Ti 不锈钢为塑性材料，从表面上看可以选择 P 类硬质合金作为刀具材料，但稍加思考就会发现，该零件材料是含有 Ti 元素的不锈钢，若采用 P 类硬质合金材料刀具进行加工会因黏结而加剧刀具磨损，使工件表面变得粗糙，所以选用 K 类硬质合金作为刀具材料比较合理。

(2) K 类硬质合金。

相当于我国原钨钴类（YG）硬质合金，主要成分为 WC＋Co。常用牌号有 K01、K10、K20、K30、K40 等。K 类硬质合金主要用于加工短切屑的黑色金属、有色金属和非金属材料，以及含 Ti 元素的不锈钢，用红色作标志。

【例 1－1】 现要求以 50 m/min 的切削速度粗加工一铸铁件，试选择恰当的刀具牌号。

【解】 一般情况下，加工铸铁零件可以选用普通高速钢或硬质合金中的 K 类作为刀具材料，但是，由于切削速度高于 30 m/min，故不适宜采用普通高速钢作为刀具材料，选择硬质合金刀具材料较为合适。又因为是粗加工，考虑到粗加工对刀具强度要求较高，所以最终选择牌号为 K30 的硬质合金作为刀具材料。

(3) M 类硬质合金。

相当于我国原钨钛钽(铌)钴类(YW)硬质合金，主要成分 WC+Ti+TaC+NbC+Co。常用牌号有 M10、M20、M30、M40。M 类硬质合金主要用于加工黑色金属和有色金属，用黄色作标志。其中，精加工可用 M10、半精加工可用 M20、精加工可用 M30。

注意：由于该类硬质合金具有高的耐热性和高温硬度，能用来切削钢或铸铁，所以又称通用硬质合金。

3. 其他刀具材料

(1) 陶瓷材料。

陶瓷材料是以氧化铝为主要成分在高温下烧结而成的。刀具常用的陶瓷有纯 Al_2O_3 陶瓷和 $TiC-Al_2O_3$ 混合陶瓷两种。陶瓷材料优点是：有很高的硬度和耐磨性；有很好的耐热性，在 1 200 ℃高温下仍能进行切削；有很好的化学稳定性和较低的摩擦因数，抗扩散和抗黏结能力强。陶瓷刀具最大的缺点是强度低、韧性差，抗弯强度仅为硬质合金的 1/3～1/2；导热系数低，仅为硬质合金的 1/5～1/2。陶瓷刀具适用于钢、铸铁及塑性大的材料(如紫铜)的半精加工和精加工，对于冷硬铸铁、淬硬钢等高硬度材料加工特别有效，但不适于机械冲击和热冲击大的加工场合。

(2) 金刚石。

金刚石刀具有三种：天然单晶金刚石刀具、人造聚晶金刚石刀具和金刚石复合刀具。天然金刚石由于价格昂贵等原因，应用很少。人造金刚石是在高温高压和其他条件配合下由石墨转化而成。金刚石复合刀片是在硬质合金基体上烧结上一层厚度约 0.5 mm 的金刚石，形成了金刚石与硬质合金的复合刀片。金刚石刀具有很好的耐磨性，可用于加工硬质合金、陶瓷和高铝硅合金等高硬度、高耐磨材料，刀具耐用度比硬质合金提高几倍甚至几百倍；金刚石有非常锋利的切削刃，能切下极薄的切屑，加工冷硬现象较少；金刚石抗黏结能力强，不产生积屑瘤，很适于精密加工，但其耐热性差，切削温度不得超过 700 ℃～800 ℃；强度低、脆性大，对振动很敏感，只宜微量切削；与铁的亲和力很强，不适于加工黑色金属材料。金刚石目前主要用于磨具及磨料，作为刀具多在高速下对有色金属及非金属材料进行精细切削。

(3) 立方氮化硼。

立方氮化硼(CBN)是由六方氮化硼在高温高压下加入催化剂转变而成的，是 20 世纪 70 年代出现的新材料，硬度高达 8 000 HV～9 000 HV，仅次于金刚石，耐热性却比金刚石好得多，在高于 1 300 ℃时仍可切削，且立方氮化硼的化学惰性大，与铁系材料在 1 200 ℃～1 300 ℃高温下也不易起化学作用。因此，立方氮化硼作为一种新型超硬磨料和刀具材料，用于加工钢铁等黑色金属，特别是加工高温合金、淬火钢和冷硬铸铁等难加工材料，具有非常广阔的发展前途。

(4) 涂层刀片。

涂层刀片是在韧性和强度较高的硬质合金或高速钢的基体上，采用化学气相沉积(CVD)、物理化学气相沉积(PVD)、真空溅射等方法，涂覆一薄层(5 μm～12 μm)颗粒极细的耐磨、难熔、耐氧化的硬化物(TiC、TiN、$TiC-Al_2O_3$)后获得的新型刀片，具有较高的综合切削性能，能够适应多种材料的加工。

四、任务实施

任务引入中的例子要求精加工一个45钢零件，且切削速度为120 m/min，因为要求高速车削，所以选择硬质合金作刀具材料较为适宜。由于工件材料为45钢，所以最好选择P类硬质合金作为刀具材料。考虑到精加工对刀具材料的耐磨性要求较高，所以最终刀具牌号选择耐磨性较好的P01。

任务 3　刀具的组成及刀具的几何角度

【知识点】 (1) 刀面、刀刃、参考平面、刀具几何角度的概念；
(2) 刀具的图示方法。

【技能点】 刀具几何角度的识别。

一、下达任务

刀具是切削加工中不可缺少的切削工具，如图 1-23 所示为切削加工中的常用刀具。那作为刀具，它们是如何具备切削能力的呢？刀具的几何形状和切削能力又是如何来描述的呢？

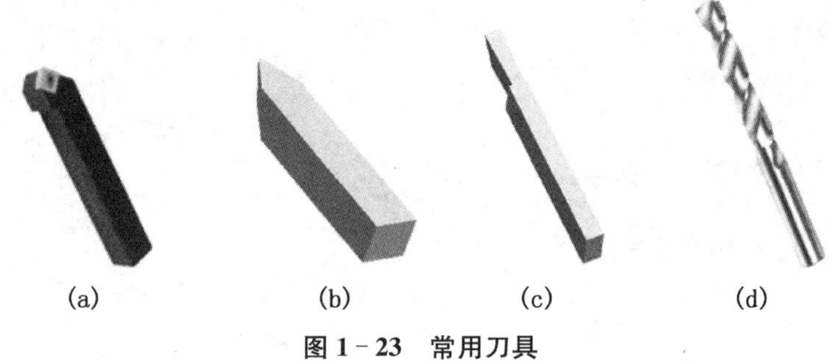

(a)　(b)　(c)　(d)

图 1-23　常用刀具

二、课题分析

各种刀具形状迥异，使用场合不一，但都能用来切除毛坯上多余的材料，完成零件的切削加工，这显然与它们的结构组成有关。此外，为了满足不同的切削要求，如外圆车削、切断和螺纹车削等，刀具的切削部分往往做成不同的几何形状。即使是同种类型的刀具(如外圆车刀)，在不同的加工条件下，如车削细长轴和车削粗短轴等，也要做成不同的几何形状，而不同几何形状的刀具有着不同的切削性能。要描述刀具的几何形状和切削性能，就离不开刀具的几何参数，所以我们有必要掌握刀具的结构、组成，掌握刀具的几何角度。

普通外圆车刀是最典型的简单刀具，其他种类的刀具都可以看作是它的变形或组合。下面就以普通外圆车刀为例来介绍刀具切削部分的结构、组成以及刀具的几何角度。

三、相关知识

(一) 刀具切削部分的组成

不管刀具形状多么千变万化，作为刀具的切削部分，在结构上具有一个共同的特征，即它们由若干个基本切削单元(两面一线组成的楔性结构)所组成。对于普通外圆车刀来说，它由两个基本切削单元组成，即前刀面、主后刀面(后刀面)、主切削刃组成的基本切削单元和前刀面、副后刀面、副切削刃组成的基本切削单元。其构造可用三面、二刃、一尖来概括，如图1-24所示。

三面，即前刀面(A_γ)、主后刀面(A_α)副后刀面(A'_α)。前刀面是指切削加工时切屑所流经的刀具表面，主后刀面是指切削加工时与工件上加工表面相对的刀具表面，副后刀面是指切削加工时与工件上已加工表面相对的刀具表面。

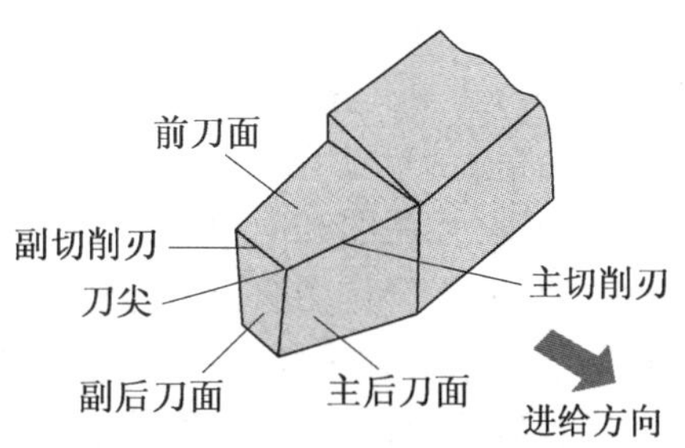

图 1-24　车刀的组成部分

【知识链接】　前刀面的形状有平面形、曲面形、带倒棱形(如图 1-25(a))3 种。平面型是一种最基本的形状，它刃磨简单、刃口锋利。主后刀面通常为平面，必要时可磨出倒棱或制造出刃带(如图 1-25(b))，以起到阻尼消振或支撑定位、保持尺寸的作用。与主后刀面一样，副后刀面通常为平面。

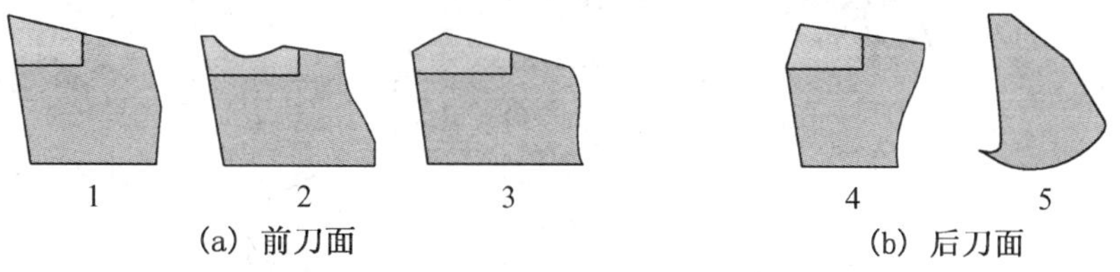

图 1-25　常见刀面形状

1—平面形；2—曲面形；3—带倒棱形；4—倒棱；5—刃带。

3 个刀面的方位确定后，刀具的结构就确定了。

刀面相交形成了两条具有切削能力的刀刃，即主切削刃(S)和副切削刃(S′)。前刀面、主后刀面相交形成主切削刃，它担当主要的切削工作。前刀面、副后刀面相交形成副切削刃，它配合主切削刃完成切削工作。两条刀刃相交于刀尖。

【知识链接】　需要指出的是，实际使用时刀具的切削刃不可能磨得很锋利，总存在着刃口圆弧。刃口的锋利程度以刃口圆弧半径 ρ 的大小衡量，ρ 越小，刃口越锋利。另外，为了提高刀尖的强度和耐磨性，往往将其磨成圆弧形或直线形的过渡刃。

对于其他刀具，上述组成部分数量未必相同，例如，切断刀是由 4 个刀面(两个副后刀面)、3 条刀刃(两条副切削刃)、2 个刀尖组成。在具体刀具的分析中必须充分注意到这一点。

刀具的主要角度我们已经知道，不同几何形状的刀具切削部分具有不同的切削性能，下面就来谈谈描述刀具几何形状与切削性能的重要参数——刀具几何角度。

图 1-26 所示为反映某外圆车刀切削部分几何角度的刀具图。刃磨、分析刀具首先必须看懂刀具图。那么，刀具图是如何绘制的呢？这些几何角度又代表着什么含义呢？

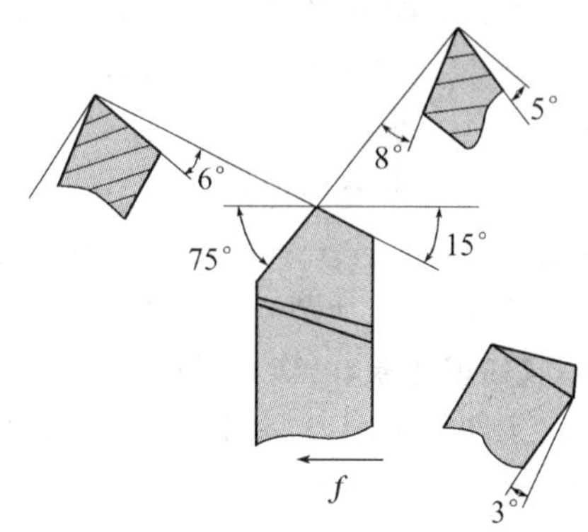

图 1-26　外圆车刀切削部分的几何角度

1. 车刀几何形状的图示方法

在学习刀具几角度之前，首先要学习刀具切削部分几何形状的绘制。工程中一般采用简单画法进行刀具切削部分的绘制，为了用平面图表示出车刀切削部分的几何形状，一般选择两个视图（主视图和向视图）和两个剖面图（主剖面和副剖面）来表示。绘制刀具的方法有两种。第一，投影作图法，它严格按投影关系来绘制几何形状，是认识和分析刀具切削部分几何形状的重要方法，但该方法绘制繁琐，一般比较少用。第二，简单画法，该方法绘制时，视图间大致符合投影关系，但角度与尺寸必须按比例绘制，如图 1－27 所示，这是一种常用的方法。

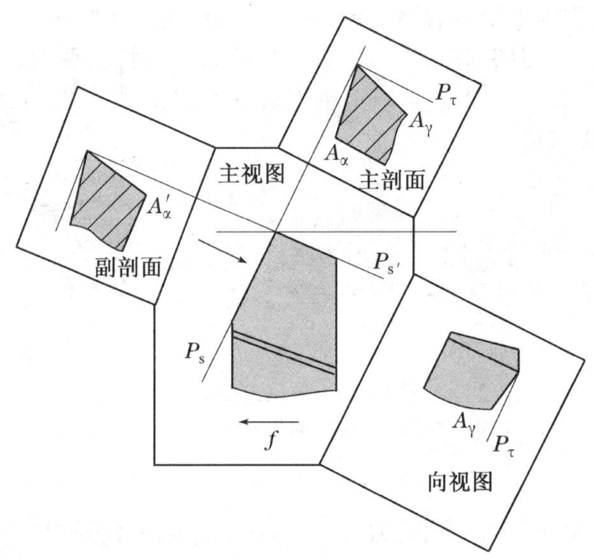

图 1－27　车刀切削部分的简单画法

(1) 主视图。

通常采用刀具在基面中的投影作为主视图。同时标注进给运动方向，以确定或判断主切削刃和副切削刃（如图 1－27）。通过切削刃上某一选点，垂直于切削速度方向的平面称为基面（P_r）。在理想情况下，对车刀而言，基面就是包括切削刃上选定点，并与刀杆底面平行的平面（水平面）。基面是刀具制造、刃磨、测量时的定位基准面，如图 1－28 所示。

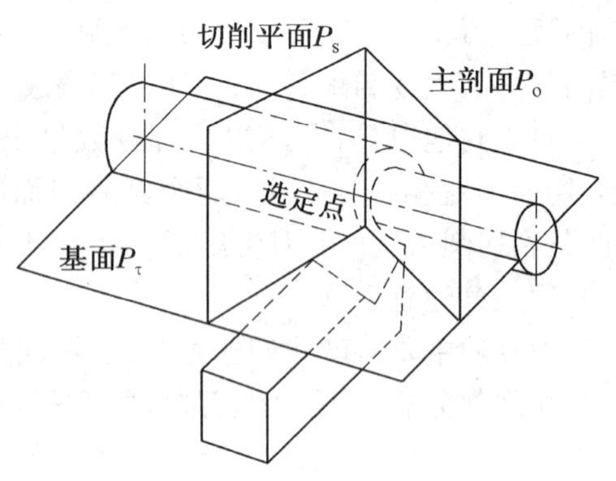

图 1－28　参考平面 P_r、P_s、P_o

【知识链接】 所谓理想情况就是满足两个假定条件的情况，即假定进给速度等于零的假定运动条件和假定安装没有误差的假定安装条件。满足假定安装条件，意味着刀尖与工件轴心线等高，刀杆中心线与工件轴心线垂直，满足假定运动条件，则意味着进给量 $f=0$。

(2) 向视图。

通常取刀具在切削平面（P_s）中的投影作为向视图，此处要注意放置位置，如图 1－27 所示。通过切削刃上某一选定点，相切于工件加工表面且垂直于基面的平面称为切削平面(P_s)如图1-28所示。

(3) 剖面图。

包括主剖面(P_o)和副剖面(P'_o)，主剖面如图1-28所示。通过主切削刃上某一选定点，同时垂直于基面和切削平面的平面称为主剖面(叫正交平面)，若选定点在副切削刃上则为副剖面。

2. 刀具的标注几何角度

用于定义刀具角度的参考系有两大类：一类称为标注参考系(静态参考系)；另一类称为工作参考系(动态参考系)。标注参考系是理想情况下(两个假定条件下)的工作参考系。

刀具几何角度是确定刀面方位的角度，它表明刀面、切削刃与假定参考平面间的夹角。假定参考平面包括基面(P_r)、切削平面(P_s)和测量平面。测量平面包括正交平面(P_o、P'_o)、法平面(P_n)、进给平面(P_f)和背平面(P_p)，具体概念见表1-5所示。考虑到大多数加工切削刃上各点的切削速度并不相同，往往通过切削刃上某一选定点(一般选在刀尖附近)来建立参考平面。

表1-5

名称	定义
正交平面 P_o	通过主切削刃上某一选定点，同时垂直于基面和切削平面的平面
法平面 P_n	通过切削刃上某一选定点，并垂直于切削刃的平面
进给平面 P_f	通过切削刃上某一选定点，垂直于基面，且平行于进给运动方向的平面
背平面 P_p	通过切削刃上某一选定点，同时垂直于基面和进给平面的平面

【知识链接】　参考系选定点如果在副切削刃上，则坐标平面前冠以“副”字，并在相应的符号右上角加标“′”以示与选定点在主切削刃上的区别。

需要指出的是，基面和切削平面十分重要，它们加上任一测量平面，就构成不同的刀具标注参考系，例如，正交平面参考系由基面、切削平面、正交平面组成。不同类型的刀具，可能会采用不同的刀具标注参考系，例如，成形车刀采用的是进给平面参考系。

对于普通外圆车刀来说，需要6个独立角度来确定其3个刀面的位置，它们是前角、后角、主偏角、副偏角、刃倾角、副后角。刀具角度的定义见表1-6所示。

表1-6　刀具角度的定义

名称	定义
前角(γ_n)	在主剖面中测量的前刀面与基面间的夹角
后角(α_n)	在主剖面内测量的后刀面与切削平面间的夹角
主偏角(κ_r)	在基面中测量的主切削刃在基面的投影与进给方向的夹角
副偏角(κ'_r)	在基面中测量的副切削刃在基面的投影与进给运动的反方向之间的夹角
刃倾角(λ_s)	在切削平面内测量的主切削刃与基面间的夹角
副后角(α'_o)	在副剖面中测量的副后刀面与副切削平面之间的夹角

对于图 1-6 所示,外圆车刀来说,前角为 5°、后角为 8°、主偏角为 75°、副偏角为 15°、副后角为 6°、刃倾角为 3°。

一面二角原理:确定空间任意平面方位需要且只需要两个独立角度。据此,刀具上每一个刀面只需用一个角度就能定向,即用来确定刀头形状所需的独立角度数应该是刀面数的两倍。由于外圆车刀共有 4 个刀面,所以仅需 6 个独立角度就能确定其形状,即控制前刀面的前角、刃倾角;控制后刀面的后角、主偏角;控制副后刀面的副后角、副偏角。

3. 注意事项

(1) 当切削刃呈曲线或刀面呈曲面时,通过取选定点的切线或切平面来代替切削刃和刀面的方位。

(2) 前角、刃倾角可以是正值、负值或零。

(3) 后角不允许为负值。

前角正、负值规定如下:在主剖面中,前刀面与切削平面的夹角小于 90°时为正,大于 90°时为负。前刀面与基面平行时为 0°。前角增大,切削力减小。

后角正、负值规定如下:在主剖面中,当后刀面与基面的夹角为锐角时,后角为正。当后刀面与基面的夹角为钝角时,后角为负。当后刀面与切削平面平行时,后角为 0°。后角增大,后刀面与工件之间的摩擦减小。实际使用中,后角不能小于 0°。

刃倾角正、负值规定如下:当切削刃与基面重合时,刃倾角为 0°。当刀尖为切削刃的最高点时,刃倾角为正。当刀尖为切削刃的最低点时,刃倾角为负。

(二) 刀具的工作几何角度

标注角度是刀具设计和刃磨时需确定和保证的角度。但车削加工时,由于车刀的安装误差和走刀运动等的影响,使得满足两个假定条件的理想情况不复存在,此时刀具在工作时的实际角度(工作角度)将发生变化。例如,刀具在高度上的安装误差,将引起刀具的实际前角和后角发生变化,这种变化必将引起切削条件的改变,严重时会影响加工表面的质量,甚至会影响加工的正常进行(如切断刀装高而导致崩刃)。所以,我们必须学会分析刀具工作角度的影响因素,计算现实加工条件下的刀具工作角度,并学会在实际加工中采取适当的措施进行补偿。

1. 工作参考系和工作角度

刀具在工作时的实际角度称为刀具的工作角度。它是用工作参考系定义的刀具角度,而工作参考系是建立在刀具与工件相对位置、相对运动基础上的参考系。

注意:在工作参考系中,假定参考平面的定义类似于标注参考系,只不过工作基面、工作切削平面等的方位发生了变化,进而造成工作角度与标注角度的不同。刀具工作角度的定义与标注角度类似,它是刀面、刀刃与工作参考系平面的夹角。刀具工作角度的符号是在标注角度的基础上加一个下标字母 e。

2. 工作角度的影响因素

(1) 刀具安装误差的影响及计算。

在实际加工中,由于安装误差的存在,即假定安装条件不满足,必将引起刀具角度的变化。其中,刀尖在高度方向的安装误差将主要引起前角、后角的变化;刀杆中心在水平面内的偏斜将主要引起主偏角、副偏角的变化。

① 刀尖与工件中心线不等高时。当刀尖与工件中心线等高时，切削平面与车刀底面垂直，基面与车刀底面平行，否则，将引起基面方位的变化，即工作基面(P_{re})不平行于车刀底面。

如图 1－29 所示，在车削外表面时当刀尖高于工件中心时，工作前角增大，工作后角减小；当刀尖低于工件中心时，工作前角减小，工作后角增大。

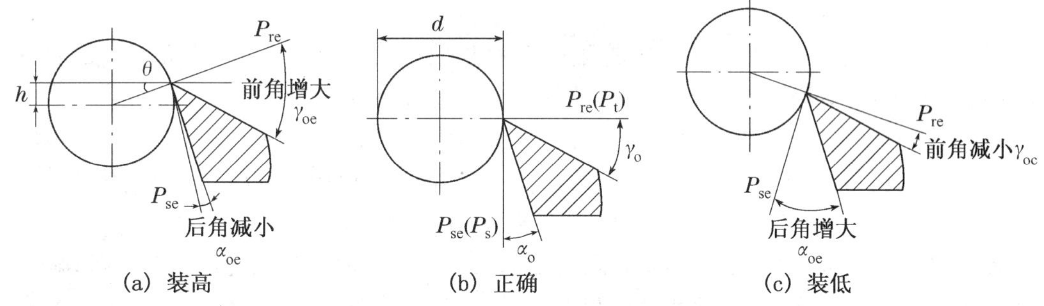

图 1－29　刀尖与工件不等高时的前后角

假设工件直径为 d 安装时高度误差为 h，安装误差引起的前、后角变化值为 θ，则

$$\sin\theta = 2h/d。$$

本课题引入中由于 $\sin\theta = (2\times1.5)/30 = 0.1$，所以 $\theta = 5°44'$，即外圆车刀刀尖装低 1.5 mm 时，前角减小 5°44′，后角增大 5°44′，所以工作前角和工作后角分别为

$$\begin{cases}\gamma_{oe} = 10° - 5°44' = 4°16' \\ \alpha_{oe} = 6° + 5°44' = 11°44'\end{cases}$$

车削内表面时，情况与车削外表面相反。不难看出，工件直径越小，高度安装误差对工作角度的影响越明显，由 $\sin\theta \approx 2h/d$ 可以看出，当刀尖高于工件中心的距离(h)较大或者工件直径(d)较小时(如切断工件时，切断刀接近中心时的直径)，角度变化值 θ 较大，甚至趋于 90°。而车刀的后角一般磨成 6°～12°，在刀尖装高于工件中心并出现上述情况时，实际工作后角可能会变成负值。负后角车刀是不能切削的，这也是切断工件时切断刀装高而崩刃的主要原因。当然，如果刀尖低于工件中心，则将会产生振动，或者产生“扎刀”现象。在实际生产中，也有应用这一影响(车刀装高或装低)来改变车刀实际角度的情况，例如，车削细长轴类工件时，车刀刀尖应略高于工件中心 0.2～0.3mm，这时刀具的工作后角稍有减小，并且当后刀面上有轻微磨损时，有一小段后角等于零的磨损面与工件接触，这样能防止振动。

【知识链接】　一般来说，同一把刀具在不同剖面中的角度是不相同的，例如 $\gamma_o \neq \gamma_p$，$\alpha_o \neq \alpha_p$，工作角度同样如此。具体地说，在背平面 p_p 中，满足如下关系式：

$$\alpha_{pe} = \alpha_p - \theta$$

式中

$$\tan\theta = \frac{h}{\sqrt{\frac{d}{4}^2 - h^2}}$$

换算到主剖面中，有如下关系式：

$$\begin{cases}\gamma_{oe}=\gamma_o+\theta_o \\ \alpha_{oe}=\alpha_o+\theta_o\end{cases}$$

式中

$$\tan\theta_o=\tan\theta\cos\kappa_r\frac{h}{\sqrt{\frac{d^2}{4}-h^2}}$$

从准确意义上来讲，课题引入中的工作前、后角应按公式进行计算，之所以采用近似计算，是因为一来可以简化计算，二来两者计算的结果非常接近。

② 车刀中心线与走刀方向不垂直时。刀具装偏，即刀具中心不垂直于工件中心，将造成主偏角和副偏角的变化。车刀中心向右偏斜，工作主偏角增大，工作副偏角减小，如图1-30所示。车刀中心向左偏斜，工作主偏角减小，工作副偏角增大。

车刀刀杆的装偏，改变了主偏角和副偏角的大小。对一般车削来说，少许装偏影响不是很大。但对切断加工来说，因切断刀安装不正，切断过程中就会产生轴向分力，使刀头偏向一侧，轻者会使切断面出现凹或凸形，重者会使切断刀折断，必须引起充分的重视。

(2) 走刀运动的影响及计算。

由于走刀运动时车刀刀刃所形成的加工表面为阿基米德螺旋面，而切削刃上的选定点相对于工件的运动轨迹为阿基米德螺旋线，使切削平面和基面发生了倾斜，造成工作前角增大、工作后角减小，如图1-31所示，其角度变化值称为合成切削速度角，用符号η表示。

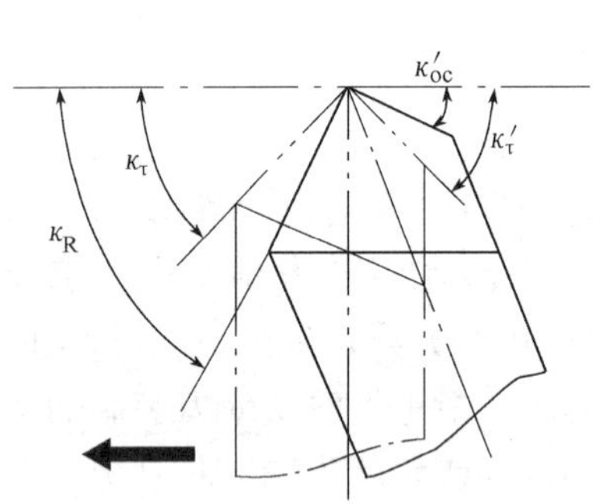

图1-30 刀具装偏对主偏角、副偏角的影响

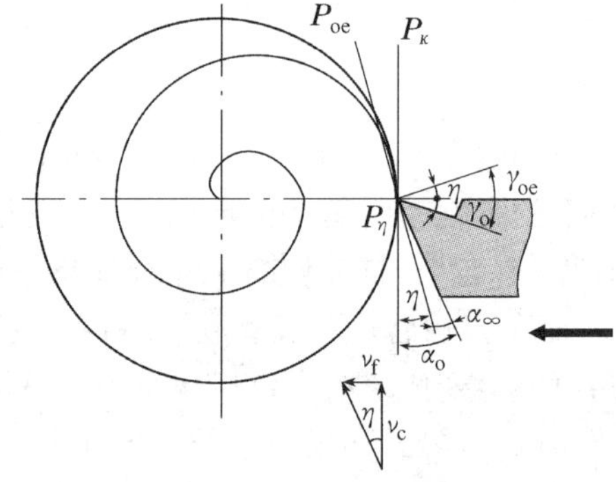

图1-31 进给运动对工件角度的影响

若工件切削直径为d，进给量为f，则：

$$\tan\eta=\frac{f}{\pi d}$$

本课题引入中f为0.2 mm，d为30 mm，所以$\tan\eta\approx0.002$，η为0.12°，前、后角将分别增大和减小0.12°，所以工作前角和工作后角为：

$$\gamma_{oe}=10°+0.12°=10.12°$$
$$\alpha_{oe}=6°-0.12°=5.88°$$

一般车削时进给量较小，进给运动引起的η值很小，不超过30′～1°，故可忽略不计。但在进给量较大，如车削大螺距螺纹，尤其是多线螺纹时，η值很大，可大到15°左右，故在设计刀具时，必须考虑 η 对工作角度的影响，从而给以适当的弥补。

【知识链接】 无论是横车(如切断、切槽、车端面等)，还是纵车(如车削外圆)，车刀都会发生上述变化。

需要说明的是，横车时：

$$\begin{cases}\gamma_{oe}=\gamma_o+\eta\\ \alpha_{oe}=\alpha_o-\eta\end{cases}$$

并且由于进给时 d 不断变小(η 为一变量)，所以工作后角急剧下降，在未到工件中心处时，工作后角已变为负值，此时刀具不是在切削工件，而是在推挤工件。

纵车时，η 为一定值。

换算到主剖面中的关系为：

$$\tan\eta_o=\tan\eta\times\sin\kappa_r$$

$$\begin{cases}\gamma_{oe}=\gamma_o+\eta_o\\ \alpha_{oe}=\alpha_o-\eta_o\end{cases}$$

所以从准确意义上来说，上述针对课题引入中实例的计算，应该换算到主剖面中进行，练习中之所以这么做，是因为两者计算的结果非常接近。

注意：对螺纹车刀而言，进给运动对左右刀刃工作前后角的影响是不同的。对左刀刃，工作前角增大，工作后角减小；对右刀刃，工作前角减小，工作后角增大。

任务 4 绘制常用车刀的刀具简图

【知识点】 (1) 常用车刀的绘制;
(2) 车刀的刃磨方法。

【技能点】 (1) 熟练绘制车刀图;
(2) 熟悉车刀刃磨方法。

一、任务下达

上一课题以普通外圆车刀为例,学习了刀具切削部分的结构、组成和刀具几何角度,那么,对于如图 1-32 所示的常用车刀(切削部分),图该如何绘制呢?

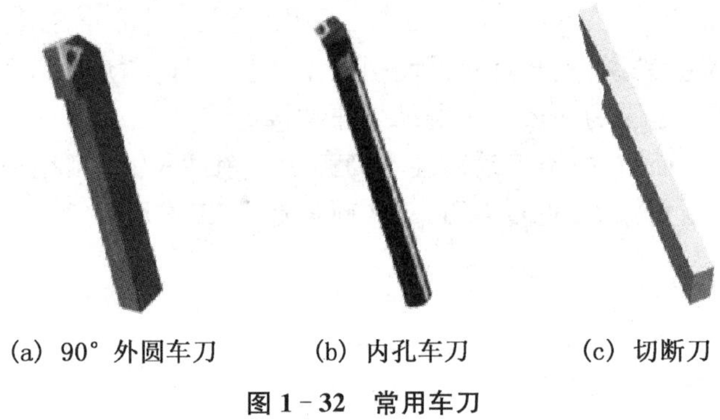

(a) 90° 外圆车刀 (b) 内孔车刀 (c) 切断刀

图 1-32 常用车刀

二、任务分析

一般来说,操作者在进行零件的车削加工之前,必须按照加工工艺要求或给定的车刀图进行车刀的刃磨,90°外圆车刀、内孔车刀和切断刀是实际生产中最为常用的车削刀具。学会刀具的正确绘制是识读车刀图并进行刀具刃磨的第一步,正确绘制车刀图的关键在于:第一,对于刀具结构组成的分析和刀具几何角度的确定,其中包括刀面的个数,前刀面、后刀面和副后刀面的位置,刀具几何角度的数量和名称等。第二,应用上一课题的知识绘制相关视图,标注相应几何角度。

下面就以图 1-32 中所示的常用车刀为例,介绍常用车刀刀头的绘制方法。

三、相关知识

(一) 90°外圆车刀的绘制

1. 结构分析

该车刀主偏角为 90°,用于纵向进给车削外圆,尤其适于刚性较差的细长轴类零件的车削加工。该车刀共有 3 个刀面,即前刀面、后刀面、副后刀面;所需标注的独立角度为 6 个,即前刀面控制角为前角、刃倾角，后刀面控制角为后角、主偏角，副后刀面控制角为副后角、副偏角。

2. 绘制方法

绘制方法与普通外圆车刀类似：

(1) 画出刀具在基面中的投影，取主偏角为 90°，并标注进给运动方向，以明确表明后刀面与副后刀面，主切削刃与副切削刃的位置。

(2) 画出切削平面(向视图)中的投影，注意放置位置。

(3) 画出主剖面、副剖面。

(4) 标注相应角度数值(此处用符号表示)，如图 1－33 所示。

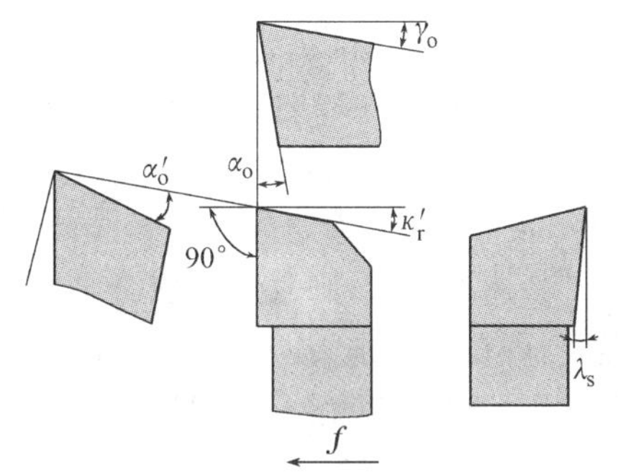

图 1－33　90°外圆车刀的绘制

注意：外圆车削一般采用的刀具有 45°弯头刀、60°～75°外圆车刀、90°偏刀等几种。由于主偏角的不同，它们的应用场合有明显的区别。45°弯头刀适用于车削外圆端面和倒角，是一种多用途车刀；90°偏刀适用于车削外圆、端面和台阶；60°～75°外圆车刀适用于粗、精车外圆。增大主偏角可减小加工中的振动；减小主偏角，有利于提高刀具的强度。

(二) 切断刀的绘制

1. 结构分析

切断刀采用横向进给方式对工件进行切削加工，主要用于工件的切槽或切断。切断刀共有 4 个刀面：一个前刀面、一个主后刀面、两个副后刀面，切断刀有左右两个刀尖，一条主切削刃，两条副切削刃。切断刀可以看作是两把端面车刀的组合，进刀时同时切削左右两个端面。由于它有 4 个刀面，故所需标注的独立角度有 8 个：控制前刀面的前角、刃倾角，控制主后刀面的主偏角、后角，控制左、右副后刀面的 2 个副偏角和 2 个副后角。

2. 绘制方法

绘制方法与外圆车刀类似，如图 1－34 所示。需要指出的是，切断刀有两个副后刀面，需要画出两个副剖面。

注意：一般切断刀的主切削刃较窄，刀头较长，所以强度较差。生产中普遍使用的是高速钢切断刀，其主要参数选择如下。前角：切断中碳钢时，取 20°～30°；切断铸铁时，取 0°～10°。后角：切断脆性材料时，取小些，切断塑性材料时，取大些，一般取 4°～8°。副后角：切断刀有两个对称的起减少摩擦作用的副后角，一般取 1°～2°。主偏角：由于切断刀采用横向走刀，因此一般采用 90°的主偏角，但在进行切断加工时，会在工件端面上留下一个小凸台，解决的方法是把主切削刃磨得略微斜些。

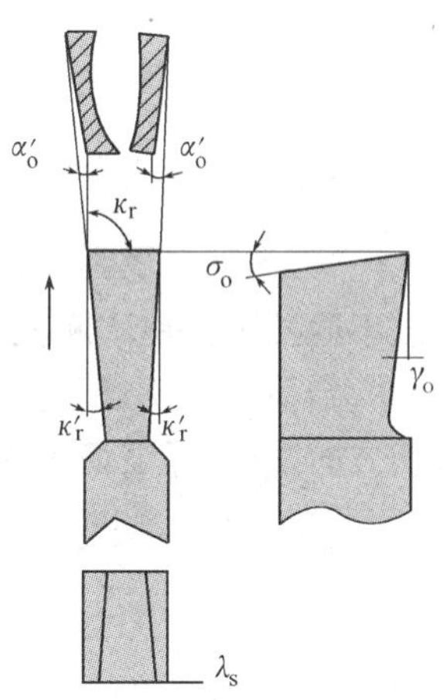

图 1－34　切断刀的绘制

副偏角：为了不过多削弱刀头强度，一般取 1°～1.5°。

主切削刃宽度和刀头长度，可按下列公式计算：

$$\begin{cases} a=(0.5\sim0.6)\sqrt{D} \\ L=h+(2\sim3) \end{cases}$$

式中：a——主切削刃宽度，mm；

D——工件待加工表面直径，mm；

L——刀头长度，mm；

h——工件被切入的深度，mm（切实心件时等于工件半径，切空心件时，等于壁厚）。

高速切削时，则采用硬质合金切断刀，其要求与高速钢切断刀相同。为了增强切断刀的强度，可在主切削刃两侧磨出过渡刃，并在主切削刃上磨出负倒棱，还可以把刀头下部做成凸肚形。切断大直径工件时，为减少振动，可采用反切刀进行切削，使工件反转。

（三）内孔车刀的绘制

由于内孔车刀的结构组成类似于外圆车刀，所以不再赘述，下面将通过一个实例加以说明。例如，试根据以下参数绘制内孔车刀刀头。

参数如下：前角 15°、后角 8°、主偏角 75°、副偏角 10°、图 1-35 中内孔车刀的绘制副后角 8°、刃倾角 −5°。

根据要求，绘制刀具如图 1-35 所示。

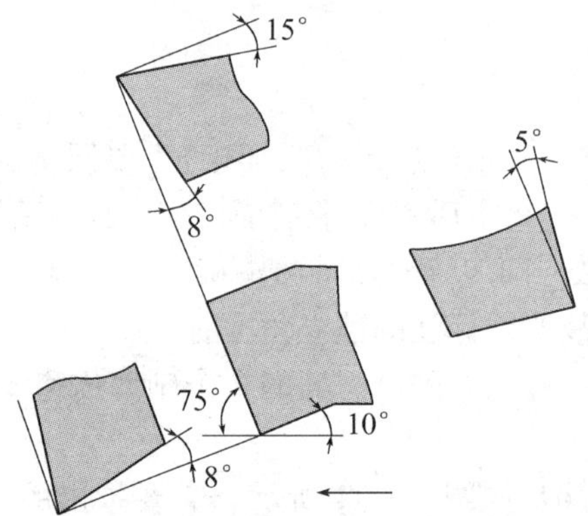

图 1-35　内孔车刀的绘制

注意：内孔有通孔、台阶孔、盲孔等几种不同的形式。车削通孔可用通孔车刀，车削台阶孔或不通孔则需用不通孔车刀，它们的主要区别在于主偏角的大小。通孔车刀的主偏角小于 90°，台阶孔或不通孔车刀的主偏角则大于 90°，且刃倾角应为负值以确保加工时切屑向刀柄方向排出，保证切削加工的顺利进行。

任务5　刃磨刀具

一、刃磨步骤

刃磨车刀时，首先必须正确地选择砂轮，然后按照以下步骤进行：

(1) 先磨后刀面，把主偏角、后角磨好。

(2) 再磨副后刀面，把副偏角、副后角磨好。

(3) 最后磨前刀面，把前角、刃倾角磨好，必要时可磨出断屑槽。

【知识链接】 磨刀时常用两种磨料的磨刀砂轮：一种是用来磨削高速钢刀具的白色氧化铝砂轮，另一种是用来磨削硬质合金刀具的绿色碳化硅砂轮。对于硬质合金车刀，应先在氧化铝砂轮上磨出刀杆上的后刀面和副后刀面，再在碳化硅砂轮上刃磨硬质合金刀片部分。3个刀面磨好后，可适当磨出刀尖圆弧，若能再用油石加些机油研磨刀刃附近的前、后刀面至光滑，则不但能使刀刃锋利，而且可以延长刀具的使用时间。需要指出的是，车刀的刃磨通常在砂轮机上手工操作，磨刀只凭目测控制角度。对于精密刀具，只有在磨刀机上通过专用夹具定位才能刃磨。

二、注意事项

(1) 磨高速钢刀具时，需要经常用水冷却刀具，以免刀头因温度过高降低硬度。磨硬质合金刀具时，不要用水冷却，否则会因急冷使刀片产生裂纹。

(2) 刃磨时，应将车刀左右移动(不能抖动)，以免因固定在砂轮一处刃磨使砂轮表面形成凹槽，影响其他刀具刃磨。

(3) 尽量避免用砂轮的侧面来刃磨刀具。

课后练习

1. 试按以下参数绘制内孔车刀刀头并做简要分析。参数如下：前角15°、后角8°、主偏角105°、副偏角10°、副后角8°、刃倾角−5°。

2. 为什么不可以随意确定切断刀刀刃宽度及刀头长度？

3. 普通外圆车刀切削部分是怎么构成的？

4. 前刀面、后刀面分别由哪些角度控制？

5. 用符号和中文标出图1－36所示外圆车刀的几何角度。

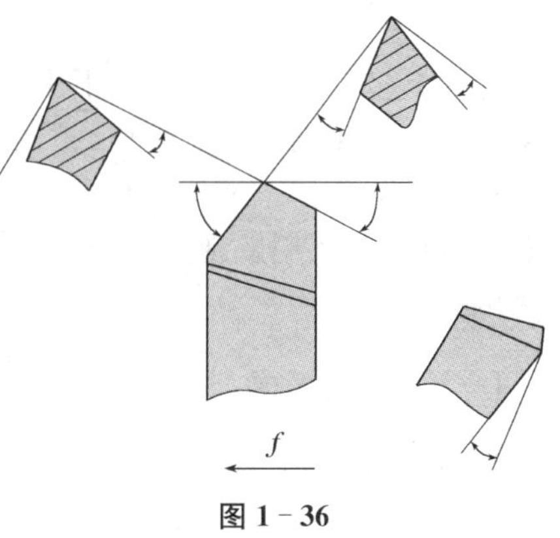

图1－36

课题二　金属加工的主要现象和规律

任务 1　切削中的变形及切屑的种类

【知识点】 (1) 切削加工中的现象；
(2) 三个变形区；
(3) 切屑的种类。

【技能点】 熟悉三个变形区。

一、任务下达

在切削加工过程中，被切削层在刀具作用下变成切屑的同时将伴有各种现象。这些现象的产生均源于加工过程中的变形。那么，在切削加工过程中，到底发生了什么样的变形？变形的规律如何？如何去衡量这些变形呢？

二、任务分析

金属切削过程是在刀具的作用下进行的，因为刀具的作用，在刀具切削刃的附近必然存在变形和不同的变形区域。由于被切削材料的性能及切削刀具几何参数的不同，造成了切削变形有巨大差异，并且在切削加工中出现了多种物理现象，例如，形成各种切屑、产生积屑瘤和刀具磨损等。这些现象的出现对切削加工必然产生相应的影响，例如，表面质量下降，加剧刀具磨损等。为了满足加工要求，必须对加工中的变形进行严格的控制，这就要求我们掌握切削加工的本质和现象，熟悉加工中的变形规律。

三、相关知识

毛坯上多余的金属被切除下来，从而变成具有所需形状和精度的合格零件。那些被切除的多余金属则会变成切屑，被回收再利用。那么这个切削的过程是怎样实现的？过去人们曾认为像斧子劈开木材那样，刀具是将工件金属劈开的。直到 19 世纪末，在大量实验的基础上，人们发现，切屑是工件材料受到刀具前刀面的推挤，发生变形最终被撕裂下来的。

(一) 切屑的形成

如图 2-1 所示，图中未变形的切削层 $AGHD$ 可看成是由许多个平行四边形组成的，如 $ABCD$, $BEFC$, $EGHF$, …，当这些平行四边形受到前刀面推挤时，便沿着 BC 方向向斜上方滑移，形成另一些平行四边形，即 $ABCD \rightarrow A'B'C'D'$, $BEFC \rightarrow B'E'F'C'$, $EGHF \rightarrow$

$E'G'H'F'$，…，由此可以看出，金属切削过程是切削层金属在刀具的前刀面推挤下，发生以剪切滑移为主的塑性变形而形成切屑的过程。

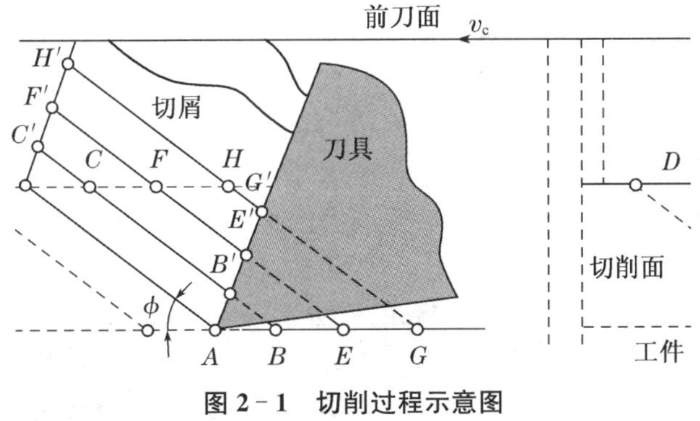

图 2-1　切削过程示意图

这非常类似于材料力学实验中压缩破坏情况。图 2-2 给出了压缩变形破坏与切削变形两者的比较。

图 2-2(a)给出了试件受压缩变形破坏的情况。试件产生剪切变形，其方向约与作用力方向成 45°夹角。当作用力 F 增加时，在 DA、CB 线的两侧还会产生一系列滑移线，但都分别交汇于 D、C 处。

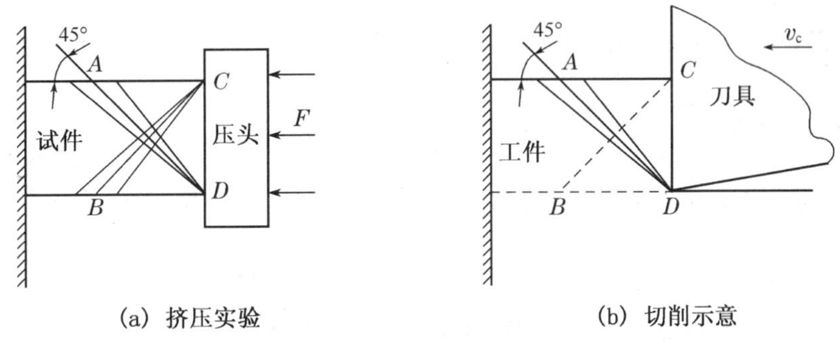

(a) 挤压实验　　(b) 切削示意

图 2-2　挤压与切削比较

图 2-2(b)所示情况与图 2-2(a)的区别在于：切削时，试件上 DB 线以下还有工件材料的阻碍，故 DB 线以下的材料将不发生剪切滑移变形，剪切滑移变形只在 DB 线以上沿 DA 方向进行，DA 就是切削过程的剪切滑移线。实际上，由于刀具具有前角，刀具和工件之间存在摩擦作用，所以剪切滑移变形会比较复杂。

（二）切屑形成的力学模型

为了研究前刀面摩擦对塑性金属切屑变形的影响，先要分析作用在切屑上的力的情况。在直角自由切削下，作用在切屑上的力有：前刀面上的法向力 F_n 和摩擦力 F_f，在剪切面上也有一个正压力 F_{ns} 和剪切力 F_s，如图 2-3 所示。这两对力的合力应该互相平衡。如果把所有的力都画在切削刃前方，可得如图 2-4 所示的各力的关系。图中 F_r 是 F_n 和 F_f 的合力，称为切屑形成力。剪切角 ϕ 是指发生剪切滑移的面和切削速度方向之间的夹角，β 是 F_r 和 F_n 之间的夹角，称为摩擦角。F_c 是切削运动方向的切削分力，F_p 是和切削运动方向垂

直的切削分力。用 τ 表示剪切面上的剪应力，则有

$$F_s=\tau A_s=\frac{\tau A_D}{\sin\phi} \tag{2-1}$$

$$F_s=F_r\cos(\phi+\beta-\gamma_o) \tag{2-2}$$

$$F_r=\frac{F_s}{\cos(\phi+\beta-\gamma_o)}=\frac{\tau A_D}{\sin\phi\cos(\phi+\beta-\gamma_o)} \tag{2-3}$$

式中，A_s 为剪切面截面积(mm^2)。

如果用测力仪测出 F_c 和 F_p 的值，后刀面上的作用力，可以用式(2-4)、式(2-5)求出摩擦角 β。

这就是通常测定前刀面上摩擦系数 μ 的方法。

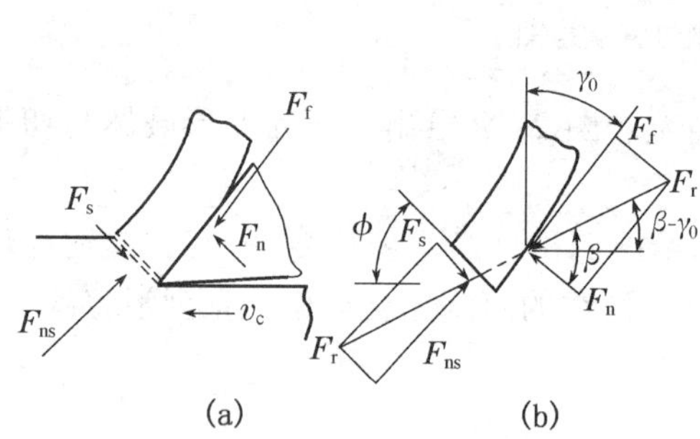

图 2-3　作用在切屑上的力

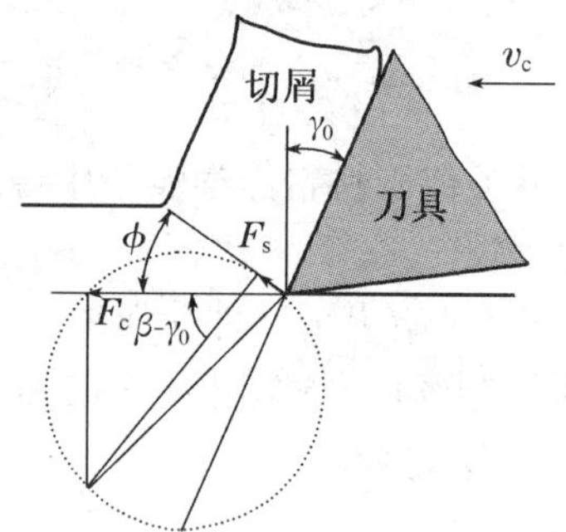

图 2-4　直角自由切削时力与角度的关系

(三) 变形区的划分

根据如图 2-5 所示的金属切削过程中的流线，即被切削金属的某一点在切削过程中流动的轨迹，可以大致划分出三个变形区。

1. 第一变形区——金属的剪切变形

从 OA 线开始发生塑性变形，到 OM 线晶粒的剪切滑移基本完成，这一区域称为第一变形区(Ⅰ)。图 2-5 中的 OA、OM 虚线实际上就是图 2-6 中的等切应力曲线。当切削层中金属某点 P 向切削刃逼近，到达点 1 的位置时，若通过点 1 的等切应力曲线 OA，其切应力达到材料的屈服强度 τ_s，则点 1 在向前移动的同时，也沿 OA 滑移，其合成运动将使点 1 流动到点2。2′—2就是它的滑移量。随着滑移的产生，切应变将逐渐增加，也就是当P点向

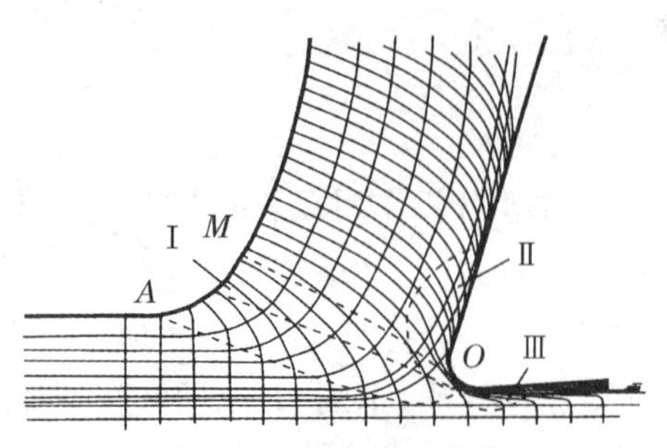

图 2-5　金属切削过程中的流线与三个变形区示意图

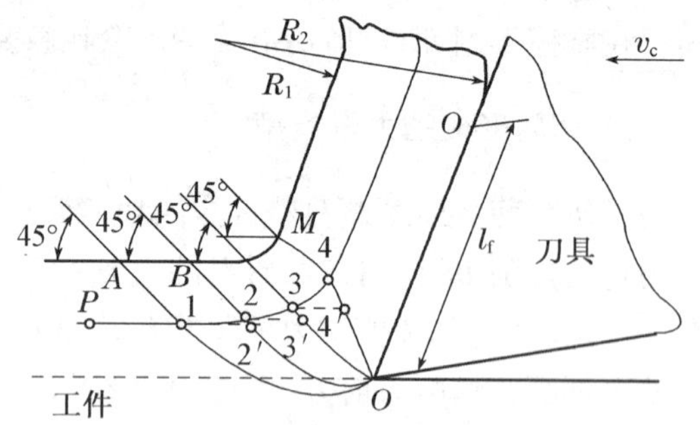

图 2-6　第一变形区金属的滑移

1,2,3,…各点移动时,它的剪应变不断增加,直到点4位置,此时其流动方向与前刀面平行,不再沿 OM 线滑移。所以在 OA 到 OM 整个第一变形区内,其变形的主要特征就是沿滑移线的剪切变形,以及随之产生的加工硬化。在这里 OA 被称为始剪切线或始滑移线,OM 被称为终剪切线或终滑移线。

沿滑移线的剪切变形,从金属晶体结构的角度来看,就是晶粒中的原子沿着滑移平面所进行的滑移。可以用图2－7所示的模型来说明,工件原材料的晶粒,可以看成是圆的颗粒(如图2－7(a)所示)。当它受到切应力时,晶粒内部原子沿滑移平面发生滑移,使晶粒呈椭圆形。这样,圆的直径 AB 就变成椭圆的长轴 $A'B'$(如图2－7(b)所示)。$A''B''$ 就是晶粒纤维化的方向(如图2－7(c)所示)。从图2－8可见,晶粒伸长的方向不与剪切面重合,而成一个角度 ψ。图2－5中的第一变形区较宽,代表的是切削速度很低的情况。在一般切削速度范围内,第一变形区的宽度仅为0.02～0.2 mm,所以可以用一个剪切面来近似表示。

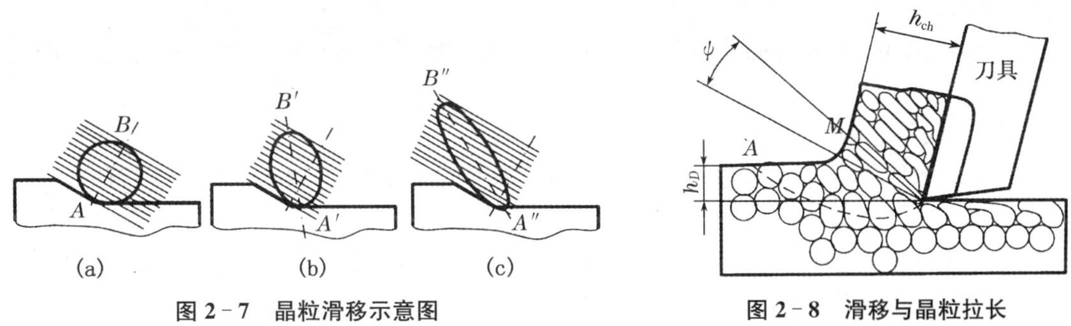

图2－7　晶粒滑移示意图　　　图2－8　滑移与晶粒拉长

剪切角的计算。

(1) 麦钱特(M. E. Merchant)公式。

该公式是根据合力最小原理来计算剪切角,从图2－4可以看出,剪切角 ϕ 大小不同,则切削合力 F_r 之值亦随之而异。剪切角 ϕ 的大小应使切削力 F_r 为最小值。

对式(2－1)

$$F_t=\frac{\tau A_D}{\sin\phi\cos(\phi+\beta+\gamma_o)} \tag{2-4}$$

求微商,并令 $\frac{dF_t}{d\phi}=0$　　(2－5)

可求出 F_t 为最小值时 ϕ 之值,得

$$\phi=\frac{\pi}{4}-\frac{\beta}{2}+\frac{\gamma_o}{2} \tag{2-6}$$

(2) 李和谢弗(Lee and Shaffer)公式。

该公式也称为切削第一定律,是根据主应力方向与最大切应力方向之间的夹角为45°的原理来计算剪切角。图2－4中 F_r 的方向便是主应力的方向,而 F_s 的方向就是最大切应力的方向,两者之间夹角为($\phi-\beta-\gamma_o$)。根据主应力方向与最大切应力方向之间的夹角为45°(实际为40°～55°)的原理,可以得到

$$\phi+\beta-\gamma_o=\frac{\pi}{4}$$

即
$$\phi=\frac{\pi}{4}-\beta+\gamma_o \qquad (2-7)$$

从式(2-6)和式(2-7)都能看出：

① 当前角 γ_o 增大时，ϕ 随之增大，变形减小。可见在保证切削刃强度的前提下，增大刀具前角对改善切削过程是有利的。

② 当摩擦角 β 增大时，ϕ 随之减小，变形增大。因此在低速切削时，采用切削液以减小前刀面上的摩擦系数是很重要的。

上述两式的计算结果和实验结果在定性上是一致的，但在定量上则有出入。麦钱特公式给出的计算值偏大，而李和谢弗公式给出的计算值则偏小。其原因大致有以下几点：

① 在图 2-4 表示的切削模型里，把切削刃看作是两个面相交的一条线，因而是绝对锋利的。但是实际上切削刃是圆钝的，近似一个以 γ_n 为半径的圆柱面，切削刃的这个钝圆半径将影响滑移线的方向和形状。

② 在模型里，把剪切面作为一个假想的平面，而实际上它是一个有一定宽度的变形区。

③ 未考虑金属内部杂质及缺陷对变形的影响。

④ 用一个简单的平均摩擦系数 μ 来表示前刀面的摩擦情况是和实际情况不符的。

2. 第二变形区——金属的挤压变形

切屑沿前刀面流出时进一步受到前刀面的挤压和摩擦，使靠近前刀面处的金属纤维化，其方向基本上和前刀面平行，这一区域称为第二变形区(Ⅱ)。

切屑要沿前刀面方向流出，还必须克服刀具前刀面对切屑挤压而产生的摩擦力。切屑在受到前刀面挤压、摩擦的过程中进一步发生变形，这就是第二变形区的变形。这个变形主要集中在和前刀面摩擦的切屑底面很薄的一层金属里，表现为该处晶粒纤维化的方向和前刀面平行。这种作用，离前刀面越远，影响越小。所以切削厚度较大时，第二变形区所占的比例就相对小些。在图 2-1 中，只考虑剪切面的滑移，把各单元看作平行四边形的薄片，实际上由于第二变形区的挤压，这些单元的底面被挤压伸长，如图 2-9 所示。它的形状不再是 $aAMm$ 那样的平行四边形，而是变成类似 $bAMm$ 那样的梯形了。许多这样的梯形叠起来，就形成了卷曲的切屑。

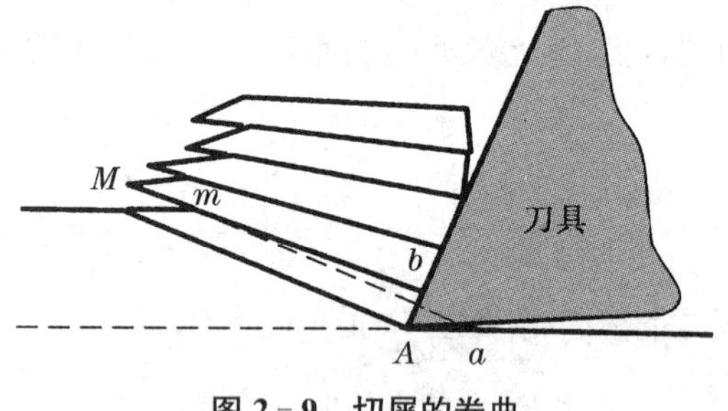

图 2-9 切屑的卷曲

应该指出，第一变形区和第二变形区是相互关联的，前刀面的摩擦情况(摩擦力、摩擦系数和摩擦性质等)对第一变形区的剪切面方向有很大关系。前刀面上的摩擦力大时，切屑排出不通畅，挤压变形加剧，引起第一变形区的剪切滑移也随之增大。

在切削塑性金属的过程中，由于切屑与前刀面之间的压力很大，可以达到 2～3 GPa，再加上几百度的高温，使切屑底部与刀具的前刀面发生黏结现象，这就是一般所说的冷焊现象。在这种情况下，切屑与前刀面之间就不再是一般的外摩擦，而是切屑和刀具黏结层与其上层金属之间的内摩擦。这种内摩擦实际上就是金属内部的滑移剪切，它与材料的流动应力特性以及黏结面积大小有关，所以它的规律与外摩擦不同。外摩擦力的大小与摩擦系数以及压力有关，而与接触面积无关。图2-10 所示为发生黏结情况时，刀具和切屑的摩擦情况。刀具与切屑的接触面分两个区域：在黏结部分为内摩擦，这部分的单位切向力等于材料的剪切屈服强度 τ_s；黏结部分之外为外摩擦，即滑动摩擦，该处的单位切向力 τ_γ 由 τ_s 逐渐减小到零。图中也表示出在整个接触区域上，正应力 σ_γ 的分布情况，即在刀处最大(假定刀具绝对锋利，切削厚度较小)，逐渐减小到零。由此可见，如果以 $\tau_\gamma/\sigma_\gamma$ 表示摩擦系数，则前刀面上各点的摩擦系数是变化的，而且内摩擦力显然要比外摩擦力大得多。此外，分析问题时，着重考虑的是内摩擦。

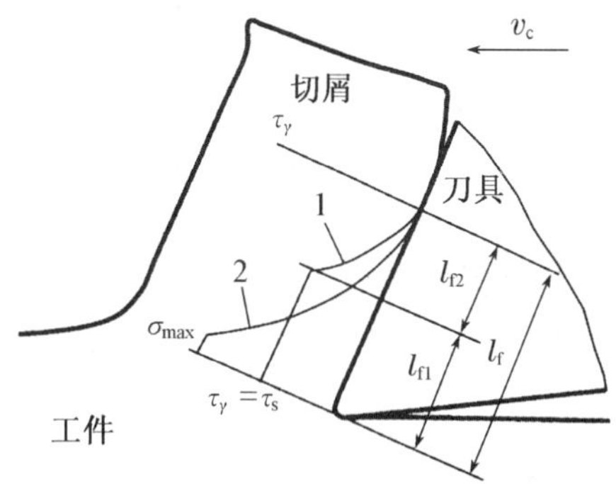

图 2-10 切屑与前刀面摩擦情况

1—单位切向力 τ_γ 分布曲线；2—正应力 σ_γ 分布曲线；l_f—刀具—切屑接触区长度；l_{f1}—黏结区长度；l_{f2}—滑动区长度。

令 μ 代表前刀面上的平均摩擦系数，则按内摩擦的规律有

$$\mu=\frac{F_{f\gamma}}{F_{n\gamma}}=\frac{\tau_\gamma A_f}{\sigma_\gamma A_f}=\frac{\tau_\gamma}{\sigma_\gamma} \tag{2-8}$$

式中，$F_{f\gamma}$为前刀面上的摩擦力；$F_{n\gamma}$为前刀面上的法向力；A_f 为刀具与切屑接触面积。

在 l_{f1}区内，τ_γ 等于工件材料本身的剪切屈服强度 τ_s，τ_γ 随切削温度的升高而略有下降，如果用平均法向力 σ_{av}代替 σ_γ，则

$$\mu=\frac{\tau_\gamma}{\sigma_\gamma}\approx\frac{\tau_s}{\sigma_{av}} \tag{2-9}$$

σ_{av}随工件材料的硬度、切削厚度、切削速度以及刀具前角的变化，在较大的范围内变动，因此内摩擦区摩擦系数 μ_1 是个变数，而外摩擦区摩擦系数 μ_2 则可以看成常数。

3. 第三变形区

已加工表面受到切削刃钝圆部分和后刀面的挤压、摩擦与回弹，造成纤维化与加工硬化。这一区域的格子线变形也是较密集的，称为第三变形区(Ⅲ)。

这三个变形区汇集在切削刃附近，应力比较集中而且复杂，金属的被切削层就在此处分离，一部分变成切屑，一部分留在已加工表面上。切削刃对于切屑的切除和已加工表面的形成有很大关系。所以研究金属切削过程，就要研究三个变形区的变形情况。

(四) 变形程度的表示方法

1. 相对滑移 ε

在切削塑性金属的过程中，金属变形的主要形式是剪切滑移，采用“相对滑移”ε 这一指标来衡量变形程度。如图 2-11 所示，当平行四边形 $OHNM$ 发生剪切变形后，变为平行四边形 $OGPM$，其相对滑移为

$$\varepsilon=\frac{\Delta s}{\Delta y} \tag{2-10}$$

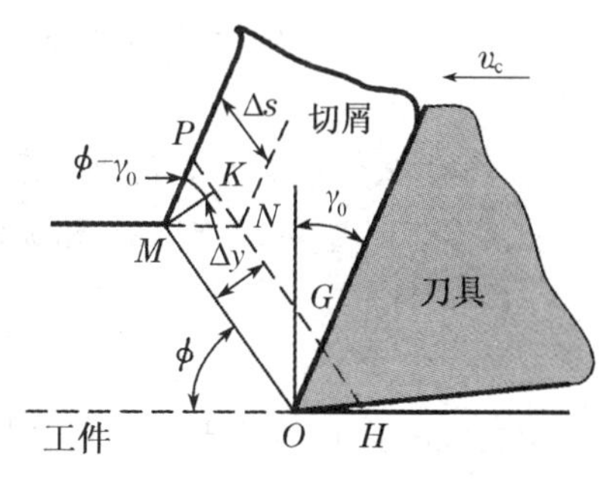

图 2-11 剪切变形示意图

在切削过程中，相对滑移可以近似地看成是发生在剪切面 NH 上。剪切面 NH 被推移到 PG 的位置，故有

$$\varepsilon=\frac{\Delta s}{\Delta y}=\frac{NP}{MK}=\frac{NK+KP}{MK}$$

则得

$$\varepsilon=\cot\phi+\tan(\phi-\gamma_o) \tag{2-11}$$

或

$$\varepsilon=\frac{\cos\gamma_o}{\sin\phi\cos(\phi-\gamma_o)}$$

由上式可知在刀具前角一定的情况下，相对滑移仅与剪切角 ϕ 有关。在实际应用中必须用快速落刀装置获得切屑根部图片，才能测量出剪切角，操作过于麻烦。所以一般使用变形系数来度量。

2. 变形系数 A

实践表明，在金属切削加工中，刀具切下的切屑厚度 h_{ch} 通常都要大于工件上切削层的厚度 h_D，而切屑长度 l_{ch} 却小于切削层长度 l_D，如图 2-12所示。根据这一事实来衡量切屑的变形程度，就得出了切屑变形系数 A 的概念。切屑厚度 h_{ch} 与切削层厚度 h_D 之比，称为厚度变形系数 A_h；而切削层长度 l_D 与切屑长度 l_{ch} 之比，称为长度变形系数 A_l 即

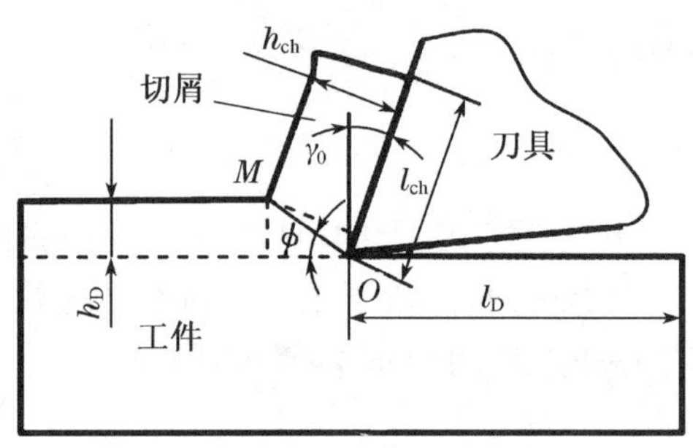

图 2-12　变形系数 A 的计算参数

$$A_h=\frac{h_{ch}}{h_D} \tag{2-12}$$

$$A_l=\frac{l_D}{l_{ch}} \tag{2-13}$$

由于工件上切削层变成切屑后宽度的变化很小，根据体积不变原理，显然

$$A_h=A_l=A \tag{2-14}$$

变形系数 A 是大于 1 的数，它直观地反映了切屑变形程度，并且比较容易测量。l_D 是试件对应于切屑长度 l_{ch} 的切削层长度；l_{ch} 可在试验时用细铜丝量出。显而易见，A 值越大，表示切屑越厚越短，标志着切屑变形越大。这个方法直观简便，所以在定性分析问题时应用较多。

3. 相对滑移与变形系数的关系

从图 2-12 中可以推出 A 和 ϕ 的关系。

$$A=A_h=\frac{h_{ch}}{h_D}=\frac{OM\sin(90°-\phi+\gamma_o)}{OM\sin\phi} \tag{2-15}$$

由式(2-15)可知，当剪切角 ϕ 增大时，变形系数 A 减小。将式(2-15)变换后可写成

$$\tan\phi=\frac{\cos\gamma_o}{A-\sin\gamma_o} \tag{2-16}$$

将式(2－16)代入式(2－11)，可得

$$\varepsilon=\frac{A^2-2A\sin\gamma_o+1}{A\cos\gamma_o} \tag{2-17}$$

由式(2－17)可知 ε 和 A 的关系：

(1) 变形系数并不等于相对滑移 ε。

(2) 当 $A\geqslant 1.5$ 时，对于某一固定的前角，相对滑移 ε 与变形系数 A 成正比。因此，在一般情况下，变形系数 A 可以在一定程度上反映相对滑移 ε 的大小。

(3) 当 $A=1$ 时，即 $h_D=h_{ch}$，相对滑移并不等于零，因此，切屑还是有变形的。

(4) 当 $\gamma_o=15°\sim30°$，变形系数 A 即使具有同一的数值，倘若前角不相同，相对滑移 ε 仍然不相等，前角越小，ε 就越大。

(5) 当 $A<1.2$ 时，不能用 A 表示变形程度。原因是：当 A 在 1～1.2 之间，A 虽减小，但 ε 却变化不大。

(五) 切屑的类型

由于工件材料不同，切削条件不同，切削过程中的变形程度也就不同，因而所产生的切屑种类也就多种多样。如图 2－13 所示，切屑可分为以下四种类型：带状切屑、节状切屑、粒状切屑及崩碎切屑。

1. 带状切屑

带状切屑是最常见的一种切屑。它的内表面是光滑的，外表面是毛茸的。用显微镜观察，在外表面就可以看到剪切面的条纹，但每个单元很薄，肉眼看起来大体上是平整的，如图 2－13(a)所示。一般在加工塑性大的金属材料时，采用较小的切削厚度和较高的切削速度，在刀具前角较大时得到的是这类切屑。它的切削过程比较平稳，切削力波动较小，已加工表面粗糙度较小，容易划伤工件。

2. 节状切屑

节状切屑又称挤裂切屑，外形和带状切屑不同之处在于外表面呈锯齿形，有明显裂痕，内表面有时有裂纹，并未断开，如图 2－13(b)所示。这种切屑在加工中等塑性金属材料时，切削速度较低，切削厚度较大，并在较小刀具前角的情况下产生。它的切削力波动较大，已加工表面粗糙度高。

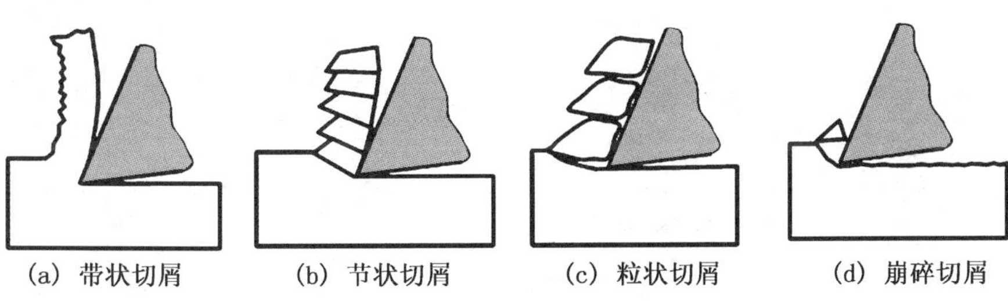

(a) 带状切屑　(b) 节状切屑　(c) 粒状切屑　(d) 崩碎切屑

图 2－13　切屑的类型

3. 粒状切屑

当切屑形成时，如果整个剪切面上切应力超过了材料的破裂强度，则整个单元被切离，金属切削原理与刀具成为梯形的粒状切屑，如图 2－13(c)所示。由于各粒形状相似，所以又被称为单元切屑。它是在加工塑性更差的金属时，使用更低的切削速度，更大的切削厚度，更小的刀具前角的情况下产生的。它的切削力波动更大，已加工表面粗糙度更高，甚至有鳞片状毛刺出现。

4. 崩碎切屑

切削脆性金属时，由于材料的塑性很小、抗拉强度较低，刀具切入后，切削层内靠近切削刃和前刀面的局部金属未经明显的塑性变形就在拉应力状态下脆断，形成不规则的碎块状切屑，如图 2－13(d)所示。工件材料越是硬脆，切削厚度越大时，越容易产生这类切屑。崩碎切屑的切削力波动最大，已加工表面凸凹不平，容易造成刀具破坏，对机床不利。

前三种切屑是切削塑性金属时得到的。在生产中一般最常见到的是带状切屑，当切削厚度大时得到节状切屑，粒状切屑比较少见。在形成节状切屑的情况下，进一步减小前角，或加大切削厚度，就可以得到粒状切屑。反之，如果加大前角，提高切削速度，减小切削厚度，则可得到带状切屑。这说明切屑的形态是可以随切削条件而转化的。

任务 2　切屑的控制与断屑

【知识点】（1）切屑流向；

（2）断屑方法。

【技能点】掌握断屑方法。

一、任务下达

在切削加工过程中，随着被切削层在刀具作用下变成切屑。切屑流向如何？该如何控制？

二、任务分析

切削过程中的金属切削层材料，在经过第一变形区的塑性变形后转变成切屑，从前刀面上流出。当加工时产生连绵不断的带状切屑时，不仅容易划伤工件加工表面和损坏刀刃，严重时还会威胁到操作者的安全。所以，采取必需的工艺措施，控制屑型和断屑一直是机加工中极为重要的工艺问题。由于切屑是切削层变形的产物，所以，改变切削加工条件是改变切屑种类、实现断屑的有效途径，而影响切削加工条件的因素主要包括工件材料、刀具几何角度及切削用量等。

三、相关知识

（一）切屑流向

1. 切屑的形状

影响切屑的处理和运输的主要因素是切屑的形状，随着工件材料、刀具几何形状和切削用量的差异，所生成的切屑的形状也会不同。切屑的形状大体有带状屑、C 形屑、崩碎屑、螺卷屑、长紧卷屑、发条状卷屑和宝塔状卷屑等，如图 2－14 所示。

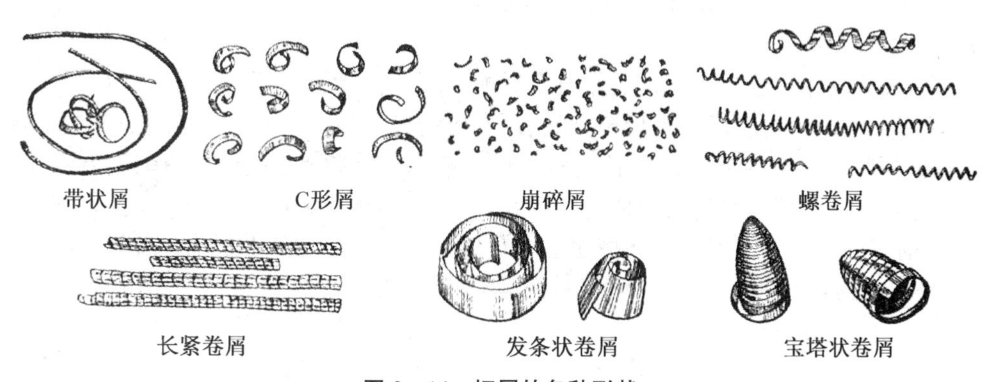

图 2－14　切屑的各种形状

车削一般的碳钢和合金钢工件时，采用带卷屑槽的车刀易形成C形屑。C形屑不会缠绕在工件或刀具上，也不易伤人，是一种比较好的屑形。但C形屑多数是碰撞在车刀后刀面或工件表面上折断的，如图2－15所示，切屑高频率的碰撞和折断会影响切削过程的平稳性，对工件已加工表面的粗糙度也有一定的影响。所以，精车时一般多希望形成长螺卷屑，如图2－16所示，使切削过程比较平稳。

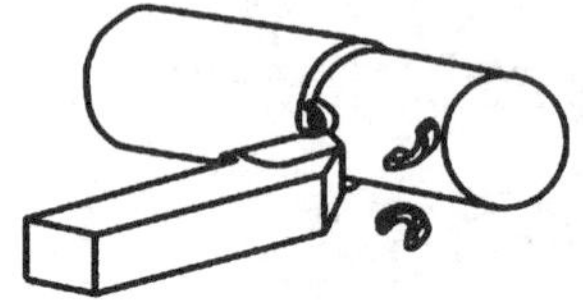

图2－15　C形屑折断过程

长紧卷屑形成过程比较平稳，清理也较方便，在普通车床上是一种比较好的屑形。但要求形成长紧卷屑时，必须严格控制刀具的几何参数和切削用量。

在重型车床上用大切深、大进给量车削钢件时，切屑将会又宽又厚，若形成C形屑则容易损伤切削刃，甚至会飞崩伤人。所以，通常多将卷屑槽的槽底圆弧半径加大，使切屑卷曲成发条状，如图2－17所示，在工件加工表面上顶断，并靠其自重坠落。

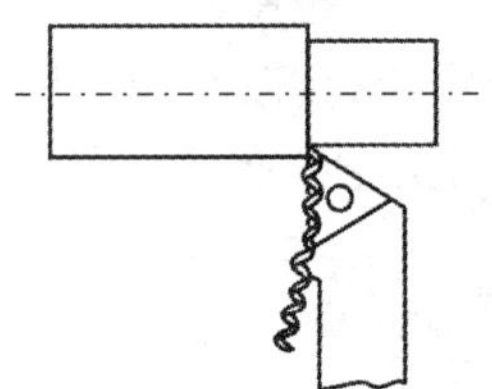

图2－16　精车时的长螺卷屑

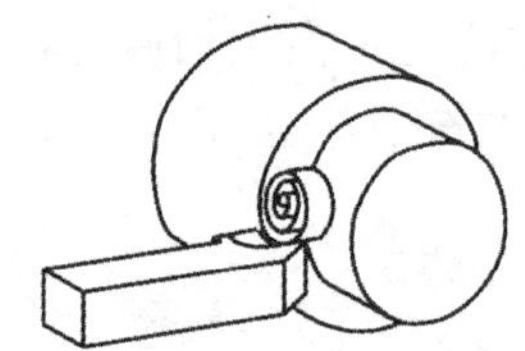

图2－17　大切深时的发条状卷屑

在自动机或自动线上，宝塔状卷屑不会缠绕工件或刀具，清理也较方便，是一种比较好的屑形。车削铸铁和脆黄铜等脆性材料时，切屑崩碎成针状或碎片飞溅，可能伤人，并易研损机床滑动面。这时，应设法使切屑连成卷状。如采用波形刃脆铜卷屑车刀，可以使脆铜和铸铁的切屑连成螺状短卷。

由此可见，切削加工的具体条件不同，要求切屑的形状也应有所不同。脱离具体条件，孤立地评论某一种切屑形状的好坏是没有实际意义的。

2. 卷屑和断屑

为了使切屑卷曲，通常在刀具上作出卷屑槽。要正确地选择卷屑槽的几何参数以及正确地选择切削用量和卷屑槽进行配合，以达到卷屑的目的，就得先研究一下卷屑的机理。图2－18可说明带有倒棱的全圆弧形卷屑槽卷屑的机理。在倒棱的上方，切削层有一个停留区，这停留区实际上是积屑瘤的一种特殊形式，它与基面构成积屑瘤前角 γ_b，这 γ_b 随着切削厚度和切削速度而变化。因为切屑按照这个角度进入卷屑槽，故又称为进入角。通常 $\gamma_b<40°$。如果刀具前角 $\gamma_o=\gamma_b$ 切屑便沿着槽底运动，切屑卷曲半径 R_c 便等于槽的半径 R_n。如果刀具前角 $\gamma_o>\gamma_b$，切屑便不与槽底接触，而是与槽的后缘接触，这时切屑卷曲的半径 R_c 大于槽的半径 R_n。从 $\triangle AOE$ 看，$\angle AOE=\gamma_b$。故 R_c、γ_b 及 W_n 之间有如下关系：

$$R_c=\frac{W_n}{2\sin\gamma_o} \tag{2-18}$$

式中，如果 $\gamma_b \geqslant \gamma_o$，那么，$R_c = R_n$。从式(2-18)看出，对于一定的 γ_b，R_c 随着 W_n 的减小而减小。

直线形卷屑槽的卷屑机理和全圆弧形的类似。如图 2-18 所示。在不生成积屑瘤的情况下，切屑与卷屑槽相切于切屑和前刀面接触的终点 A 及和斜面接触的始点 B。从 $\triangle AOE$ 得如下关系式：

$$R_c = \frac{W_n}{2\sin\frac{\alpha}{2}} \tag{2-19}$$

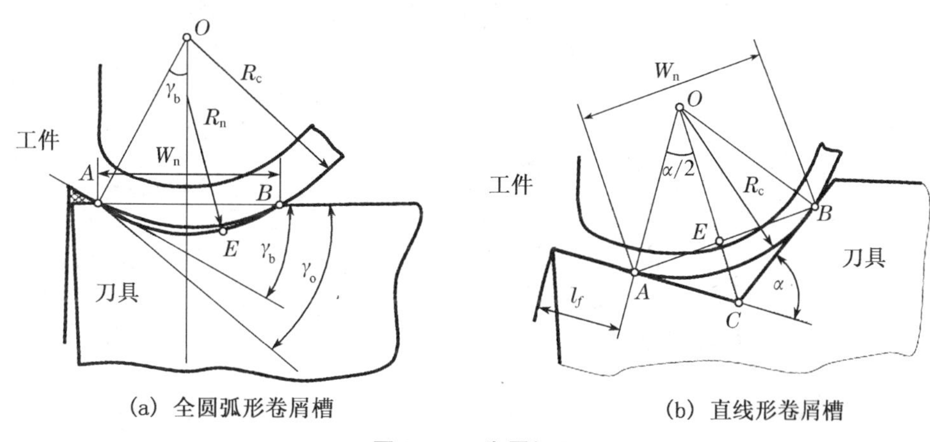

(a) 全圆弧形卷屑槽　　(b) 直线形卷屑槽

图 2-18　卷屑机理

切屑卷曲后如果成为螺旋状，在流出时不会碰到工件，而是切屑的端点抵着后刀面，如图 2-19(a)所示。当切屑继续流出，抵住后刀面的切屑端点，由于后刀面的阻挡和摩擦力的作用而不能移动，切屑的圆环只好胀大，如虚线所示。因而在环的内侧出现拉应力，切屑于是在拉应力最大处的 F 点折断。

切屑的这种折断是由于切屑环的内侧拉应力的作用所致。如图 2-19(b)所示的发条状切屑的折断也属于这一原因。当发条状切屑卷曲的圈数越来越多时，它的外圆半径便越来越大。屑环左侧受到来自工件的作用力也就越来越大，在 F 点处产生的向外弯曲的力矩随之增大，直至环内侧产生足够大的拉应力而使切屑环折断。

C 形切屑碰到工件折断的机理如图 2-19(c)所示。C 形切屑虽然和发条状切屑都是在平面里卷曲的，但是前者的卷曲半径比后者的大许多，因而在切屑端部与工件接触的地方，因工件运动而产生的摩擦力仍不能将切屑卷曲成为发条状。由于切屑连续流出，并受到工件的阻挡，而被迫增大卷曲半径，所以引起了切屑圆弧内侧 F 点拉应力增大，最终将切屑折断。

长螺卷屑的折断机理和上文所说的三种都不相同。长螺卷屑达到一定长度之后，由于重力的作用而下垂，并且在离卷屑槽不远的地方弯曲，在弯曲的地方产生弯曲应力。同时还由于切屑的连续流出，长螺卷屑绕着它自己的轴线旋转。这样，在弯曲的地方产生的弯曲应力便变成交变的弯曲应力，再加上切屑下垂部分的甩动而促使长螺卷屑折断。

影响断屑的因素还有工件材料、刀具角度和切削用量等。

(1) 被切削材料的屈服极限强度越小，则弹性恢复少，越容易折断。

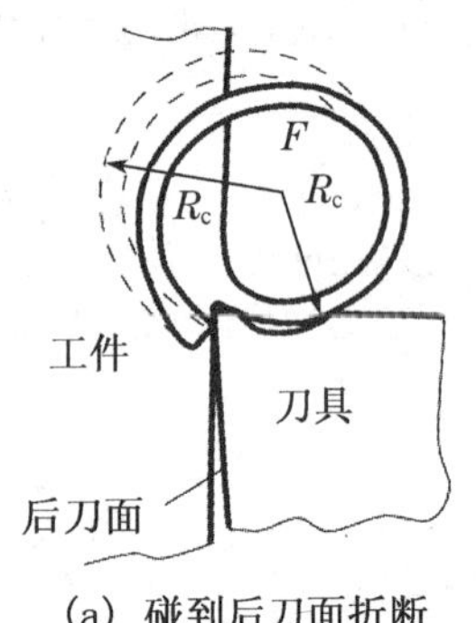

(a) 碰到后刀面折断

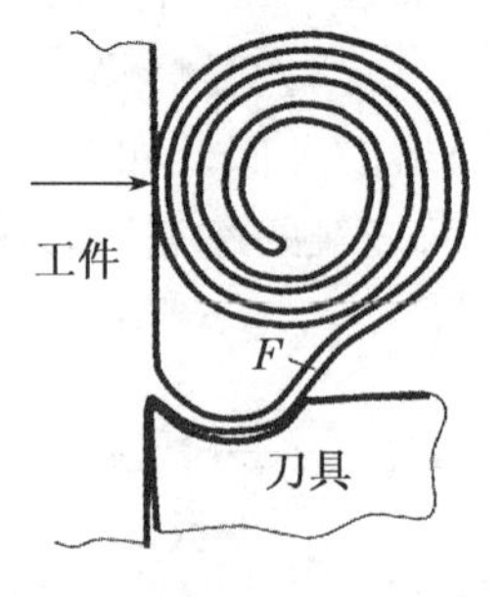

(b) 发条状切屑碰到工件折断

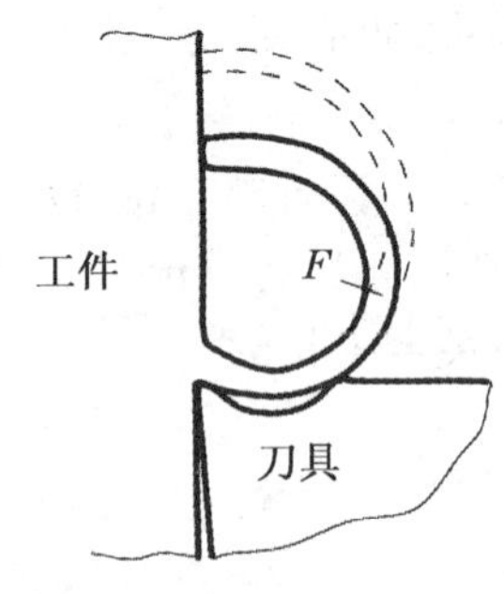

(c) C形切屑碰到工件折断

图 2-19　断屑机理

(2) 被切削材料的弹性模量大时,也容易折断。

(3) 被切削材料塑性越低,越容易折断。

(4) 切削厚度 h_D 越大,则应变增大,容易断屑,而薄切屑则难断。

(5) 背吃刀量 a_p 增加,则断屑困难增大。

(6) 切削速度 v_c 提高时,断屑效果降低。

(7) 刀具前角 γ_o 越小,切屑变形越大,容易折断。

(二) 断屑方法

切屑断与不断的根本原因在于切屑形成过程中的变形和应力,当切屑处于不稳定的变形状态或切屑应力达到其强度极限时,就会断屑,通常切屑是卷曲后折断的。

本课题引入实例中带状切屑不易折断的原因就在于其弯曲变形不足、应力过小。

工件材料、刀具角度和切削用量等都是影响断屑的因素。合理选择刀具几何角度、切削用量、磨断屑槽是常用的断屑方法。

针对本课题引入中的实例,可以有多种措施解决断屑问题,其中最简单易行的措施就是增加进给量,本例中,当将进给量提高到 0.4 mm 时,就实现了断屑。

1. 减小前角、增大主偏角

前角和主偏角是对断屑影响较大的刀具几何角度。增大前角,切屑变形小,不易断屑。减小前角,加剧切屑变形,易于断屑。由于将前角磨小会增大切削力,限制了切削用量的提高,严重时会损坏刀具,甚至“闷车”,一般不单纯采用减小前角来断屑。

增大主偏角,可增大切削厚度,易于断屑。例如,同样条件下 90°刀就比 45°刀容易断屑。此外,增大主偏角,有利于减小加工中的振动。所以,增大主偏角是一种行之有效的断屑方法。

2. 减小切削速度、增大进给量

改变切削用量是断屑的另一措施。增大切削速度,切屑底层金属变软且切屑变形不充分,不利于断屑。减小切削速度,反而容易断屑。因此,在车削时,可通过降低主轴转速,减小切削速度来断屑。

增大进给量,可增大切屑厚度,易于断屑。这是加工中经常采用的一种断屑手段,不过应当注意,随着进给量的增大,工件表面粗糙度值将会明显增大。

车削工件时，往往有这样的情况，有时吃刀深了不断屑，吃刀稍浅一点就能断屑。这是因为当背吃刀量增加时，切削宽度随之增大，薄而宽的切屑变形和应力小，不易折断。当背吃刀量浅时，切屑变得短而厚，变形和应力大，容易折断。但是如果背吃刀量过小，切屑的截面积减小，应力小，也不容易断屑。

不难发现，适当调整切削用量或改变刀具几何角度确实能解决断屑问题，但这样做有时会影响到切削用量和刀具角度的合理性，从而造成加工效率和刀具寿命的明显降低。当前，普遍采用在刀具上磨制断屑槽的方法强制断屑。

3. 开设断屑槽

断屑槽是指在刀具前刀面上做出的槽，有折线形、直线圆弧形、全圆弧形三种槽型，如图2-20所示。

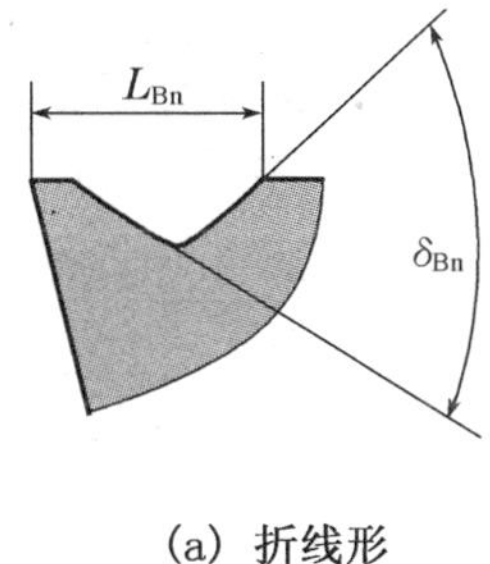

(a) 折线形

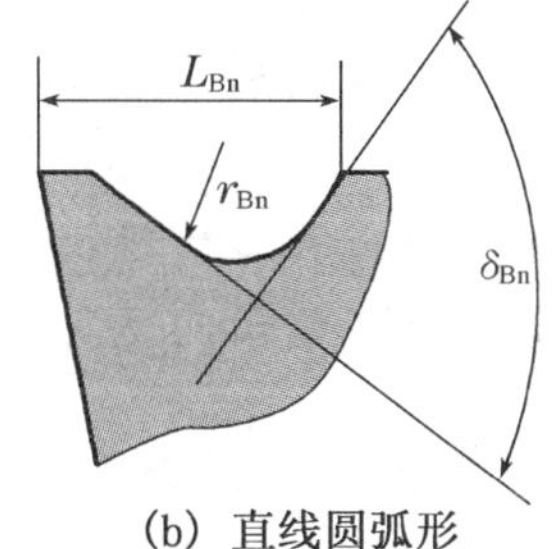

(b) 直线圆弧形

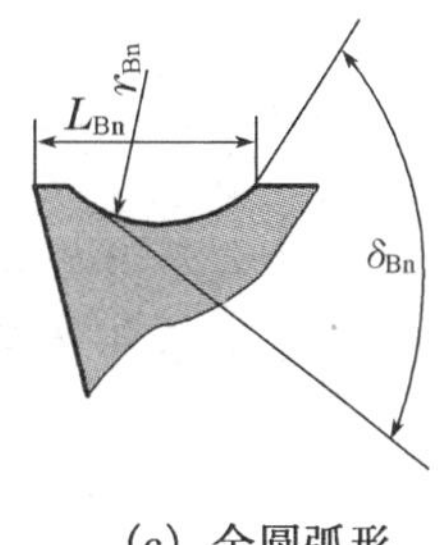

(c) 全圆弧形

图2-20　断屑槽的类型

切削碳素钢、合金钢、工具钢工件时，可选用折线形、直线圆弧形断屑槽。切削高塑性材料工件时，例如纯铜、不锈钢工件等，可选用全圆弧形断屑槽。

断屑槽的宽度 L_{Bn}、反屑角 δ_{Bn}、斜角 τ 是影响断屑的主要参数。宽度 L_{Bn} 减小，反屑角 δ_{Bn} 增大，均易于断屑。但应注意，如果宽度 L_{Bn} 过小，反屑角 δ_{Bn} 过大，容易堵屑。

通常宽度 L_{Bn} 按下式初选：　$L_{Bn}=(10\sim13)a_c$　$(a_c=f\sin\kappa_r)$

反屑角 δ_{Bn} 按槽型选择：　折线槽 $\delta_{Bn}=60°\sim70°$

直线圆弧槽 $\delta_{Bn}=40°\sim50°$

全圆弧槽 $\delta_{Bn}=30°\sim40°$

当背吃刀量 $a_p=2\sim6$ mm 时，一般取断屑槽的圆弧半径 $r_{Bn}=(0.4\sim0.7)L_{Bn}$。

断屑槽斜角 τ 是断屑槽侧边与主切削刃之间的夹角，一般在5°～15°范围内选取。断屑槽斜角有外斜式、平行式、内斜式三种形式，如图2-21所示。外斜式的主要特点是断屑槽的宽度前宽后窄，断屑槽深度前深后浅。内斜式断屑槽则相反。平行式断屑槽前后等宽、等深。

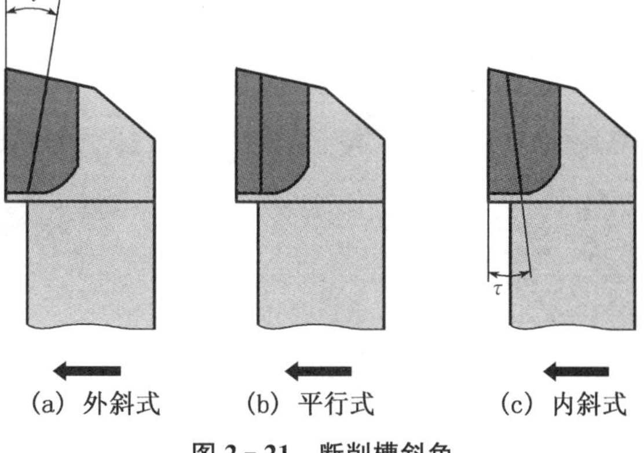

(a) 外斜式　(b) 平行式　(c) 内斜式

图2-21　断削槽斜角

外斜式断屑槽易形成“C”形或“6”形切屑，断屑范围较宽，断屑稳定可靠，但背吃刀量较大时，容易产生堵屑，甚至会损坏刀刃，适合于背吃刀量不太大的场合。平行式断屑槽的断屑范围和效果与外斜式断屑槽相近，当背吃刀量的变动范围较大时，宜采用平行式，但进给量应稍大。内斜式断屑槽易形成卷得很紧的螺旋状切屑，这种切屑到一定长度后靠自身的重量摔断，是一种较为理想的切屑形状，但断屑范围小，主要用于切削用量较小的半精加工和精加工。

只有处理好断屑槽与切削用量的关系，方能起到良好的断屑效果。粗车时，吃刀深、走刀大，断屑槽要磨得宽、浅一点。精车时，吃刀浅，走刀小，切削速度大，断屑槽要磨得窄、深一点。

课后练习

1. 切屑在哪个变形区形成，加工塑性材料出现的切屑种类有哪些，各自的产生条件如何？

2. 为什么车削加工中不宜形成节状或粒状切屑？

3. 为什么不可忽视塑性材料切削时的断屑问题？

任务 3　切削力与切削温度

【知识点】 (1) 切削力及其分解；
(2) 切削分力及其计算意义，切削功率的计算；
(3) 切削热与切削温度。

【技能点】 (1) 掌握切削力的计算方法，采取措施减小切削力；
(2) 根据切屑颜色判断切削温度，采取措施降低切削温度。

一、任务下达

在电动机功率为 7.5 kW 的 C6140 车床上，采用牌号为 YT15 的车刀加工 45 钢外圆，已知待加工表面直径为 50 mm，背吃刀量为 3 mm，进给量为 0.3 mm/r，转速为 800 r/min，设车床传动效率为 80%，要求计算主切削力并验算电动机功率。

此外，在车削碳素结构钢时，如果切屑颜色变为深蓝色，则车刀刀尖部位的温度大约是多少？

二、任务分析

金属切削加工的目的在于通过刀具的作用从毛坯上切下多余的金属材料，得到满足加工要求的工件。在切削加工过程中，刀具必须克服被加工材料的切削变形阻力，这个阻力的反作用力就是切削力。切削力是设计机床、夹具、刀具的重要数据，也是分析切削过程工艺质量问题的重要参考数据。减小切削力，不仅可以降低功率消耗、降低切削温度，而且可以减小加工中的振动和零件的变形，还可以延长刀具的寿命。所以，必须掌握切削力和切削功率的计算方法，熟悉切削力的影响因素及变化规律，并能采取措施减小切削力。

切削热和切削温度也是切削加工中不可忽视的因素，在高精度加工中更是如此，所以正确判断和有效降低切削温度是非常重要的。

三、相关知识

(一) 切削力及其来源

切削过程中作用在刀具与工件上的力称为切削力 F_c。

切削力来源于 4 个变形区内产生的弹性变形和塑性变形抗力，来源于 4 个变形区中切屑、工件与刀面间的摩擦力。

(二) 切削力的分解与切削功率

1. 切削力分解

切削力是一个大小、方向都不易测量的空间力。出于测量、分析、计算、设计等方面的需要，常将切削力分解成 3 个分力，即主切削力 F_c、背向力 F_p 和进给力 F_f，如图 2-22 所示。

通常将切削力向切削用量的 4 个相互垂直的方向进行分解，得到 3 个相互垂直的切削分力。其中主切削力 F_c 是主运动切削速度方向的分力，背向力 F_p 是背吃刀量方向的分力，进给力 F_f 是进给方向的分力。

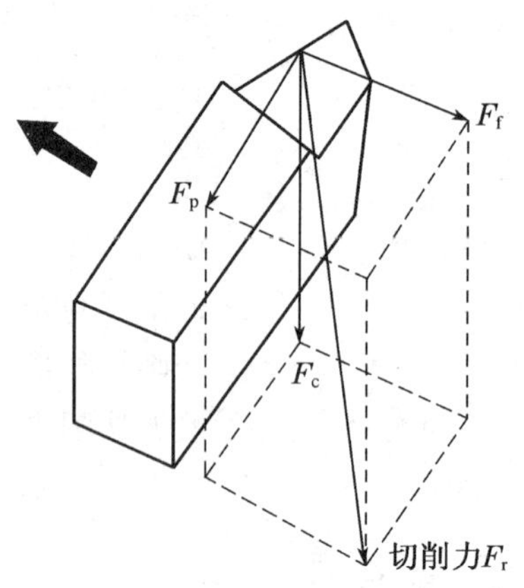

图 2－22

一般情况下，就车削加工而言，F_c 最大，F_p 次之，F_f 最小。随着切削条件的不同，F_c 和 F_p 对 F_f 的比值在一定范围内变动：

$$\begin{cases} F_p=(0.15\sim0.7)F_c \\ F_f=(0.1\sim0.6)F_c \end{cases} \tag{2-20}$$

出于切削力的理论计算只能作定性分析的缘故，市面上出现了各种类型的既简单又实用的测力仪，通过它们可以直接测量切削分力，另外，还可以通过经验公式来计算切削分力。这些经验公式是通过大量切削实验数据，经数据处理后建立起来的，它们的基本形式如下：

$$\begin{cases} F_c=C_{F_c}\cdot a_p^{F_{F_c}}\cdot f^{P_{F_c}}\cdot K_{F_c} \\ F_p=C_{F_p}\cdot a_p^{F_{F_p}}\cdot f^{P_{F_p}}\cdot K_{F_p} \\ F_f=C_{F_f}\cdot a_p^{F_{F_f}}\cdot f^{P_{F_f}}\cdot K_{F_f} \end{cases} \tag{2-21}$$

式中，C_{F_c}、C_{F_p}、C_{F_f} 为系数；F_{F_c}、F_{F_p}、F_{F_f}、P_{F_c}、P_{F_p}、P_{F_f} 为指数；K_{F_c}、K_{F_p}、K_{F_f} 为修正系数。

上述系数、指数、修正系数可查阅有关技术手册。主切削力 F_c 最重要，它是确定主运动电动机功率，计算机床强度和刚度，设计夹具主要零、部件，验算刀杆和刀片强度的主要依据。为了简化计算，一般可按下列公式粗略估算：

车削钢件时　$F_c=1\,960a_p\cdot f$(N)；

车削铸铁时　$F_c=980a_p\cdot f$(N)。

课题引入案例中，已知：$a_p=3$ mm，$f=0.3$ mm 工件材料为 45# 钢，则 $F_c=1\,960\times3\times0.3=1\,764$ N。

进给力 F_f 是验算机床进给系统主要零、部件强度和刚度的依据。

对于纵车来说，背向力 F_p 影响到工艺系统刚度。

2. *切削功率*

在切削加工中，为确保机床的正常工作和安全生产，应当对切削中的功率消耗加以计算，切削功率(P_m)的计算式为：

$$P_m=F_c\times v_c\times10^{-4}/6\quad(\text{kW}) \tag{2-22}$$

结合本课题，切削速度 $v_c=3.14\times50\times800/1\,000=125.6$ m/min，切削功率 $P_m=1\,764\times125.6\times10^{-4}/6=3.69$ kW。

考虑到车床的传动效率，车床的有功功率为 $7.5\times0.8=6$ kW$>P_m=3.69$ kW，所以满足安全使用条件。

切削功率为 3 个切削分力功耗的总和，即 $P_m=F_cv_c+F_pv_p+F_fv_f$。之所以采用公式(2－22)进行计算，是因为主切削力 F_c 是三个分力中最大的一个分力，消耗功率最多，约占总切削功率的 90%以上，背向力 F_p 在纵向走刀时不消耗功率，同时，由于 F_f 比 F_c 小得多，

进给速度 v_f 比主运动速度 v_c 也小得多，可忽略不计。

(三) 影响切削力的因素

总的来说，凡是影响切削中变形和摩擦的因素，都将影响切削力的大小。在影响切削力的众多因素中，以工件材料的影响为最大，刀具几何角度、切削用量次之。

1. 工件材料

一般来说，工件材料的力学性能越好，切削力越大。例如，切削钢时的切削力较切削铸铁时约大 0.5～1 倍。

2. 刀具几何角度

刀具几何角度中，主要考虑前角、主偏角对切削力的影响。当前角在 $-20°\sim30°$ 范围内，每变化 1°，主切削力 F_c 大约变化 1%。主偏角的大小主要影响背向力 F_p、进给力 F_f 之间的比例关系。当主偏角增大时，进给力 F_f 增大、背向力 F_p 减小。加工细长轴时常常采用 90°主偏角的车刀就是这个道理。

【知识链接】 前角是对切削力影响最大的刀具角度，在刀具强度允许的情况下，应尽量增大刀具的前角。

3. 切削用量

切削用量三要素对切削力影响程度按由大到小排列的顺序如下：背吃刀量、进给量和切削速度。

在一般车削情况下，背吃刀量增大一倍，切削力也增大一倍。而进给量增大一倍，切削力只增大 75%左右。所以，在同样切削面积的前提下，采用大进给、小切深比采用小进给、大切深合理。

切削速度对切削力的影响与工件材料性质、积屑瘤有关。简单地说，对加工塑性材料而言，有积屑瘤产生，切削力小，无积屑瘤产生，切削力大。当切削速度超过 70 m/min 时，随着切削速度的增大，切削力降低，不过降低幅度逐渐减小。对加工脆性材料而言，切削力随着切削速度的增大逐渐减小。

【知识链接】 刀具后角、刀具材料、刀具的磨损、切削液等因素都将影响切削中的变形和摩擦，都会对切削力产生影响。

(四) 切削热与切削温度

切削热与切削温度是切削过程中出现的一个物理现象。切削温度是一个重要的物理量，它影响积屑瘤的变化、加工表面质量、刀具磨损等。在数控机床上，切削温度与切削力常作为传感参数，用来分析刀具磨损过程对加工质量和加工精度的影响。

1. 切削热的来源和不良影响

切削过程中的变形和摩擦所消耗的功，将转变成热能。所以，切削热来源于 3 个变形区，3 个变形区就是 3 个热源。3 个热源产生的热量比例，随工件材料和切削条件而异。切削塑性材料时，以第一、第二变形区热源为主，切削脆性材料时，以第三变形区热源为主。低速切削时，以第一变形区热源为主，高速切削时，第二、第三变形区热源的比例将增大。

热源有它传散的范围。第一变形区内的热量主要通过工件和切屑传散。第二变形区内的热量主要通过切屑和刀具传散。第三变形区内的热量主要通过工件和刀具传散。此外，有部分热量通过对流及辐射向空气中传散，若用切削液，它能带走相应的热量。

车削、钻削时，热量的传散情况见表 2-1。

表 2-1 热量传散情况(不用切削液，中等速度切削钢料)

加工方式 \ 百分率 \ 热量	$Q_{屑}$	$Q_{工}$	$Q_{刀}$	$Q_{介}$
车削	50%～80%	40%～10%	9%～3%	1%
钻削	28%	52%	15%	5%

切削热传入刀具和工件使温度升高后，将造成如下不良后果：刀具受热膨胀(例如，车刀在高温下会伸长 0.03～0.04)，造成切削时实际背吃刀量增加，使加工尺寸发生变化。工件受热膨胀，尺寸发生变化，切削后不能达到要求的精度，或造成测量误差。工件受热膨胀，但因不能自由伸展而发生弯曲变形，造成形状误差；刀具的切削温度大于 500 ℃时，会加剧刀具磨损，带来其他不利影响。

2. 切屑颜色与切削温度的关系

在生产实践中，可通过切削加工时切屑的颜色来判断刀尖部位的大致温度。以车削碳素结构钢为例，随着切削温度的提高，切屑颜色经历着这样一个变色过程：银白色→黄白色→金黄色→紫色→浅蓝色→深蓝色。其中，银白色切屑反映的切削温度约 200 ℃左右，金黄色切屑反映的切削温度约 400 ℃左右，深蓝色切屑反映的切削温度约 600 ℃左右，本课题引入中提到的切屑颜色大致反映了这个温度情况。

用硬质合金刀具高速切削钢件时，前刀面摩擦区的最高温度一般为 600 ℃～900 ℃有时可达 1 000 ℃；用高速钢刀具在普通切削速度下切削钢料时，前刀面摩擦区的温度可达 600 ℃～850 ℃。

3. 影响切削温度的因素

(1) 切削用量。

切削用量对切削温度影响的规律是：切削速度影响最大，进给量次之，背吃刀量影响最小。所以，在金属材料切除率相同的情况下，为降低切削温度，防止刀具迅速磨损，增大背吃刀量或进给量比增大切削速度更合理。实验证明：当切削速度增大一倍时，切削温度约增高 20%～30%；当进给量增加一倍时，切削温度增高 10%左右。当背吃刀量增加一倍时，切削温度仅增高 5%～8%。

(2) 刀具参数。

增大前角，切削中变形和摩擦减小，故产生热量少，切削温度下降。但前角过大时，由于刀具散热变差，切削温度反而上升。所以，在一定的加工条件下，能够找到对切削温度影响最小的前角，它通常在 15°左右。一般来说，减小主偏角，有利于切削温度的下降。但要注意的是，主偏角的减小会引起系统刚性的降低。

(3) 工件材料。

主要是通过其强度、硬度和导热系数来影响切削温度的。

(4) 切削液。

浇注切削液是降低切削温度的有效措施。切削液依靠热传导从切削区带走大量的切削热，从而降低切削温度。在切削速度高，刀具、工件材料导热性差，热膨胀系数大的情况下，切削液的冷却作用尤显重要。切削液的冷却性能取决于它的热导率、比热、汽化热、汽化速度、流量、流速与本身温度等。切削液中一般以水溶液的冷却性能最好，乳化液次之，油类最差。浇注法是切削液最普遍的使用方法，而喷雾冷却法能获得良好的冷却效果。

课后练习

1. 切削时，为什么切削力不宜过大？降低切削力的有效途径有哪些？

2. 计算切削分力的实际意义是什么？

3. 切削时，切削温度为什么不宜过高？车削加工时的切削热主要通过什么途径进行传散？

任务4　积 屑 瘤

【知识点】 (1) 积屑瘤及产生条件；
(2) 积屑瘤在加工中的利弊；
(3) 积屑瘤的控制措施。

【技能点】 合理利用与控制积屑瘤。

一、任务下达

在切削加工塑性金属材料工件时，有时会出现以下现象：某工人在以 300 r/min 的转速加工直径为 225 mm 的某中碳钢工件后，发现在刀具前刀面上主切削刃附近"长出"了一个硬度很高的楔块，如图 2－23 所示，并且工件已加工表面也变得比较粗糙。这是什么原因呢？

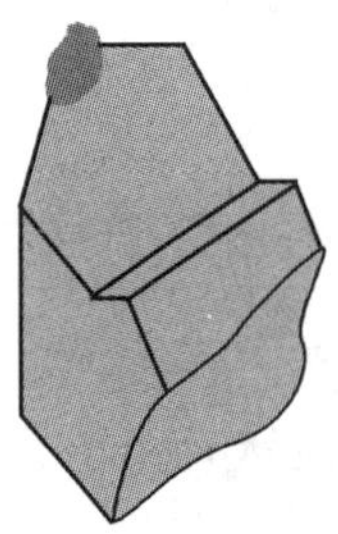

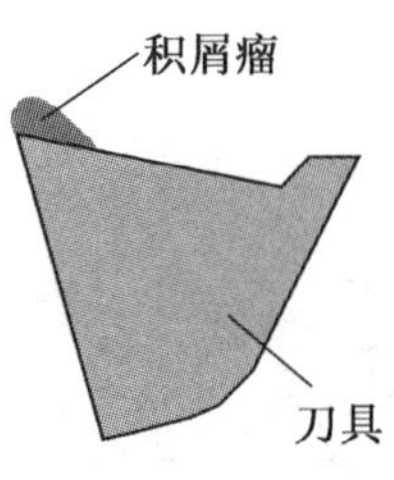

图 2－23　积屑瘤

二、任务分析

这个长在刀具前刀面上的硬度很高的楔块就是本课题要讨论的积屑瘤，俗称刀瘤。从课题引入实例可以看出，积屑瘤是在一个特定的加工条件下形成的，它的存在，必然会对切削加工产生相应的影响，正如前面提到的它会使加工表面变得粗糙，影响工件的加工质量。那么，积屑瘤到底是在什么特定条件下形成的？它对切削加工过程是否存在有利的一面？为了减小和消除积屑瘤可能带来的不利影响，该采取什么措施呢？

下文介绍积屑瘤的相关知识。

三、相关知识

(一) 积屑瘤及其形成条件

简单地说，积屑瘤就是堆积在刀具前刀面上靠近切削刃处的一个硬度很高的楔块，由于高压和剧烈的变形，它的硬度约为工件材料硬度的 2～3 倍。在继续切削时，积屑瘤会层层堆积，逐渐长高。长高的积屑瘤又会在切削过程中局部断裂、脱落或留在工件表面上，这也正是前面提到的使工件已加工表面变得比较粗糙的主要原因。

形成积屑瘤的条件可简要地概括为三句话，即中等切削速度(约 15～70 m/min)，切削塑性材料，形成带状切屑。

就课题引入实例中的加工情况而言，工件材料中碳钢为典型的塑性材料，加工时一般形成带状切屑，且由已知条件，主轴转速为 300 r/min，工件直径 25 mm，可以算出加工时的切削速度为 22～25 m/min，属于中等切削速度，因此非常容易产生积屑瘤。

【知识链接】 切削塑性金属材料时，由于刀具前刀面与切屑底层之间的强烈挤压与摩擦，使得切屑底层流动速度明显减缓，产生了一层很薄的滞流层，从而造成切屑的上层金属与滞流层之间产生了相对滑移。上、下层之间的滑移阻力称为内摩擦力。在一定条件下，当刀具前刀面与切屑底层滞流层间的摩擦力(外摩擦力)大于内摩擦力时，滞流层的金属就会与切屑分离而黏结在刀具的前刀面上。随后形成的切屑，其底层则沿着被黏结的一层相对流动，然后，又出现了新的滞流层。当新旧滞流层之间的摩擦力大于切屑的上层金属与新滞流层之间的内摩擦力时，新的滞流层又产生黏结。如此层层滞留、黏结，最终形成一个楔块。

形成积屑瘤的条件主要取决于切削温度。在中温区，即切削中碳钢时的 300～380 ℃，切屑底层材料软化，黏结严重，最适于形成积屑瘤。在切削温度较低时，切屑与前刀面间呈点接触，摩擦系数较小，不易形成黏结。在切削温度很高时，与前刀面接触的切屑底层金属呈微熔状态，能起润滑作用，摩擦系数也较小，同样不易形成黏结。

(二) 积屑瘤在切削加工中的利弊

像对待任何事物一样，对待积屑瘤也应该一分为二来分析。

1. 积屑瘤对切削加工的有利之处

(1) 保护刀具。

由于积屑瘤是经层层挤压摩擦产生的，所以硬度很高，完全可代替刀刃进行工作。并且积屑瘤在前刀面刃口处粘得很牢固，起到了对刀具的保护工作。

(2) 减小切削力。

形成积屑瘤时，增大了刀具的实际工作前角，可显著减小切削力。

鉴于积屑瘤对切削过程的有利一面，粗加工时，可允许它的存在，以使切削更轻快，刀具更耐用。

【知识链接】 “银白屑”车刀(如图 2-24 所示)简介：该刀具通过在刃口上磨出负倒棱，以得到比较稳定的积屑瘤，代替刀刃进行切削。

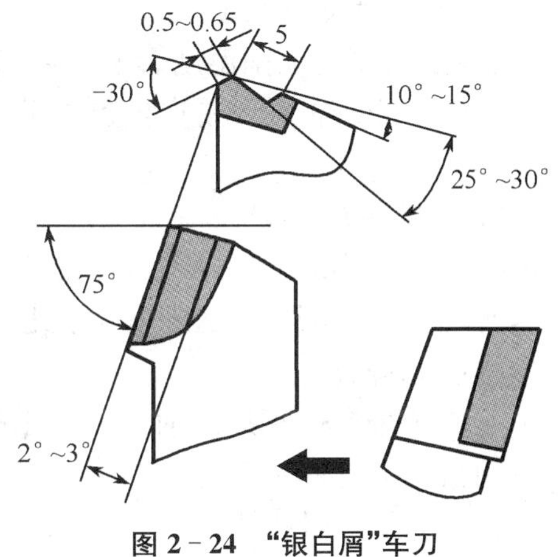

图 2-24 “银白屑”车刀

加工材料：钢(包括一些不锈钢和耐热钢)。

主要参数：负倒棱角 $\gamma_{棱}=-30°$；
负倒棱宽度＝进给量；
前角 $\gamma_o=25°\sim30°$；
主偏角 $\kappa_r=75°$。

加工效果：切削力下降 30%左右；
振动减弱；
工件表面粗糙度略有下降；

刀具使用寿命提高。

2. 积屑瘤对切削加工的不利影响

(1) 影响加工尺寸。

由于积屑瘤的存在,改变了预先设定的背吃刀量,从而影响了工件的加工尺寸。此外,积屑瘤伸出切削刃之外,使切削层深度发生变化,造成工件过切,影响了零件的尺寸精度。

(2) 增大加工表面粗糙度。

积屑瘤的轮廓很不规则,使工件表面不平整,表面粗糙度值明显增加。在有积屑瘤产生的情况下,往往可以看到工件表面上沿着切削刃与工件的相对运动方向有深浅和宽窄不同的积屑瘤切痕。此外,工件表面带走的积屑瘤碎片,也使工件表面粗糙度值增加,并造成工件表面硬度不均匀。

【知识链接】 积屑瘤在形成过程中,高度不断增加,但由于加工中的冲击、振动等,积屑瘤又会出现破裂、脱落。因此,积屑瘤的存在是不稳定的。当积屑瘤破裂脱落时,切屑底层和工件表面带走的积屑瘤碎片,分别对刀具的前刀面和后刀面产生机械擦伤,当积屑瘤从根部完全破裂时,将使前刀面产生黏结磨损。

从上面分析可知,积屑瘤对切削加工也有其不利的一面,所以,在精加工时,应尽量避免积屑瘤的产生,以确保加工质量。

(三) 控制积屑瘤的措施

1. 影响积屑瘤产生的因素

(1) 工件材料。

加工塑性材料时,常常产生带状切屑,所以容易产生积屑瘤。而加工脆性材料时一般产生崩碎状切屑,不符合积屑瘤生成的条件,所以切削脆性材料时不会产生积屑瘤。

【知识链接】 工件材料塑性越大,刀具与切屑之间的平均摩擦系数增加,越容易产生积屑瘤。通过对工件材料进行正火或调质处理,适当提高其硬度和强度,降低塑性,可以抑制积屑瘤的产生。

(2) 切削速度。

切削速度通过切削温度影响积屑瘤的产生,一般情况下,低速(v_c<5 m/min)或高速(v_c≥70 m/min)加工,不易产生积屑瘤。中速(尤其是15～25 m/min)加工,最容易产生积屑瘤。

【知识链接】 生产中诸如攻螺纹、钻孔、铰孔等中速加工工序,常常由于积屑瘤的产生而影响加工表面粗糙度。所以,精加工应避免中速加工或配合其他措施。生产实际中,采用高速或低速进行精加工,道理就在于此。

(3) 刀具前角。

刀具前角增大,切屑从前刀面流出畅快就不易产生积屑瘤。实践证明,前角超过40°时,一般不会产生积屑瘤。

(4) 刀具表面粗糙度。

刀具前刀面的表面粗糙度值低,不易产生积屑瘤。刀具刃磨后,用油石油光前刀面,就是这个道理。

(5) 切削液。

合理使用切削液，尤其是采用含有活性物质的切削液，能迅速渗入加工表面和刀具之间，减小摩擦、降低切削温度，从而有效抑制积屑瘤的产生。

【知识链接】 切削液的润滑性能与切削液的渗透性、形成润滑膜的能力及润滑膜的强度有着密切的关系。若在切削液中加入动物油、植物油之类的油性添加剂，可以加快切削液渗透到金属切削区的速度，从而可减小摩擦。若在切削液中添加一些极压添加剂，如含有硫、磷、氯等的有机化合物，通过这些化合物高温时与金属表面起化学反应，生成化学吸附膜，就可防止在极压润滑状态下刀具、工件、切屑之间的直接接触，从而减小摩擦，防止积屑瘤的产生。

2. 控制积屑瘤的措施

积屑瘤的存在对切削加工有利时，就可以利用它，如粗加工时。但要注意的是即使是粗加工，采用硬质合金刀具时一般也不希望产生积屑瘤。积屑瘤的存在对切削加工不利时，就必须采取措施避免和消除它，例如，精加工时就一定要设法避免它的产生。控制积屑瘤的措施有：

(1) 采用较高或较低的切削速度，以避开产生积屑瘤的速度范围。

(2) 采用较大前角的刀具进行切削加工。

(3) 降低刀具前刀面的表面粗糙度值，以减小切削过程中的摩擦，使积屑瘤无立足之处。

(4) 使用充足的切削液。

注意刀具上出现积屑瘤后切忌用其他工具对其敲击，以免损坏刀具，比较恰当的办法是用油石对其进行清理。

课后练习

1. 积屑瘤产生的条件是什么？

2. 精车时为什么不允许存在积屑瘤？

3. 针对课题引入实例提出的问题给出具体的解决措施。

任务5　加工硬化

【知识点】（1）加工硬化及其起因；
（2）加工硬化的不利影响；
（3）加工硬化的控制。

【技能点】合理控制加工硬化。

加工硬化也叫冷作硬化。切削加工时，在已加工表面形成过程中，表面层金属经历了复杂的塑性变形，这是工件已加工表面产生加工硬化的根本原因。表面层塑性变形越大，硬度越高，硬化层越深，硬化越严重。

一、任务下达

经过硬质合金车刀高速车削后的表面，如果再用高速钢车刀低速精车，往往会出现刀具“打滑”现象或引起刀具剧烈磨损，在加工不锈钢等材料时这种现象尤为突出。这是什么原因呢？如何减轻这种现象呢？

二、任务分析

以上现象表明，经过硬质合金车刀高速车削后的工件已加工表面的硬度有了明显的提高。工件材料未经热处理而硬度提高的现象称为加工硬化。顾名思义，加工硬化是由切削加工造成的，加工硬化的产生从某种意义上来说强化了工件材料，但就切削加工而言，加工硬化的产生给后续工序带来了困难，例如，课题引入中所提到的使切削刀具“打滑”和加速刀具材料的磨损。所以，必须掌握加工硬化的起因，明确加工硬化的影响因素，学会控制加工硬化的措施并应用于生产实际。

下文介绍加工硬化的有关知识。

三、相关知识

（一）加工硬化及其起因

【知识链接】硬化层的深度一般从百分之几毫米到几毫米。加工硬化的程度通常用加工后与加工前表面层显微硬度的比值和硬化层深度来表示。

造成加工硬化的具体原因有以下四个方面：

第一，在第一变形区，当切削层趋近刀刃时，不仅切削表面以上的金属产生塑性变形，切削表面以下的一部分金属也产生塑性变形。

第二，任何切削刀具的刃口都不可能是绝对锋利的，刃口总存在着钝圆半径，其半径值 ρ 与刀具的刃磨质量、刀具前角、刀具后角以及刀具材料的刃磨性能有关。如图 2－25 所示，切削时，以圆弧刃口为分界点起到两个作用。A 点以上（切削层）受切削作用形成切屑，A 点以下（挤压层）受挤压作用，挤压后留在已加工表面上。需要指出的是，被挤压的金属层，由于弹性恢复形成弹性复原层，将造成与后刀面的进一步挤压与摩擦，正是这种挤压和摩擦，使工件已加工表面产生了更为剧烈的变形。

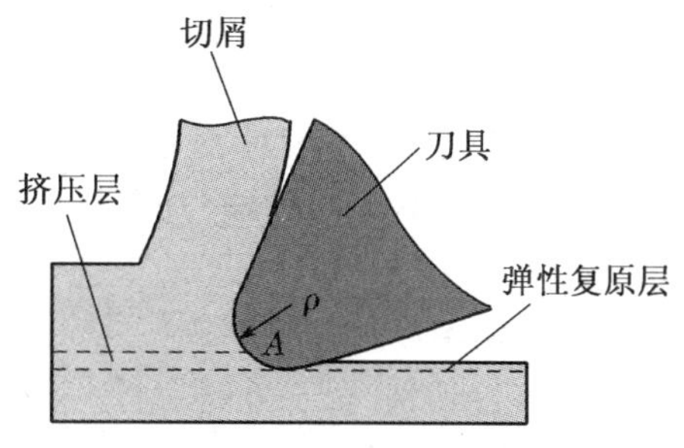

图 2-25 刃口圆弧的作用

第三，已加工表面除了上述的受力变形以外，还受到切削温度的影响。切削温度低于临界点 A_{c_1}（实际加热时珠光体→奥氏体的临界温度），将使金属弱化；否则，将引起相变（组织变化）。

当塑性变形起主导作用时，已加工表面就硬化。当切削温度起主导作用时，还需看相变的情况。例如，一般磨削淬火钢会引起退火，产生弱化，使已加工表面硬度降低。但在充分冷却的条件下，则因再次淬火而使已加工表面出现硬化。

严格来讲，加工硬化是已加工表面强化、弱化和相变的综合结果。

（二）加工硬化的不利影响

由于加工硬化的产生，在硬化层的表面上会出现细微的裂纹，并在表面层内产生残余应力。因此，加工硬化会降低已加工表面质量，降低材料的疲劳强度，造成后续工序的加工困难，加速切削刀具的磨损。

加工硬化也有其有利的一面，它可提高金属的强度、硬度和耐磨性，特别是对于那些不能以热处理方法提高强度的纯金属和某些合金尤为重要。

【知识链接】 切削加工造成的硬化和挤压加工造成的硬化不同，切削加工造成的硬化不耐磨，并易引起腐蚀。总的来说，在切削加工时应设法避免和减轻加工硬化现象。

（三）加工硬化的控制

1. 加工硬化的影响因素

由于已加工表面的硬化是强化与弱化作用的综合结果，因此，凡是增大变形与摩擦的因素都将加剧硬化现象。凡是有利于弱化的因素，如较高的温度、较低的熔点等，都会减轻硬化的程度。

影响加工硬化的因素包括切削材料的性能、刀具的几何形状和加工时的切削用量等。

（1）工件材料。

被切削材料力学性能不同，加工硬化程度也不同。材料的塑性越好或塑性变形越大，硬化越严重。强化指数越大，硬化越严重。例如，一般碳素结构钢，含碳量越少，则塑性越大，硬化越严重。高锰钢（如 Mn12），由于强化指数很大，塑性变形会使硬度急剧增加；1Cr18Ni9Ti 不锈钢，加工硬化严重，其硬化层深度可达背吃刀量的三分之一。对加工硬化比较敏感的材料有锰钢，软钢和不锈钢等。

（2）刀具几何形状。

大家知道，刀具刃口无论磨得多么锋利，总存在一个钝圆半径 ρ。一般情况下，一把新刃磨的高速钢车刀，刀具刃口钝圆半径约为 10～15 μm 而新刃磨的硬质合金车刀则更大，约为 18～32 μm，即本课题引入实例中提到的硬质合金刀具加工时更容易产生加工硬化的原因。随着刀具的使用磨损，钝圆半径会增大，加工硬化现象也会越来越严重。特别是刀具变钝后，影响更大。钝刀引起的加工硬化程度，要比锐利的新刀高出 2～3 倍，这一点在加工中应引起足够的重视。

此外，刀具几何角度对加工硬化的影响不容忽视，增大刀具的前角，有利于减小切削加工中的塑性变形，有利于减轻加工硬化的程度。增大刀具的后角，有利于减轻后刀面与加工表面的摩擦，同样有利于减轻加工硬化的程度。

(3) 切削用量。

切削速度增加时，一方面，塑性变形减小，塑性变形区也缩小，因此硬化层深度就小。另一方面，切削速度增加时，切削温度升高，弱化进行得快些，但切削速度增高又会使导热时间缩短，从而弱化不充分。而当切削温度超过 A_{c_3}(实际加热时铁素体→奥氏体的临界温度)时，表面层组织将产生相变，形成淬火组织，因此，硬化层深度及硬化程度又将增大。所以，硬化先是随切削速度的增大而减小，然后又随切削速度的增大而增大。总之，通过合理选用切削用量(例如，采用较高的切削速度或避免过小的进给量)可以使已加工表面层来不及硬化或减小切削时的挤压作用，有利于减轻加工硬化。

2. 加工硬化的控制措施

生产实践中为达到减轻加工硬化的目的，可采取的措施如下：

(1) 提高刀具的刃磨质量，减小刀具刃口的钝圆半径，必要时，采用高速钢刀具。

(2) 尽量增大刀具前角，减小切削变形。

(3) 适当增大刀具后角和副后角，减小摩擦。

(4) 提高切削速度，使加工硬化不充分。

(5) 避免采用很小的进给量，以减小刀具对工件的挤压作用。

【例 2-1】 1Cr18Ni9Ti 不锈钢是对加工硬化比较敏感的材料，经加工后加工表面容易产生加工硬化，加剧刀具的磨损，试针对车削该材料提出解决办法。

【解】 根据要求我们可从多方面着手：

刀具材料方面：必要时，可考虑采用高速钢刀具。

刀具几何角度方面：采用 15°～30°的较大前角并磨制出断屑槽和负倒棱，以加强断屑效果及加强刀具强度，采用 8°～12°的较大后角(比切削中碳钢时大 3°～5°)。

切削用量方面：采用大的切削速度和适当提高进给量，当然要考虑合适的刀具材料并兼顾工件表面粗糙度。

课后练习

1. 造成加工硬化的主要原因是什么？
2. 为什么说提高刀具的刃磨质量可减轻加工硬化？
3. 加工硬化的控制措施有哪些？

任务6　刀具的磨损与刀具耐用度

【知识点】 (1) 刀具磨损的原因;
(2) 刀具磨损的形式;
(3) 磨钝标准及刀具耐用度。

【技能点】 合理确定刀具耐用度。

一、任务下达

一把新刃磨的刀具,切削起来比较轻快,但使用一段时间后,加工情况就大不相同了,切削起来可能会比较沉重,甚至出现振动。有时会从工件与刀具接触面处发出刺耳的尖叫声,会在加工表面上出现亮点和紊乱的刀痕,表面粗糙度明显恶化,切屑的颜色变深,呈紫色或紫黑色。这是什么原因?如何才能防止这些现象的产生?

二、任务分析

以上种种现象说明,这把使用一段时间后的刀具经过磨损已经变钝,切削能力明显下降,必须立即卸下来重新刃磨或更换新刀,如果继续进行切削,轻则加剧刀具磨损和加工振动,使加工表面继续恶化,重则刀具崩刃,甚至发生安全事故。刀具变钝显然是磨损所致,而刀具磨损的快慢必然与切削条件有关,如加工时所选的切削用量等。为了防止上述现象的出现,必须熟悉刀具磨损的具体原因及磨损的形式,在刀具变钝之前,及时地停止加工,并对其进行刃磨。

下文介绍刀具磨损和刀具耐用度的有关知识。

三、相关知识

(一) 刀具磨损的原因

概括地说,刀具磨损的原因有两方面:一是相对运动引起的机械磨损。二是切削热引起的热效应磨损。

刀具正常磨损的具体原因有磨粒磨损、黏结磨损、扩散磨损、相变磨损和氧化磨损等。

对于不同的刀具材料,磨损的具体原因不同。高速钢刀具常常因为热效应产生相变磨损(相变即组织变化)、硬质合金刀具则因为热效应产生黏结、扩散和氧化磨损。

一般说来,单纯的机械磨损只发生在切削温度较低的情况下,它是低、中速加工时刀具磨损的主要原因,通常铰刀、丝锥容易出现这类磨损。

当切削温度较高,即在中等以上切削速度加工时,由于热效应,刀具材料的抗磨损能力大大下降,此时刀具将因机械摩擦造成磨损。

【知识链接】 磨粒磨损是因为切屑底层和切削表面上的硬质点将刀具表面上刻划出深浅不一的沟痕而造成的,因此刀具必须具有较高的硬度(常温下 60HRC 以上)。

黏结磨损是在加工塑性材料时，由于较大的压力和切削温度的作用，接触面间产生黏结（冷焊）时因相对滑动造成的，因此有必要降低切削温度，降低刀具表面粗糙度，改善润滑条件。

扩散磨损是在高温作用下，由于刀具与工件接触面间活动能量增大的合金元素相互扩散置换，引起刀具力学性能降低而造成的，硬质合金产生扩散作用的温度大约在 800～1 000 ℃，在生产中采用细颗粒硬质合金或在硬质合金中添加碳化钽（如 YW8）等就能减小扩散磨损。

相变磨损是刀具温度超过刀具材料金相组织变化的相变温度所造成的，工具钢刀具在高温下属此类磨损，一般高速钢刀具的相变温度为 600～700 ℃。

氧化磨损是硬质合金中的碳化物和黏结剂氧化后造成的。

（二）刀具磨损的形式

由于切削条件的不同，刀具磨损产生的部位也将不同。通常刀具正常磨损时有三种磨损形式，如图 2－26 所示。

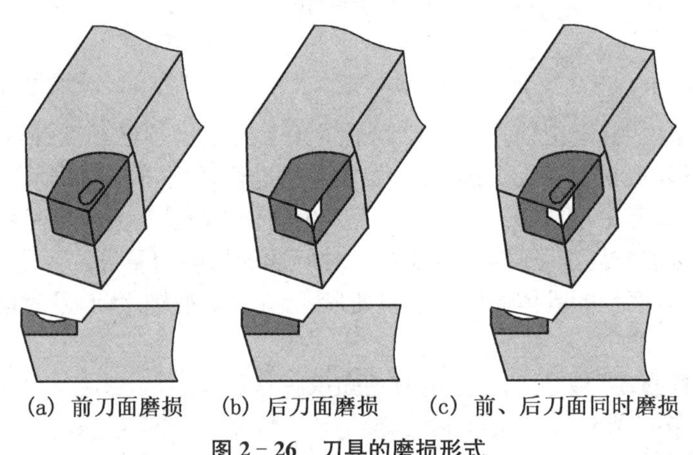

(a) 前刀面磨损　(b) 后刀面磨损　(c) 前、后刀面同时磨损

图 2－26　刀具的磨损形式

1. 前刀面磨损

出现在切削塑性金属材料，且切削厚度大于 0.5 mm 时，表现为：在前刀面上刃口附近磨出一个月牙洼。

【知识链接】 切削厚度是切削层参数之一，切削厚度 $a_c = f\sin\kappa_r$。切削层另外两个参数是切削宽度 a_w 和切削面积 A，其中

$$a_w = a_p/\sin\kappa_r,\ A = a_p f$$

2. 后刀面磨损

出现在切削脆性材料或者切削塑性金属材料，且切削厚度小于 0.1 mm 时，表现为后刀面上形成一个后角为 0°的棱面。

3. 前、后刀面同时磨损

出现在切削塑性材料，且切削厚度在 0.1～0.5 mm 时，表现为同时出现月牙洼和棱面。切削塑性金属材料时往往发生这种磨损。

以上 3 种刀具磨损形式是刀具连续、逐渐的正常磨损，它一般分为初期磨损、正常磨损

和急剧磨损三个阶段。其中，初始磨损阶段磨损较快，磨损速度与刀具的刃磨质量直接相关，研磨过的刀具，初始磨损量较小。正常磨损阶段的时间较长，是刀具工作的有效期，刀具的磨损量随时间的增加也会缓慢而均匀地增加。急剧磨损阶段，由于刀具磨损急剧加速，很快变钝，此时刀具如继续工作，则不但影响加工质量，而且刀具材料消耗增加，很不经济，甚至引起刀具损坏，加工中应在此阶段到来之前，及时换刀。

【知识链接】 刀具磨损的另一种形式是非正常破损，它是指由于冲击、振动等原因使刀具崩刃、破裂而损坏。

（三）刀具的磨钝标准

刀具在产生急剧磨损前必须重新刃磨或更换新刀。这个刀具允许磨损量的最大值称为刀具的磨钝标准。磨钝标准反映了刀具变钝时的磨损量。常用车刀的磨钝标准见表 2－2。

表 2－2　常用车刀的磨钝标准

车刀类型	刀具材料	加工材料	加工性质	后刀面最大磨损限度 VB/mm
外圆车刀、端面车刀、镗刀	高速钢	碳钢、合金钢、铸钢、有色金属	粗车	1.5～2.0
			精车	1.0
		灰铸铁、可锻铸铁	粗车	2.0～2—0
			半精车	1.5～2.0
		耐热钢、不锈钢	粗、精车	1.0
	硬质合金	碳钢、合金钢	粗车	1.0～1.4
			精车	0.4～0.6
		铸铁	粗车	0.8～1.0
			精车	0.6～0.8
		耐热钢、不锈钢	粗、精车	0.8～1.0
		钛合金	精、半精车	0.8～1.0
		淬硬钢	精车	0.8～1.0
切槽刀与切断刀	高速钢	钢、铸钢	—	0.8～1.0
		灰铸铁		1.5～2.0
	硬质合金	钢、铸钢		0.4～0.6
		灰铸铁		0.6～0.8
成形车刀	高速钢	碳钢		0.4～0.5

【知识链接】 ISO 标准统一规定，磨钝标准按后刀面靠近刃口处磨损的棱面高度值来衡量，以 VB 表示。加工条件不同时所规定的磨钝标准不相同。VB 的大小根据生产的具体情况而定，例如，粗加工的磨钝标准较大，精加工、切削难加工材料以及工艺系统刚度较低时的磨钝标准较小。由于高速钢具有较高的强度，其磨钝标准高于相应加工条件的硬质合金

刀具。

注意，对于难加工材料，由于工艺性较差，且往往要求较高的表面加工质量，因此必须严格控制磨钝标准，一般用肉眼刚能看到刀具磨损时(0.1～0.2 mm)就应刃磨刀具。

(四) 刀具耐用度及其合理选择

由于 VB 的数值不便于测量，在生产中一般以刀具耐用度来间接反映刀具的磨钝标准，以便快速、准确地判断刀具的磨损情况。所谓刀具耐用度是指刃磨后的刀具，自开始切削直到磨损量达到磨钝标准为止经历的总切削时间，用 T 表示，单位为 min。

【知识链接】 超过磨钝标准判断是否需要磨刀显然不够简便，耐用度则是通过切削时间来决定磨刀与否的数值。

刀具磨钝标准确定后，T 越大，刀具磨损越慢。所以，影响刀具磨损的因素都将影响刀具耐用度。

工件材料、刀具材料、刀具几何参数、切削用量是影响刀具耐用度的主要因素，通过刀具耐用度的经验公式就可见一斑，公式(2-23)是用硬质合金车刀以 $f>0.75$ mm/r 的进给量车削为 $\sigma_b=0.75$ GPa(σ_b 为抗拉强度)碳钢时的经验公式。

$$T=\frac{C_v}{v_c^5 f^{2.25} a_p^{0.75}} \tag{2-23}$$

式中，C_v 为与工件材料、刀具材料和其他切削条件有关的常数。

由公式(2-23)不难算出：

(1) 当切削速度提高一倍，其他条件不变时，耐用度降低为原来的 1/32。

(2) 当进给量提高一倍，其他条件不变时，耐用度降低为原来的 4/19。

(3) 当背吃刀量提高一倍，其他条件不变时，耐用度降低为原来的 3/5。

在切削用量中，切削速度对 T 的影响最大，其次是进给量，背吃刀量影响最小。所以，要提高生产率首先应尽量选大的 a_p，然后由加工条件和加工要求选择允许最大的 f，最后根据 T 选取合理的 v_c。

生产实际中刀具耐用度常按下列数据确定。

- 高速钢车刀 30～60 min。
- 硬质合金焊接车刀 15～60 min。
- 硬质合金可转位车刀 15～45 min。
- 组合机床、自动线刀具 240～480 min。
- 硬质合金面铣刀 90～180 min。

总之，刃磨、调整方便的刀具耐用度可选低些，反之耐用度选高些。简单的刀具，如车刀、钻头等，刀具耐用度可定低些。结构复杂和精密的刀具，如成形车刀、拉刀、齿轮刀具的耐用度定得高些。对于价格昂贵的现代化机床，如数控机床、加工中心等，刀具耐用度应定得低些，以能采用大的切削用量来提高加工效率。详细情况可参见有关资料和手册。

【知识链接】 由于耐用度随加工条件而变化，不难理解，达到磨钝标准时的耐用度值可长可短。规定耐用度值大，则切削用量应选得小，这会使生产效率降低；反之，切削用量可以增大，但增加了磨刀和装卸刀的时间。所以，可根据生产率和加工成本来制订合理的刀具耐用度：即最高生产率耐用度和最低生产成本耐用度，且最低生产成本耐用度大于最高生产率耐用度。生产中常根据最低生产成本来确定耐用度。

课后练习

1. 为什么不允许刀具出现过度磨损？

2. 为什么刀具耐用度 T 应有一个合理的数值？

3. 为什么切削用量三要素选择的顺序不能颠倒？如何选用切削用量才能提高刀具耐用度？

课题三 切削基本理论的应用

金属切削加工质量是一个综合因素决定的结果，其中包括工件材料切削加工性的好坏、切削刀具几何参数的合理与否、切削用量的合理与否、加工工艺的合理与否、加工机床的精度高低及操作者的水平。本课题将围绕工件材料的切削加工性和切削刀具的几何参数进行讨论。

任务1 材料的切削加工性

【知识点】 (1) 材料切削加工性及其评定指标；

(2) 材料切削加工性的影响因素；

(3) 难加工材料的加工对策。

【技能点】 掌握材料切削加工性的评判指标和难加工材料的加工对策。

一、任务下达

有切削加工经验的人都有这样的体会：在同样的加工条件下，对于不同的工件材料，其加工的难易程度、刀具的磨损速度、加工后工件的表面粗糙度往往不同，有时甚至相去甚远。那么，如何去评判工件材料（如1Cr18Ni9Ti不锈钢）的切削加工性呢？如何比较两种材料加工性的好坏，例如，45钢与45调质钢哪个容易加工？对于难加工材料的加工，从刀具方面和其他方面又该采取什么措施？

二、任务分析

材料切削加工的难易程度称为材料的切削加工性。良好的切削加工性一般包括：在相同切削条件下刀具具有较高的耐用度。在相同切削条件下，切削力、切削功率较小，切削温度较低；加工时，容易获得良好的表面质量；容易控制切屑的形状，容易断屑。材料切削加工性的好坏，对于顺利完成切削加工任务，保证工件的加工质量意义重大。材料的切削加工性不仅是一项重要的工艺性能指标，而且是材料多种性能的综合评价指标。材料的切削加工性不仅可以根据不同情况从不同方面进行评定，而且也是可以改变的。那么，切削加工性的主要评定指标有哪些？切削加工性的影响因素有哪些？如何综合分析和改善指定材料的切削加工性？

下文介绍工件材料切削加工性的有关知识。

三、相关知识

(一) 工件材料切削加工性的概念和衡量指标

在切削加工中,有些材料容易切削,有些材料却很难切削。判断材料切削加工的难易程度、改善和提高切削加工性对提高生产率和加工质量有重要意义。

工件材料切削加工性是指在一定切削条件下,对工件材料进行切削加工的难易程度。材料加工的难易,不仅取决于材料本身,还取决于具体的切削条件。

根据不同的加工要求,衡量切削加工性的指标有以下几种。

1. 相对加工性

在相同切削条件下加工不同材料时,刀具使用寿命较长,或在保证相同刀具耐用度的前提下,切削这种工件材料所允许的切削速度 v_T 较高的材料,其加工性较好。刀具的使用寿命较短或 v_T 较小的材料,加工性较差。

$$v_T\sigma_b v_{60} K_v = \frac{v_{60}}{(v_{60})_j}(v_{60})_j\alpha_k/(\mathrm{kJ/m^2})$$

v_T 的含义是:当刀具耐用度为 T(min 或 s)时,切削该种工件材料所允许的切削速度值。一般情况下可取 $T=60$ min;对于一些难切削材料,可取 $T=30$ min 或 $T=15$ min。对于机夹可转位刀具,T 可以取得更小一些。如果取 $T=60$ min,则 v_T 可写作 v_{60}。

生产中通常采用相对加工性来衡量工件材料的切削加工性,即以强度 $\sigma_b=0.637$ GPa,处于正火状态下 45 钢的 v_{60} 为基准,记作$(v_{60})_j$,其他被切削的工件材料的 v_{60} 与之相比的数值,记作 K_v,这个比值 K_v 称为相对加工性,即

$$K_v = \frac{v_{60}}{(v_{60})_j} \tag{3-1}$$

$K_v>1$ 的材料,比 45 钢容易切削;$K_v<1$ 的材料,比 45 钢难切削。在实际生产中,一定耐用度下所允许的切削速度是最常用的指标之一。目前常用的工件材料,按相对加工性 K_v 可分为 8 级,见表 3-1。由表 3-1 可知:K_v 越大,切削加工性越好;K_v 越小,切削加工性越差。

表 3-1　工件材料的相对切削加工性等级

加工性等级	名称及种类		相对加工性 K_v	代表性工件材料
1	很容易切削材料	一般有色金属	>3.0	5-5-5 铜铅合金,9-4 铝铜合金,铝镁合金
2	容易切削材料	易切削钢	2.5~3.0	退火 15Cr $\sigma_b=0.373$~0.441 GPa 自动机钢 $\sigma_b=0.392$~0.490 GPa
3		较易切削钢	1.6~2.5	正火 30 钢 $\sigma_b=0.441$~0.549 GPa
4	普通材料	一般钢及铸铁	1.0~1.6	45 钢,灰铸铁,结构钢
5		稍难切削材料	0.65~1.0	2Cr13 调质 $\sigma_b=0.8288$ GPa 85 钢轧制 $\sigma_b=0.8829$ GPa

（续表）

加工性等级	名称及种类		相对加工性 K_v	代表性工件材料
6	难切削材料	较难切削材料	0.5～0.65	45Cr 调质 σ_b=1.03 GPa 60Mn 调质 σ_b=0.931 9～0.981 GPa
7		难切削材料	0.15～0.5	50CrV 调质，1Cr18Ni9Ti 未淬火，α 相钛合金
8		很难切削材料	<0.15	β 相钛合金，镍基高温合金

2. 切削力或切削温度

在粗加工或机床动力不足时，常用切削力或切削温度指标来评定材料的切削加工性。即相同的切削条件下，切削力大、切削温度高的材料，其切削加工性就差；反之，其切削加工性就好。对于某些导热性差的难加工材料，也常以切削温度来衡量。

3. 已加工表面质量

精加工时，用被加工表面粗糙度值来评定材料的切削加工性。对有特殊要求的零件，则以已加工表面变质层深度、残余应力和加工硬化等指标来衡量材料的切削加工性。凡是易获得好的已加工表面质量的材料，其切削加工性较好，反之则切削加工性较差。

4. 断屑的难易程度

在自动机床、组合机床及自动线上进行切削加工时，或者对深孔钻削、盲孔钻削等断屑性能要求很高的工序，采用这种衡量指标。凡是切屑容易折断的材料，其切削加工性就好；反之，则切削加工性较差。

（二）影响工件材料切削加工性的因素及改善切削加工性的途径

1. 工件材料物理力学性能对切削加工性的影响

工件材料的切削加工性能主要受其本身的物理力学性能的影响，材料的物理力学性能主要是指材料的强度、硬度、塑性、韧性和热导率等。一般来说，工件材料的力学性能越好，其切削加工的难度就越大。可以根据它们的数值大小来划分加工性等级，见表 3-2。

表 3-2　工件材料加工性分级表

削加工性	易切削			较易切削		较难切削			难切削			
等级代号	0	1	2	3	4	5	6	7	8	9	9a	9b
硬度	HBS	≤50	>50～100	>100～150	>150～200	>200～250	>250～300	>300～350	>350～400	>400～480	>480～630	>630
	HRC					>14～24.8	>24.8～32.3	>32.3～38.1	>38.1～43	>43～50	>50～60	>60
抗拉强度 σ_b/Gpa	≤0.196	>0.196～0.441	>0.441～0.588	>0.588～0.784	>0.784～0.98	>0.98～1.176	>1.176～1.372	>1.372～1.568	>1.568～1.764	>1.764～1.96	>1.96～2.45	>2.45
伸长率 δ/%	≤10	>10～15	>15～20	>20～25	>25～30	>30～35	>35～40	>40～50	>50～60	>60～100	>100	

（续表）

削加工性	易切削		较易切削		较难切削			难切削			
等级代号	0	1	2	3	4	5	6	7	8	9	9a	9b
冲击韧度 α_k/(kJ/m²)	≤196	>196~392	>392~588	>588~784	>784~980	>980~1 372	>1 372~1 764	>1 764~1 962	>1 962~2 450	>2 450~2 940	>2 940~3 920	
热导率 κ/[W(m·K)]	418.68~293.08	<293.08~167.47	<167.47~83.47	<83.47~62.80	<62.80~41.87	<41.87~33.5	<33.5~25.12	<25.12~16.75	<16.75~8.37	<8.37		

（1）材料的硬度和强度。一般情况下，材料硬度较高的，切削加工性能较差。工件材料的硬度高时，切屑与刀具前刀面的接触长度减小，摩擦热集中在较小的刀—屑接触面上，促使切削温度增高，刀具的磨损加剧。工件材料硬度过高时，甚至引起刀尖的烧损及崩刃。特别是材料的高温硬度对切削加工性的影响尤为显著，高温硬度值越高，切削加工性越差，因为此时刀具材料的硬度与工件材料的硬度比降低，加速了刀具的磨损。这也是某些耐热、高温合金钢切削加工性差的主要原因。

工件材料的强度包括常温强度和高温强度。工件材料的强度愈高，切削力就愈大，切削功率随之增大，切削温度随之增高，刀具磨损增大。所以在一般情况下，切削加工性随工件材料强度的提高而降低。

合金钢与不锈钢的常温强度和碳素钢相差不大，但高温强度却相差比较大，所以合金钢及不锈钢的切削加工性低于碳素钢。

（2）材料的韧性。工件材料的韧性用冲击韧度 α_k 值来表示，α_k 值越大的材料，表明它在切削变形时吸收的能量越多。因此在切削时，切削力和切削温度越高，并且越不容易断屑，其切削加工性能就越差。

（3）材料的塑性。工件材料的塑性以伸长率 δ 来表示。δ 越大，则材料的塑性越大，其切削加工性能越差。这是因为塑性大的材料，切削时的塑性变形就越大，切削力就较大，切削温度也较高，并且刀具容易产生黏结磨损和扩散磨损，已加工表面的粗糙度值较大；在中低速切削塑性较大的材料时容易产生积屑瘤，影响表面加工质量；同时塑性大的材料，切削时不易断屑，切削加工性较差。

但材料的塑性太低时，切屑与前刀面的接触长度缩短较多，切削力和切削热集中在切削刃附近，加剧刀具的磨损，也会使切削加工性变差。由此可知，工件材料的塑性过大或过小都会使切削加工性下降。

（4）材料的导热系数。在一般情况下，导热系数高的材料，切削热越容易传出，越有利于降低切削区的温度，减小刀具的磨损，切削加工性也越好。但工件材料的温升容易引起工件变形，这对控制加工尺寸造成一定的困难，应特别引起注意。

2. 常用金属材料的切削加工性

（1）结构钢。普通碳素结构钢的切削加工性主要取决于钢中的碳含量及热处理方式。低碳钢硬度低，塑性和韧性高，故切削变形大，切削温度高，断屑困难，易粘屑，不易得到较小的表面粗糙度值，切削加工性差。中碳钢的切削加工性较好，但经热轧或冷轧、或经正火或调质后，其加工性也各不相同。高碳钢的硬度高、塑性低、导热性差，故切削力大、切削温度高、刀具耐用度低、切削加工性差。

合金结构钢的切削加工性能主要受加入的合金元素的影响,其切削加工性较普通结构钢差。为了改善钢的性能,钢中可加入一些合金元素如铬(Cr)、镍(Ni)、钒(V)、钼(Mo)、钨(W)、锰(Mn)、硅(Si)和铝(Al)等。其中Cr、Ni、V、Mo、W、Mn等元素大都能提高钢的强度和硬度;Si和Al等元素容易形成氧化铝和氧化硅等硬质点使刀具磨损加剧。这些元素含量较低时(一般以0.3%为限),对钢的切削加工性影响不大;超过这个含量水平,对钢的切削加工性则是不利的。铬钢中的铬能细化晶粒,提高强度。如40Cr钢的强度比调质中碳钢高20%,热导率低15%,加工性不如同类中碳钢。

(2) 铸铁。铸铁的化学成分对切削加工性的影响,主要取决于这些元素在对碳的石墨化钢中加入少量的硫、硒、铅、铋、磷等元素后,能略降低钢的强度,同时又能降低钢的塑性,故对钢的切削加工性有利。例如硫能引起钢的红脆性,但若适当提高锰的含量,可以避免红脆性。硫与锰形成的MnS以及硫与铁形成的FeS等,质地很软,可以成为切削时塑性变形区中的应力集中源,能降低切削力,使切屑易于折断,减小积屑瘤的形成,从而使已加工表面粗糙度减小,减少刀具的磨损。普通锰钢是在碳钢中加入1%～2%的锰,使其内部铁素体得到强化,增加并细化珠光体,故塑性和韧性降低,强度和硬度提高,加工性较差。但低锰钢在强度、硬度得到提高后,其加工性比低碳钢好。硒、铅、铋等元素也有类似的作用。磷能降低铁素体的塑性,使切屑易于折断。根据以上的事实,研制出了含硫、硒、铅、铋或钙等的易削钢。其中以含硫的易削钢用得较多。

铸铁中碳元素以两种形式存在:与铁结合成碳化铁或作为游离石墨。石墨硬度很低,润滑性能很好,所以碳以石墨形式存在时,铸铁的切削加工性就高;而碳化铁的硬度高,加剧刀具的磨损,所以碳化铁含量愈高,铸铁的切削加工性愈低。因此,普通灰铸铁的塑性和强度都较低,组织中的石墨有一定的润滑作用,切削时摩擦系数较小,加工较为容易。但铸铁表面往往有一层带砂的硬皮和氧化物,硬度很高,粗加工时其切削加工性较差;球墨铸铁中的碳元素大部分以球状石墨形态存在,它的塑性较大,切削加工性良好;而白口铸铁是铁水在急骤冷却后得到的组织,硬度较高,切削加工性最差。

在铸铁的化学成分中,凡能促进石墨化的元素,如硅、铝、镍、铜、钛等都能提高铸铁的切削加工性;反之,凡是阻碍石墨化的元素,如铬、钒、锰、钼、钴、磷、硫等都会降低切削加工性。

(3) 有色金属。铜、镁、铝等有色金属及其合金因其硬度和强度较低,导热性能也好,属于易切削材料。切削时一般应选用大的刀具前角($\gamma_o>20°$)和高的切削速度(高速钢刀具v_{60}可达300 m/min),所用刀具应锋利、光滑,以减少积屑瘤和加工硬化对表面质量的影响。而钛、钨、镍等有色金属及其合金则属于难加工材料。

3. *改善工件材料切削加工性的途径*

为了改善工件材料切削加工性以满足实际生产的需要,通常采用以下两种方法:

(1) 调整材料的化学成分。在不影响工件的使用性能的前提下,在钢中适当添加一些化学元素,如S、Pb等,能使钢的切削加工性得到改善,可获得易切钢。易切钢的良好切削加工性主要表现在:切削力小、容易断屑,且刀具耐用度高,加工表面质量好。另外在铸铁中适量增加石墨成分,也能改善其切削加工性。这些方法常用在大批量生产中。

(2) 进行适当的热处理。材料的化学成分相同,而金相组织不同时,其切削加工性存在着较大的差异。在各种金相组织中,铁素体的塑性较高,珠光体的塑性较低。钢中含有大部分铁素体和少部分珠光体时，切削速度及刀具耐用度都较高；珠光体呈片状分布时，刀具磨损较大；而呈球状时，刀具的磨损较小；因马氏体、回火马氏体和索氏体等组织硬度较高，所以在切削时刀具磨损大，耐用度很低。

因此，低碳钢由于塑性过高，通过冷拔或正火处理，可以适当降低其塑性，提高硬度，改善其切削加工性；高碳钢和工具钢的硬度偏高，且有较多的网状和片状渗碳体组织，较难切削。通过球化退火，降低其硬度，并能得到球状渗碳体组织，有利于切削加工；马氏体不锈钢通常要通过调质处理到 HRC28 左右，硬度过低时，塑性较大，不易得到较小的表面粗糙度值，硬度较高时，切削会使刀具磨损增大；热轧状态的中碳钢，组织不均匀，有时表面还有硬皮，也不容易切削。通过正火处理可以使其组织和硬度均匀，从而改善其切削加工性。有时中碳钢也可退火后加工，铸铁件一般在切削前都要安排退火处理，以降低表层硬度，消除内应力，改善其切削加工性。

(3) 选择合适的毛坯成形方式和刀具材料，确定合理的刀具角度和切削用量，安排适当的加工工艺过程等，也可以改善材料的切削加工性能。

（三）几种难加工材料的切削加工

随着科学技术的发展，对机械产品及其零部件的使用性能要求越来越高，为了满足使用性能的需要，不断涌现出如高锰钢、高强度钢、不锈钢、高温合金、钛合金、难熔金属及其合金等难加工金属材料。它们的相对加工性 K_v 一般小于 0.65，难加工的原因是这些材料中含有一系列合金元素，在其中形成了各种合金渗碳体、合金碳化物、奥氏体、马氏体及带有残余奥氏体的马氏体等，不同程度地提高了硬度、强度、韧度，耐磨性以及高温强度和硬度。在切削加工这些材料时，常表现出切削力大、切削温度高、切屑不易折断和刀具磨损剧烈等现象，造成严重的加工硬化和较大的残余拉应力，使加工精度降低，切削加工性很差。

1. 高强度钢的切削加工性

高强度钢的室温强度较高，抗拉强度在 1.177 GPa 以上，高的室温硬度和强度是影响切削加工性的主要因素。高强度钢的高硬组织在切削时，使切削刃的应力增大，切削温度升高，刀具磨损加剧。所以高强度钢在退火状态下比较容易切削。根据资料介绍，切削高强度钢所用的切削速度反比于其强度的平方。根据高强度钢的性质和切削过程的特点，切削加工时应考虑以下几个方面的问题：① 切削速度应是普通结构钢的 1/8～1/2，当材料强度 $\sigma_b=1.47\sim1.666$ GPa时，切削速度 $v=40\sim65$ m/min，材料强度增大时，切削速度按反比于其强度的平方进行修正，进给量一般要大于 0.05 mm/r；② 应充分冷却，使用硬质合金刀具时不宜使用水溶性切削液，以免切削刃承受较大的热冲击，引起崩刃；③ 为避免引起振动，要求工艺系统有足够的刚性，刀具的悬伸量应尽量小；④ 要选择耐磨、强度高、耐热冲击的刀具材料。如选择硬质合金，可以用 YW 类和 YN 类。选用高速钢时，应选用高温硬度高的高钒高钴高速钢；或者为了减少崩刃，选用碳化物细小均匀的钼系高速钢；⑤ 为了防止崩刃，增强切削刃，前角应选小值或选负值，切削刃的粗糙度应该很小，切削刃刃形上不应有尖角，尖角必须用圆弧代替，刀尖圆弧半径在 0.8 mm 以上；⑥ 用高速钢刀具时，切削速度很低，一般 $v=3\sim10$ m/min；⑦ 荒车及粗车一般应在退火状态下进行，同时要注意断屑问题。

2. 高温合金的切削加工性

高温合金按基体金属可分为铁基高温合金，镍基高温合金和钴基高温合金，按生产工艺及其性能和用途，可分为变形高温合金和铸造高温合金两大类。

高温合金在高温状态下(800～900 ℃)有良好的热稳定性，能保持较高的强度，并且有抗热疲劳性能，被广泛地应用于飞机、航空、航天、军工和发电机造船等工业，用以制造燃气轮机的涡轮盘、涡轮叶片、燃烧室等高温受力零件及紧固件。

常用的高温合金是铁基和镍基。铁基高温合金的组织是奥氏体，变形铁基高温合金的代表牌号是 GH2036(4Cr12Ni8MnVNb)，铸铁基高温合金的代表牌号是 K214 等。变形镍基高温合金的代表牌号有 GH4033(Cr20Ni77AlTi2.5)，铸造镍基高温合金的代表牌号是 K403(17Cr12Ni68W5Mo4Co5Al5Ti3)等。铁基高温合金的抗氧化性能不如镍基合金，高温强度不如钴基合金，但切削加工性比镍基合金稍好，价格也较为低廉。

高温合金是难加工材料中切削加工性较差的一种，其相对切削加工性低于 0.2，铁基高温合金的相对加工性仅为奥氏体不锈钢的 1/2 左右，而镍基合金的切削加工性更差。

高温合金不但有很高的常温强度，而且有很高的高温强度，其高温强度约为 45 钢铁的 6.5 倍(在 800 ℃时)。其抵抗塑性变形能力强，加工硬化严重，塑性变形大，加工时切削力较大。高温合金的导热系数很小，切削区域平均温度很高，可达 750～1 000 ℃，同时，高温合金中含有大量的碳化物和氮化物等硬质点，且高温硬度很高，使刀具容易发生机械磨损；切削高温合金时，刀具还容易发生黏结磨损。因此在切削高温合金时，应十分注意降低切削温度和减少加工硬化。可从下列几个方面考虑：① 刀具的切削刃应该始终保持锋利。前角应为正值，但不能过大，后角一般应稍大一些。② 切削用量的合理选择很重要，一般是低切削速度，中等偏小的进给量，较大的背吃刀量。应该使切削刃在冷硬层以下进行切削。镍含量对镍基高温合金的切削速度影响很大。③ 应该选择合适的切削液。对于镍基高温合金应避免使用含硫的切削液，否则会对工件造成应力腐蚀，影响零件的疲劳强度。④ 工艺系统刚性要高，机床功率应足够大。⑤ 改善镍基高温合金切削加工性的一个办法是进行“淬火”处理。镍基高温合金的基体是“奥氏体—金属间化合物”，淬火加热时，可使合金内部的金属间化合物转变为固溶体。“淬火”的迅速冷却使金属间化合物析出较少。这样的组织，可使切削力减小，从而改善切削加工性。切削高温合金的最佳切削速度见表 3-3，切削镍基高温合金时的刀具几何参数见表 3-4。

表 3-3　车削高温合金的最佳切削速度

高温合金牌号	刀具材料	试验条件	最佳切削速度/(m/min)
GH36	YG8	$\gamma_o=10°, a_o=10°, \kappa_r=45°, r_\varepsilon=0.5$ mm, $b_{r1}=0.2$ mm, $f=0.2$ mm/r, $a_p=2$ mm	50
	YG8813	$\gamma_o=0°, a_o=a_o'=8°, \kappa_r=70°, \kappa_r'=20°, r_\varepsilon=0.2$ mm, $f=0.2$ mm/r, $a_p=0.5$ mm	33.2 33.5
GH136	YG10H		>40
K14	YG8 YG6X YW2	$\gamma_o=0°, a_o=a_o'=10°, \kappa_r=\kappa_r'=45°, \lambda_o=0°, f=0.2$ mm/r, $a_p=2$ mm	40 35 30

表 3-4　镍基高温合金切削时的刀具几何参数

工件材料		前角 γ_o	后角 a_o	刀尖圆弧半径 r_ε/mm
变形合金	粗车	0°～5°	10°～14°	0.5～0.8
	精车	5°～8°	14°～18°	0.3～0.5
铸造合金		≈10°	≈10°	≈1

3. 不锈钢的切削加工性

不锈钢按其组织可分为：铁素体不锈钢、马氏体不锈钢、奥氏体不锈钢、析出硬化不锈钢，铁素体与马氏体不锈钢为导磁材料，其他两种为非磁性材料。

铁素体不锈钢的含碳量低于15%、含铬量高于14%，其金相组织为单相铁素体，塑性好，抗氧化性和耐腐蚀性均较好，但机械性能和工艺性能较差，一般适用于受力不大的耐酸结构和抗氧化钢。它是不锈钢中切削加工性最高的一种。

马氏体不锈钢的含碳量为0.1%～0.5%，淬火后的硬度和强度都较高，切削也比较困难；而未经调质的马氏体不锈钢(如2Cr13)，虽可用较高的切削速度，但很难获得较小的粗糙度。

奥氏体不锈钢的含碳量较低，但Cr、Ni含量大。Cr能提高不锈钢的强度及韧性，使不锈钢具有与刀具黏结的倾向；Ni能稳定奥氏体组织，奥氏体组织塑性大，容易产生加工硬化，此外，导热性能也很低(约为45钢的1/3)，所以奥氏体不锈钢较难切削。主要用于耐酸、耐碱设备及抗磁仪表、医疗器械等。

析出(沉淀)硬化不锈钢是经一定的热处理后，从晶体内析出颗粒极小的碳化物等细微杂质的不锈钢。这类不锈钢对晶界腐蚀不敏感，但因析出(沉淀)硬化后，机械强度提高，韧性提高，难以进行塑性变形，所以在硬化后切削是很困难的，所以应在硬化处理前进行加工。

根据不锈钢的性质和切削加工的特点，切削加工时应考虑的共同性问题是：① 因为切削力大，切削温度高，所以刀具材料应选用强度高、导热性好的硬质合金；② 为使切削轻快，应选用较大的前角，较小的主偏角；③ 为避免出现黏结现象，前刀面和后刀面应仔细研磨，以保证较小的表面粗糙度，也可用较高的切削速度或较低的切削速度；④ 不锈钢的切屑强韧，故应对断屑、卷屑、排屑采取相应的、可靠的措施；⑤ 不锈钢的导热性能低，切削区域的温度高，加之线膨胀系数较大，容易产生热变形，精加工时容易影响尺寸精度；⑥ 工艺系统的刚性应尽可能高。不锈钢的车削用量见表3-5。

4. 钛合金的切削加工性

钛合金具有良好的耐蚀性和耐热性，塑性较好，能任意地进行锻造、切削加工，并且能够进行焊接，广泛地应用于航空、航天、导弹和火箭等飞行器结构材料，也应用于造船和化工等行业。钛合金从金属组织上可分为α相钛合金(包括工业纯钛)、β相钛合金、$(\alpha+\beta)$相钛合金。硬度及强度按α相、$(\alpha+\beta)$相、β相的次序增加，而切削加工性按这个次序下降。

钛合金的导热性能低，切屑与前刀面的接触面积很小，致使切削温度很高，可为45钢切削温度的2倍，当切削温度在600 ℃以上时，钛与氧、氮产生间隙固溶体，对刀具有强烈的磨损作用；钛合金塑性较低，与刀齿材料的化学亲和性强，容易和刀具材料中的Ti、Co和C元素黏结，加剧了刀具的磨损；钛合金的弹性模量低，弹性变形大，接近后刀面处工件表面的回弹量(弹性恢复)大，所以已加工表面与后刀面的接触面积特别大，摩擦也比较严重。切削过

表 3－5　不锈钢的车削用量

工件材料	车外圆及镗孔切						切断		
	v/(m/min)		f/(mm/r)		a_p/mm		v/(m/min)		f/(mm/r)
	工件直径/mm≤20		粗加工	精加工	粗加工	精加工	工件直径/mm≤20		>20
奥氏体不锈钢(1Cr18Ni9Ti 等)	40～60		0.2～0.8①	0.07～0.3	2～4	0.2～0.5②	50～70	70～120	0.08～0.25
马氏体不锈钢 2Cr13,≤250HBS	50～70	70～120					60～80	80～120	
马氏体不锈钢 2Cr13,>250HBS	30～50	50～90					40～60	60～90	
析出硬化不锈钢	25～40	40～70					30～50	50～80	

注:刀具材:YG8;① 粗镗时:f=0.2～0.5 mm/r;② 精镗时:a_p=0.1～0.5 mm。

程的这些特点使某些工序,如丝锥攻螺纹、铰孔及拉削(特别是花键拉削)等特别困难。根据钛合金的性质和切削过程的特点,切削时应考虑的共同问题是:① 刀具材料在选用时,对于成形和复杂刀具可选用如 W6Mo5Cr4V2Al 等高温性能好的高速钢。尽可能使用硬质合金刀具和导热性能良好的、强度高的细晶粒钨钴类硬质合金刀具,如 YG3X、YG6X 等,以提高生产率,不能选用 YT 类和 TiC、TiN 涂层的刀片;② 刀具几何参数在选用时,应采用较小的前角,后角应比切普通钢的大,刀尖采用圆弧过渡刃,切削刃上避免有尖角出现,切削刃的粗糙度值应尽可能小,以保证排屑流畅和避免崩刃;③ 选用较低的切削速度,中等偏小的进给量,较大的背吃刀量,以使切削刃在冷硬层下进行切削;切削过程中应进行充分冷却,一般用乳化液或极压乳化液,必须注意腐蚀问题;④ 工艺系统应有足够的刚度和功率。

钛合金车削时,车刀的几何参数和切削用量等可参考表 3－6、表 3－7 和表 3－8 等选用。

表 3－6　车削钛合金的车刀几何参数

工序	材料强度 δ_b/GPa	γ_o	a_o	a_o'	κ_r	κ_r'	λ_s	刀尖圆角半径 r_ε/mm
荒车	≤1.176	5°	10°	6°～8°	45°～70°	6°	0	2～3
	>1.176	0～5°	6°～8°				0～5°	
粗车	≤1.176	5°	10°				0	1～2
	>1.176	0～5°	6°～8°		75°～90°		0～3°	
精车	≤1.176	5°	15°				0	0.5
	>1.176	5°	6°～8°					

表 3－7　不同背吃刀量、进给量组合时的最佳切削速度

a_p/mm	1				2				3		
f/(mm/r)	0.10	0.15	0.20	0.30	0.10	0.15	0.20	0.30	0.10	0.20	0.30
v/(m/min)	60	52	43	36	49	40	34	18	44	30	26

表 3－8　车削钛合金的切削用量(刀具为硬质合金)

工序	材料强度 δ_b/GPa	背吃刀量 a_p/mm	进给量 f/(mm/r)	切削速度 v/(m/min)
荒车	≤0.931(95)0.931 <δ_b ≤1.176>1.176	大于氧化皮厚度	0.10～0.20 0.08～0.15 0.07～0.12	25～30 16～21 8～13
粗车	≤0.9310.931 <δ_b ≤1.176>1.176	>2	0.20～0.40 0.20～0.30 0.20～0.30	40～50 26～34 13～23
精车	≤0.931 0.931<δ_b≤1.176 >1.176	0.08～0.5	0.10～0.20 0.07～0.15 0.07～0.15	74～93 52～60 24～43

5. 高锰钢的切削加工性

钢中锰元素含量在 11%～14%时，称为高锰钢。当高锰钢全部都是奥氏体组织时，才能获得较好的使用性能(如韧性、强度及无磁性等)，因此又称为高锰奥氏体钢。

$$\delta_b a_p b_{\gamma 1}\gamma_{o1} r_\beta a_0 b_{\alpha 1}\alpha_o' a_0' F_x F_z F_y \kappa_r' \kappa_{r\varepsilon}=\frac{1}{2}\kappa_r r_\varepsilon$$

$$b_\varepsilon \kappa_r \lambda_s \gamma_o t_w = t_m = PT^m + t_{ct}PT^{m-1} + t_{ot}\frac{t_m}{\mathrm{T}} + t_{ot} d_w l_w n_w$$

$$t_m = \frac{\pi d_w l_w \Delta}{1\,000 C_o a_p f}T^m = \frac{l_w \Delta}{\mathrm{n}_w a_p f} = \frac{\pi d_w l_w \Delta}{1\,000 v a_p f}\frac{\mathrm{d}C}{\mathrm{d}T}=0$$

$$\mathrm{d}t_w/\mathrm{d}T=0\ \frac{\mathrm{d}t_w}{\mathrm{d}T}=mPT^{m-1}+t_{ct}(m-1)PT^{m-2}=0v_c$$

$$v_p=\frac{C_o}{T_p{}^m}T=\left(\frac{1-m}{m}\right)t_{ct}=T_pC=t_mM+t_{oc}\frac{t_m}{T}M+\frac{t_m}{T}C_t+t_{ct}M$$

常用的有高碳高锰耐磨钢和中碳高锰无磁钢。高锰钢是典型的抗磨钢，其最重要的特点是在强烈的冲击、挤压条件下，表层迅速发生加工硬化现象，使其在心部仍保持良好的韧性和塑性的同时硬化层具有良好的耐磨性。

高锰钢切削加工困难的主要原因是加工硬化严重和导热性能较差。在切削加工过程中，因塑性变形而使奥氏体组织转变为细晶粒马氏体组织，硬度由原来的 180～220HBS 提高到 450～500HBS。高锰钢的导热系数约为 45 钢的 1/4，因此切削温度高。此外高锰钢的线膨胀系数约为 20×10^{-6}℃，与黄铜差不多。在切削温度作用下，工件局部很快膨胀，影响加工精度，因此，尺寸精度要求高的工件应特别注意。高锰钢的韧性约为 45 钢的 8 倍，伸长率较大，这不但使切削力增大，还使切屑强韧不易折断，因此对刀具材料提出了很高的强度和韧性要求。

切削高锰钢时，切削速度不宜太高，一般取 $v=20\sim40$ m/min，由于加工硬化严重，进给量和切削深度不宜过小，以免切削刃在硬化层中切削。一般 $f=0.2\sim0.8$ mm/r；背吃刀量在粗车时 $a_p=3\sim6$ mm，半精车时 $a_p=1\sim3$ mm。为提高切削效率，可用加热(例如用等离子电弧)切削法。这时效率可提高 7～10 倍，表面粗糙度值可大为减小。

车削高锰钢时，刀具材料选用强度和韧性较高的含 TaC、NbC 的细晶粒或超细晶粒牌号的硬质合金。刀具几何参数一般为前角 $\gamma_o=-5°\sim5°$，并磨出负倒棱 $b_{r1}=0.2\sim0.8$ mm、$\gamma_{o1}=-15°\sim-5°$，以增强切削刃和改善散热条件。$\alpha_o=8°\sim12°$，主偏角 $\kappa_r=45°$，副偏角 $\kappa_r'=10°\sim20°$，如果工艺系统的刚性较好，主、副偏角可选取小一些。刃倾角 $\lambda_s=-30°\sim-5°$，如果前角为较大正值时，则刃倾角的绝对值必须增大，$\lambda_s=-20°\sim-30°$。

综上所述，提高难切削材料切削加工性的途径有：① 选择合适的刀具材料；② 对工件材料进行相应的热处理，尽可能在最适宜的组织状态下进行切削；③ 提高机床—夹具—刀具—工件这一工艺系统的刚性，提高机床的功率；④ 刀具表面应该仔细研磨，达到尽可能小的粗糙度，以减少黏结，减少因冲击造成的微崩刃；⑤ 合理选择刀具几何参数，合理选择切削用量；⑥ 对断屑、卷屑、排屑和容屑给予足够的重视；⑦ 注意使用切削液，以提高刀具耐用度。

(四) 非金属材料的切削加工性简介

1. 陶瓷材料的切削加工性

陶瓷材料是用天然或人工合成的粉状化合物，经过成型和高温烧结制成的，由无机化合物构成的多相固体材料。按性能和用途可分为：普通陶瓷和特种陶瓷。普通陶瓷又叫传统陶瓷，是指在日用、建筑、艺术、卫生、电工和化工等方面使用的陶瓷。特种陶瓷又叫精细陶瓷，可又分为结构陶瓷(高强度陶瓷和高温陶瓷)和功能陶瓷(磁性、介电、半导体、光学和生物陶瓷等)两类。

机械工程中应用较多的主要是精细陶瓷。由于精细陶瓷材料的硬度和强度均较高，一般采用磨削，在磨削时，因其径向分力 F_y 远大于切向分力 F_x，所以要求机床刚度较高。如果切削加工，必须选用金刚石或立方氮化硼刀具。

由于精细陶瓷材料的韧性低，脆性大，切削时刀具的磨损和破损严重，刀具耐用度很低。对精细陶瓷材料进行切削加工是困难的，这就需要认真选择合适的切削用量，表 3-9 列出了几种加工精细陶瓷材料的切削用量推荐值。切削加工精细陶瓷材料还有用等离子加热和复合振动等高效切削方法。

表 3-9　几种复合精细陶瓷材料切削加工的切削用量

陶瓷材料	显微硬度 /MPa	切削速度 v/(m/min)	背吃刀量 a_p/mm	进给量 f/(mm/r)	备　注
Al_2O_3	～2 300	30～80	～0.2	0.12	荒切、湿切
Si_3N_4	10 000～16 000 8 000～10 000	10～50 50～80	～0.5 ～0.2	0.05 0.20	用圆刀片干切 用圆刀片湿切
ZrO_2	10 000～12 000	50～100 200～400	～0.1 0.2～0.3	0.20～0.05	湿切铣削、湿切

2. 石材的切削加工性

石材种类繁多，就其生成和来源分类，有天然和人造两大类。用于建筑装修和机械平台而又必须经过机械加工的天然石材有：大理石、花岗石等，此外还有人造大理石以及水磨石等人造石材。

石材是自然的建筑材料，整个地球表层是由岩石所组成，而岩石是由许多矿物族群以各种方式结合而形成，一块岩石中含有不同硬度的矿物。这就对石材加工产生了一定的困难，从而使得石材的加工工具也不同于普通的加工工具。

石材的加工主要是锯、切、磨、抛。石材的可加工性是指锯、切、磨、抛加工的难易程度。一般情况下，石材硬度越大，则加工越困难，对工具的磨损也越大。石材的物理成分包括矿物成分和化学成分，不同的矿物成分和化学成分，加工性也不同。如大理石的主要造岩矿物为方解石、白云石，其硬度较花岗石低，易于加工；花岗石的主要造岩矿物为石英、正长石、斜长石，其可加工性在很大程度上取决于石英和长石的含量，含量越高，越难加工。在化学成分上，SiO_2 含量愈高，加工愈困难。一般来说，颗粒均匀比不均匀的石材易加工，细粒比片状磨光质量高，致密石材比疏松石材光泽度高。矿物结晶程度好，且定向排列、光轴方向一致将大大提高抛光后的光泽度。

近年来也有关于用金刚石刀具切削石材的报道，如用镶有人造金刚石（SDR）刀头的铣刀盘精整铣切厚度为 10 mm 的花岗石板（精度±0.05 mm）；用聚晶金刚石车刀切削印度黑花岗石圆盖板，得到了比用硬质合金车刀切削好得多的表面粗糙度，还消除了振纹。切削石材的切削用量，则随石材种类、加工设备、刀具以及生产条件的不同而不同，并应通过切削试验来确定。

任务 2　加工后的表面质量

【知识点】（1）表面粗糙度及其评定指标；

（2）表面粗糙度的形成及影响因素；

（3）降低表面粗糙度的措施。

【技能点】 能够在加工过程中提高加工表面质量。

一、任务下达

实际加工中，往往由于多方面的原因，使得工件加工后的表面质量不尽如人意。例如，在某 C6140 车床上采用 150 m/min 的切削速度、0.15 mm/r 的进给量和 1 mm 的背吃刀量精车一普通中碳钢工件后，发现已加工面上刀痕明显，表面粗糙度远远达不到要求。那么，如何改进这种状况呢？

二、任务分析

工件已加工表面质量包括工件的表面粗糙度、表面残余应力、表面加工硬化层等指标。加工工件表面质量的好坏，直接影响到产品质量和产品的使用性能。由课题引入可以看出，已加工表面质量可能与切削用量有关，除此之外，它还与哪些因素直接相关呢？怎样才能提高加工表面质量呢？

由于表面质量指标中表面粗糙度比较直观，便于测量和控制，以下就从表面粗糙度入手，谈谈什么是表面粗糙度？表面粗糙度的形成原因和变化规律如何？减小表面粗糙度的有效途径有哪些？

三、相关知识

（一）已加工表面粗糙度

表面粗糙度是指已加工表面微观不平程度的平均值，是一种微观几何形状误差。经切削加工形成的已加工表面粗糙度，一般可看成由理论粗糙度和实际粗糙度叠加而成。

【知识链接】 表面粗糙度对配合工件的配合性质、摩擦副摩擦面的磨损、工件的耐腐蚀性以及工件的疲劳强度等将产生重要影响，是表面质量中一项非常重要的指标。减小表面粗糙度有利于保证配合工件的配合性质、有利于提高工件的耐腐蚀性、有利于提高工件的抗疲劳破坏能力，适当的表面粗糙度有利于提高工件的耐磨性。表面粗糙度等级用轮廓算术平均偏差 Ra、微观不平度十点高度 Rx 或轮廓最大高度 Ry 的数值大小表示。按国家标准规定，优先采用轮廓算术平均偏差 Ra 的大小来表示。

1. 理论粗糙度

这是刀具几何形状和切削运动引起的表面不平度。生产中，如果条件比较理想，加工后表面实际粗糙度接近于理论粗糙度。

刀具几何形状和切削运动对表面粗糙度的影响主要是通过刀具的主偏角、副偏角、刀尖圆弧半径 r 以及进给量对切削后工件上的残留层高度来体现的。主偏角、副偏角、进给量越小表面粗糙度越小。刀尖圆弧半径 r 越大，表面粗糙度越小。

本课题中，精车表面质量差的主要原因：就刀具而言无外乎是副偏角偏大，或刀尖圆弧半径过小，以致切削后残留层高度增大而引起的。如减小副偏角，或适当增大刀尖圆弧半径，必将减小切削后的残留层高度，从而降低表面粗糙度。

【知识链接】 切削加工时，由于刀具形状的原因及走刀运动，必然在工件上存在残留层，残留层的高度直接影响已加工表面粗糙度。

如图 3－1 所示，用尖头刀加工时，残留层的最大高度 Ry 为：

$$Ry=\frac{f}{\cot\kappa_r+\cot\kappa_r'} \tag{3-2}$$

相应的轮廓算术平均偏差 Ra 为：

$$Ra=\frac{Ry}{4}$$

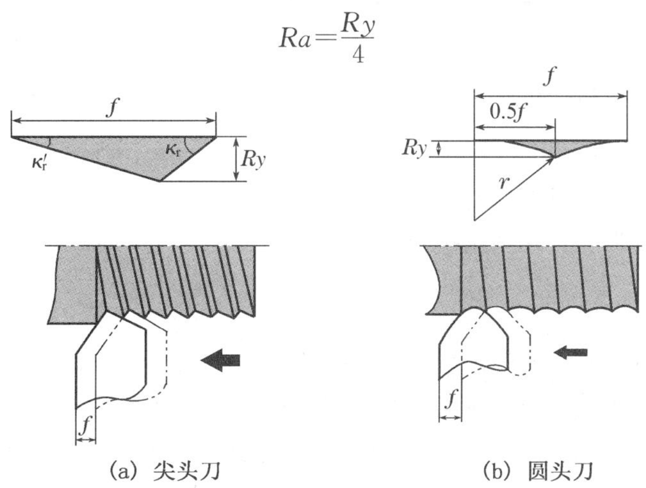

(a) 尖头刀　　(b) 圆头刀

图 3－1　残留层

用圆头刀加工时，残留层的最大高度 Ry 为：

$$Ry\approx\frac{f^2}{8r}$$

相应的轮廓算术平均偏差 Ra 为：

$$Ra=\frac{Ry}{4}$$

【例 3－1】 用一把尖头车刀($\kappa_r=75°$，$\kappa_r=10°$)和一把圆头车刀($r=1$ mm)以同样的 $f=0.2$ mm/r车削外圆，分别求出工件上残留层的高度。

【解】 尖头车刀　　$Ry=\dfrac{0.2}{\cot 75°+\cot 10°}=0.0337$ mm

圆头车刀　　$Ry\approx\dfrac{0.2^2}{8\times 1}=0.005$ mm

2. 实际粗糙度

这是指切削过程中出现的非正常原因造成的表面不平度。其中包括积屑瘤影响、加工振动影响和鳞刺影响等。

【知识链接】 由于积屑瘤将引起加工中的过切，或在加工表面上划出犁沟，或脱落后黏附在加工表面上形成毛刺,或形成的毛刺被刀具挤平后形成硬质光点。这样便加剧了加工表面的粗糙程度。

鳞刺是指切削加工后残留在已加工表面上的鳞片状毛刺,通常采用较低速度对塑性材料加工时可能出现。

切削过程中的振动会使加工表面出现振纹,不仅恶化了加工表面质量,而且对机床精度、刀具磨损会产生很大的影响。振动有强迫振动和自激振动两大类。强迫振动是由外界周期性作用力所引起,其特点是工艺系统的振动频率与外界激振力的频率相一致。造成强迫振动的原因有:机械运动的不平稳、液压传动的压力脉动与冲击、传动带的接头不平、工件材质不均匀、断续切削、加工余量不均匀、附近其他设备振动的传入等。自激振动又称颤振,是由于切削过程中切削力的变动而引起的,当工艺系统刚度不足时,往往容易引起自激振动,在细长轴车削或深孔镗削时要特别注意。

此外,刀具后刀面磨损造成的挤压、摩擦痕迹,刀刃缺陷的复映,切屑的拉毛和擦痕都会降低加工表面质量。

(二) 减小表面粗糙度的途径

要提高已加工表面质量,降低表面粗糙度,往往从刀具和切削用量上做文章。

有很多因素影响到工件表面粗糙度,如机床精度的高低、工件材料的切削加工性好坏、刀具几何形状的合理与否、切削用量选择的合理与否,甚至包括刀具的刃磨质量、切削液的正确选用等。

1. 刀具几何形状方面

从以上分析不难看出,要减小表面粗糙度,可采用较大的刀尖圆弧半径(圆头刀)、较小的主偏角或副偏角,甚至磨出修光刃。需要注意的是,主偏角的减小,会引起背向力 F_p的增大,甚至会引起加工中的振动。r 的增大或过长的修光刃同样也有这个问题。

2. 切削用量方面

在同样加工条件下,采用不同的切削用量所获得的工件表面粗糙度有很大的不同。切削用量三要素中,进给量对表面粗糙度影响最大,进给量越小,残留层高度越低,表面粗糙度越小。精车表面质量差的主要原因,就切削用量而言,显然是进给量稍大,可以通过减小进给量加以解决。

但应注意进给量不能过小,否则由于切削厚度过小刀刃将无法切入工件,造成刀具与工件的强烈挤压与摩擦。

若要求加大进给量,同时又要求获得较小的表面粗糙度值,刀具必须磨有修光刃,使副偏角为 0°,但应注意此时的进给量不能过大,否则,太宽的修光刃会引起振动,反而会提高表面粗糙程度。

【知识链接】 一般来讲,减小背吃刀量可减小加工中的振动,减小表面粗糙度,但应注意的是当背吃刀量 $a_p<0.02\sim0.03$ mm 时,刀具经常与工件发生挤压和摩擦,工件表面粗糙度增大。

切削速度的高与低,都会减小工件表面的粗糙度,切削速度很低(2～5 m/min)可以避免积屑瘤的产生,从而减小表面粗糙度,切削速度很高(超过产生积屑瘤的切削速度),同样能减小表面粗糙度。

任务3　切削液的选用

【知识点】(1) 切削液的作用;
　　　　(2) 切削液的种类。
【技能点】能够在加工过程中合理选择切削液。

一、任务下达

实际加工中,往往由于多方面的原因,使得工件加工后的表面质量不尽如人意。例如,在某C6140车床上采用150 m/min的切削速度、0.15 mm/r的进给量和1 mm的背吃刀量精车一普通中碳钢工件后,发现已加工面上刀痕明显,表面粗糙远远达不到表面质量要求。那么,如何才能改变这种状况呢?

二、任务分析

在切削加工中,合理地使用金属切削液可以降低切削时的切削力以及刀具与工件之间的摩擦,及时带走切削区内产生的热量以降低切削温度,减少刀具磨损,提高刀具耐用度,同时能减少工件热变形,抑制积屑瘤和鳞刺的生长,从而提高生产效率,改善工件表面粗糙度,保证工件加工精度,达到最佳经济效果。因此,了解切削液的功用,合理地选用切削液对实际生产具有重要的意义。

三、相关知识

(一) 切削液的分类

切削加工中最常用的切削液可分为水溶性、非水溶性和固体润滑剂三大类(如图3-2所示),下面列出常用切削液的种类。

(1) 水溶性切削液。主要有水溶液和乳化液。水溶液是由基础油(或不含基础油)、防锈添加剂、表面活性剂、水以及其他添加剂复配而成,使用时根据加工情况用水配成一定浓度的稀释液进行使用。乳化液是由矿物油、乳化剂及其他添加剂配制而成,用95%~98%的水稀释后即成为乳白色或半透明状的乳化液,为了提高其防锈和润滑性能,再加入一定的添加剂。水溶性切削液有良好的冷却性能和清洗作用,还有一定的防锈与润滑作用。

离子型切削液是水溶性切削液中的一种新型切削液,其母液是由阴离子型、非离子型表面活性剂和无机盐配制而成。它在水溶液中能离解成各种强度的离子。切削时,由于强烈摩擦所产生的静电荷,可由这些离子反应迅速消除,降低切削温度,提高刀具耐用度。

(2) 非水溶性切削液。主要是切削油,其中有各种矿物油(如机械油、轻柴油和煤油等)、动植物油(如豆油和猪油等)和加入油性、极压添加剂配制的混合油,不含水,在使用时不用水稀释。它主要起润滑作用。

(3) 固体润滑剂。在攻螺纹时,常在刀具或工件上涂上一些膏状或固体润滑剂。膏状润滑剂主要是含极压添加剂的润滑脂。固体润滑剂主要是二硫化钼蜡笔、石墨、硬脂酸皂、蜡等。用二硫化钼蜡笔涂在砂轮、砂盘、带、丝锥、锯带或圆锯片上，能起到润滑作用并降低工件表面的粗糙度，延长砂轮和刀具的使用寿命，减少毛刺或金属的熔焊。

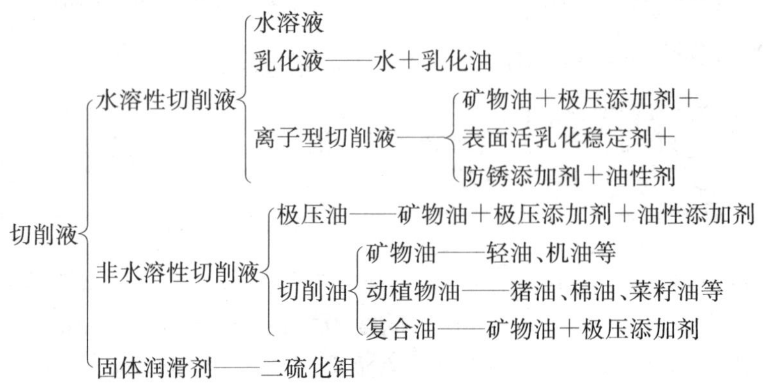

图 3－2　常用的切削液

(二) 切削液的功用

1. 切削液的功用

(1) 冷却作用。通过切削液的对流和汽化作用把因切削而发热的刀具(或砂轮)、切屑和工件间的切削热从刀具和工件处带走，从而有效地降低切削温度，减少工件和刀具的热变形，提高加工精度和刀具耐用度。在切削速度高、刀具、工件材料导热性差、热膨胀系数较大的情况下，切削液的冷却作用尤为重要。

切削液的冷却性能与其导热系数、比热、汽化热以及黏度(或流动性)、流量、流速、浇注方式以及本身的温度等有关。水的导热系数和比热均高于油，因此水的冷却性能要优于油。

改变液体的流动条件，如提高流速和加大流量可以有效地提高切削液的冷却效果，特别是对于冷却效果较差的非水溶性切削液，加大切削液的供液压力和加大流量，可有效提高冷却性能。另外，渗透性能好、泡沫较少的切削液，冷却效果较好。

(2) 润滑作用。切削液能渗入到刀具与切屑、加工表面之间形成润滑膜或吸附膜，可以减小前刀面与切屑，后刀面与已加工表面间的摩擦，从而减小切削力、摩擦和功率消耗，降低刀具与工件坯料摩擦部位的表面温度和刀具磨损，改善工件材料的切削加工性能。

切削液的润滑性能主要取决于切削液的渗透能力、形成润滑膜的能力和强度以及切削条件等。切削液的渗透性又取决于它的表面张力和黏度，表面张力和黏度大时，渗透性较差。气体因其黏性阻力比液体的小，而且扩散能力较强，因此较容易渗透。

切削液的润滑薄膜是由化学反应和物理吸附两种作用形成的。化学作用主要靠含硫、氯等元素的极压添加剂与金属表面起化学反应，生成化合物而形成化学薄膜。切削液主要用在高温条件下。物理吸附主要是靠切削液中的油性添加剂，如动植物油及油酸、胺类、醇类及酯类等起作用。但油性添加剂与金属形成的吸附薄膜只能在低温下(200 ℃以内)起到较好的润滑作用。

(3) 清洗作用。在金属切削过程中，切削液可以冲走切削区域和机床上的细碎切屑、脱落的磨粒和油污，防止划伤已加工表面和导轨，使刀具或砂轮的切削刃口保持锋利，不致影响切削效果。

清洗性能取决于切削液的流动性和使用压力。对于油基切削油，黏度越低，清洗能力越强，尤其是越含有煤油、柴油等轻组分的切削油，渗透性和清洗性能更好。含有表面活性剂的水基切削液，清洗效果较好，因为它能在表面上形成吸附膜，阻止粒子和油泥等黏附在工件、刀具及砂轮上，同时它能渗入到粒子和油泥黏附的界面上，将它们从界面上分离，并随切削液流走，以保持切削液的清洁。

(4) 防锈作用。在切削液中加入防锈剂，可在金属表面形成一层保护膜，起到防锈作用。防锈作用的强弱，取决于切削液本身的成分和添加剂的作用。

(5) 其他作用。除了以上四种作用外，切削液应具备良好的稳定性，在贮存和使用中不产生沉淀或分层、析油、析皂和老化等现象。对细菌和霉菌有一定抵抗能力，不易因发霉及生物降解而导致发臭、变质。

此外，切削液还要不损坏涂漆零件，对人体无危害，无刺激性气味。在使用过程中无烟雾或少烟雾。便于回收，低污染，排放的废液处理简便，经处理后能达到国家规定的工业污水排放标准等。

2. 切削液的添加剂

为改善切削液的性能而加入的一些化学物质，称为切削液的添加剂。常用的添加剂有以下几种。常见的有油性添剂和极压添加剂、防锈添加剂、防霉添加剂、抗泡沫添加剂以及乳化剂等，见表 3-10。

表 3-10　切削液中的添加剂

分类		添加剂
油性添加剂		动植物油、脂肪酸、脂肪酸皂，脂肪醇、酯类、酮类、胺类等化合物
极压添加剂		硫、磷、氯、碘等有机化合物，如氯化石蜡、二烷基二硫代磷酸锌等
防锈添加剂	水溶性	亚硝酸钠、磷酸三钠、磷酸氢二钠、苯甲酸钠、苯甲酸胺、三乙醇胺等
	非水溶性	石油磺酸钡、石油磺酸钠、环烷酸锌等
防霉添加剂		苯酚、五氯酚、硫柳汞等化合物
抗泡沫添加剂		二甲硅油
助溶添加剂		乙醇、正丁醇、苯二甲酸酯、乙二醇醚等
乳化剂(表面活性剂)	阴离子型	石油磺酸钠、油酸钠皂、松香酸钠皂、高碳酸钠皂、磺化蓖麻油、油酸三乙
	非离子型	平平加(聚氧乙烯脂肪醇醚)、司本(山梨糖醇油酸酯)、吐温(聚氧乙烯山梨糖醇油酸酯)
乳化稳定剂		乙二醇、乙醇、正丁醇、二乙二醇单正丁基醚、二甘醇、高碳醇、苯乙醇胺三乙醇胺

(1) 油性添加剂。油性添加剂主要应用于低压低温边界润滑状态，它在金属切削过程中主要起渗透和润滑作用，降低油与金属的界面张力，使切削油很快渗透到切削区，在一定的切削温度作用下进一步形成物理吸附膜，减小前刀面与切屑、后刀面与工件之间的摩擦。主要起润滑作用，常用于低速精加工。常用的油性添加剂有动物油、植物油、脂肪酸、胺类、醇类和酯类等。

（2）极压添加剂。在极压润滑状态下，切削液中必须添加极压添加剂来维持润滑膜强度。常用的极压添加剂有以下几种：

① 含硫的极压添加剂。在切削液中引入硫元素有两种方式，一是用元素硫直接硫化的矿物油，叫硫化切削油；二是在矿物油中加入含硫的添加剂，如硫化动植物油、硫化烯烃和硫、氯化动植物油等，制成极压切削油。硫化切削油对铜及铜合金有腐蚀作用，加工时气味大，已逐渐被极压切削油所代替。含硫的极压切削油在金属切削过程中和金属起化学反应，生成硫化铁。硫化铁没有像氯化铁那样的层状结构，比氯化铁摩擦系数大，但熔点高（硫化铁熔点为 1 193 ℃，二硫化铁熔点为 1 171 ℃），硫化膜在高温下不易破坏，故切削钢件时，能在 1 000 ℃左右的高温下，仍保持其润滑性能。

② 含氯的极压添加剂。常用的含氯极压添加剂有氯化石蜡（氯含量为 40%～50%）、氯化脂肪酸和酯类等。氯化物的摩擦系数低于硫化物，故含氯极压添加剂具有优良的润滑性能，含氯极压添加剂的切削液可耐约 600 ℃的高温，特别适合于切削合金钢、高强度钢、钼以及其他难切削材料。氯化石蜡等有腐蚀性，必须与油溶性防锈添加剂一起使用。有的资料认为含氯添加剂的重点应放在四氯化碳这一类高挥发性的添加剂上，因为它能渗入切屑、工件与刀具界面间的微裂缝中，同时又能防止冷焊磨损的发生。但因四氯化碳会挥发出有害气体，所以国内很少采用。

为了得到效果较好的切削液，往往在一种切削液中加入上述的两种或三种添加剂，复合使用，以便切削液迅速进入高温切削区，形成牢固的化学润滑膜。

（3）表面活性剂。它是使矿物油和水乳化而形成稳定乳化液的添加剂。它能吸附在油水界面上形成牢固的吸附膜，使油很均匀地分散在水中，形成稳定的乳化液。

① 乳化液形成的机理（表面活性剂的作用）。表面活性剂是一种有机化合物，它的分子是由极性基团和非极性基团两个部分组成。极性基团是亲水的，叫作亲水基团，可溶于水；非极性基团是亲油的，叫作亲油基团或憎水基团，可溶于油。

加入油和水中的表面活性剂能定向地排列吸附在油水两相界面上，极性端朝水，非极性端朝油，把油和水连接起来，降低油—水的界面张力，使油以微小的颗粒稳定地分散在水中，形成稳定的水包油（O/W）乳化液，这时水为连续相，称为分散介质或外相；油为不连续相，称为分散相或内相；反之就是油包水（W/O）的乳化液。在金属切削加工中应用的是水包油（O/W）的乳化液。

表面活性剂在乳化液中，除了起乳化作用外，还能吸附在金属表面上形成润滑膜，起油性添加剂的润滑作用。

② 表面活性剂的种类。表面活性剂的种类和牌号很多，但按其性质和分子结构，大体可分为四类：阴离子型、阳离子型、两性离子型和非离子型。在配制乳化液时，应用最广泛的是阴离子型和非离子型的表面活性剂，见表 3－10。

（4）乳化稳定剂。乳化液中加入稳定剂的作用有两个方面：一是使乳化油中的皂类借稳定剂的加溶作用与其他添加剂充分互溶，以改善乳化油及乳化液的稳定性；二是扩大表面活性剂的乳化范围，提高稳定性。

（5）防锈添加剂。它是一种极性很强的化合物，与金属表面有很强的附着力，吸附在金属表面上形成保护膜，或与金属表面化合形成钝化膜，起到防锈作用。常用的防锈添加剂，可分为水溶性和油溶性两大类：

① 水溶性防锈添加剂。在水溶性防锈添加剂中以亚硝酸钠在乳化液和水溶液中的应用较为广泛。亚硝酸钠基本上没有润滑性能，在碱性介质中对钢铁有防锈作用，用量一般控制在0.25%左右，浓度再高则对操作者皮肤有害。

② 油溶性防锈添加剂。油溶性防锈添加剂主要应用于防锈乳化液，也有用于切削油的。在使用过程中，常常将各种具有不同特点的防锈剂复合使用，以达到综合防锈的良好效果。如添加氧化石油酯及其皂类，能提高耐大气腐蚀的性能；添加胺类，能提高油脂的抗氧化性，中和酸性物质，添加羊毛脂及其皂类，能提高吸附性能。

(6) 其他添加剂。为了防止乳化液在长期使用后，变质发臭，常常加入万分之几的防霉添加剂，同时为了防止乳化液产生大量泡沫，而降低切削液的效果，还要加入百万分之几的抗泡沫添加剂(如二甲硅油)。

(三) 切削液的选择和应用

在选用不同的切削液时，首先要根据工件材料、刀具材料、加工方法和要求精度等条件进行选择，同时还要综合考虑安全性、废液处理和环保等限制项目。如果要强调防火的安全性，就应考虑选用水溶性切削液，当选用水溶性切削液时，就应该考虑废液的排放问题，企业应具备废液处理的设施等。

1. 从工件材料方面考虑

在切削普通结构钢等塑性材料时，要采用切削液，而在加工铸铁等脆性材料时，可以不用切削液。切削材料中含有铬、镍、钼、锰、钛、钒、铝、铌、钨等元素时，对切削液的冷却、润滑作用都有较高的要求，此时应尽可能采用极压切削油或极压乳化液。加工铜、铝及其合金不能用含硫的切削液。精加工铜及其合金、铝及其合金或铸铁时，主要是要求达到较小的表面粗糙度，可选用离子型切削液或10%～12%的乳化液。

2. 从刀具材料方面考虑

高速钢刀具粗加工时，应选用以冷却作用为主的切削液，主要目的是降低切削温度；硬质合金刀具粗加工时，可以不用切削液，必要时也可以用低浓度的乳化液或水溶液，但必须连续地、充分地浇注，否则刀片会因冷热不均而产生裂纹。

3. 从加工要求方面考虑

粗加工时，切削用量较大，产生大量的切削热，容易导致高速钢刀具迅速磨损。这就要求降低切削温度，此时应选用冷却性能为主的切削液，如离子型切削液或3%～5%乳化液。在较低速切削时，刀具以机械磨损为主，宜选用以润滑性能为主的切削油；在较高速度切削时，刀具主要是热磨损，要求切削液有良好的冷却性能，宜选用离子型切削液或乳化液。

精加工时，切削液的主要作用是减小工件表面粗糙度和提高加工精度。对一般钢件加工时，切削液应具有良好的渗透性、润滑性和一定的冷却性。在较低速度(6～30 m/min)时，为减小刀具与工件间的摩擦和黏结，抑制积屑瘤，以减小加工粗糙度，宜选用极压切削油或10%～12%极压乳化液或离子型切削液。

4. 从加工方法方面考虑

铰削、拉削、螺纹加工、剃齿等工序的加工刀具与已加工表面摩擦严重，应选用润滑性能好的极压切削油或高浓度的极压乳化液。因为成形刀具、齿轮刀具价格昂贵，要求刀具使用寿命长，故采用极压切削油。磨削加工时，温度较高，工件容易烧伤，还会产生大量的碎屑，这些碎屑连同脱落的砂粒会划伤已加工表面，因此要求切削液应具有良好的冷却和清洗作用，常用乳化液。但选用离子型切削液效果更好，而且价格也较便宜。磨削难加工材料，宜选用润滑性能较好的极压乳化液或极压切削油。

在实际生产中，切削液的施加方法，以浇注法用得最多。使用此法时，切削液流量应充足，浇注位置应尽量接近切削区。车、铣时，切削液流量为 10～20 L/min。车削时，从后刀面喷射浇油比在前刀面上直接浇油，刀具耐用度提高一倍以上。

深孔加工时，应使用大流量(0.83～2.5 L/s)、高压力(1～10 MPa)的切削液，以达到有效地冷却、润滑和排屑的目的。图 3-3 所示的喷雾冷却装置是利用入口压力为 0.3～0.6 MPa 的压缩空气使切削液雾化，并高速喷向切削区，当微小的液滴碰到灼热的刀具、切屑时，便很快汽化，带走大量的热量，从而能有效地降低切削温度。喷离喷嘴的雾状液滴因压力减小，体积骤然膨胀，温度有所下降，从而进一步提高了它的冷却作用。这种方法叫喷雾冷却法。

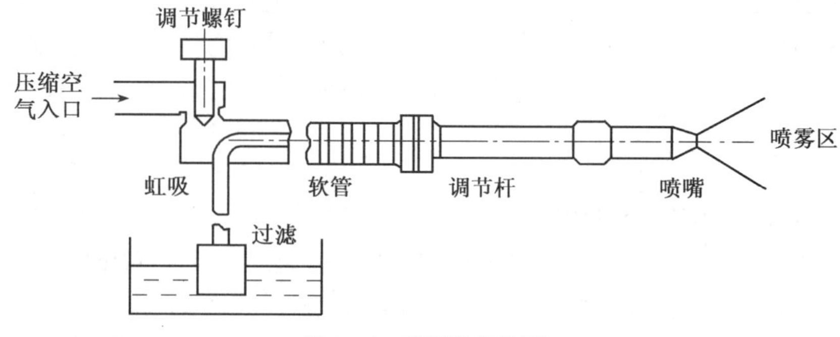

图 3-3　喷雾冷却装置

任务 4　切削用量的合理选择

【知识点】 (1) 切削用量三要素及其计算;

(2) 切削用量的选择。

【技能点】 切削用量的计算和一般选用。

一、任务下达

车削外圆准备以 40 m/min 的速度,将外圆尺寸由 ϕ50 mm 车削到 ϕ45 mm。那么,车削时需要哪些运动?加工表面能否一次走刀加工完成?刀具移动的速度和主轴转动的速度又该怎样选择和计算?

二、任务分析

要完成相应零件表面的加工,离不开机床和刀具之间的相对运动,例如车削外圆时需要车床主轴(工件)的旋转运动和刀具的纵向(轴向)移动;其次,在切削加工前,必须根据加工阶段的不同,合理确定和计算切削运动参数(切削用量)的大小。这是因为:一方面,切削运动参数是切削加工前操作者调整机床的依据,例如,在车削加工前通常需要调整主轴的转速等。另一方面,切削运动参数的合理与否还影响着切削加工效率、零件加工精度和加工成本,例如,粗加工时如果切削运动速度过高,加工材料切除量过大等都会给加工带来极为不利的影响,轻则加快刀具磨损,重则引起加工振动甚至崩刃、断刃。反之,加工效率低下,加工成本提高。

三、相关知识

切削三要素对切削力、刀具磨损和刀具耐用度、产品加工质量等都有直接的影响。只有选择合适的切削用量,才能充分发挥机床和刀具的功能,最大限度地挖掘生产潜力,降低生产成本。

(一) 制订切削用量的原则

制订切削用量就是确定工序中的背吃刀量 a_p、进给量 f、切削速度 v 以及刀具耐用度的大小。合理的切削用量是指充分利用刀具的切削性能和机床性能(功率、扭矩),在保证质量的前提下,使得切削效率最高和加工成本最低的切削用量。制订合理的切削用量,要综合考虑生产率、加工质量和加工成本。

(1) 切削用量对生产率的影响。以外圆切削为例,在粗加工时,毛坯的余量较大,加工精度和表面粗糙度值要求均不高,在制订切削用量时,要在保证刀具耐用度的前提下,尽可能地以提高生产率和降低加工成本为目标。切削用量三要素 v、f、a_p 中的任何一个参数增加一倍,都可使生产率增加一倍。通常背吃刀量不宜取得过小,否则,为了切除余量,可能使进给次数增加,这样,会增加辅助时间,反而会使金属切除率降低。

(2) 切削用量对刀具耐用度的影响。在切削用量三要素中,切削速度 v 对刀具耐用度的影响最大,进给量 f 的影响次之,背吃刀量 a_p 影响最小。因此,从保证合理的刀具耐用度来考虑时,应首先选择尽可能大的背吃刀量 a_p;其次按工艺和技术条件的要求选择较大的进给量 f;最后根据合理的刀具耐用度,用计算法或查表法确定切削速度 v。

(3) 切削用量对加工质量的影响。在切削用量三要素中,切削速度 v 增大时,切屑变形和切削力有所减小,已加工表面粗糙度值减小;进给量 f 增大,切削力将增大,而且表面粗糙度值会显著增大;背吃刀量 a_p 增大,切削力 F_z 成比例增大,使工艺系统弹性变形增大,并可能引起振动,因而会降低加工精度,使已加工表面粗糙度值增大。因此,在精加工和半精加工时,常常采用较小的背吃刀量 a_p 和进给量 f。为了避免或减小积屑瘤和鳞刺,提高表面质量,硬质合金车刀常采用较高的切削速度(一般 v=80～100 m/min),高速钢车刀则采用较低的切削速度(如宽刃精车刀 v=3～8 m/min)。

(二) 刀具耐用度的确定

在实际生产中,刀具耐用度与生产效率和加工成本之间存在着复杂的关系。如果刀具耐用度选得较小,可以采用较高的切削速度使金属切除率提高。但由于刀具磨损过快而使换刀、磨刀等辅助工时增加,增加了刀具成本,达不到高效率低成本的要求。如果把刀具耐用度定得过高,则切削用量将被限制在较小的水平上,此时,刀具消耗费用较少,但加工效率过低,则整体经济效益较差。合理的刀具耐用度一般有最大生产率耐用度和最低成本耐用度两种。

1. 最大生产率耐用度

最大生产率耐用度是根据加工单个零件所用工时最少或者单位时间内生产的零件最多为目标而确定的。单件工序的工时 t_w 为

$$t_w=t_m+t_{ct}\frac{t_m}{T}+t_{ot} \tag{3-3}$$

式中,t_m 为工序的切削时间(机动时间);t_{ct}为换刀一次所消耗的时间;T 为刀具耐用度;$\frac{t_m}{T}$为换刀次数;t_{ot}为除换刀时间外的其他辅助工时。

设工件直径为 d_w,工件切削长度为 l_w,工件的转速为 n_w,进给量为 f,背吃刀量为 a_p,工件余量为 Δ,则

$$t_m=\frac{l_w\Delta}{n_w a_p f}=\frac{\pi d_w l_w\Delta}{1\,000 v a_p f} \tag{3-4}$$

$$t_m=\frac{\pi d_w l_w\Delta}{1\,000 C_o a_p f}T^m \tag{3-5}$$

因为进给量 f 和背吃刀量 a_p 均为常数,所以式(3-5)中除 T^m 外,均为常数,设为 P,则

$$t_m=PT^m (P\text{ 为一常数}) \tag{3-6}$$

将上式代入式(3-3)得

$$t_w=PT^m+t_{ct}PT^{m-1}+t_{ot} \tag{3-7}$$

要使单件工时最小,令 $dt_w/dT=0$,即

$$\frac{\mathrm{d}t_w}{\mathrm{d}T}=mPT^{m-1}+t_{ct}(m-1)PT^{m-2}=0$$

所以

$$T=\left(\frac{1-m}{m}\right)t_{ct}=T_p \tag{3-8}$$

T_p 即为最大生产率耐用度，与 T_p 相对应的最大生产率切削速度可以由式(3-8)求得

$$v_p=\frac{C_o}{T_p^m} \tag{3-9}$$

2. 最低成本耐用度

最低成本耐用度是根据单件成本最低作为目标而确定的，也称为经济耐用度。每个工件的工序成本为

$$C=t_mM+t_{oc}\frac{t_m}{T}M+\frac{t_m}{T}C_t+t_{ct}M \tag{3-10}$$

式中，M 为该工序单位时间内所分担的全厂开支；C_t 刀具每次刃磨后分摊的费用(刀具总成本/刃磨次数)。

将 $t_m=PT^m$ 代入式(3-9)，令$\frac{\mathrm{d}C}{\mathrm{d}T}=0$ 得

$$T=\left(\frac{1-m}{m}\right)t_{ct}+\frac{C_t}{M}=T_cv_c=\frac{C_o}{T_c^m}Ra$$

$$v=\frac{C_v}{T^ma_p^{x_v}f^{y_v}}K_vP_m=\frac{F_z\times v}{1\,000}=\frac{p\times a_p\times f\times v}{1\,000}$$

$$\frac{P_m}{\eta_m}=\frac{5.2}{0.8}=6.5<P_E\sigma_bRan=\frac{1\,000v}{\pi d_w}=\frac{1\,000v}{3.14\times(55-6)}=845\sim1\,040(\text{r/min})$$

$$v=\frac{\pi d_wn}{1\,000}=\frac{3.14\times(55-6)\times900}{1\,000}(\text{m/min})=138.5(\text{m/min})$$

$$P_m=\frac{p\times a_p\times f\times v}{1\,000}=\frac{1\,962\times3\times0.61\times86.4}{1\,000\times60}(\text{kW})=5.2(\text{kW})$$

$$T=\left(\frac{1-m}{m}\right)t_{ct}+\frac{C_t}{M}=T_c \tag{3-11}$$

T_c 即为最低成本耐用度。与 T_c 相对应的经济切削速度可由式(3-12)求得

$$v_c=\frac{C_o}{T_c^m} \tag{3-12}$$

比较式(3-8)和式(3-11)可知 $T_p<T_c$，即 $v_p>v_c$。一般采用最低成本刀具耐用度，只有当生产任务紧迫或生产中出现不平衡环节时，才选用最大生产率耐用度。图3-4 表示了刀具耐用度对生产率和加工成本的影响。选择刀具耐用度时应考虑以下几点：

(1) 根据刀具的复杂程度和制造、重磨的费用来选择。结构简单、成本不高的刀具，刀具耐用度应选得低些，结构复杂和精度高的刀具应选得高些。

(2) 对于装刀、换刀和调刀比较复杂的多刀机床、组合机床与自动化加工刀具，刀具耐用度应选得高些，尤应保证刀具的可靠性。一般为通用机床上同类刀具的 2～4 倍。

(3) 对于机夹可转位刀具,由于换刀时间短,为了充分发挥其切削性能,提高生产效率,刀具耐用度可选得低些,大致为 30 min。

(4) 若某工序的生产率限制了整个车间生产率的提高,该工序的刀具耐用度要选得低些;若某工序单位时间内所分担到的全厂开支 M 较大,刀具耐用度也应选得低些。

(5) 大件精加工时,为避免切削时中途换刀,刀具耐用度应按零件精度和表面粗糙度来确定,一般为中小件加工时的 2~3 倍。

表 3-11 列举了部分刀具的合理耐用度数值,供参考。

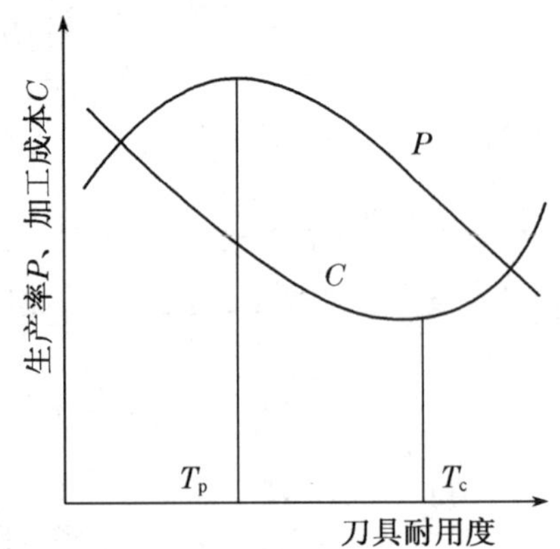

图 3-4　刀具耐用度与生产率和加工成本的关系

表 3-11　常用刀具合理耐用度参考值

刀具种类	耐用度/min
高速钢车、刨、镗刀	30~60
硬质合金可转位车刀	15~45
高速钢钻头	80~120
硬质合金端铣刀	90~180
硬质合金焊接车刀	15~60
仿形车刀	120~180
组合钻床刀具	200~300
多轴铣床刀具	400~800
自动机床、自动生产线刀	240~480
齿轮刀具	200~300

(三) 背吃刀量的选择

切削加工一般分为粗加工、半精加工和精加工。粗加工(Ra=12.5~50 μm)时,应尽量用一次走刀就切除全部加工余量。在中等功率机床上,背吃刀量可达 8~10 mm。半精加工(Ra=32~6.3 μm)时,背吃刀量取为 0.5~2 mm。精加工(Ra=0.8~1.6 μm)时,背吃刀量取为 0.1~0.4 mm。粗加工时,当加工余量太大、工艺系统刚性不足或者加工余量极不均匀,以致引起很大振动时,可分几次走刀,若二次走刀或多次走刀时,应将第一次走刀的背吃刀量取大些,一般为总加工余量的 2/3~3/4。而且最后一次走刀的背吃刀量取的要小一点,以使精加工工序有较高的刀具耐用度和加工精度以及较小的表面粗糙度值。

在加工铸、锻件或不锈钢等加工硬化严重的材料时,应尽量使背吃刀量大于硬皮层或冷硬层的厚度,以保护刀尖,避免过早磨损。

精加工时,背吃刀量的选取应该根据表面质量的要求来选择。在用硬质合金刀具、陶瓷刀具、金刚石和立方氮化硼刀具精细车削和镗孔时,背吃刀量可取为 a_p=0.05~0.2 mm,

f=0.01～0.1 mm，v=240～900 m/min，这时表面粗糙度值可以达到 Ra=0.32～0.1 μm，精度达到或高于 IT5(孔达到 IT6)，可以代替磨削加工。

(四) 进给量的选择

粗加工时，由于工件的表面质量要求不高，进给量的选择主要受切削力的限制。在机床进给机构的强度、车刀刀杆的强度和刚度以及工件的装夹刚度等工艺系统强度良好，硬质合金或陶瓷刀片等刀具的强度较大的情况下，可选用较大的进给量值。当断续切削时，为减小冲击，要适当减小进给量。

在半精加工和精加工时，因背吃刀量较小，切削力不大，进给量的选择主要考虑加工质量和已加工表面粗糙度值，一般取的值较小。

在实际生产中，进给量常常根据经验或查表法确定。粗加工时，根据加工材料、车刀刀杆尺寸、工件直径以及已确定的背吃刀量按表 3－12 来选择进给量。在半精加工和精加工时，则根据表面粗糙度值的要求，按工件材料，刀尖圆弧半径，切削速度的大小不同由表 3－13 来选择进给量。

表 3－12　硬质合金及高速钢车刀粗车外圆和端面时进给量的参考值

工件材料	车刀刀杆寸 $B\times H$/mm	工件直径/mm	背吃刀量/mm				
			≤3	>3～5	>5～8	>8～12	>12
			进给量/(mm/r)				
碳素结构钢和合金结构钢	16×25	20	0.3～0.4	—	—	—	—
		40	0.4～0.5	0.3～0.4	—	—	—
		60	0.5～0.7	0.4～0.6	0.3～0.5	—	
		100	0.6～0.9	0.5～0.7	0.5～0.6	0.4～0.5	—
		400	0.8～1.2	0.7～1.0	0.6～0.8	0.5～0.6	—
	20×30 25×25	20	0.3～0.4	—	—	—	—
		40	0.4～0.5	0.3～0.4	—	—	—
		60	0.6～0.7	0.5～0.7	0.4～0.6	—	—
		100	0.8～1.0	0.7～0.9	0.5～0.7	0.4～0.7	—
		600	1.2～1.4	1.0～1.2	0.8～1.0	0.6～0.9	0.4～0.6
	25×40	60	0.6～0.9	0.5～0.8	0.4～0.7	—	
		100	0.8～1.2	0.7～1.1	0.6～0.9	0.5～0.8	—
		1 000	1.2～1.5	1.1～1.5	0.9～1.2	0.8～1.0	0.7～0.8
铸铁及铜合金	16×25	40	0.4～0.5	—	—	—	—
		60	0.6～0.8	0.5～0.8	0.4～0.6	—	—
		100	0.8～1.2	0.7～1.0	0.6～0.8	0.5～0.7	—
		400	1.0～1.4	1.0～1.2	0.8～1.0	0.6～0.8	—

(续表)

工件材料	车刀刀杆寸 B×H/mm	工件直径/mm	背吃刀量/mm				
			≤3	>3~5	>5~8	>8~12	>12
			进给量/(mm/r)				
铸铁及铜合金	25×30 25×25	40	0.4~0.5	—	—	—	—
		60	0.6~0.9	0.5~0.8	0.4~0.7	—	—
		100	0.9~1.3	0.8~1.2	0.7~1.0	0.5~0.8	—
		600	1.2~1.8	1.2~1.6	1.0~1.3	0.9~1.1	0.7~0.9

注:(1) 加工断续表面及有冲击的加工时,表内的进给量应乘系数 $k=0.75\sim0.85$。

(2) 加工耐热钢及其合金时,不采用大于 1.0 mm/r 的进给量。

(3) 加工淬硬钢时,表内进给量应乘以系数 $k=0.8$(当材料硬度为 HRC44~56 时)或 $k=0.5$(当硬度为 HRC57~62 时)。

表 3-13 根据表面粗糙度值选择进给量的参考值

工件材料	表面粗糙度值 Ra/μm	切削速度/(m/min)	刀尖圆弧半径/mm		
			0.5	1.0	2.0
			进给量/(mm/r)		
碳素结构钢合金结构钢	10~5	<50	0.3~0.5	0.45~0.60	0.55~0.70
		>50	0.4~0.55	0.55~0.65	0.65~0.70
	2.5~5	<50	0.18~0.25	0.25~0.30	0.30~0.40
		>50	0.25~0.30	0.30~0.35	0.35~0.50
	1.25~2.5	<50	0.10	0.11~0.15	0.15~0.22
		50~100	0.11~0.16	0.16~0.25	0.25~0.35
		>100	0.16~0.20	0.20~0.25	0.25~0.35
铸铁及铜合金	10~5	不限	0.25~0.40	0.45~0.50	0.50~0.60
	2.5~5		0.15~0.20	0.25~0.40	0.40~0.60
	1.25~2.5		0.10~0.15	0.15~0.20	0.20~0.35

(五) 切削速度的确定

当背吃刀量 a_p 和进给量 f 选定后,应该在此基础上再选出最大的切削速度 v,此速度主要受刀具耐用度的限制。因此,在一般情况下,要根据已经选定的背吃刀量 a_p、进给量 f 及刀具耐用度 T,按式(3-13)计算出切削速度 v。

$$v=\frac{C_v}{T^m a_p^{x_v} f^{y_v}}K_v \tag{3-13}$$

式中各系数和指数可查阅切削用量手册。切削速度也可以由表 3-14 来选定,在取切削速度时应注意:一般粗加工时取小值,精加工时取大值。

表 3－14　硬质合金外圆车刀切削速度参考值

工件材料	热处理状态	a_p=0.3～2 mm	a_p=2～6mm	a_p=6～10 mm
		f=0.08～0.3 mm/r	f=0.3～0.6 mm/r	f=0.6～1 mm/r
		v/(m/s)		
低碳钢	热轧	2.33～3.0	1.67～2.0	1.17～1.5
易切钢				
中碳钢	热轧	2.17～2.67	1.5～1.83	1.0～1.33
	调质	1.67～2.17	1.17～1.5	0.83～1.17
合金结构钢	热轧	1.67～2.17	1.17～1.5	0.83～1.17
	调质	1.33～1.83	0.83～1.17	0.67～1.0
工具钢	退火	1.5～2.0	1.0～1.33	0.83～1.17
不锈钢		1.17～1.33	1.0～1.17	0.83～1.0
高锰钢			0.17～0.33	
铜及铜合金		3.33～4.17	2.0～0.30	1.5～2.0
铝及铝合金		5.1～10.0	3.33～6.67	2.5～5.0
铸铝合金		1.67～3.0	1.33～2.5	1.0～1.67

注：切削钢及灰铸铁时刀具耐用度为 60～90 min。

在实际生产中，选择切削速度的一般原则是：

(1) 粗车时，背吃刀量 a_p 和进给量 f 均较大，故选择较低的切削速度；精加工时，背吃刀量 a_p 和进给量 f 均较小，故选择较高的切削速度，同时应尽量避开积屑瘤和鳞刺产生的区域。

(2) 加工材料的强度及硬度较高时，应选较低的切削速度；反之则选较高的切削速度。材料的加工性越差，例如加工奥氏体不锈钢、钛合金和高温合金时，则切削速度也选得越低。易切钢的切削速度则较同硬度的普通碳钢为高。加工灰铸铁的切削速度较中碳钢为低。而加工铝合金和铜合金的切削速度则较加工钢的要高得多。

(3) 刀具材料的切削性能越好时，切削速度也选得越高。

(4) 在断续切削或者是加工锻、铸件等带有硬皮的工件时，为了减小冲击和热应力，要适当降低切削速度。

(5) 加工大件、细长轴和薄壁工件时，要选用较低的切削速度；在工艺系统刚度较差的情况下，切削速度就应避开产生自激振动的临界速度。

在切削用量选定后，应当校验机床功率能否满足要求。

$$P_m=\frac{F_z \cdot v}{1\,000}=\frac{p \cdot a_p \cdot f \cdot v}{1\,000} \tag{3-14}$$

式中，P_m 为切削功率(kW)；F_z 为切削力(N)；v 为切削速度(m/s)；p 为单位切削力。

机床功率校验应满足下式：

$$\frac{P_{m}}{\eta_{m}}<P_{E} \tag{3-15}$$

式中，P_E 为机床电动机功率，可从机床说明书上的技术规格中查到；η_m 为机床传动效率，一般取为 0.75～0.85。新机床取大值，旧机床取小值。

如果满足式(3-15)，则选择的切削用量是可以在该机床上应用的。如果远小于 P_E，则说明机床的功率没有充分发挥，这时可规定较小的刀具耐用度或者采用切削性能较好的刀具材料，以提高切削速度，以充分利用机床功率，最终达到提高生产率的目的。

如果不满足式(3-14)，则可适当降低切削速度 v，以降低切削功率。

(六) 切削用量选择实例

【例 3-2】 已知工件材料：45 钢，σ_b=0.598 GPa 锻件。

工件尺寸：如图 3-5 所示。

加工要求：车外圆至 ϕ48 mm，表面粗糙度值 Ra=3.2 μm，尺寸精度 IT7。

机床：CA6140D 型卧式车床。

刀具：焊接式 YT15 硬质合金外圆车刀，刀杆尺寸为 16 mm×25 mm×150 mm，几何参数为：$\gamma_o=15°$，$a_0=7°$，$\kappa_r=75°$，$\kappa_r'=15°$，$\lambda_s=0°$，$r_\varepsilon=0.5$ mm，$b_{\gamma 1}=0.2$ mm，$\gamma_{o1}=-110°$。试求：车削外圆的切削用量。

【解】 由于被加工表面有一定的粗糙度值和尺寸精度要求，所以分粗车和半精车两道工序完成。

粗车：

(1) 确定背吃刀量 a_p。由图 3-5 中知，单边余量为 3.5 mm。根据前面所讲的选取原则，粗车取 a_p=3 mm，半精车时取 0.5 mm。

(2) 确定进给量 f。被加工工件的材料为 45 钢锻件，加工直径为 55 mm，刀杆尺寸为 16 mm×25 mm，确定的背吃刀量 a_p=3 mm。由表 3-12 查得 f=0.5～0.7 mm/r。按机床的实际进给量，取 f=0.61 mm/r。

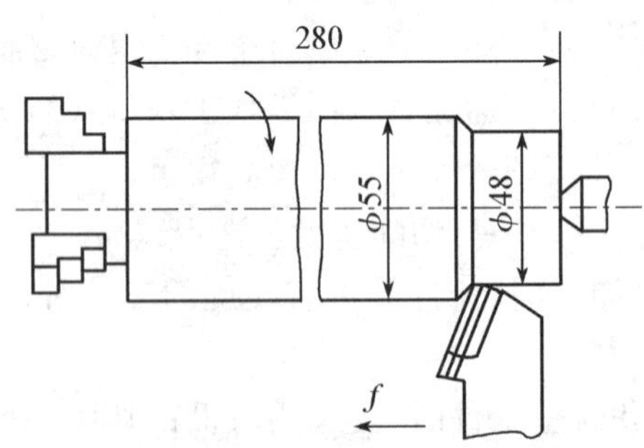

图 3-5 车削外圆的工件尺寸图

(3) 确定切削速度 v。切削速度可由式(3-13)计算(式中各系数的值可参考相关的手册)，也可以从表中查得。现由表 3-14 查得 v=1.5～1.83 m/s(90～110 m/min)，然后求出机床主轴转速为

$$n=\frac{1\,000v}{\pi d_w}=\frac{1\,000v}{3.14\times 55}=521\sim 636(\text{r/min})$$

根据选择切削速度的原则及 CA6140 型车床的实际，取主轴转速 500 r/min，故实际切削速度为

$$v=\frac{\pi d_w n}{1\,000}=\frac{3.14\times55\times560}{1\,000}(\mathrm{m/min})$$

(4) 校验机床功率。由课题二切削钢件时得单位切削力 $p=1\,962\ \mathrm{N/mm^2}$，所以切削功率 P_m 为

$$P_m=\frac{p\times a_p\times f\times v}{1\,000}=\frac{1\,962\times3\times0.61\times86.4}{1\,000\times60}(\mathrm{kW})=5.2(\mathrm{kW})$$

CA6140 型车床电机功率为 $P_E=7.5$ kW。若取机床传动效率 $\eta_m=0.80$，则

$$\frac{P_m}{\eta_m}=\frac{5.2}{0.8}=6.5<P_E$$

所以机床的功率满足切削加工的要求。

半精车：

(1) 确定背吃刀量。$a_p=0.5$ mm。

(2) 确定进给量 f。根据表面粗糙度值 $Ra=3.2\ \mu\mathrm{m}$，$r_\varepsilon=0.5$ mm，由表 3－13 查得 $f=0.25\sim0.3$ mm/r 按机床的实际进给量，取 $f=0.28$ mm/r。

(3) 确定切削速度。由已知条件和已经确定的进给量和背吃刀量值，由表 3－14 选 $v=2.17\sim2.67$ m/s(130～160 m/min)，然后求出机床主轴转速为

$$n=\frac{1\,000v}{\pi d_w}=\frac{1\,000v}{3.14\times(55-6)}=845\sim1\,040(\mathrm{r/min})$$

根据 CA6140 型车床的实际转速，取主轴转速为 900(r/min)，则实际切削速度为

$$v=\frac{\pi d_w n}{1\,000}=\frac{3.14\times(55-6)\times900}{1\,000}(\mathrm{m/min})=138.5(\mathrm{m/min})$$

所以，切削用量选取的最终结果为

粗车：$a_p=3$ mm，$f=0.61$ mm/r，$v=86.4$ m/min；

半精车：$a_p=0.5$ mm，$f=0.28$ mm/r，$v=138.5$ m/min。

任务5　刀具几何参数的选择

【知识点】 (1) 刀具几何角度的功用;
(2) 刀具几何角度的选择原则。

【技能点】 刀具几何角度的合理选择。

一、任务下达

强力车削是适合于粗加工和半精加工的高效车削方法。它的主要特点是:在加工过程中采用较大的背吃刀量和进给量,从而达到高的金属切除率。由于切削力的大大提高,一般的车刀是难以胜任强力车削的。那么,强力车刀(如图3-6所示)是怎样通过参数的合理选择来胜任强力车削任务的呢?

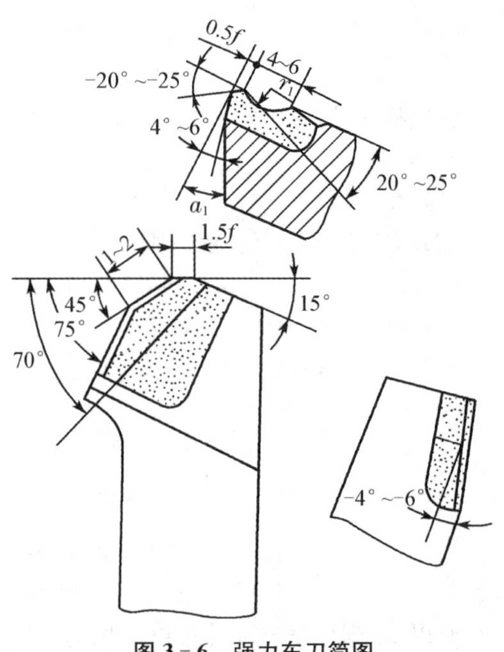

图3-6　强力车刀简图

二、任务分析

在切削加工中,不仅可以通过客观条件(环境、选材等)改善切削问题,也可以通过主观因素来控制切削质量。强力车刀就是这样一个例子,通过选择合适的前角、刃倾角、主偏角、副偏角,以及适当修磨修光刃均可以减小加工中的振动,提高已加工表面质量。本课题涉及对刀具几何参数的功用及其选择原则的灵活运用,它要求从实际出发,综合分析加工要求以及在加工过程中可能出现的问题,通过合理地选择和搭配刀具几何参数,使切削加工变得更加轻松有效,使切出的工件质量更高。

下面就从强力车削可能带来的问题出发,通过解决相应问题来学习刀具几何参数的合理选择方法。

三、相关知识

(一) 刀具的合理几何参数

所谓刀具的合理几何参数,是指在保证加工质量的前提下,能够满足刀具使用寿命长、生产效率较高、加工成本较低的刀具几何参数。刀具的几何参数选择是否合理,对刀具使用寿命、加工质量、生产效率和加工成本等有着重要影响。

一般来说,刀具的合理几何参数包含以下四个方面基本内容:

(1) 刃形。刃形是指切削刃的形状，有直线刃、折线刃、圆弧刃、月牙弧刃、波形刃、阶梯刃及其他适宜的空间曲线刃等。刃形直接影响切削层的形状，影响切削图形的合理性；刃形的变化，将带来切削刃各点工作角度的变化。因此，选择合理的刃形，对于提高刀具使用寿命、改善已加工表面质量、提高刀具的抗震性和改变切屑形态等，都有直接的意义。

(2) 切削刃刃区的剖面形式及参数。通常将切削刃的剖面形式简称为刃区形式。针对不同的加工条件和技术要求，选择合理的刃区形式（如锋刃、后刀面消振棱刃、前刀面负倒棱刃、倒圆刃、零度后角的刃带）及其合理的参数值，是选择刀具合理几何参数的基本内容。图 3－7 所示为 5 种刃区形式。

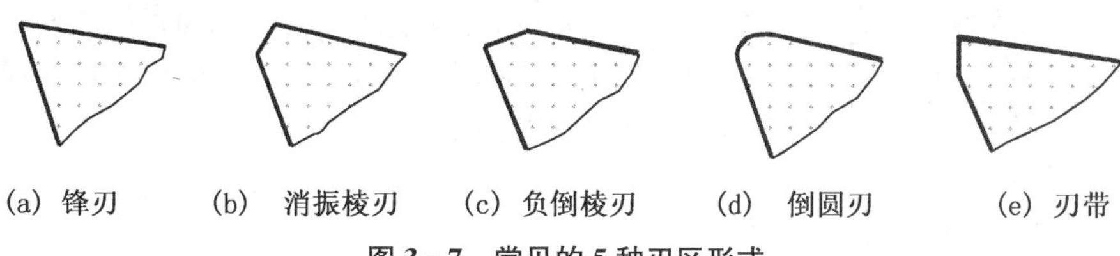

(a) 锋刃　(b) 消振棱刃　(c) 负倒棱刃　(d) 倒圆刃　(e) 刃带

图 3－7　常见的 5 种刃区形式

(3) 刀面形式及参数。前刀面上的卷屑槽、断屑槽，后刀面的双重刃磨、铲背以及波形刀面等，都是常见的刀面形式。选择合理的刀面形式及其参数值，对切屑的变形、卷曲和折断，对切削力、切削热、刀具磨损及使用寿命，都有着直接的影响，其中前刀面的影响和作用更大。

(4) 刀具角度。刀具角度包括主切削刃的前角 γ_o、后角 α_o'、主偏角 κ_r、刃倾角 λ_s 和副切削刃的副后角 α_0'、副偏角 κ_r'等。

(二) 前角及前刀面形状的选择

从金属切削的变形规律可知，前角是切削刀具上重要的几何参数之一，它的大小直接影响切削力、切削温度和切削功率，影响刃区和刀头的强度、容热体积和导热面积，从而影响刀具使用寿命和切削加工生产率。

1. 前角的主要功用

(1) 影响切削区域的变形程度。增大刀具前角，可以减小前刀面挤压切削层时的塑性变形，减小切屑流经前刀面的摩擦阻力，从而减小了切削力、切削热，使刀具的耐用度提高。

(2) 影响切削刃与刀头的强度、受力性质和散热条件。增大刀具前角，会使刀具楔角减小，使切削刃与刀头的强度降低，刀头的导热面积和容热体积减小；前角过大，有可能导致切削刃处出现弯曲应力，造成崩刃。因此，刀具前角过大时，刀具耐用度也会下降。

(3) 影响切屑形态和断屑效果。若减小前角，可以增大切屑的变形，使之易于脆化断裂。

(4) 影响已加工表面质量。增大前角可以抑制积屑瘤和鳞刺的产生，减轻切削过程中的振动，减小前角或者采用负前角时，振幅急剧增大，如图 3－8 所示。

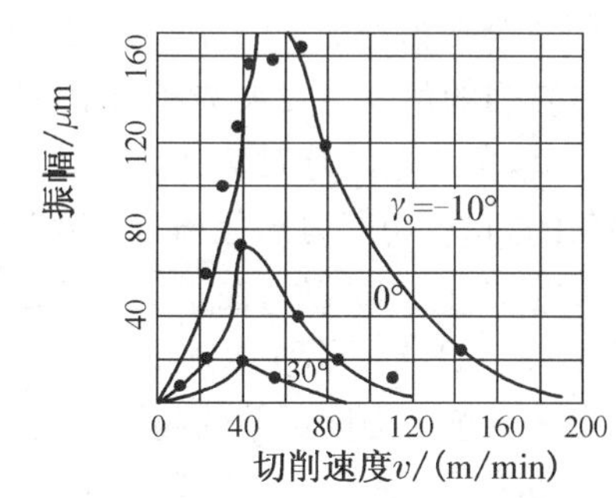

图 3－8　刀具前角与切削速度对振幅的影响

图 3－9 为刀具前角对刀具耐用度的影响示意图。可见前角太大、太小都会使刀具使用寿命显著降低。对于不同的刀具材料，各有其对应的刀具最大使用寿命前角，称为合理前角 γ_{opt}。显然，由于硬质合金的抗弯强度较低，抗冲击韧性差，其 γ_{opt} 也就小于高速钢刀具的 γ_{opt}。同理，工件材料不同时，刀具的合理前角也不同(如图 3－10 所示)。从实验曲线可以看出，加工塑性材料比加工脆性材料的合理前角值大，加工低强度钢比加工高强度钢的合理前角值大。这是因为切削塑性大的金属材料产生的切屑，在切削过程中，它同前刀面接触长度(刀—屑接触长度)较大，由于塑性变形的缘故，刀—屑之间的压力和摩擦力很大，为了减小切削变形和切屑流动阻力，应取较大的前角。加工材料的强度、硬度较高时，由于单位切削力大，切削温度容易升高，为了提高切削刃强度，增加刀头导热面积和容热体积，需适当减小前角。切削脆性材料时，塑性变形不大，切出的崩碎切屑，与前刀面的接触长度很小，压力集中在切削刃附近，为了保护切削刃，宜取较小的前角。

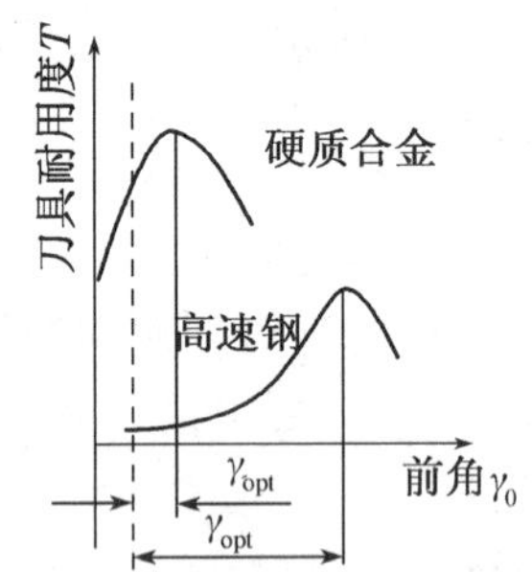

图 3－9　刀具前角对刀具耐用度的影响示意图

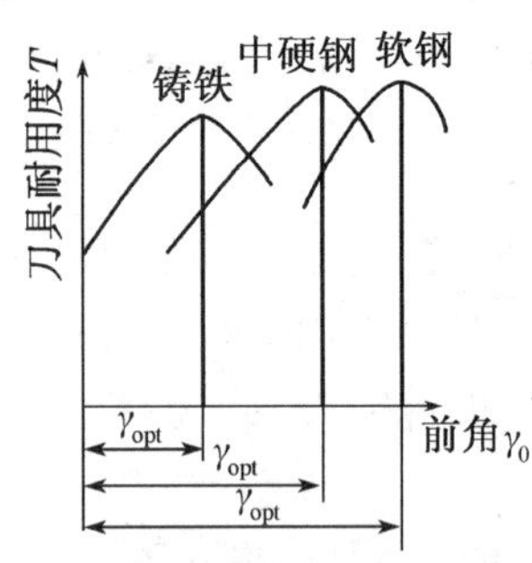

图 3－10　加工材料不同时的合理前角

以上所讲的都是保证刀具最大使用寿命的前角。在某些情况下，这样选定的 γ_{opt} 未必是最适宜的，例如在出现振动的情况下，为了减小振动的振幅或消除振动，除采取其他措施外，有时需增大前角；在精加工条件下，往往需要考虑加工精度和已加工表面粗糙度的要求，来选择某一适宜的前角；有些刀具需考虑其重磨次数最多这一要求来选择某一前角。

2. 合理前角的选择原则

(1) 工件材料的强度、硬度低，应取较大的前角；工件材料强度、硬度高，应取较小的前角；加工特别硬的工件(如淬硬钢)时，前角很小甚至取负值。

例如在加工铝合金时，$\gamma_o=30°\sim35°$；

加工中硬钢时，$\gamma_o=10°\sim20°$；

加工软钢时，$\gamma_o=20°\sim30°$。

用硬质合金车刀加工强度很大的钢料($\sigma_b=0.8\sim1.2$ GPa)或淬硬钢，特别是断续切削时，应从刀具破损的角度出发来选择前角，这时常需采用负前角($\gamma_o=-20°\sim-5°$)。材料的强度或硬度越高，负前角的绝对值越大。这是因为工件材料的强度或硬度很高时，切削力很大，采用正前角的刀具，切削刃部分和刀尖部分主要受到的是弯曲和剪切变形(如图3－11(a)所示)，硬质合金的抗弯强度较低，在重载下容易破损。采用负前角时，切削刃和刀尖部分受到的是压应力(如图 3－11(b)所示)，因硬质合金的抗压强度比抗弯强度高 3～4 倍，所以切削刃不易因受压而损坏。抗弯强度更差的陶瓷和立方氮化硼刀具，也经常采用负前角。

(2) 加工塑性材料时，尤其是冷加工硬化严重的材料，应取较大的前角；加工脆性材料时，可取较小的前角。用硬质合金刀具加工一般钢料时，前角可选 10°～20°。

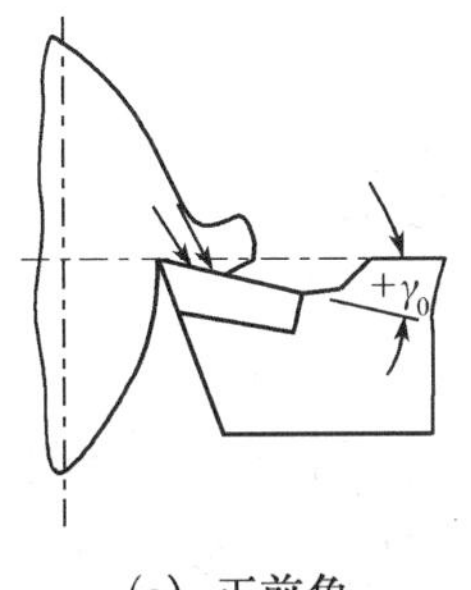

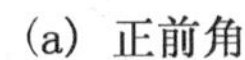
(a) 正前角

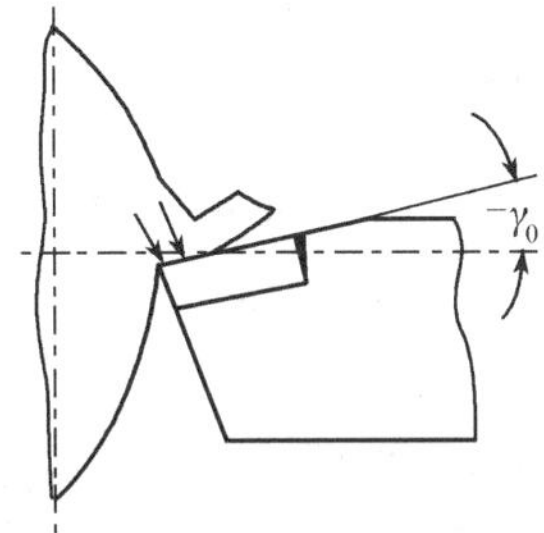

(b) 负前角

图 3-11　前角不同时刀具的受力性质

切削灰铸铁时，塑性变形较小，切屑呈崩碎状，它与前刀面的接触长度较短，与前刀面的摩擦不大，切削力集中在切削刃附近。为了保护切削刃不致损坏，宜选较小的前角。加工一般灰铸铁时，前角可选 5°～15°。

(3) 粗加工，特别是断续切削，承受冲击性载荷，或对有硬皮的铸锻件粗切时，为保证刀具有足够的强度，应适当减小前角；但在采取某些强化切削刃及刀尖的措施之后，也可增大前角至合理的数值。

(4) 成形刀具和前角影响刀刃形状的其他刀具，为防止刃形畸变，常取较小的前角，甚至取 0°，但这些刀具的切削条件不好，应在保证切削刃成形精度的前提下，设法增大前角，例如有增大前角的螺纹车刀和齿轮滚刀等。

(5) 刀具材料的抗弯强度较大、韧性较好时，应选用较大的前角，如高速钢刀具比硬质合金刀具，允许选用较大的前角(可增大 5°～10°)。

(6) 工艺系统刚性差和机床功率不足时，应选取较大的前角。

(7) 数控机床和自动生产线所用刀具，应考虑保障刀具尺寸公差范围内的使用寿命及工作的稳定性，而选用较小的前角。

表 3-15 为硬质合金车刀合理前角、后角的参考值，高速钢车刀的前角一般比表中的值大 5°～10°。

表 3-15　硬质合金车刀合理前角、后角的参考值

工件材料种类	合理前角参考值/°		合理后角参考值/°	
	粗车	精车	粗车	精车
低碳钢	20～25	25～30	8～10	10～12
中碳钢	10～15	15～20	5～7	6～8
合金钢	10～15	15～20	5～7	6～8
淬火钢	−15～−5		8～10	
不锈钢(奥氏体)	15～20	20～25	6～8	8～10
灰铸铁	10～15	5～10	4～6	6～8
铜及铜合金(脆)	10～15	5～10	6～8	6～8
铝及铝合金	30～35	35～40	8～10	10～12
钛合金($\sigma_b \leqslant 1.177$ GPa)	5～10		10～15	

注：粗加工用的硬质合金车刀，通常都磨有负倒棱及负刃倾角。

(三) 强化切削刃的方法

在切削加工中,增大刀具前角,有利于切屑形成和减小切削力;但增大前角,又使切削刃强度减弱。在正前角的前刀面上磨出如图 3-12(a)和图 3-12(b)所示的倒棱则可两者兼顾。

倒棱的主要作用是增强切削刃,减小刀具破损。在使用硬质合金和陶瓷等脆性较大的刀具时,尤其是在进行粗加工或断续切削时,倒棱对减少崩刃和提高刀具耐用度的效果是很显著的(可提高 1～5 倍);用陶瓷刀具铣削淬硬钢时,没有倒棱的切削刃是不可能进行切削的。同时,刀具倒棱处的楔角较大,使散热条件也得到改善。

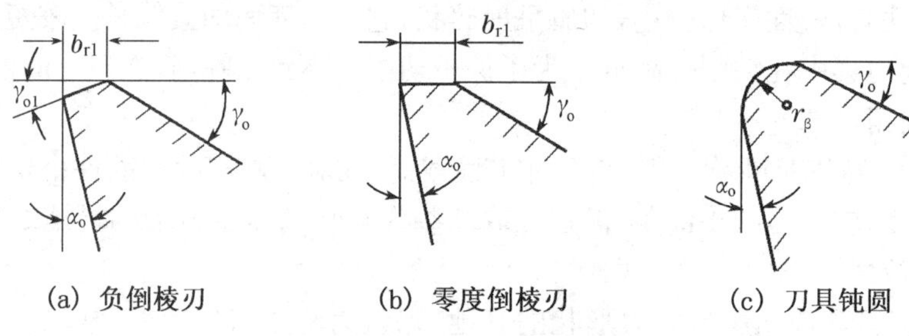

(a) 负倒棱刃　(b) 零度倒棱刃　(c) 刀具钝圆

图 3-12　强化前刀面的倒棱和钝圆

倒棱的参数包括倒棱宽度 b_{r1} 和倒棱前角 γ_{o1}。倒棱的宽度值一般与切削厚度(或进给量 f)有关。通常取 $b_{r1}=0.2\sim1$ mm 或 $b_{r1}=(0.3\sim0.8)f$。粗加工时取大值,精加工时取小值。高速钢刀具倒棱的前角取 $\gamma_{o1}=0°\sim5°$,硬质合金刀具取 $\gamma_{o1}=-5°\sim-10°$。

用硬质合金车刀切削带硬皮的工件时,如果切削时冲击较大,则在机床的刚性和功率允许的条件下,倒棱的 b_{r1} 和 γ_{o1} 的绝对值可以选得大一些。这样可以进一步强化切削刃,崩刃会更加减小,但切削力也会明显增加。如果倒棱的 $b_{\gamma1}$ 过大,γ_{o1} 过小,则负倒棱将代替前刀面进行切削。

一般来说,精加工刀具,为使切削刃锋利,不宜磨出倒棱。加工铸铁、铜合金等脆性材料的刀具,以及形状复杂的成形刀具等,也不磨倒棱。

在刀具中采用如图 3-12(c)所示的切削刃钝圆,是强化切削刃的另外一种有效方法。目前,经钝圆处理的硬质合金可转位刀片,在生产中已获得广泛的应用。

刀具钝圆可以减少刀具的早期破损,使刀具耐用度提高 200%左右。在断续切削时,适当增大钝圆半径 γ_β,可大大增加刀具崩刃前所受的冲击次数。钝圆刃还有一定的切挤熨压及消振作用,可减小工件已加工表面的粗糙度。钝圆半径值推荐如下:一般情况下钝圆半径 $r_\beta<f/3$,轻型钝圆半径 $r_\beta=0.05\sim0.03$ mm,中型钝圆半径 $\gamma_\beta=0.05\sim0.1$ mm,重型钝圆半径 $r_\beta=0.15$ mm。

(四) 后角及后刀面的选择

1. 后角的功用

(1) 后角的主要功用是减小后刀面与过渡表面之间的摩擦。由于切屑形成过程中的弹性、塑性变形和切削刃钝圆半径 r_β 的作用,在过渡表面上有一个弹性恢复层。后角越小,弹性恢复层同后刀面的摩擦接触长度越大,它是导致切削刃及后刀面磨损的直接原因之一。

从这个意义上来看，增大后角能减少摩擦，可以提高已加工表面质量和刀具使用寿命。

(2) 后角越大，切削刃钝圆半径 r_β 值越小，刀刃越易切入工件，切削刃越锋利，当切下的切屑很薄时，尤其重要。

(3) 在同样的磨钝标准 VB 下，后角大的刀具用到磨钝时，所磨去的金属体积较大(如图3-13(a)所示)，有利于延长刀具使用寿命。但是径向磨损量 NB 也随之增大，这会影响工件的尺寸精度。从图 3-13(b)可知，在取径向磨钝标准 NB 值不变时，增大后角到同样的径向磨钝标准 NB 值时，磨损体积却比较小后角时的磨损体积小，所以在选择径向磨钝标准时，为保证精加工刀具的耐用度，后角不宜选得过大。

(4) 如果后角过大，楔角减小，将削弱切削刃的强度，减少散热体积，磨损加剧，使刀具的耐用度降低。并且重磨时，磨掉的刀具材料量增多，将增加刃磨刀具的费用。

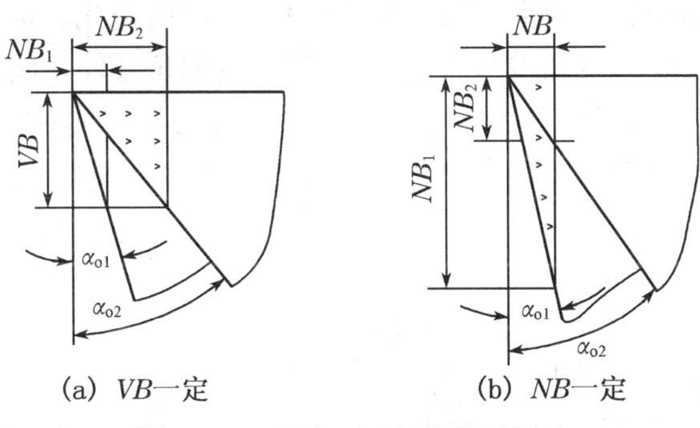

图 3-13　后角对刀具磨损的影响

2. 后角的选择

(1) 实验证明，合理的后角主要取决于切削厚度(或进给量)。当切削厚度很小时，磨损主要发生在后刀面上，为了减小后刀面的磨损和增加切削刃的锋利程度，宜取较大的后角。当切削厚度很大时，前刀面上的磨损量加大，这时后角取小些可以增强切削刃及改善散热条件；同时，由于此时楔角较大，可以使月牙洼磨损深度达到较大值而不致使切削刃碎裂，因而可提高刀具耐用度。但若刀具已采用了较大负前角则不宜减小后角，以保证切削刃具有良好的切入条件。

当 $f \leqslant 0.25$ mm/r 时，取 $\alpha_0 = 10^\circ \sim 12^\circ$；

当 $f > 0.25$ mm/r 时，取 $\alpha_0 = 5^\circ \sim 8^\circ$。

(2) 工件的强度、硬度较高时，为增加切削刃的强度，应选择较小的后角。工件材料的塑性、韧性较大时，为减小刀具后刀面的摩擦，可取较大的后角。加工脆性材料时，切削力集中在刃口附近，应取较小的后角。

(3) 粗加工或断续切削时，为了强化切削刃，应选较小的后角。精加工或连续切削时，刀具的磨损主要发生在刀具后刀面，应选较大的后角。

(4) 当工艺系统刚性较差，容易出现振动时，应适当减小后角。为了减小或消除切削时的振动，还可以在车刀后面上磨出 $b_{\alpha1} = 0.1 \sim 0.2$ mm，$\alpha_{o1} = 0^\circ$的刃带，刃带不但可以消振，还可以提高刀具耐用度，以及起稳定和导向作用，主要用于铰刀、拉刀等有尺寸精度要求的刀具上。或磨出 $b_{\alpha1} = 0.1 \sim 0.3$ mm，$\alpha_{o1} = -5^\circ \sim -10^\circ$的消振棱。消振棱可以使切削过程稳定性增加，有助于消除切削过程的低频振动，同时强化了切削刃，改善了散热条件，从而提高了刀具耐用度。

(5) 在尺寸精度要求较严的情况下，为限制重磨后刀具尺寸变化，一般选用较小的后角。

(6) 在一般条件下，为了提高刀具耐用度，可加大后角，但为了降低重磨费用，对重磨刀具可适当减小后角。

刀具的副后角主要用来减少副后刀面与已加工表面的摩擦，它对刀尖强度也有一定的影响。为了使制造、刃磨方便，一般取 $\alpha_o'=\alpha_0$。硬质合金车刀合理后角的选择见表 3－15。

(五) 主偏角、副偏角及刀尖形状的选择

1. 主偏角的功用与选择

主偏角对刀具耐用度影响很大，并且可以在很大范围内变化。随着主偏角的减小，刀具耐用度得以提高。当背吃刀量和进给量不变时，减小主偏角会使切削厚度减小，切削宽度增加。使单位长度切削刃上的负荷减轻。同时，刀尖角增大，使刀尖强度提高，刀尖散热体积增大。从而提高了刀具耐用度。减小主偏角还可使工件表面残留面高度减小，从而使已加工表面粗糙度减小。但是减小主偏角会导致径向分力 F_y 增大，轴向分力 F_x 减小。则当工艺系统刚度不足时，将会引起振动，使已加工表面粗糙度值增大，导致刀具耐用度下降。

因此，合理选择主偏角主要按以下原则：

(1) 工艺系统的刚度较好时，主偏角可取小值，如 $\kappa_r=30°\sim45°$，在加工高强度，高硬度的工件时，可取 $\kappa_r=10°\sim30°$，以增加刀头的强度。当工艺系统的刚度较差或强力切削时，一般取 $\kappa_r=60°\sim75°$。

(2) 综合考虑工件形状、切屑控制等方面的要求。车削细长轴时，为了减小径向力，可取 $\kappa_r=90°\sim93°$；车削阶梯轴时，可取 $\kappa_r=90°$；用一把车刀车削外圆、端面和倒角时，可取 $\kappa_r=45°\sim60°$；镗盲孔时，可取 $\kappa_r>90°$。较小的主偏角易形成长而连续的螺旋屑，不利于断屑，故对于切削屑控制严格的自动化加工，宜取较大的主偏角。

2. 副偏角的功用与选择

副切削刃的主要作用是最终形成已加工表面。副偏角 κ_r'越小，切削刀痕理论残留面积的高度越小，已加工表面粗糙度值越小，同时小的副偏角 κ_r'还可以增强刀尖强度，改善散热条件。但副偏角 κ_r'过小，会增加副切削刃参加切削工作的长度，增大副后刀面与已加工表面的摩擦和磨损，使刀具耐用度降低。此外，副偏角太小，也易引起振动，反而会增大表面粗糙度值。

副偏角 κ_r'的大小主要根据工件已加工表面的粗糙度要求和刀具强度来选择，在不引起振动的情况下，尽量取小值。一般地，精加工时，取 $\kappa_r'=5°\sim10°$；粗加工时，取 $\kappa_r'=10°\sim15°$。当工艺系统刚度较差或从工件中间切入时，可取 $\kappa_r'=30°\sim45°$。在精车时，可在副切削刃上磨出一段 $\kappa_r'=0°$、长度为$(1.2\sim1.5)f$ 的修光刃，以减小已加工表面的粗糙度值。用带有修光刃的车刀切削时，径向分力 F_y 很大，因此工艺系统刚度必须很好，否则容易引起振动。

3. 过渡刃的功用与选择

在刀具上，强度较差，散热条件不好的地方是刀尖，即主切削刃和副切削刃连接处。在切削过程中，刀尖处切削温度较高，很容易磨损。当主偏角及副偏角都很大时，这一情况尤为严重。为了减少切削过程中的振动，往往选取较大的主偏角 κ_r，κ_r 取较大值时，刀尖角减

小引起刀具耐用下降。所以，为强化刀尖，在刀尖处磨出如图 3-14 所示的过渡刃，不但能显著提高刀具的耐崩刃性和耐磨性，改善其散热条件，而且还可以减小刀尖部分的形状对残留面积高度和已加工表面粗糙度值的影响，提高已加工表面质量。

(1) 圆弧过渡刃(图 3-14(a))。圆弧过渡刃不但可以提高刀具耐用度，而且还可以大大减小已加工表面粗糙度。圆弧过渡刃的主要参数是圆弧半径 r_ε，r_ε 值越大，刀具的磨损和破损越小，断续切削时产生崩刃的冲击次数可显著减少，对表面质量和刀具耐用度的提高越显著，但 r_ε 取得过大，则会使径向力 F_y 增大，易引起振动。

一般地，硬质合金及陶瓷等脆性较大的刀具材料，因其对振动较敏感，刀具的刀尖圆弧半径 r_ε 应取得较小；精加工时，因要求较小的表面粗糙度值，r_ε 应比粗加工时取得小一些。所以，硬质合金和陶瓷车刀一般取 $r_\varepsilon=0.5\sim1.5$ mm，高速钢车刀取 $r_\varepsilon=1\sim3$ mm。一般地，精加工车刀常采用圆弧形过渡刃。

(2) 直线过渡刃(如图 3-14(b)、(c)所示)。在硬质合金车刀和铣刀上常磨出直线过渡刃，用于粗加工，以改善刀尖强度较差，散热条件恶化的状况，提高刀具耐用度。

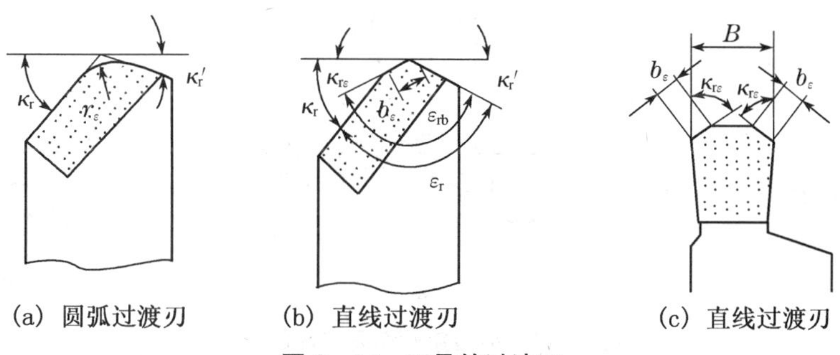

(a) 圆弧过渡刃　(b) 直线过渡刃　(c) 直线过渡刃

图 3-14　刀具的过渡刃

一般外圆车刀直线过渡刃参数是：过渡刃偏角 $\kappa_{r\varepsilon}=\frac{1}{2}\kappa_r$，过渡刃长度 $b_\varepsilon=0.5\sim2$ mm 或者 $b_\varepsilon=(0.2\sim0.5)a_p$。对于切断刀，过渡刃偏角一般取为 $\kappa_{r\varepsilon}=45°$，过渡刃长度 $b_\varepsilon=0.25B$ mm(B 为切断刀的宽度)。过渡刃处的后角，可与主切削刃后角相同。直线过渡刃因刃磨方便，且容易磨得对称，多用于多刃刀具上。

(六) 刃倾角的功用与选择

刃倾角的功用如下：

(1) 影响切削力的大小与方向。刃倾角对径向力和轴向力的影响较大。当负刃倾角绝对值增大时，径向力会显著增大，将导致工件变形和工艺系统振动。例如，当 λ_s 从 0°变化到 −45°时，径向力 F_y 约增大 1 倍，轴向力 F_x 降低约 1/3，主切削力 F_z 基本不变。

(2) 影响刀尖强度和散热条件。图 3-15 所示为用 $\kappa_r=90°$ 的刨刀刨削平面的情况，当 $\lambda_s<0°$ 时，切削过程中远离刀尖的切削刃处先接触工件，刀尖可免受冲击，同时，切削面积在切入时由小到大，切出时由大到小逐渐变化，因而切削过程比较平稳，大大减小了刀具受到的冲击，并减少了崩刃现象的产生。而当 $\lambda_s=0°$ 时，切削刃全长与工件同时接触，切削力在瞬间由零增至最大，因而冲击较大。当 $\lambda_s>0°$ 时，刀尖首先接触工件，冲击作用在刀尖上，容易崩尖。

由图 3－15(a)也可以看出，对于 $\lambda_s<0°$ 的车刀的刀头强度较高，散热条件较好。因此，在粗加工时，特别是冲击较大的加工中，常采用 $\lambda_s<0°$ 的刀具。

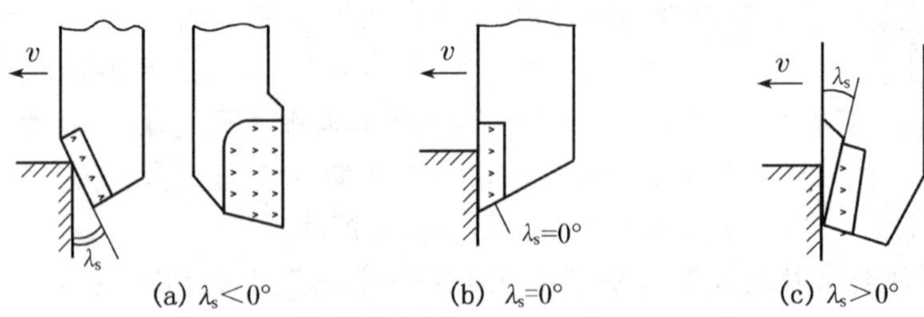

图 3－15　刃倾角对刀尖强度的影响(以 $\kappa_r=90°$ 的刨刀为例)

(3) 影响切屑的流出方向。图 3－16 所示为外圆车刀主切削刃刃倾角对切屑流向的影响。当 $\lambda_s=0°$ 时，切屑沿主切削刃方向流出；当 $\lambda_s>0°$ 时，切屑流向待加工表面；当 $\lambda_s<0°$ 时，切屑流向已加工表面，容易划伤工件表面。

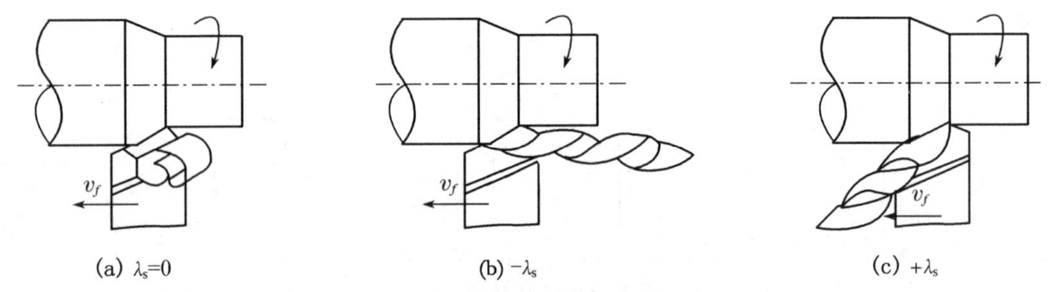

图 3－16　刃倾角对切屑流向的影响

(4) 影响切削刃的锋利程度。当刃倾角 $\lambda_s\geqslant15°$ 时，刀具的工作前角和工作后角都随 λ_s 的增大而增大，刃倾角 λ_s 对实际工作前角的影响如图 3－17 所示。而切削刃钝圆半径 r_ε 则随 λ_s 的增大而减小，增大切削刃的锋利性。因此，对于微量精车刀和精刨刀常采用 45°～75°的刃倾角，切下极薄的切屑。

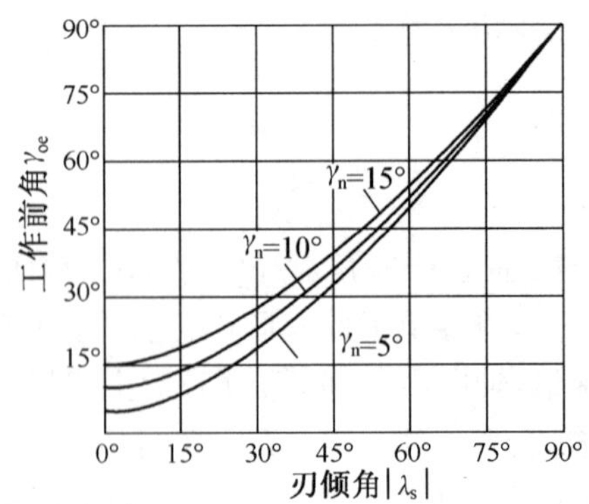

图 3－17　刃倾角对实际工作前角的影响金属切削原理与刀具

因此，在加工钢件或铸铁件时，粗车取 $\lambda_s=-5°\sim0°$，精车取 $\lambda_s=0°\sim5°$；有冲击负荷或断续切削取 $\lambda_s=-15°\sim-5°$。加工高强度钢、淬硬钢或强力切削时，为提高刀头强度，取

$\lambda_s = -30° \sim -10°$。当工艺系统刚度较差时，一般不宜采用负刃倾角，以避免径向力的增加。

（七）刀具合理几何参数选择实例

在选择刀具几何参数时应当注意，刀具各角度之间是互相联系互相影响的，不能为提高刀具性能单独选择某一角度。例如，在加工硬度较高的工件材料时，为了增加切削刃的强度，一般取较小的后角。但在加工特别硬的材料，如淬硬钢时，通常采用负前角，这时楔角较大，如适当增大后角，不仅使切削刃易于切入工件，而且还可提高刀具耐用度。此外，刀具前角与刃倾角的选择也常常相互影响。

图 3－18 所示为强力车刀的几何参数，用于在 $a_p = 30 \sim 35$ mm，$f = 1 \sim 1.5$ mm/r，$v = 50$ m/min 条件下切削锻钢件。车刀的前角 $\gamma_o = 18° \sim 20°$，这样可以减小切削力。为了增加切削刃的强度，采用了 $\lambda_s = -4° \sim -6°$ 的刃倾角和 $b_{\gamma 1} = 0.8 \sim 1$ mm，$\gamma_{o1} = -10°$ 的负倒棱。刀具主偏角选为 75°，可以减小径向切削力。刀尖强度则通过采用 2～4 mm 的过渡刃及 1.5～2 mm 的刀尖圆弧得到保证。因此这把车刀的使用效果较好。

由此可见，任何一个刀具的合理几何参数，都应该在多因素的相互联系中确定。

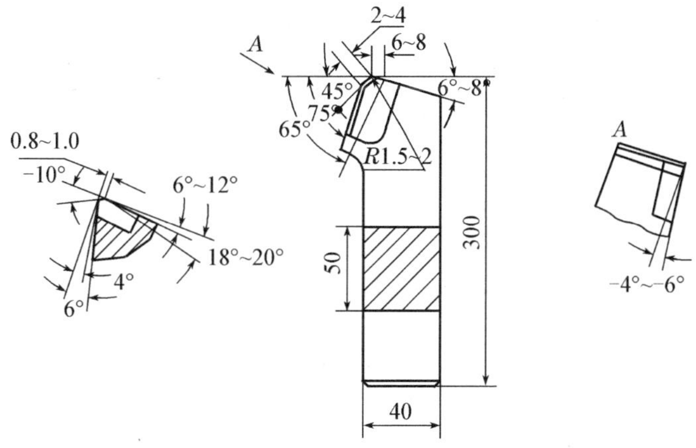

图 3－18　强力车刀的几何参数

课后练习

1. 常用衡量材料切削加工性的指标是什么？如何用相对加工性来评价工件材料的切削加工性。

2. 如何改善工件材料切削加工性？

3. 举例说明难加工金属材料的切削加工性，并归纳其特点是什么？

4. 难加工非金属材料的切削加工特点是什么？

5. 切削加工中常用的切削液有哪几类，它们的主要作用是什么？

6. 切削液的添加剂有哪几种？它们为什么能改善和提高切削液的性能？

7. 如何合理选择切削液？请举例说明。

8. 前角有什么功用？如何选择车刀的前角？

9. 负倒棱和消振棱有何区别？如何选择它们的参数？

10. 如何选择刀具的过渡刃和修光刃的参数？并说明两者有什么功用。

11. 刃倾角的功用有哪些?

12. 刀具耐用度分哪几种? 各适合于什么场合?

13. 选择切削用量的原则是什么? 从刀具耐用度来考虑,应该如何选择切削用量? 从机床动力出发,应如何选择切削用量? 为什么?

课题四 车 刀

车刀是机械加工中应用最为广泛的一种刀具，车刀的种类很多，各具有不同的结构特点。在生产过程中如何根据加工要求合理选择车刀，这就是本课题我们主要研究的内容。

任务1 车刀的分类

【知识点】 掌握车刀的分类及焊接车刀的结构特点。
【技能点】 能根据加工要求合理选择车刀种类。
【知识拓展】 了解新型刀具及刀具材料。

一、任务下达

加工如图 4－1 所示的轴类零件，需要使用到哪些刀具？

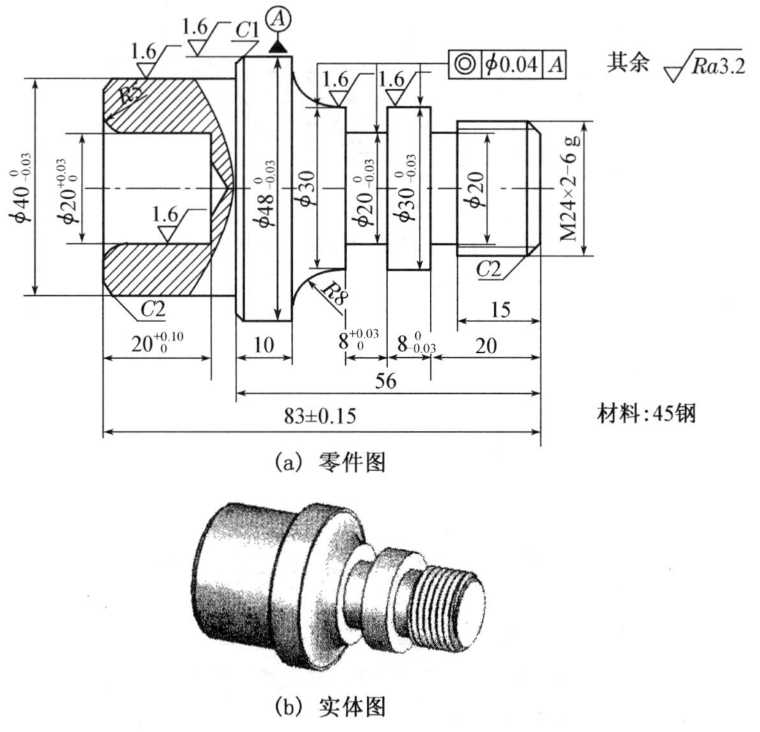

(a) 零件图

(b) 实体图

图 4－1 轴类零件图

二、任务分析

该零件属于典型的轴类零件，加工表面分别有外圆面、沟槽、圆弧面、螺纹、内孔等，故在加工时需要使用到多把刀具。

三、相关知识

车刀是金属切削加工中使用最广泛的刀具，同时也是研究铣刀、刨刀、钻头等其他切削刀具的基础，车刀可用于普通车床、转塔车床、自动车床和数控车床上的加工，加工的内容可以为内外圆、端面、内外螺纹、车槽和切断等。

（一）车刀的分类

车刀种类很多，具体可按用途和结构进行分类。

1．按用途分类

车刀按用途可分为外圆车刀、端面车刀、切断刀和切槽刀、螺纹车刀、内孔车刀等，如图4－2、图4－3所示。

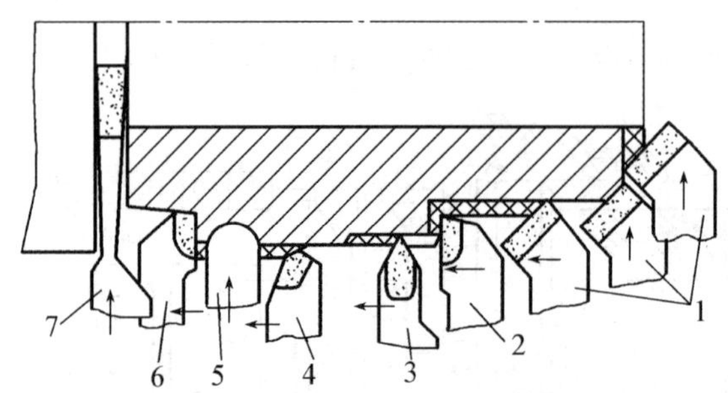

图4－2　常用车刀的形式与用途

1—45°弯头车刀；2—90°外圆车刀；3—外螺纹车刀；4—75°外圆车刀；5—成形车刀；6—90°左偏车刀；7—车槽（切断）刀。

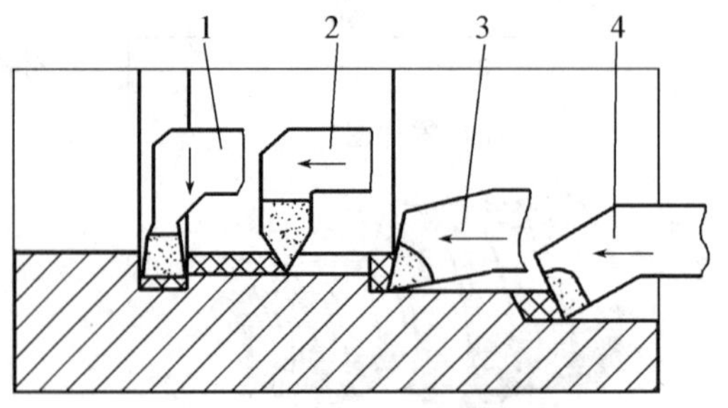

图4－3　常用内孔车刀的形式与用途

1—内孔车槽刀；2—内螺纹车刀；3—盲孔车刀；4—通孔车刀。

2. 按结构分类

车刀按结构可分为整体式车刀、焊接式车刀、机夹式车刀、可转位车刀和成形车刀五种形式，如图 4－4 所示。不同结构车刀的特点与用途见表 4－1 所示。

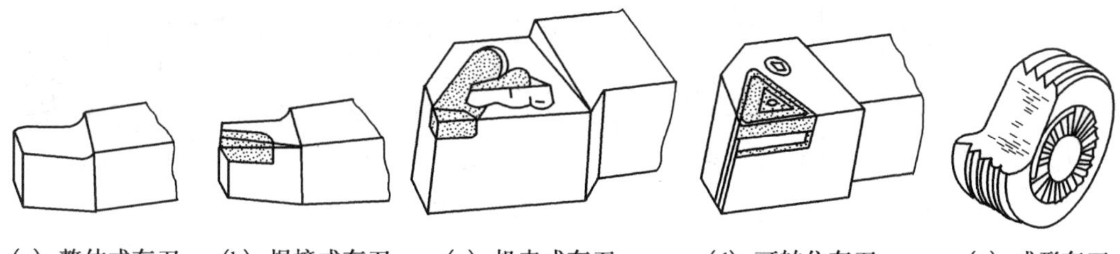

(a) 整体式车刀　(b) 焊接式车刀　(c) 机夹式车刀　(d) 可转位车刀　(e) 成形车刀

图 4－4　车刀的结构类型

表 4－1　不同结构车刀的特点与用途

名称	特　点	适用场合
整体式	用整体高速钢制造，刃口可磨得较锋利	小型车床或转速较低场合及成形车刀的使用
焊接式	焊接硬质合金或高速钢刀片，结构紧凑，使用灵活	各类车刀特别是尺寸不大的刀具
机夹式	避免了因焊接而引起的刀片硬度下降、产生裂纹等缺陷，提高了刀具的耐用度，刀杆可重复使用，刀片可集中刃磨，获得所需参数，使用灵活方便	外圆、端面、镗孔、割断、螺纹车刀等
可转位式	避免了焊接刀的缺点，刀片可快换转位，生产率高，断屑稳定，可使用涂层刀片，刀具寿命高，使用方便	大中型车床加工外圆、端面、镗孔，特别适用于自动线、数控机床
成形车刀	加工精度稳定、生产率高、刀具使用寿命长和刃磨简便等，但制造较复杂、成本较高，刀刃工作长度较宽，故易引起振动	各类车床上加工内外回转体的成形表面

(二) 焊接车刀

硬质合金焊接车刀由硬质合金刀片和普通结构钢刀杆通过焊接连接而成，其优点是结构简单、制造方便、刀具刚性好且使用灵活，故使用较为广泛。

1. 硬质合金焊接式车刀的结构

根据加工的部位不同，硬质合金焊接式车刀的结构也是不同的。图 4－5 中(a)、(b)、(c)分别是用于车削工件外圆、端面的直头 75°、90°及 45°弯头车刀；图(d)为通孔车刀；图(e)为不通孔车刀，为使车孔刀刀杆具有足够的刚度，在 l 长度内(大于孔深)为圆形，其余部分做成矩形；图(f)为切断刀。

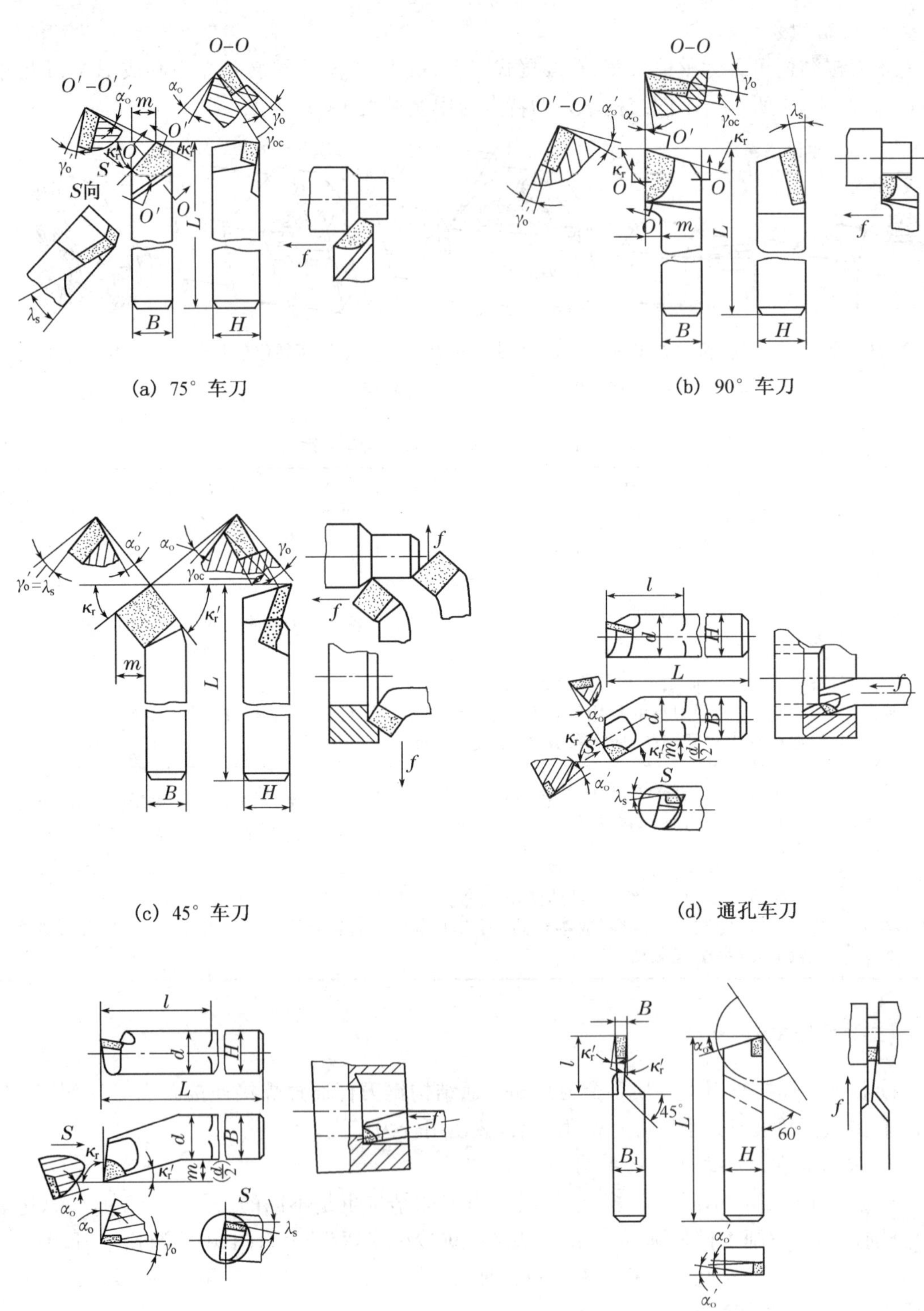

(a) 75° 车刀

(b) 90° 车刀

(c) 45° 车刀

(d) 通孔车刀

(e) 盲孔车刀

(f) 切断刀

图 4-5　焊接车刀的结构

2. 焊接式车刀的特点

(1) 结构简单紧凑,刚性好,制造方便,抗振性能强。

(2) 通过刃磨可获得较理想的角度和形状,使用灵活。

(3) 由于焊接时产生的热应力会降低刀片的强度,使得加工时易出现崩刃、碎裂等现象。

(4) 刀杆不能重复使用,材料消耗较大;不适用于自动车床和数控车床。

3. 硬质合金焊接刀片

硬质合金刀片除正确选用材料的牌号外,还应合理选择其型号。根据国家标准 GB 5244—85,我国目前采用的硬质合金焊接车刀刀片分 A、B、C、D、E 五类,刀片型号由一个字母和一或两个数字组成。字母表示刀片形状,数字则代表刀片的主要尺寸。如图 4-6 所示为常用焊接刀片的形式,其主要应用场合如下。

A1 型:直头车刀、弯头外圆车刀、内孔车刀、宽刃车刀。

A2 型:端面车刀、内孔车刀(盲孔)。

A3 型:90 度偏刀、端面车刀。

A4 型:直头外圆车刀、端面车刀、内孔车刀。

A5 型:直头外圆车刀、内孔车刀(通孔)。

A6 型:内孔车刀(通孔)。

B1 型:燕尾槽刨刀。

B2 型:圆弧成形车刀。

C1 型:螺纹车刀。

C3 型:切断(车槽)刀。

C4 型:带轮车操刀。

D1 型:直头外圆车刀、内孔车刀

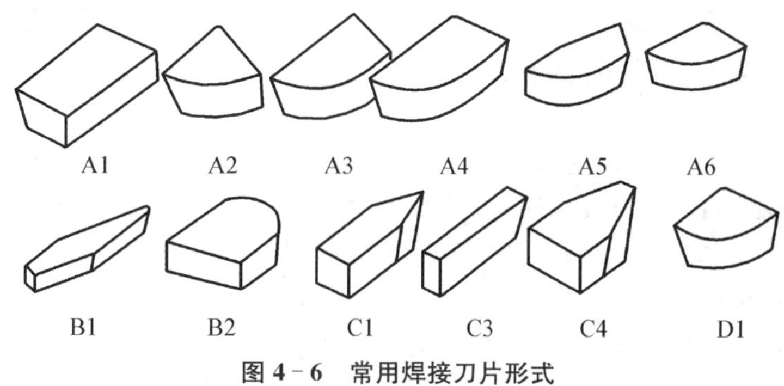

图 4-6 常用焊接刀片形式

表 4-2 所示为部分常用刀片型号、主要尺寸和应用范围。

表 4-2　硬质合金车刀刀片示例

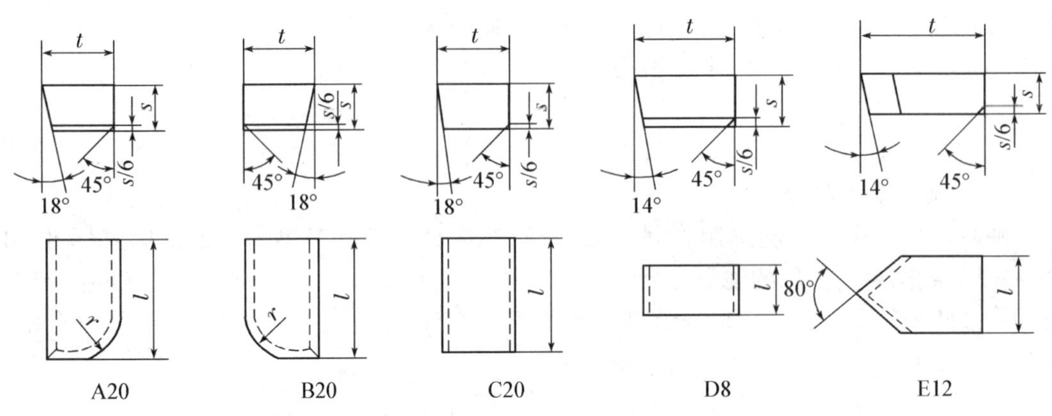

型号	基本尺寸/mm				主要用途
	l	t	s	r	
A20	20	12	7	7	
B20	20	12	7	7	直头外圆车刀、端面车刀、车孔刀左切
C20	20	12	7		κ_t<90°外圆车刀、镗孔刀、宽刃光刀、切断刀、车槽刀
D8	8.5	16	8		
E12	12	20	6		精车刀、螺纹车刀

选择刀片型号时，主要依据车刀的用途及主、副偏角的大小；刀片尺寸选择时主要考虑刀片的长度，长度 l 一般为切削宽度的 1.6～2 倍，刀片厚度 S 要根据切削力的大小决定，切削面积越大，工件材料强度越高，刀片的厚度就需相应增大；车槽车刀的刃宽不应大于工件的槽宽；切槽刀的宽度 B 可根据直径 d 估算，经验公式为 $B=0.6\sqrt{d}$。

4. 刀槽形式与使用特点

焊接式车刀刀杆根据刀片的形状和尺寸不同，需开有相应的刀槽，刀槽的形式通常有开口式、半封闭式、封闭式、切口式四种，如图 4-7 所示。

开口式：制造简单，焊接面积小，适用于 C 型和 D 型刀片。

半封闭式：焊接后刀片较牢固，但刀槽加工不便，适用于 A、B 型刀片。

封闭式：能增加焊接面积，但制造困难，适用于 E 型刀片。

切口式：用于车槽、切断刀。可使刀片焊接牢固，但制造复杂，适用于 D 型刀片。

刀槽的尺寸 h_c，b_c，l_c 应与刀片尺寸相适应。为便于刃磨，一般要使刀片露出刀槽 0.5～1 mm，刀槽底面应倾斜一定角度，以增加刀片的刃磨次数，一般可取刀槽倾斜前角 $\gamma_{oc}=\gamma_o+(5°\sim10°)$，刀槽后角 α_{oc} 要比刀具后角 α_o 大 2°～4°，如图 4-7 所示。

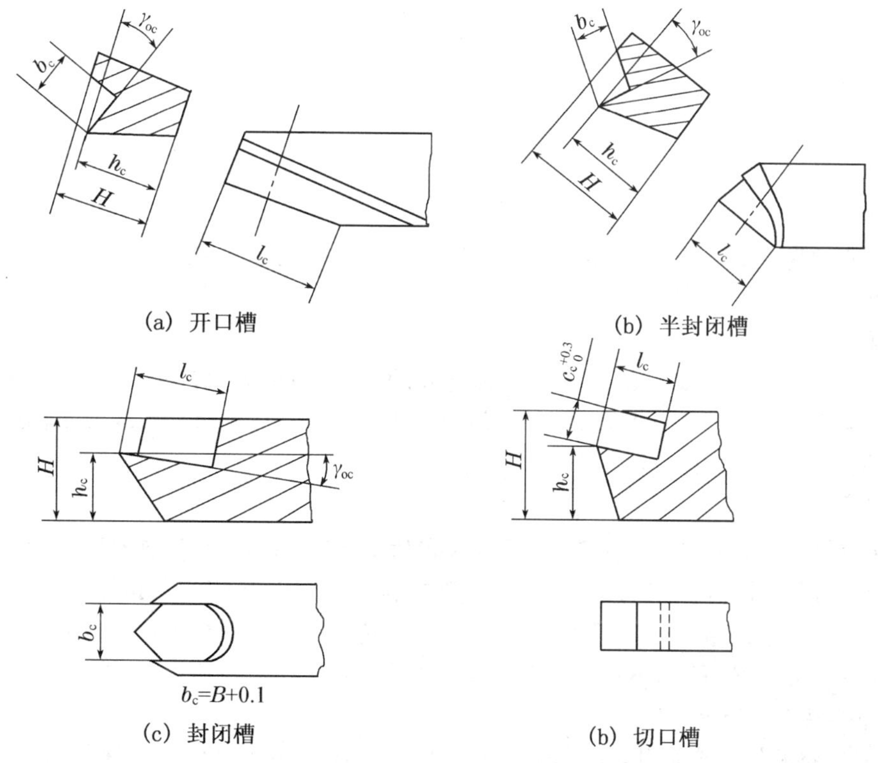

图 4－7　刀槽形式及参数

5. *刀杆及刀头的形状和尺寸*

刀杆的截面形状有矩形、正方形和圆形三种。矩形刀杆常用于外圆、端面和切断等车刀。当刀杆高度受到限制时，可用正方形刀杆，能承受较大的切削力。圆形刀杆主要用于镗刀。矩形和正方形刀杆的截面尺寸一般可按机床中心高选取。

刀杆长度可按刀杆高度 H 的 6 倍左右估算，并选用标准尺寸系列，如 100、125、150、175 等。

刀头形状一般为直头和弯头两种。直头简单易制；弯头通用性好，能车外圆又能车端面。刀头尺寸主要有刀头有效长度 L 及刀尖偏距 m，如图 4－8 所示，可按下式估算：

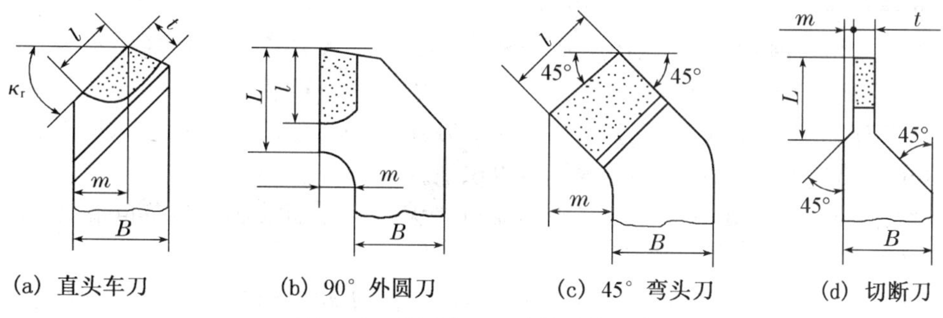

图 4－8　常用车刀刀头的形状尺寸

直头车刀：$m > l\cos\kappa_r$；

45°弯头车刀：$m > t\cos 45°$；

90°外圆车刀：$m \approx B/4$；$L \approx 1.2l$；

切断刀：$m \approx 1/3L > R$（工件半径）。

（三）车刀的材料

车刀的材料主要有高碳钢、高速钢、非铸铁合金刀具、烧结碳化刀具、陶瓷车刀、钻石（金刚石）刀具、氮化硼刀具等。

1. 高碳钢

高碳钢车刀是由含碳量0.8%～1.5%之间的一种碳钢，经过淬火硬化后制成，因切削中的摩擦很容易回火软化，被高速钢等其他刀具所取代。一般仅适合于软金属材料之切削，常用有SK1，SK2，…，SK7等。

2. 高速钢

高速钢为一种钢基合金，俗名白钢刀，含碳量0.7%～0.85%碳钢中加入W、Cr、V及Co等合金元素制成。例如W18Cr4V4高速钢材料中含有18%钨、4%铬以及4%钒。高速钢车刀切削中产生的摩擦热可高达至600 ℃，适合转速1 000 rpm以下及螺纹之车削，一般常用高速钢车刀如SKH2、SKH4A、SKH5、SKH6、SKH9等。

3. 非铸铁合金刀具

此为钴、铬及钨的合金，因切削加工很难，以铸造成形制造，故又叫超硬铸合金，最具代表者为stellite，其刀具韧性及耐磨性极佳，在820 ℃温度下其硬度仍不受影响，抗热程度远超出高速钢，适合高速及较深的切削工作。

4. 烧结碳化刀具

碳化刀具为粉末冶金的产品，碳化钨刀具主要成分为50%～90%钨，并加入钛、钼、钽等以钴粉作为结合剂，再经加热烧结完成。碳化刀具的硬度较任何其他材料均高，是最硬高碳钢的三倍，适用于切削较硬金属或石材，因其材质脆硬，故只能制成片状，再焊于较具韧性的刀柄上，如此刀刃钝化或崩裂时，可以更换另一刀口或换新刀片，这种车刀称为舍弃式车刀。

碳化刀具依国际标准（ISO）其切削性质的不同，分成P、M、K三类，并分别以蓝、黄、红三种颜色来标识：

P类适于切削钢材，有P01、P10、P20、P30、P40、P50六类，P01为高速精车刀，号码小，耐磨性较高，P50为低速粗车刀，号码大，韧性高，刀柄涂蓝色识别。

K类适于切削石材、铸铁等脆硬材料，有K01、K10、K20、K30、K40五类，K01为高速精车刀，K40为低速粗车刀，此类刀柄涂红色以识别。

M类介于P类与M类之间，适于切削韧性较大的材料，此类刀柄涂黄色来识别。

5. 陶瓷车刀

陶瓷车刀是由氧化铝粉末添加少量元素，再经由高温烧结而成，其硬度、抗热性、切削速度比碳化钨高，但是因为质脆，故不适用于非连续或重车削，只适合高速精削。

6. 钻石（金刚石）刀具

做高级表面加工时，可使用圆形或表面有刃缘的工业用钻石来进行光制，可得到更光滑的表面，主要用来做铜合金或轻合金的精密车削，在车削时必须使用高速度，最低需在 60～100 m/min，通常在 200～300 m/min。

7. 氮化硼刀具

立方氮化硼(CBN)是近年来推广的材料，硬度与耐磨性仅次于钻石，此刀具适用于加工坚硬、耐磨的铁族合金和镍基合金、钴基合金。

四、任务实施

根据以上所学知识可知，加工图 4－1 所示零件需要用到外圆车刀、端面车刀、内孔车刀、成形车刀、切槽刀、螺纹车刀等。由于该零件比较复杂，故在普通车床上加工比较费时。若放到数控车床上进行加工，将会省时省力。数控机床上所使用的刀具将是下一任务所学内容。

任务 2 机夹可转位车刀的使用及选择

【知识点】 (1) 掌握可转位车刀的特点和刀片的表示方法;
(2) 掌握刀片的夹固形式。

【技能点】 根据不同的加工部位能够选择相应形状的刀片和刀体,并能够组装成一把车刀。

【知识拓展】 了解可转位刀具的种类。

一、任务下达

在数控车床上加工如图 4-9 所示的零件图,需要用到哪些数控刀具?

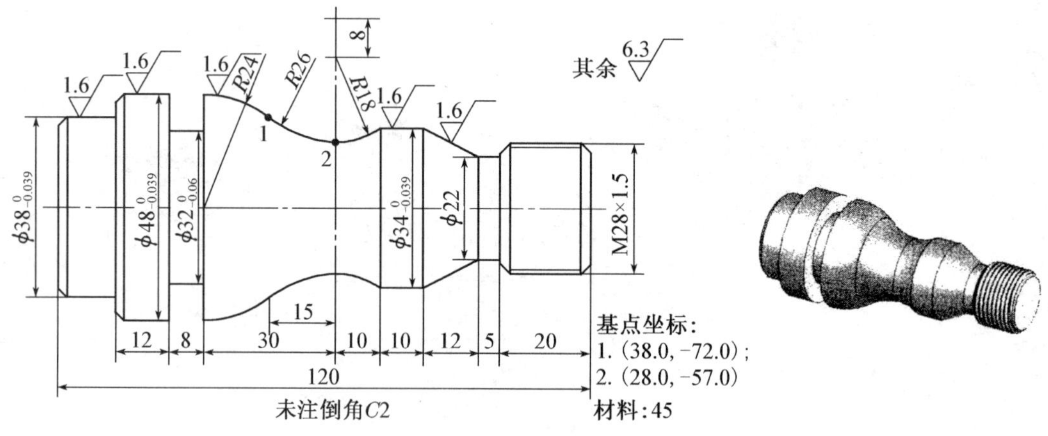

图 4-9 轴类零件图

二、任务分析

该零件在数控车床上加工时,用普通刀具难以保证零件的加工精度,用机夹刀来加工不仅能够保证产品的质量,而且能够提高产品的加工效率。

三、相关知识

(一) 机夹式车刀

1. 机夹式车刀的特点

机夹式车刀采用将刀片用机械夹持的方法固定在刀杆上,刀片用钝后可更换新刃磨好的刀片。它除了具有焊接式、机夹重磨式刀具的优点外,还具有切削性能和断屑性能稳定、停车换刀时间短的特点,完全避免了焊接和刃磨引起的热应力和热裂纹,有利于合理使用硬质合金和新型复合材料,有利于刀杆和刀片的专业化生产。因此,可转位机夹刀具应用范围不断地扩大,已成为刀具发展的一个重要方向。这类刀具有如下特点:

(1) 刀片不需要焊接,避免了因焊接引起的硬质合金硬度降低,提高了刀具的耐用度。

(2) 由于刀具的耐用度高，且换刀的时间缩短，从而提高了生产效率。

(3) 刀杆可重复使用，刀片可重磨次数多，从而降低了生产成本。

2. 机夹车刀的常用结构形式

机夹式车刀的刀片夹紧方法较多。

(1) 上压式(如图 4-10)。

采用螺钉和压板从上面压紧刀片，通过调整螺钉来调节刀片位置。特点：结构简单，夹固牢靠，使用方便，刀片平装，用钝后重磨后面。上压式是加工中应用最多的一种。

(2) 侧压式(如图 4-11)。

这种形式一般多利用刀片本身的斜面，由楔块和螺钉从刀片侧面来夹紧刀片。特点：刀片竖装，对刀槽制造精度的要求可适当降低，刀片用钝后重磨前面。

(3) 切削力夹固式(如图 4-12)。

这种形式通常是指切削力自锁车刀，它是利用车刀车削过程中的切削力，将刀片夹紧在 1∶30 的斜槽中。特点：结构简单，使用方便，但要求刀槽与刀片紧密配合，切削时无冲击振动。

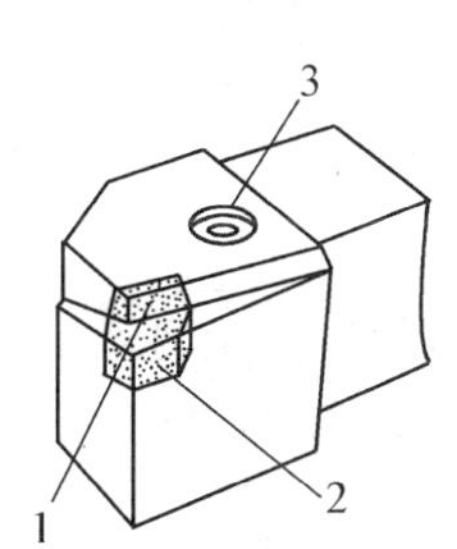

图 4-10　上压式

1—压板；2—刀片；3—螺钉。

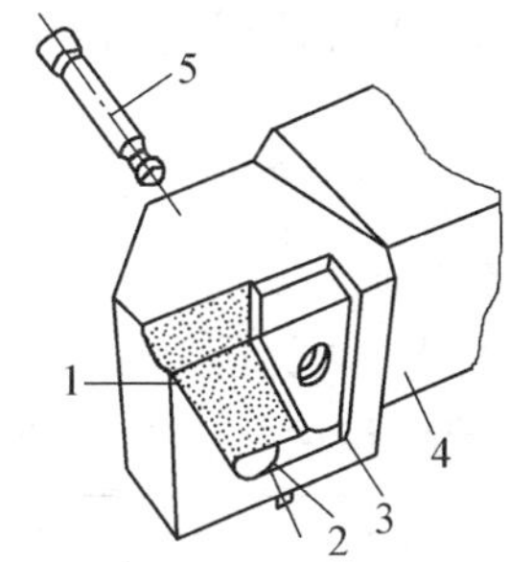

图 4-11　侧压式竖放刀片车刀图

1—刀片；2—调节螺钉；3—楔块；4—刀杆；5—压紧螺钉。

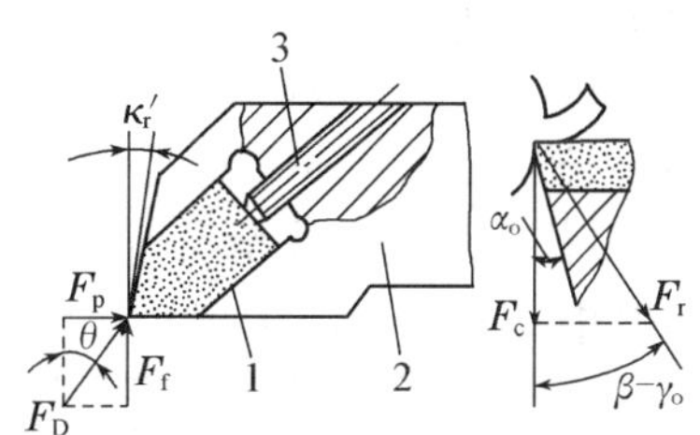

图 4-12　切削力夹固式车刀

1—刀片；2—刀杆；3—调节螺钉。

(二) 可转位车刀

1. 可转位车刀的概念及组成

可转位车刀就是将有合理的几何参数、断屑槽型、装夹孔和具有数个切削刃的多边形刀片，用夹紧元件、刀垫，以机械夹固的方法，将刀片夹紧在刀体上，如图 4-13 所示。当刀片的一条切削刃磨钝后，只需将夹紧机构松开，将刀片转过一个角度，换上另一个新的切削刃重新夹紧后便可继续使用，当所有的切削刃用钝后，只需换上一片新的刀片即可继续使用，不需要更换刀体。

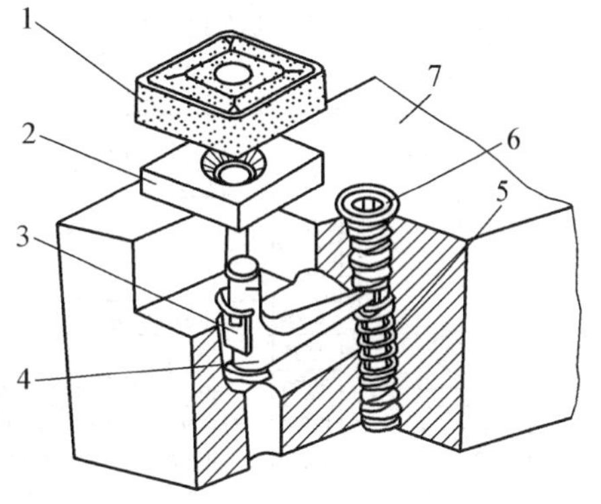

图 4-13　可转位车刀的组合

1—刀片；2—刀垫；3—卡簧；4—杠杆；5—弹簧；6—螺丝；7—刀柄。

2. 可转位车刀的特点

可转位车刀与焊接式车刀相比具有如下优点：

① 可以避免因焊接和重磨对刀片造成的缺陷。在相同的切削条件下，刀具耐用度较焊接式硬质合金车刀大大提高。

② 刀片上的一个刀刃用钝后，可将刀片转位换成另一个新切削刃继续使用，不会改变切削刃与工件的相对位置，从而能保证加工尺寸，并能减少调刀时间，适合在专用车床、自动线及数控车床上使用。

③ 刀片不需重磨，有利于涂层硬质合金、陶瓷等新型刀片的推广使用。

④ 刀杆使用寿命长，刀片和刀杆可标准化，有利于专业化生产。

3. 可转位刀片

可转位刀片是机夹可转位车刀的切削部分，也是最关键的组成元件，其形状、几何尺寸、制造精度和结构种类很多，已由专门厂家定点生产。合理选用可转位刀片是使用可转位车刀的重要内容。

按 GB 2076—1987《切削刀具可转位刀片型号表示规则》规定，可转位刀片的型号由代表一定意义的字母和数字按一定的顺序排列所组成，共有 10 号位，每个号位的含义如图 4-14 表示。任何一个型号都必须用前 7 位代号，不论有无第 8、9 两位代号，第 10 位代号必须用短横线"-"与前面的代号隔开，如 TNUM160408-A2。

刀片代号中，号位 1 表示刀片形状。最常用的为正三角形(T)和正四边形(S)，菱形刀片(V、D)适合于仿形、数控车床上使用。

号位 2 表示刀片后角。后角 0°(N 型)使用最广，其刀具后角靠刀片安装倾斜形成。若刀片刀槽中平装，则需按刀具后角要求选择相应刀片。

号位 3 表示刀片精度等级。刀片的内切圆直径 d、刀尖位置 m 和刀片厚度 s 为基本参数，其中 d 和 m 的偏差大小决定了刀片的转位精度。刀片精度共有 11 级，其中 U 为普通

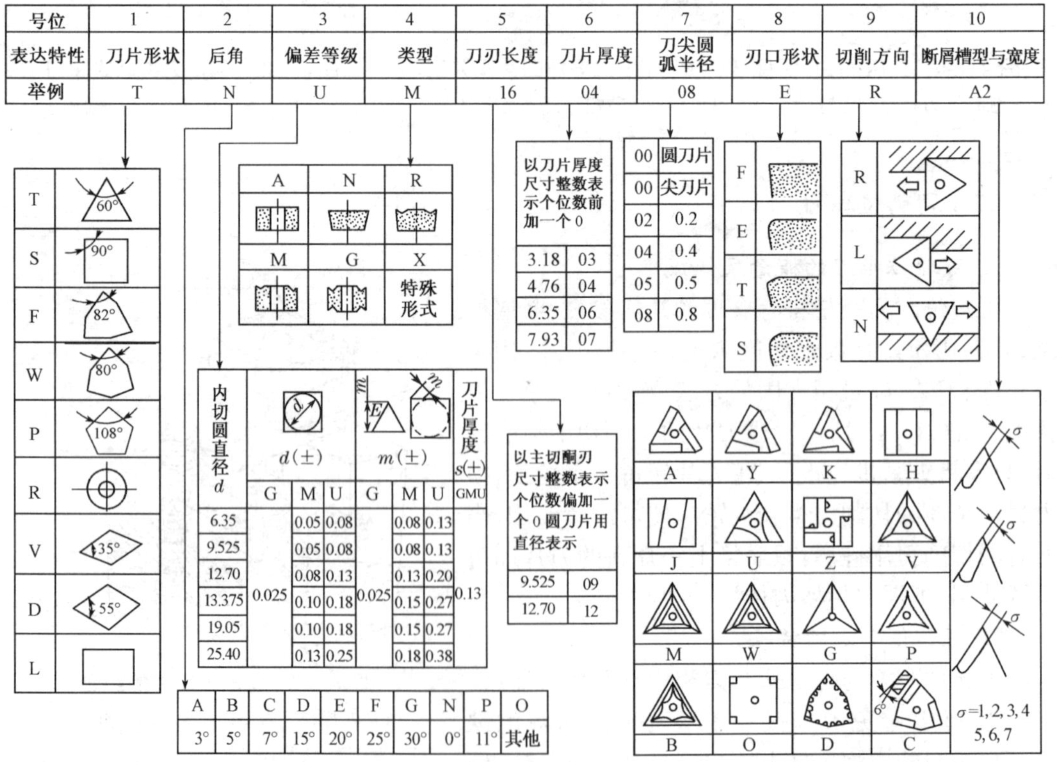

图 4-14 可转位车刀刀片标注示例

级，M 为中等级，使用较多，其余的 A、F、C、H、E、G、J、K、L 都为精密级。

4 号位表示刀片结构。常见类型为带孔和不带孔的，主要与采用的夹紧方式有关。带孔刀片（如常用的 M 型）的一般利用孔来夹紧，而不带孔刀片的常用上压式夹紧结构。

刀片的使用涉及刀片材料的选择、刀片结构和刀片参数的确定。刀片材料的选择在任务一中已作讨论，刀片结构和刀片参数通过刀片型号来表示。刀片型号有 10 个号位，由代表一定意义的字母和数字按一定顺序排列而成，见表 4-3 所示。确定了 10 个号位的内容，就基本确定了可转位硬质合金刀片。

表 4-3　刀片型号

号位	1	2	3	4	5	6	7	8	9	10
表达特性	刀片形状	法后角	刀片精度	类型	刀片边长	刀片厚度	刀尖圆角半径	切削刃截面形状	切削方向	断屑槽类型与宽度
说明	字母	字母	字母	字母	数字	数字	数字	字母	字母	字母＋数字
实例	T	N	U	M	16	03	08	F	R	A4

注：任何一个刀片型号都必须有前 6 个号位，后 4 个号位在必要时才采用。

（1）刀片形状。

可转位刀片形状见表 4-4 所示，正三边形刀片和正四边形刀片最常用，菱形刀片用于仿形车床和数控车床，圆形刀片用于成形面加工。课题引入中的代号 TNUM160308FRA4 表示采用正三边形刀片。

表 4-4　可转位刀片形状

<table>
<tr><th>形状</th><th>代号</th><th>说明</th><th>刀尖角</th><th>示意图</th><th>形状</th><th>代号</th><th>说明</th><th>刀尖角</th><th>示意图</th></tr>
<tr><td rowspan="5">等边等角</td><td>H</td><td>正六边形</td><td>120°</td><td></td><td rowspan="6">等边不等角</td><td>C</td><td rowspan="5">菱形</td><td>80</td><td rowspan="5"></td></tr>
<tr><td>O</td><td>正八边形</td><td>125°</td><td></td><td>D</td><td>55</td></tr>
<tr><td>P</td><td>正五边形</td><td>108°</td><td></td><td>E</td><td>75</td></tr>
<tr><td>S</td><td>正四边形</td><td>90°</td><td></td><td>M</td><td>86</td></tr>
<tr><td>T</td><td>正三边形</td><td>60°</td><td></td><td>V</td><td>35</td></tr>
<tr><td rowspan="4">不等边不等角</td><td>P</td><td>不等边不等角六边形</td><td>82°</td><td></td><td>W</td><td>等边不等角六边形</td><td>80</td><td></td></tr>
<tr><td>A</td><td rowspan="3">平行四边形</td><td>85°</td><td rowspan="3"></td><td>等角不等边</td><td>L</td><td>矩形</td><td>90</td><td></td></tr>
<tr><td>B</td><td>82°</td><td rowspan="2">圆形</td><td rowspan="2">R</td><td rowspan="2">圆形</td><td rowspan="2"></td><td rowspan="2"></td></tr>
<tr><td>K</td><td>55°</td></tr>
</table>

应根据不同的使用要求来选用不同形状的刀片(见表4-5)。

表4-5　常用刀片形状的选用

刀片形状	应用场合
正三边形T	用于60°、90°、93°外圆、端面、内孔车刀
正四边形S	用于外圆、端面、内孔、倒角车刀
带副偏角三角边F	用于90°外圆、端面、内孔车刀
凸三边形W	用于90°外圆、端面、内孔车刀
正五边形P	用于工艺系统刚性较好时,不能兼做外圆和端面车刀
圆形R	用于车削曲面、成形面、精车
菱形V、D	用于数控车床

(2) 法后角。

法后角共有10种型号,见表4-6所示。最常用的是N型(0°),刀片后角靠刀片倾斜安装形成。课题引入中,代号TNUM160308FRA4中的N表示采用0°法后角刀片。

表4-6　可转位车刀法后角

法后角	3°	5°	7°	15°	20°	25°	30°	0°	11°	其他(需专门说明)
代号	A	B	C	D	E	F	G	N	P	O

0°法后角一般用于粗、半精车;5°、7°、11°法后角一般用于半精、精车、仿形及加工内孔。

(3) 刀片精度。

可转位刀片允许的精度等级共12级,代号分别为A、F、C、H、E、G、J、K、L、M、N、U,其中A级精度最高,U级精度最低。课题引入中,代号TNUM160308FRA4中的U表示精度等级为U级。

普通车床粗、半精加工刀片精度用U级,对刀尖位置要求较高的或数控车床用M级,更高级的用G级。

(4) 类型。

类型用来表示刀片有无断屑槽和中心固定孔,共有15种,见表4-7所示。课题引入中,代号TNUM160308FRA4中的M表示圆形固定孔、单面有断屑槽的刀片。

表4-7　可转位刀片的类型

代号	固定方式	断屑槽	代号	固定方式	断屑槽	代号	固定方式	断屑槽
N	无固定孔	无	A	圆形孔	无	B	单面70°～90°沉孔	无
R		单面有	M		单面有	H		单面有
F		双面有	G		双面有	C	双面70°～90°沉孔	无
W	单面40°～60°沉孔	无	Q	双面40°～60°沉孔	无	J		双面有
T		单面有	U		双面有	X	其他,需图形并附加说明	

带孔刀片一般利用孔来夹紧，无孔刀片则采用上压式夹紧方法。

(5) 刀片边长。

刀片边长即刀刃长度，用两位数字表示，选取舍去小数值部分的刀片切削刃长度作为代号。若舍去小数值部分后，只剩下一位数字，则必须在数字前加“0”。课题引入中，代号TNUM160308FRA4 中的 16 表示刀刃，整数部分长度为 16 mm。

刀刃长度应根据背吃刀量进行选择，一般通槽形的刀片切削刃长度选≥1.5 倍的背吃刀量，封闭槽形的刀片切削刃长度选≥2 倍的背吃刀量。

(6) 刀片厚度。

刀片厚度用两位数字表示，选取舍去小数值部分的刀片厚度作为代号。若舍去小数值部分后，只剩下一位数字，则必须在数字前加“0”。课题引入中，TNUM160308FRA4 中的03 表示刀片，整数部分厚度为 3 mm。

刀片厚度的选用原则是使刀片有足够的强度来承受切削力，通常是根据背吃刀量与进给量来选用的，如有些陶瓷刀就要选用较厚的刀片。

(7) 刀尖圆角半径。

刀尖圆角半径用省去小数点的圆角半径毫米数表示，如刀片圆弧半径为 0.3 mm，代号为 03；刀片圆角半径为 1.2 mm，代号为 12；若为尖角或圆形刀片，则代号为 00。课题引入中，代号 TNUM160308FRA4 中的 08 表示刀尖圆角半径为 0.8 mm。

粗车时只要刚性允许，尽可能采用较大的刀尖圆角半径，精车时一般用较小的圆角半径，不过当刚性允许时也应选取较大值，常用的压制成形的圆角半径有 0.4 mm、0.8 mm、1.2 mm、2.4 mm 等。

(8) 切削刃截面形状。

刃口形状有锐刃(F)、倒圆刃(E)、倒棱刃(T)倒圆加倒棱刃(S)4 种，如图 4-15 所示。课题引入中，代号 TNUM160308FRA4 中的 F 表示锐刃。

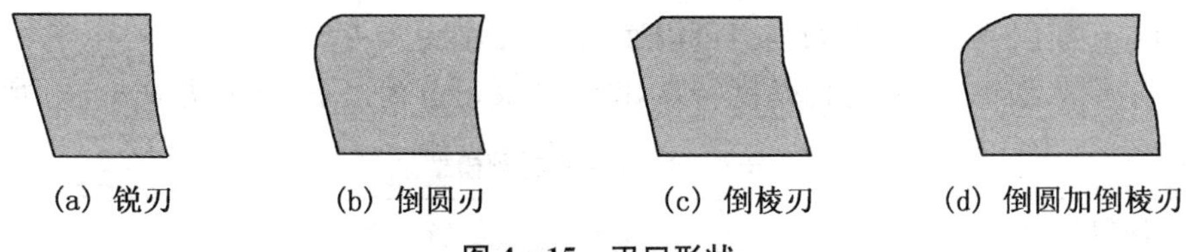

(a) 锐刃　(b) 倒圆刃　(c) 倒棱刃　(d) 倒圆加倒棱刃

图 4-15　刃口形状

刃口形状影响着刀刃的强度和锋利性。

(9) 切削方向。

R 表示供右切的外圆刀，*L* 表示供左切的外圆刀或右切的内孔刀，*N* 表示左右均有切削刃，既能左切又能右切。课题引入中，代号 TNUM160308FRA4 中的 *R* 表示右切刀。

(10) 断屑槽类型与宽度。

断屑槽类型共 13 种，见表 4-8 所示，断屑槽宽度用舍去小数位部分的槽宽毫米数表示。例如，槽宽为 0.8 mm，代号为 0；槽宽为 3.5 mm，代号为 3。课题引入中，TNUM160308FRA4 中的 A4 表示断屑槽类型为 A 型，槽宽为 4 mm。

表 4-8 可转位刀片断屑槽类型

代号	断屑槽类型举例	代号	断屑槽类型举例	代号	断屑槽类型举例
A	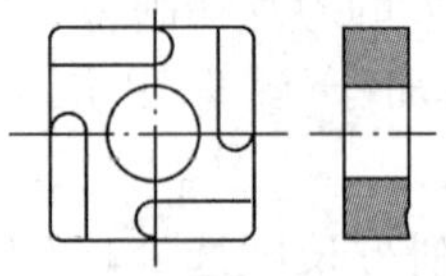	B	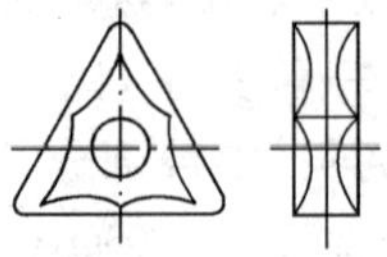	C	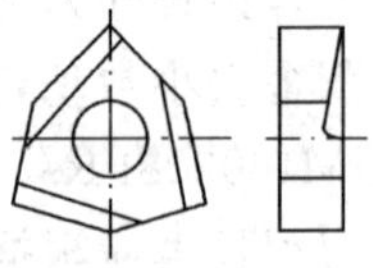
D	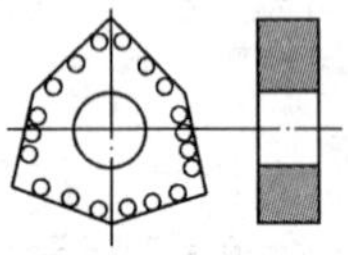	G	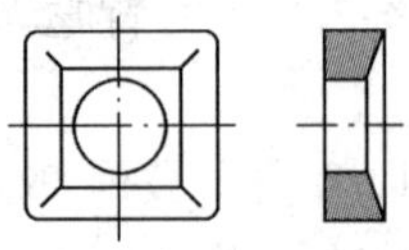	H	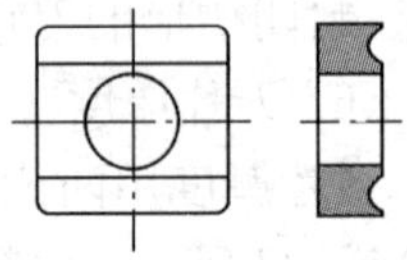
J	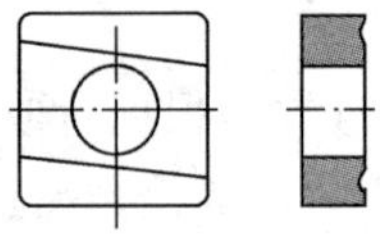	K	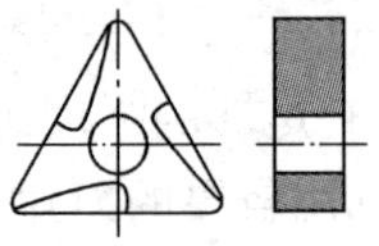	P	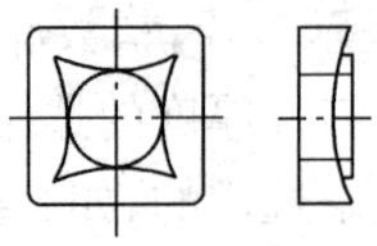
T	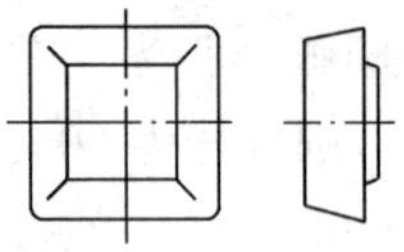	V	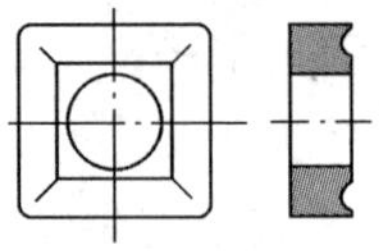	W	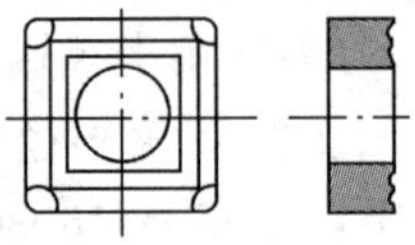
Y	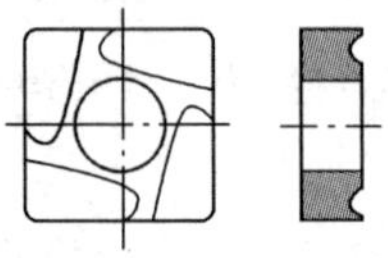				

根据结构特点，断屑槽可分为开口式和封闭式两大类。前者一边或两边开通，保证主切削刃获得大前角，但断屑范围窄，多用于切削用量变化不大的场合，且左切、右切两种刀片不能混用。后者槽不开通，左、右切削刃可以通用，但切削力较大。

根据断屑槽截面形状和几何角度特点，断屑槽又可分为以下 3 种，见表 4-9 所示。

表 4-9 3 种断屑槽槽型

槽型	特 点
正前角、零刃倾角	切削刃上各点前角相同，槽型简单，常用槽型
正前角、正刃倾角	刀片制出 6°刃倾角，减小了径向切削力
变截面	切削刃上各点槽深、槽宽、刃倾角不同，槽型复杂，但断屑稳定，切屑不飞溅，应用范围较广

4. 可转位车刀刀柄

类似于可转位车刀刀片，其刀柄的型号也有 10 个号位，同样由代表一定意义的字母和数字按一定顺序排列而成，见表 4-10 所示。

表 4－10　刀柄型号

号位	1	2	3	4	5	6	7	8	9	10
表达特性	夹紧方式	刀片形状	车刀头部形式	刀片法后角	切削方向	车刀高度	刀柄宽度	刀柄长度	刀片边长	紧密刀柄的测量基准
说明	字母	字母	字母	字母	字母	数字	数字	字母	数字	字母
实例	C	T	G	N	R	32	25	M	16	Q

刀柄型号的第二号位、第四号位、第五号位、第九号位与刀片型号中有关代号意义相同。第一号位表示夹紧方式，共 4 种，见表 4－11 所示。

表 4－11　夹紧方式

代号	夹紧方式
C	装无孔刀片，利用压板从刀片上方将刀片夹紧
M	装圆孔刀片，利用刀片孔从刀片上方将刀片夹紧
P	装圆孔刀片，利用刀片孔将刀片夹紧
S	装沉孔刀片，用螺钉直接穿过刀片孔将刀片夹紧

第三号位表示车刀头部形式，共 20 种，见表 4－12 所示。

表 4－12　车刀头部形式

代号	头部形式	代号	头部形式	代号	头部形式	代号	头部形式
A	90°直头侧切	F	90°偏头端切	L	95°偏头侧切及端切	T	60°偏头侧切
B	75°直头侧切	G	90°偏头侧切	M	50°直头侧切	U	93°偏头端切
C	90°直头端切	H	107.5°偏头侧切	N	63°直头侧切	V	72.5°直头侧切
D	45°直头侧切	J	93°偏头侧切	R	75°偏头侧切	W	60°偏头端切
E	60°直头侧切	K	75°偏头端切	S	45°偏头侧切	Y	85°偏头端切

第六、第七号位均由两位数分别表示车刀高度和刀柄宽度，如果数值不足两位数时，则在该数前加“0”。

第八号位表示刀柄长度，共 23 种，见表 4－13 所示。

表 4－13　刀柄长度

mm

代号	A	B	C	D	E	F	G	H	J	K	L	M
长度	32	40	50	60	70	80	90	100	110	125	140	150
代号	N	P	Q	R	S	T	U	V	W	X		Y
长度	160	170	180	200	250	300	350	400	450	特殊尺寸		500

第十号位表示紧密级车刀刀柄的测量基准，共 3 种，见表 4 - 14 所示。

表 4 - 14　测量基准

代号	Q	F	B
测量基准	外侧面和后侧面	内侧面和后端面	内、外侧面和后端面
图示			

5. 可转位车刀刀片的夹固形式

可转位车刀是通过刀片转位来更换切削刃或所有刀刃用钝后更换新的刀片，因此，刀片的夹固形式与其他机夹车刀的夹固形式有所不同，其基本要求如下：定位精确，使用方便，刀片夹紧可靠，排屑流畅，结构紧凑，易于制造。

6. 可转位刀片典型夹紧形式

(1) 杠杆式夹紧。

杠杆式是应用杠杆原理对刀片进行夹紧的结构，如图 4 - 16 所示。当旋下压紧螺钉时，推动杠杆产生夹紧力，从而将刀片定位夹紧在刀槽侧面上。该结构的特点是定位精度高，夹紧可靠，使用方便，排屑流畅，但结构复杂，适用于中、轻型负荷的切削加工。

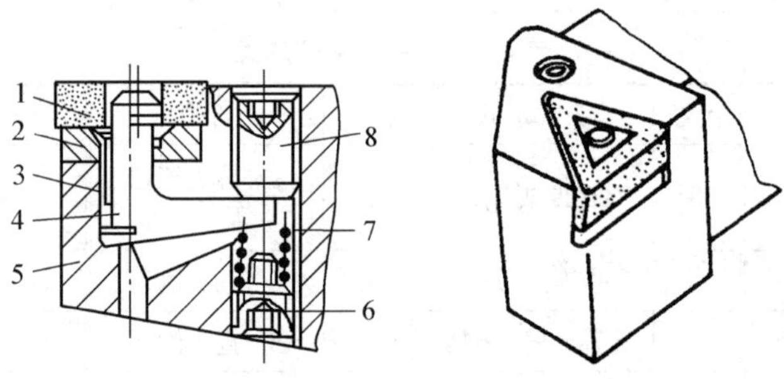

图 4 - 16　杠杆式夹紧结构

1—刀片；2—刀垫；3—弹簧套；4—杠杆；5—刀杆；6—调节螺钉；7—弹簧；8—压紧螺钉。

(2) 楔块式夹紧。

楔块式夹紧结构如图 4 - 17 所示，刀片 2 内孔定位在刀杆刀片槽的圆柱销 3 上，带有斜面的模块 1 由压紧螺钉 6 下压时，模块一面靠紧刀杆上的凸台，另一面将刀片推往刀片中间孔的圆柱销上，将刀片压紧。这种夹紧形式结构简单，夹紧可靠，但定位精度低，适用于强力切削。

(3) 上压式夹紧。

上压式(如图 4 - 18)是由螺钉和压板产生的压力将刀片夹紧的。这种结构定位可靠，夹紧力大，结构简单。缺点是切屑流出易擦伤夹紧元件，适用于切削力较大、有冲击的场合，用来夹紧不带孔的刀片。

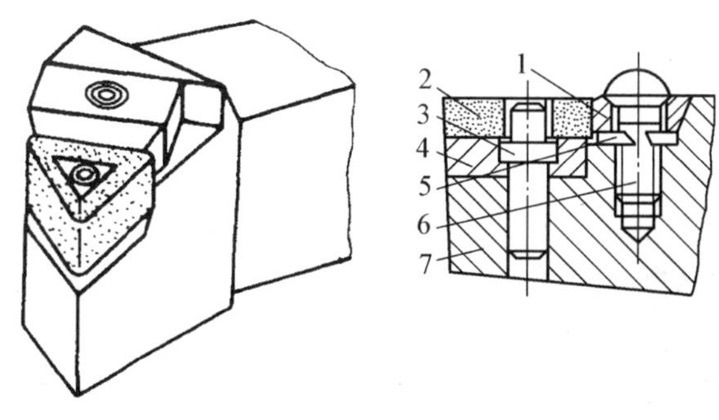

图 4-17　模块式夹紧结构

1—模块；2—刀片；3—圆柱销；4—刀垫；5—弹簧垫圈；6—压紧螺钉；7—刀杆。

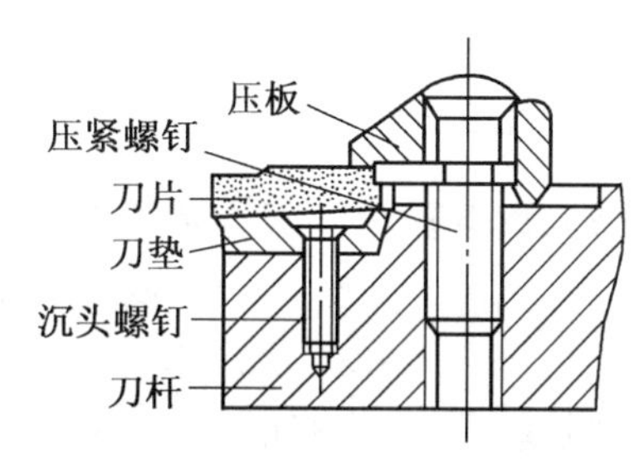

图 4-18　上压式夹紧机构

(4) 偏心式夹紧。

偏心式夹紧结构(如图 4-19)是利用螺钉上端部的一个偏心心轴，将刀片夹紧在刀杆上，该结构夹紧靠偏心，自锁靠螺钉。其特点是结构简单、紧凑操作方便，但不能双边定位。其偏心量 e 过小时，要求刀片的制造精度高，否则不能夹紧。这种结构适用于连续平稳切削的场合。

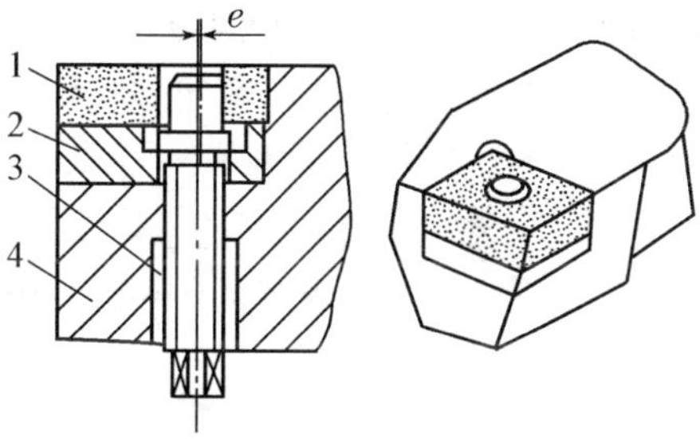

图 4-19　偏心式夹紧结构

1—刀片；2—刀垫；3—偏心轴；4—刀杆。

四、任务实施

从图 4-9 轴类零件图可以看出，该零件的轮廓需要进行加工粗、精加工。粗加工时可以选用刚性比较好的 W 型刀片，而精加工时则需采用刀片形状为 V 的菱形刀片。进行沟槽加工时采用型号为 L 的切槽刀片，加工螺纹时采用型号为 T 的螺纹刀片。

任务 3　径向成形车刀

【知识点】 (1) 径向成形车刀的结构；
(2) 径向成形车刀的几何角度；
(3) 成形车刀加工误差的一般分析。

【技能点】 能够正确使用径向成形车刀。

一、课题引入

采用成形车刀对零件进行加工，可一次形成工件表面。如图 4－20 所示，为某一材料 45 钢的加工工件及为此专门设计制造的成形车刀。那么，成形车刀的刀体结构是如何形成呢？成形车刀又该怎样正确使用呢？

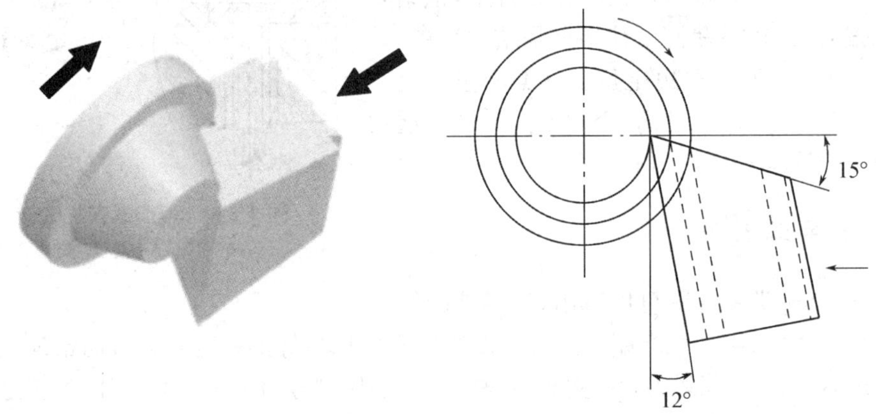

图 4－20　成形车刀及车削工件

二、课题分析

成形车刀是一种刃形根据加工工件廓形设计的专用车刀，可以在普通车床上高效、批量加工较高精度的中、小尺寸成形表面工件。由于成形车刀的刀刃形状比较复杂，大部分采用高速钢作为刀具材料。结构的特殊性，决定了成形车刀在设计制造、角度表示、安装使用、重磨等方面与普通车刀完全不同，只有掌握这些内容，才能有效地运用成形车刀高效高质量地完成加工任务。以下就成形车刀的结构和正确使用进行介绍。

三、相关知识

(一) 径向成形车刀

成形车刀种类很多，使用最为广泛的是径向成形车刀，图 4－20 所示的成形车刀为棱体形结构。

径向成形车刀有平体形、棱体形、圆体形 3 种结构类型，如图 4 - 21 所示，各种径向成形车刀的特点及应用见表 4 - 15 所示。

(a) 平体形

(b) 棱体形

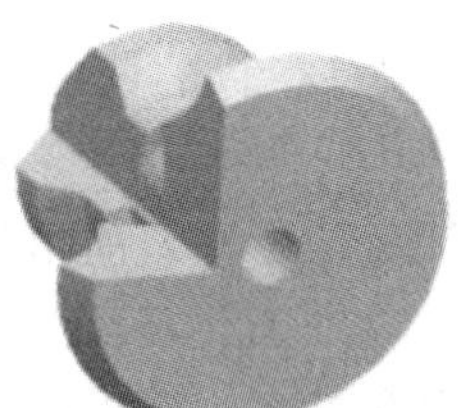

(c) 圆体形

图 4 - 21　径向成形车刀的类型

表 4 - 15　径向成形车刀的特点及应用

类型	特点	应用
平体形	结构类似普通车刀，结构简单，使用方便，重磨次数少，使用寿命低	加工宽度小，适合加工表面简单的工件，如螺纹车刀、铲齿车刀
棱体形	呈棱柱体，强度好、刚性高、散热好，重磨次数多，制造较难	加工较大直径工件、各种外成形表面
圆体形	带孔回转体，制造方便，重磨次数最多	加工小尺寸内、外成形表面

和普通车刀一样，成形车刀应具有合理的几何角度，才能有效地工作。鉴于结构的原因，成形车刀主要确定的角度是前角和后角，在图 4 - 20 中，前角为 15°，后角为 12°。

(二) 前、后角的表示及形成

1. 前角、后角的表示

由于成形车刀的刀刃复杂，为了方便角度的测量、制造和刃磨，并使角度大小不受复杂刃形的影响，规定以进给剖面内的角度(γ_f 和 α_f)来表示，并以刀刃上与工件中心等高，且距工件中心最近一点(基准点 A)处的前角和后角作为刀具的名义前角和后角，如图 4 - 22 所示。

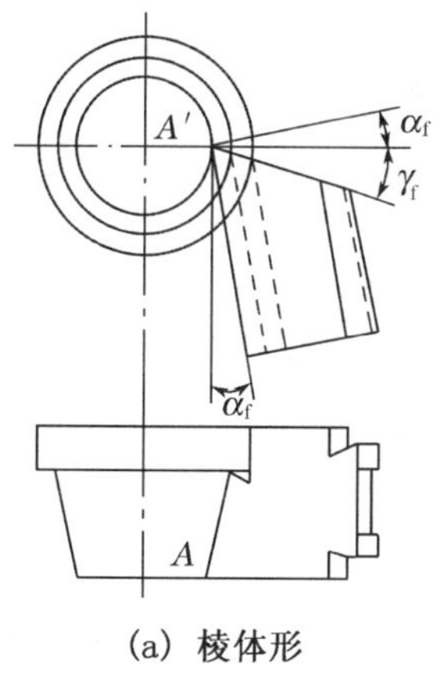

(a) 棱体形

(b) 圆体形

图 4 - 22　成形车刀的前角和后角

2. 前角、后角的形成

成形车刀的前角和后角是由制造时保证并通过正确安装形成的。

仍然以图 4-22 来说明：对于棱体形成形车刀，制造时将前刀面磨出($\gamma_f+\alpha_f$)的斜面；安装时，将棱体刀的刀体倾斜一个 α_f，便得到所需的前、后角。对于圆体形车刀，制造时将车刀的前刀面制成与其中心相距 $h-R\sin(\gamma_f+\alpha_f)$的斜面，安装时将车刀中心高于工件中心 $H=R\sin\alpha_f$ 即可。

【知识链接】 成形车刀前角和后角的大小，不仅影响刀具的切削性能，而且还影响到工件廓形的加工精度。因此，确定了前角和后角后，在制造、重磨和安装车刀时均不得随意变动。成形车刀前角的大小可根据工件材料选择，见表 4-16 所示。后角则根据刀具类型而定，见表 4-17 所示。

另外，根据前角、后角的定义，成形车刀切削刃上各点的前角、后角不尽相同。离工件中心越远，前角越小，后角越大。尤其应注意的是，主偏角的影响会使主剖面后角变小，通常应根据式 $\tan\alpha_{ox}=\tan\alpha_{fx}\tan\kappa_{rx}$ 验算主剖面后角，确保 $\alpha_{ox}\geqslant3°\sim4°$。否则，必须采取相应的改善措施。这些措施包括改变刀具廓形、磨出凹槽、作出侧隙角、采用斜向结构、采用螺旋面成形车刀，具体内容可参阅相关书籍。

表 4-16　成形车刀的前角

工件材料		刀具前角 γ_f	
		高速钢	硬质合金
碳钢	$\sigma_b<0.49$ GPa	15°～20°	10°～20°
	$\sigma_b=0.49\sim0.7849$ GPa	10°～15°	5°～10°
	$\sigma_b>0.7849\sim1.176$ GPa	5°～10°	0°～5°
铸铁	<150 HBS	15°	10°
	150～200 HBS	12°	7°
	200～250 HBS	8°	4°
钢	黄铜	3°～10°	0°～5°
	青铜	2°～5°	0°～3°
	纯铜、铝	20°～25°	15°～20°

表 4-17　成形车刀的后角

径向成型车刀种类	刀具后角 α_f
圆体形	10°～15°
棱体形	12°～17°
平体形	2.5°～3°

（三）加工误差的一般分析

要想分析清楚成形车刀加工一般工件时可能产生的误差，必须首先弄清两个概念：工件的廓形和车刀的截形，如图 4-23 所示。

工件的廓形是指通过工件轴线剖面的形状和尺寸，车刀的截形是指垂直于后刀面剖面的形状和尺寸。

由图 4－23 不难看出，成形车刀的前角、后角不同时为零时，工件的廓形深度(t)和刀具的截形深度(T)不等，工件的廓形深度大于刀具的截形深度(即 $t>T$)，且前角、后角越大，这两个深度尺寸相差越大。

当成形车刀的前角、后角同时为零时，工件的廓形和刀具的截形完全相同，但这种成形车刀不能正常工作，只有后角大于 0°的成形车刀才能工作。因此，为了保证能切出正确的工件廓形，必须对成形车刀的截形进行逐点修正计算。而实际设计时，往往为了简化计算，做了近似处理。例如，加工带有锥体工件的成形车刀，刀刃直接采用直线截形，而未采用应有的内凹双曲线。这样，在切削加工时，工件上被多切去一部分材料，使原本应为直线的母线，变成了内凹双曲线，产生了双曲线误差。

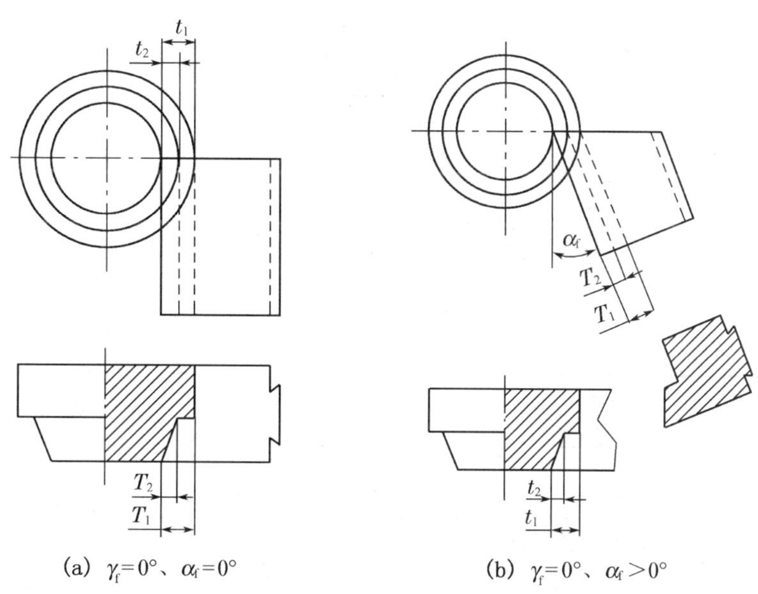

(a) $\gamma_f=0°$、$\alpha_f=0°$　　(b) $\gamma_f=0°$、$\alpha_f>0°$

图 4－23　工件廓形与车刀截形间的关系

(四) 成形车刀的使用

课题引入中提出了要正确使用成形车刀，实际上使用成形车刀主要从刀具的正确安装、切削用量的合理选择和磨损后的重磨三方面考虑。

1. 安装

成形车刀的加工精度，不仅取决于刀具截形的设计与制造精度，还取决于它的安装精度。

正装径向　成形车刀的安装要求如图 4－24 所示。

(1) 基准点(A')位于工件中心等高位置上。

(2) 安装后，前角、后角符合设计要求。

(3) 棱体形车刀的安装定位基准面(K—K)与圆体

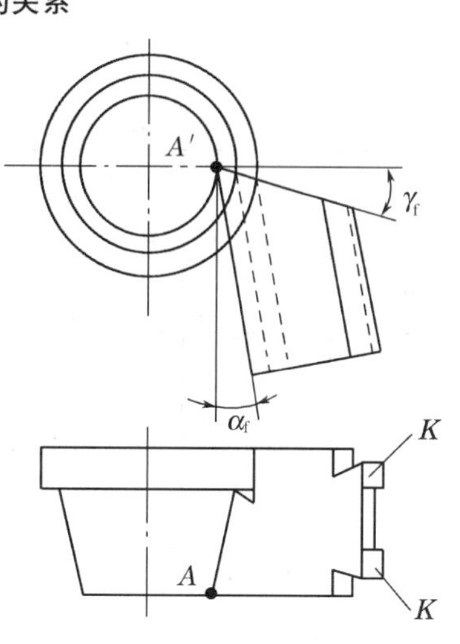

图 4－24　成型车刀的安装位置

形车刀的轴线平行于工件轴线。

2. 切削用量的选择

主要是进给量和切削速度的合理选择，以免引起振动及降低刀具耐用度。切削速度的选择可参考表 4-18，进给量的选择可参考表 4-19。

表 4-18 成型车刀切削速度的参考数值

碳钢			不锈钢	黄铜	铝
15 钢	35 钢	45 钢	1Cr18Ni9Ti		
30～45	25～40	25～35	10～15	70～120	100～180

表 4-19 成型车刀进给量的参考数值

车刀宽度(mm)	工件直径(mm)							
	10	15	20	25	30	40	50	60～100
	进给量 f(mm/r)							
8	0.02～0.04	0.02～0.06	0.03～0.08	0.04～0.09				
10	0.015～0.035	0.02～0.052	0.03～0.07	0.04～0.088				
15	0.01～0.027	0.02～0.04	0.02～0.055	0.035～0.077	0.04～0.082			
20	0.01～0.024	0.015～0.035	0.02～0.048	0.03～0.059	0.035～0.072	0.04～0.08		
25	0.008～0.018	0.015～0.032	0.02～0.042	0.025～0.052	0.03～0.063	0.04～0.08		
30	0.008～0.018	0.01～0.027	0.02～0.037	0.025～0.046	0.02～0.055	0.035～0.07		
35	—	0.01～0.025	0.015～0.034	0.02～0.043	0.025～0.05	0.03～0.065		
40	—	0.01～0.023	0.015～0.031	0.02～0.039	0.02～0.046	0.03～0.06		
50	—	—	0.01～0.027	0.015～0.034	0.02～0.04	0.025～0.055		
60	—	—	0.01～0.025	0.015～0.031	0.02～0.07	0.025～0.05		
75	—	—	—	—	0.015～0.031	0.02～0.042	0.025～0.048	0.025～0.05
90	—	—	—	—	0.01～0.028	0.015～0.038	0.02～0.048	0.025～0.05
100	—	—	—	—	0.01～0.025	0.015～0.034	0.02～0.042	0.025～0.05

3. 重磨

成形车刀磨损后，一般通过夹具夹在工具磨床上沿前刀面进行重磨。重磨的基本要求是保持设计时的前角和后角数值。

重磨时，棱体成形车刀在夹具中的安装位置应使它的前刀面与碗形砂轮的工作端面平行。圆体形成形车刀应使其中心与砂轮工作端面偏移 h，且 $h=R\sin(\gamma_f+\alpha_f)$，如图 4－25 所示。

【知识链接】 一般来说，成形刀具磨损后的重磨沿前刀面进行，其中包括成形车刀、成形铣刀、拉刀、齿轮滚刀、插齿刀等。

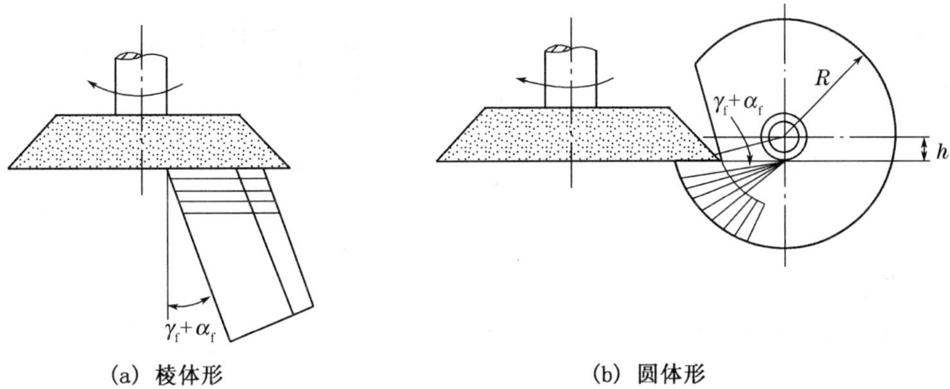

(a) 棱体形　　(b) 圆体形

图 4－25　成形车刀重磨示意图

任务4　成形车刀设计举例

一、已知条件

加工零件如右图所示，材料：Y15 易切钢，$\sigma_b=0.49$ GPa，选取前角 $\gamma_f=15°$，后角 $\alpha_f=12°$。

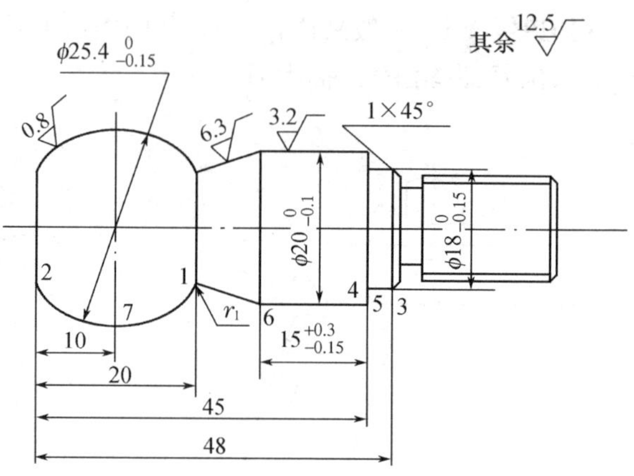

图 4-26

二、设计要求

设计计算棱形成形车刀截形，绘制成形车刀及样板图。

三、设计计算过程

1. 零件计算分析图

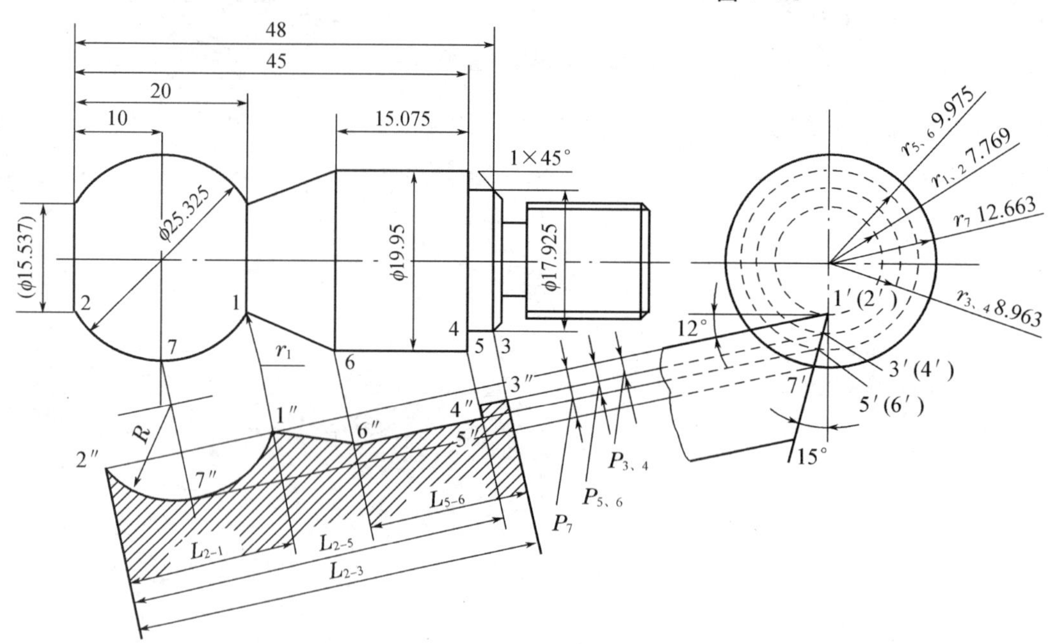

图 4-27

2. 零件平均尺寸计算

取刀具上 1′(2′)为刀具轮廓形设计计准点。节点 1、2、3、4、5、6、7 平均直径分别为：

$d_7=(25.25+25.4)/2=25.325$，$r_7=12.663$，$B_{2,7}=10$

$d_{1、2}=2\times(12.663^2-10^2)^{0.5}$，$r_{1、2}=7.769$，$B_{2、1}=20$

$d_{3、4}=2\times(17.85+18)/2=17.925$，$r_{3、4}=8.963$，$B_{2、3}=48$

$d_{5、6}=2\times(19.9+20)/2=19.95$，$r_{5、6}=9.975$，

$B_{5、6}=(14.85+15.3)/2=15.075$

3. 计算刀具廓形深度

$h=r_{1、2}\sin\gamma_f=7.769\times\sin15°=2.011$

$h^2=4.044$

$r_{1、2}\cos\gamma_f=7.769\times\cos15°=7.504$

$\cos(\gamma_f+\alpha_f)=\cos(15°+12°)=0.891$

$P_x=[(r_x^2-(r_{1、2}\sin\gamma_f)^2-r_{1、2}\cos\gamma_f)^{0.5}]\cos(\gamma_f+\alpha_f)$

$P_{3、4}=[(8.963^2-4.044)^{0.5}-7.504]0.891=1.096$

$P_{5、6}=[(9.975^2-4.044)^{0.5}-7.504]0.891=2.019$

$P_7=[(12.663^2-4.044)^{0.5}-7.504]0.891=4.453$

计算近似圆弧半径 R_7

$\tan\theta=P_7/2''7''=4.453/3=0.4453$ $\theta=24°$

$R_7=2''7''/\sin2\theta=10/\sin48°=13.459$

圆心的位置对称圆弧中心线

4. 校验

校验 4″5″切削刃上后角 $\alpha_{o4''5''}$

因 $\kappa_{r4''5''}=0$，故 $\alpha_{o4''5''}=0$，改善措施，磨出 $\kappa_{r4''5''}=8°$

校验刀具廓形宽度 $\sum L<=3d_{min}$

$\sum L=49+7=56$（7 附加刀刃宽度）

$56=\sum L<=3\times18=54$

5. 刀体尺寸

$T_{max}=T_7=4.894$

$B=14, H=75, E=6, A=25, F=10, r=0.5$

燕尾测量尺寸为：

$d=6, M=29.46$

6. 廓形深度尺寸标注

刀具廓形深度设计基准为 $d_{1、2}$，刀具廓形深度标注基准为 $d_{5、6}$基准不重合，故标注廓形深度应为：

$P_{5、6}=2.019\approx2.02$

$P_{5、6}-P_{3、4}=2.019-1.096=0.923\approx0.92$

$P_7-P_{5、6}=4.453-2.019=2.434\approx2.43$

四、棱形车刀设计图

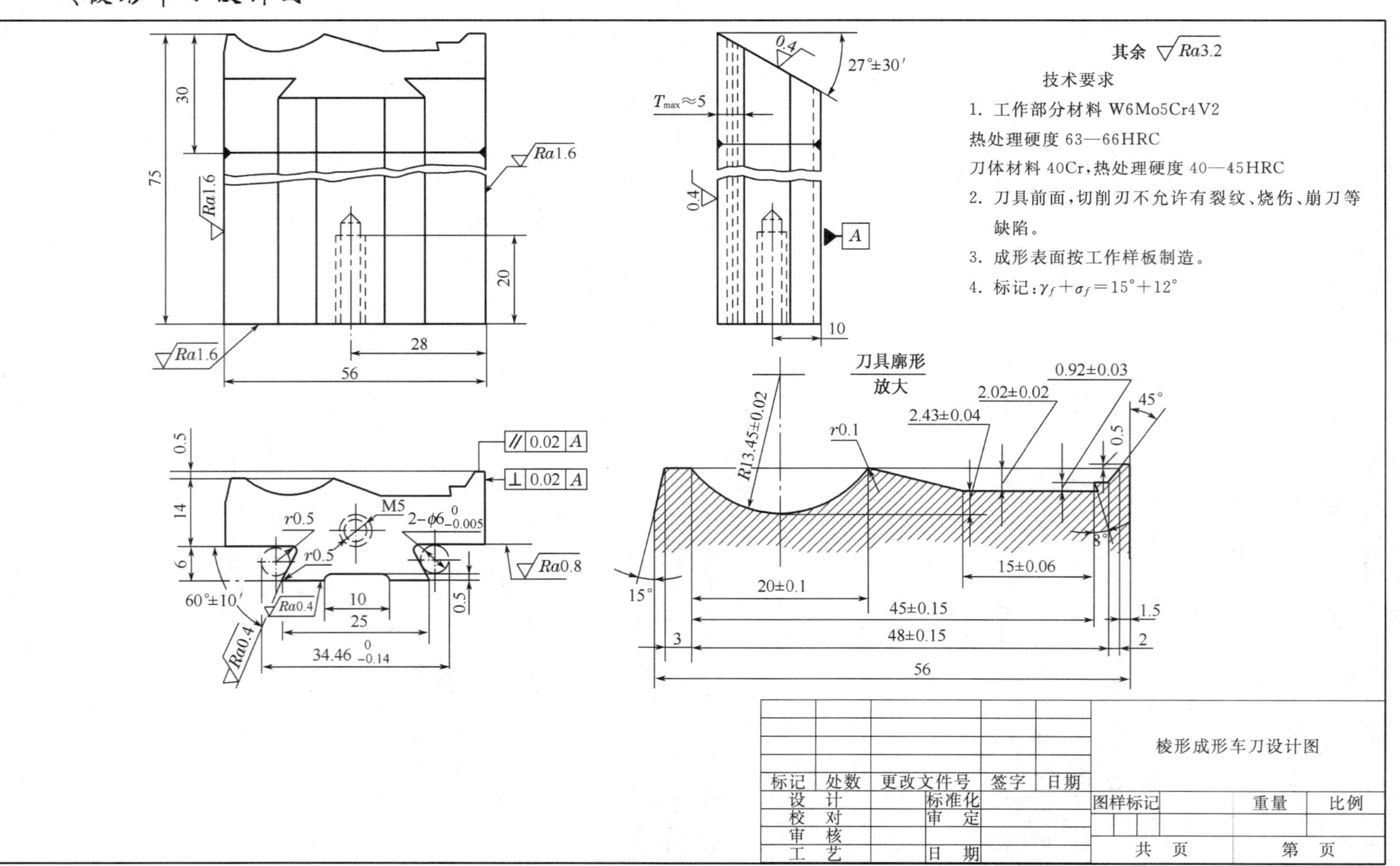

图 4-28 棱形车刀设计图

五、样板设计图

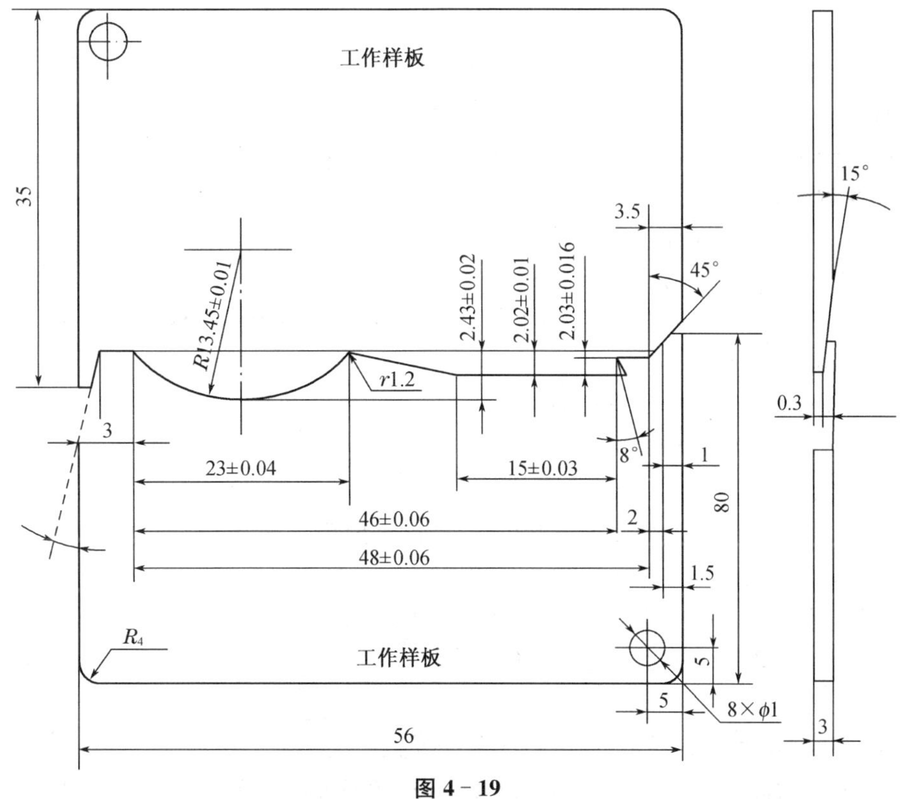

图 4－19

任务 5 组合式圆孔拉刀设计举例

一、已知条件

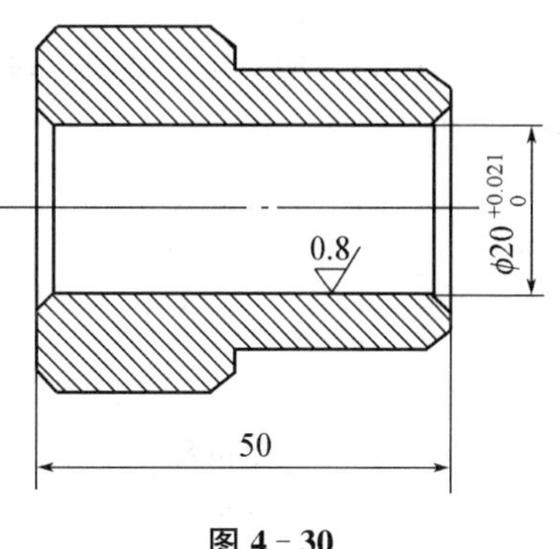

图 4－30

加工零件右图 4－30 所示，

材料：40Cr 钢，σ_b＝0.98 GPa，硬度 210 HBS

拉前孔径 $\phi 19_{0}^{+0.10}$

拉后孔径 $\phi 20_{0}^{0.21}$

拉后表面粗糙度 R_a0.8 μm

拉床型号 L6110，拉刀材料 W6Mo5Cr4V2，许用应力[σ]＝350 MPa

二、设计要求

设计计算组合式圆孔拉刀，绘制拉刀工作图。

三、设计计算过程

1. 直径方向拉削余量 A

$A=D_{max}-d_{min}=20.021-19=1.021$ mm

2. 齿升量 f_z（Ⅰ—粗切　Ⅱ—过渡　Ⅲ—精切　Ⅳ—校正）

选 $f_{zⅠ}=0.03$，$f_{zⅡ}=0.025$、0.02、0.015，$f_{zⅢ}=0.01$，$f_{zⅣ}=0$

3. 计算齿数 Z

初选 $Z_Ⅱ=3$，$Z_Ⅲ=4$，$Z_Ⅳ=6$，计算 $Z_Ⅰ$。

$Z_Ⅰ=[A-(A_{ZⅡ}+A_{ZⅢ})]/2\times f_{zⅠ}$

$=[1.021-2\times(0.025+0.02+0.015)+(4\times0.01)]/2\times0.03$

$=13.68$

取 $Z_Ⅰ=13$，余下未切除的余量为：

$2A=\{1.021-[13\times2\times0.03+2\times(0.025+0.02+0.015)+(4\times2\times0.01)]\}$

$=0.041$ mm

将 0.041 未切除的余量分配给过渡齿切，则过渡齿数 $Z_Ⅱ=5$

过渡齿齿升量调正为：$f_{zⅡ}=0.025$、0.02、0.015、0.01、0.01

最终选定齿数$Z_Ⅰ=13+1$　$Z_Ⅱ=5$　$Z_Ⅲ=4+1$　$Z_Ⅳ=6$

$$Z=Z_Ⅰ+Z_Ⅱ+Z_Ⅲ+Z_Ⅳ=30$$

4. 直径 D_x

(1) 粗切齿 $D_{x1}=d_{min}=19.00$　$D_{x2}=D_{x1}+2f_{zⅠ}$

$D_{x2}-D_{x14}=19.06$、19.12、19.18、19.24、19.30、19.36、19.42、19.48、19.54、19.60、19.66、19.72、19.78

(2) 过渡齿 $D_{x15}-D_{x19}=19.83$、19.87、19.90、19.92、19.94

(3) 精切齿 $D_{x20}-D_{x24}=19.96$、19.98、20.00、20.02、20.021

(4) 校准齿 $D_{x25}-D_{x30}=20.021$

5. 几何参数

$\gamma_o=15°$，$\alpha_o=1.5°\sim2.5°$，$b_{\alpha_1}=0.1\sim0.3$

6. 齿距 P/mm

$P=1.5\times L^{0.5}=1.5\times50^{0.5}=10.6$

选取 $P=11$ mm

7. 检验同时工作齿数 Ze

$Ze=L/P+1=50/11+1=5.5>3$

8. 计算容屑槽深度 h

$h=1.13\times(kLh_D)^{0.5}=1.13\times(3\times50\times0.06)^{0.5}=3.39$

9. 容屑槽形式和尺寸

形式：圆弧齿背形

尺寸：

粗切齿：$p=11$、$g=4$、$h=4$、$r=2$、$R=7$

精切齿、校准齿：$p=9$、$g=3$、$h=3.5$、$r=1.8$、$R=5$

10. 分屑槽尺寸

弧形槽：$n=6$、$R=25$

角度槽：$n=8$、$b_n=7$、$\omega=90°$

槽底后角：$\alpha_n=5°$

11. 检验

检验拉削力：$F_c<F_Q$

$$F_c=F_c'\times b_D\times Ze\times k$$
$$=195\times\pi D/2\times Ze\times k=195\times3.1416\times20/2\times5\times10^{-3}\text{ kN}$$
$$=30.6\text{ kN}$$

$F_Q=100\times0.75\text{ kN}=75\text{ kN}$

$F_c<F_Q$

检验拉刀强度：$\sigma<[\sigma]$

$[\sigma]=350$ MPa

$\sigma=F_c/A_{min}$

$A_{min}=\pi(D_{z1}-2h)^2/4=3.1416(19-8)^2/4=94^2$ mm

$\sigma=30\,615$ N/94 MPa$=325$ MPa<350 MPa

12. 前柄

$D_1=18^{-0.016}_{-0.043}$，$d_1=13.5^{0}_{-0.018}$，$L_1=16+20=36$

13. 过渡锥与颈部

过渡锥长：$l_3=15$

颈部：$D_2=18$，$l_2=100$

14. 前导部与后导部

前导部：$D_4=d_{min}=19.00^{-0.02}_{-0.053}$，$l_4=50$

后导部：$D_6=D_{min}=20.00^{-0.02}_{-0.041}$，$l_6=40$

15. 长度 L

$L=$前柄+过渡锥+颈部+前导部+刀齿部+后导部

$=36+15+100+50+(18\times11+11\times9)+40=538$

≈540 mm

16. 中心孔

两端选用带护准中心孔

$d=2$，$d_1=6.3$，$t_1=2.54$，$t=2$

17. 材料与热处理硬度

材料：W6Mo5CrV2

刀齿与后导部 63～66HRC

前导部 60～66HRC

柄部 40～52HRC

18. 技术条件

参考国标确定（GB 3831—83，JB/T 6457—92）。

19. 绘图

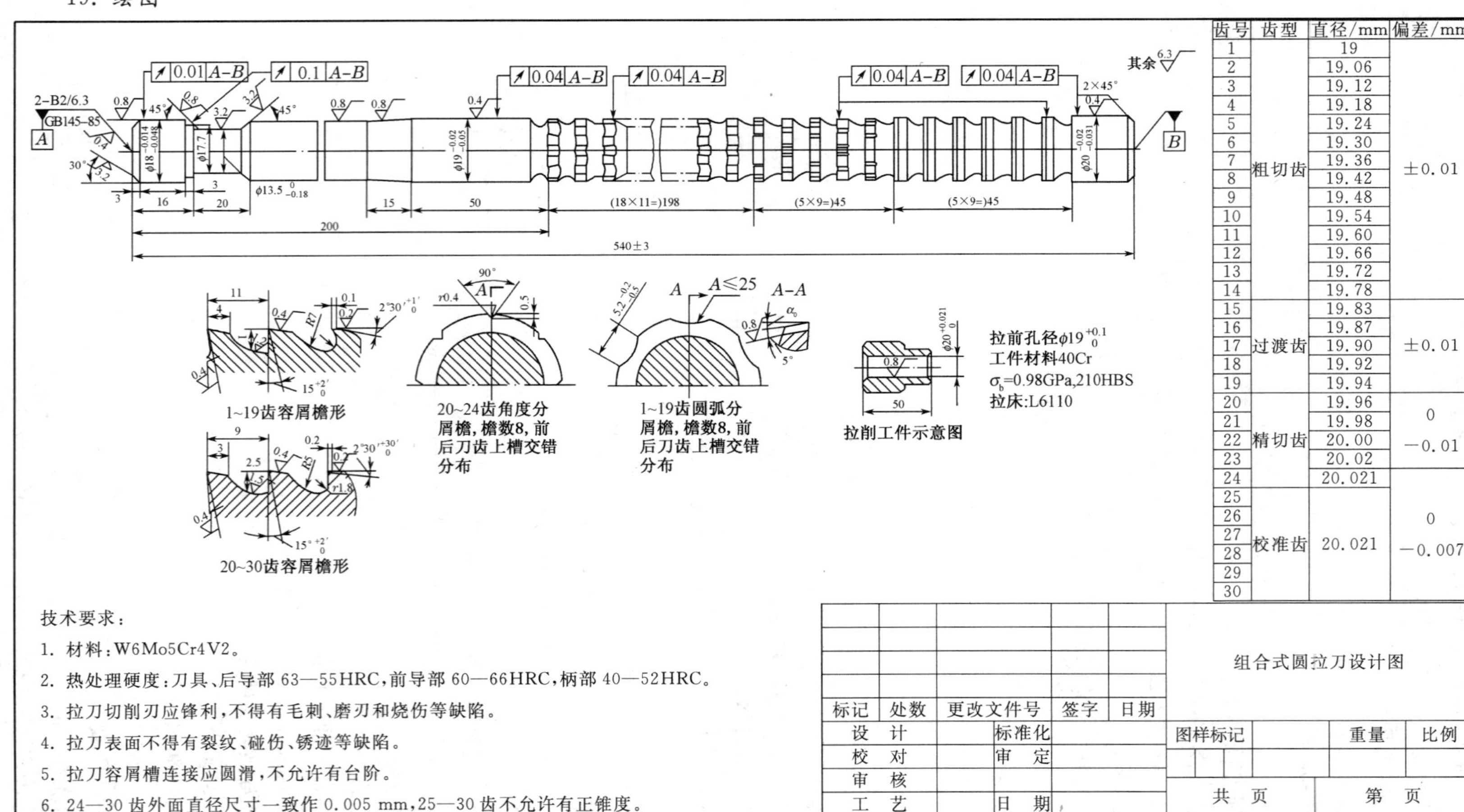

齿号	齿型	直径/mm	偏差/mm
1	粗切齿	19	±0.01
2		19.06	
3		19.12	
4		19.18	
5		19.24	
6		19.30	
7		19.36	
8		19.42	
9		19.48	
10		19.54	
11		19.60	
12		19.66	
13		19.72	
14		19.78	
15	过渡齿	19.83	±0.01
16		19.87	
17		19.90	
18		19.92	
19		19.94	
20	精切齿	19.96	0 −0.01
21		19.98	
22		20.00	
23		20.02	
24		20.021	
25	校准齿	20.021	0 −0.007
26			
27			
28			
29			
30			

技术要求：

1. 材料：W6Mo5Cr4V2。
2. 热处理硬度：刀具、后导部 63—55HRC，前导部 60—66HRC，柄部 40—52HRC。
3. 拉刀切削刃应锋利，不得有毛刺、磨刃和烧伤等缺陷。
4. 拉刀表面不得有裂纹、碰伤、锈迹等缺陷。
5. 拉刀容屑槽连接应圆滑，不允许有台阶。
6. 24—30 齿外面直径尺寸一致作 0.005 mm，25—30 齿不允许有正锥度。

图 4-31　组合式圆拉刀设计图

任务 6 带导向硬质合金铰刀设计举例

在 Z32K 摇臂钻窗上精铰 $\phi19_{0}^{-0.033}$ mm 铸铁(HT200)孔,余量 $A=0.2$ mm,切削速度 $v_c=8$ m/min,进给量 $f=0.8$ mm/r,使用柴油作为切削液,加工示意图如下:

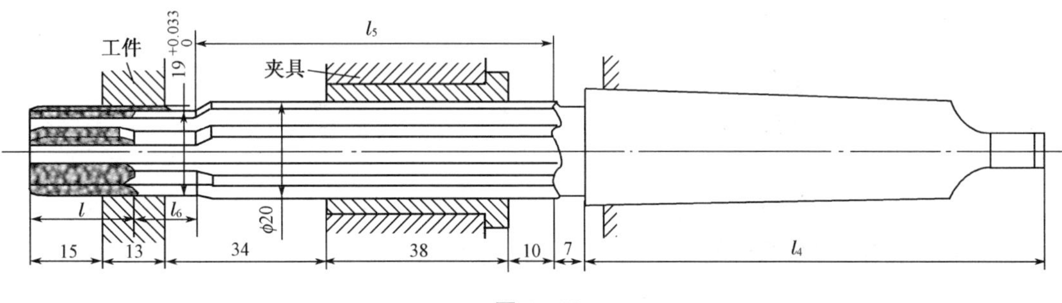

图 4-32

设计步骤与计算方法如下:

1. 直径及公差

取孔的最小收缩量 $P_{amax}=0.1IT=0.1\times0.033=0.0033$

取铰刀制造公差 $G=0.35IT=0.35\times0.033=0.01155$。考虑一般厂能接受的加工精度,减少 G 值,以提高铰刀使用寿命,最终选取 $G=0.006$ mm。

铰刀直径:

$d_{max}=d_{wmax}+P_{amin}=19.033+0.003=19.036$

$d_{min}=d_{wmax}+P_{amin}-G=19.033+0.003-0.006=19.030$

2. 铰刀材料于热处理

铰刀材料:刀体材料 9CrSi

刀片材料 YG6

刀片型号 E505,尺寸:$L=22$ $B=3.5$ $C=2$ $R=25$

热处理 柄部硬度 30~45HRC

导向部硬度 57~62HRC

3. 齿数 $Z=6$ 等齿距分布

4. 槽型参数

槽型:圆弧直线齿背

参数:$D_2=18^{-0.024}$ $H=12.8$ $\theta=85°$

5. 齿槽方向:直槽

6. 几何角度:$\kappa_r=5°$ $\gamma_p=0°$

切削部分 $\alpha_o=8°$ $b_{\alpha_1}=0.01\sim0.07$

校正部分 $\alpha_o=10°$ $b_{\alpha_1}=0.015$

后锥角$=3°$,后锥长度$=3$ mm

7. 前导引

前导锥长 $l_3=1\sim2$

锥角 $=5°$

8. 切削部长度

$l_1=(1.3\sim1.4)A\cot\kappa_r$

$\quad=1.4\times0.1\times11.43\approx1.6$

9. 工作部长度

$l=(0.8\sim3)d$

$\quad=1.1\times19=21$,取等于刀片长度

10. 颈部直径 d_4 和长度 l_6

$d_4=D_2=18$

$l_6=34-22=12$

11. 导向部直径 D_3 及公差

$D_3=20\text{H6/g5}=20_{-0.016}^{-0.007}$

12. 导向部分结构

采用齿槽式结构 $\theta=85°$, $H=12.8$, $f=0.12$, $\theta_2=30°$

13. 导向部长度 l_5

取铰刀切出长度为 15

$l_5=34+38+10+13+15-22+12=76$

14. 铰刀柄部

用 3# 莫氏锥柄

15. 总长 L

$L=98+7+76+34=215$

16. 绘制铰刀工作图

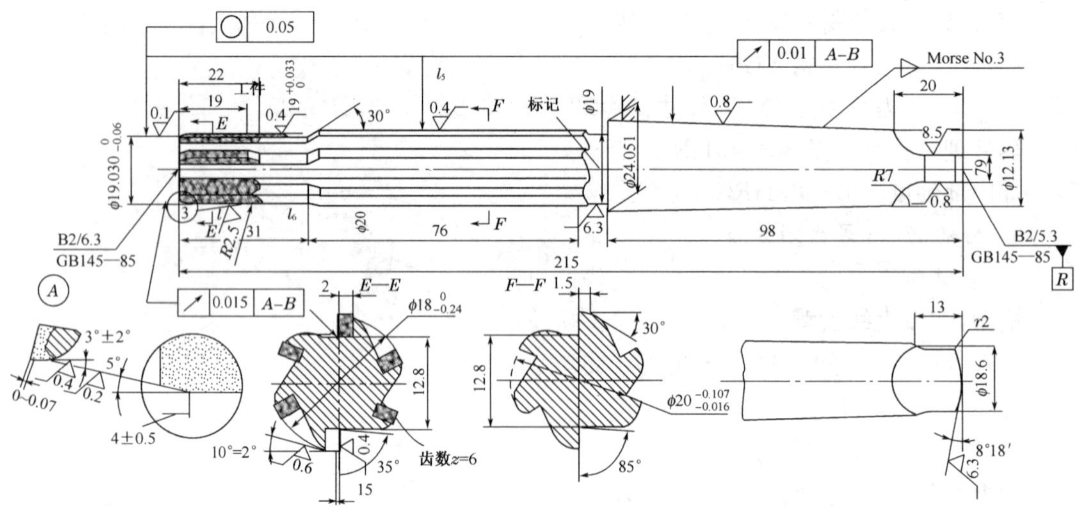

图 4-33

任务 7　铲齿成形铣刀设计举例

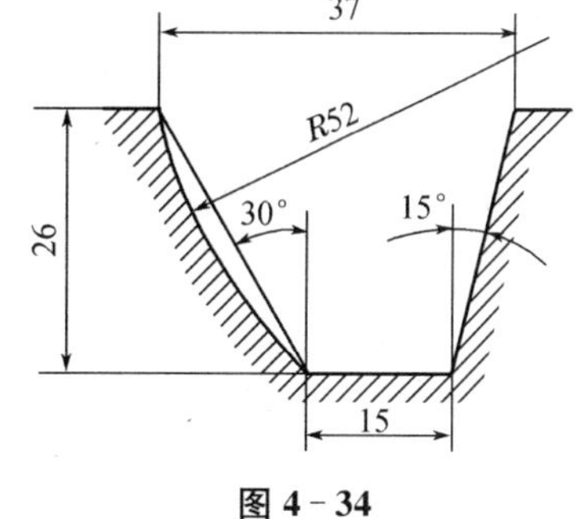

图 4－34

在 X62W 铣床上铣削如图 4－34 所示的轮廓工件。
工件材料：45 钢
铣刀前、后角 $\gamma_f=10°$，$\alpha_f=10°$
工件廓形曲线部分允许误差为±0.1 mm
角度部分允许误差为±15′
设计高速钢铲齿成形铣刀。

一、铲齿成形铣刀结构尺寸决定

根据工件廓形最大高度 $h_0=26$ mm，按铣刀的结构尺寸资料，选取加强型齿槽，铣刀宽度 $B=b+3=37+3=40$ mm。

二、验算铣刀结构参数

1. 验算铣刀壁厚 m

要求满足条件：$m=(d-2H-d_1)/2\geqslant 0.4d_1$

$m=(140-2\times16-40)/2=34$

$0.4d_1=0.4\times40=16$

$m=34>0.4d_1=16$ 满足要求。

2. 验算铣刀后角 α_{ox}

要求满足条件：$\tan\alpha_{ox}=R/R_x\tan\alpha_f\sin\kappa_{rx}>3°\sim4°$

$\tan\alpha_f=KZ/\pi d$　($K=9$　$Z=10$　$d=140$　$\kappa_{rx}=15°$)

$\tan\alpha_{ox}=9\times10\times\sin15°/\pi\times140=90\times0.2588/439.8226=0.0529577$

$\alpha_{ox}=3.03°$，满足要求。

3. 验算齿根强度

要求满足条件：$C\geqslant(0.8\sim1.8)H$

$C=(d/2-K\varepsilon_3/\varepsilon-h)\sin\varepsilon_3$

$\quad=(140/2-9\times5/6-26)\sin30°$

$\quad=18$

$H=h+K+r=26+9+1=36$

$(8\sim1.8)H=28.8\sim64.8$

$C=18<28.8$ 强度不足，宜选用加强型齿槽。

三、铲齿成形铣刀廓形计算

1. 轴向廓形计算(廓形高度和齿形角计算)

(1) $R_2=R-h_2=140/2-5.6=64.4$　　$R_2=64.4$ mm

(2) $\sin\gamma_{f_2}=R\sin\gamma_f/R_2=70\sin10°/64.4=0.18875$ $\gamma_{f_2}=10.879°$

(3) $\psi_2=\gamma_{f_2}-\gamma_f=10.88°-10°=0.88°$ $\psi_2=0.88°$

(4) $h_2'=h_2-KZ\psi/360°=5.6-9\times10\times0.88°/360°=5.38$

$h_2'=5.38$ mm

(5) $R_3=R-h_3=140/2-11.9=58.1$ $R_3=58.1$ mm

(6) $\sin\gamma_{f3}=R\sin\gamma_f/R_3=70\sin10°/58.1=0.20921$ $\gamma_{f3}=12.076°$

(7) $\psi_3=\gamma_{f3}-\gamma_f=12.076°-10°=2.076°$ $\psi_3=2.076°$

(8) $h_3'=h_3-KZ\psi_3/360°=11.9-9\times10\times2.076°/360°=11.380$

$h_3'=11.38$ mm

(9) $R_4=R-h_4=140/2-18.7=51.3$ $R_4=51.3$ mm

(10) $\sin\gamma_{f_4}=R\sin\gamma_f/R_4=70\sin10°/51.3=0.2369$ $\gamma_{f_4}=13.706°$

(11) $\psi_4=\gamma_{f_4}-\gamma_f=13.706°-10°=3.706°$ $\psi_4=3.706°$

(12) $h_4'=h_4-KZ\psi_4/360°=18.7-9\times10\times3.706°/360°=17.773$

$h_4'=17.77$ mm

(13) $R_5=R-h_5=140/2-26=44$ $R_5=44$ mm

(14) $\sin\gamma_{f_5}=R\sin\gamma_f/R_5=70\sin10°/44=0.2763$ $\gamma_{f_5}=16.037°$

(15) $\psi_5=\gamma_{f_5}-\gamma_f=16.037°-10°=6.037°$ $\psi_5=6.037°$

(16) $h_5'=h_5-KZ\psi_5/360°=26-9\times10\times6.037°/360°=24.491$

$h_5'=24.49$ mm

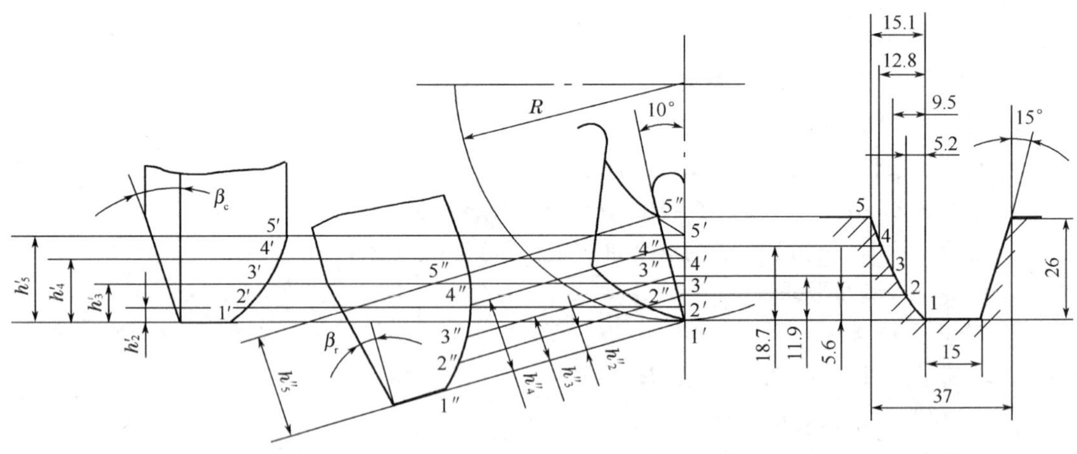

图 4-35

(17) $\tan\beta_c=h_5\tan\beta_w/h_5'=26\tan15°/24.49=0.2844$ $\beta_c=15°54'44''$

2. 铣刀前面刃型计算(前面刃形高度和齿形角计算)

(1) $h_2''=R_2\sin\psi_2/\sin\gamma_f=64.4\sin0.88°/\sin10°=5.6958$ $h_2''=5.7$ mm

(2) $h_3''=R_3\sin\psi_3/\sin\gamma_f=58.1\sin2.076°/\sin10°=12.12$ $h_3''=12.12$ mm

(3) $h_4''=R_4\sin\psi_4/\sin\gamma_f=51.3\sin3.706°/\sin10°=19.095$

$h_4''=19.1$ mm

(4) $h_5''=R_5\sin\psi_5/\sin\gamma_f=44\sin 6.037°/\sin 10°=26.65$

$$h_5''=26.65\ \text{mm}$$

(5) $\tan\beta_r=h_5\tan\beta_w/h_5''=26\tan 15°/26.65=0.2614$

$$\beta_r=14°39'$$

四、确定成形铣刀的技术条件

根据工件精度要求，取铣刀廓形公差为工件公差 1/3。铣刀曲线部分误差为±0.03 mm。角度部分误差为±5′。其他技术条件参考有关刀具设计手册。

五、绘制成形铣刀设计图

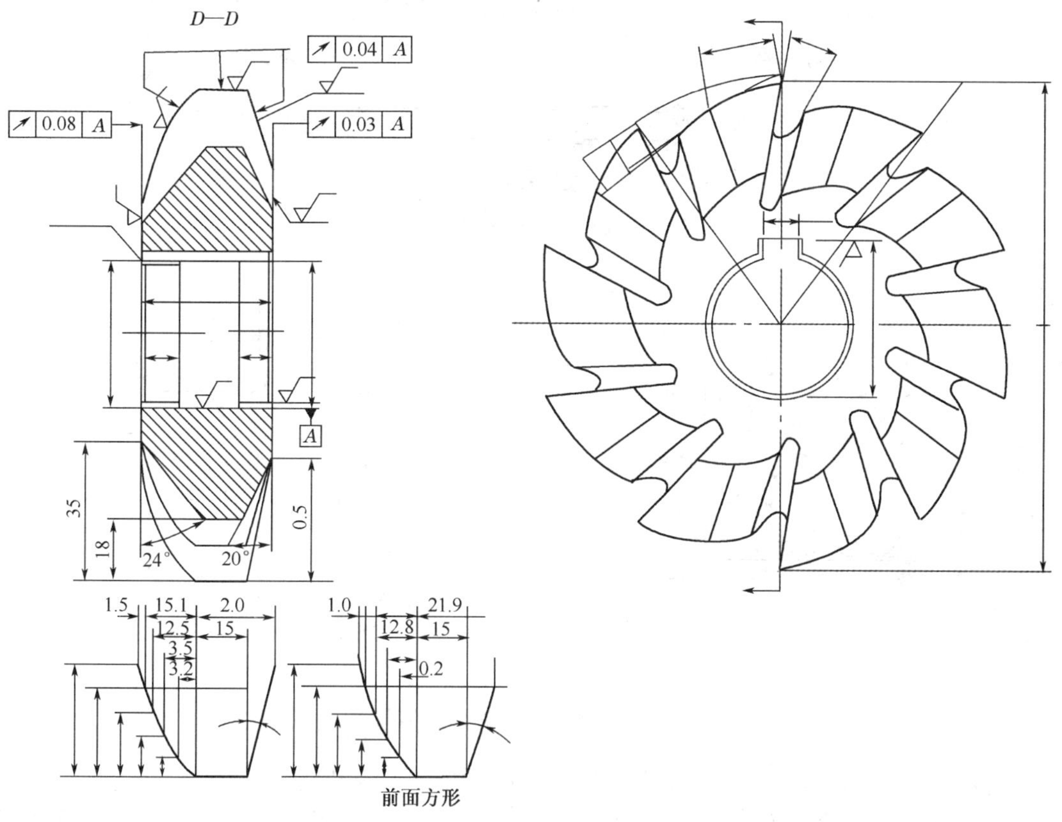

图 4-36

课后习题

1. 怎样减小和消除成形车刀加工圆锥面时的双曲线误差？
2. 工件廓形深度不同于刀具截形深度的根本原因是什么？
3. 成形车刀的安装要求如何？为什么必须要有这些要求？

课题五　孔加工刀具

金属切削中，孔加工占有很大的比重，其种类也很多。在孔的加工过程中，可根据孔的结构和技术要求的不同，采用不同的刀具进行加工。机械加工中的孔加工刀具分为两类：一类是在实体工件上加工出孔的刀具，如扁钻、麻花钻、中心钻及深孔钻等，如图 5-1 所示；另一类是对工件上已有孔进行再加工的刀具，如扩孔钻、锪钻、铰刀及镗刀等，如图 5-2 所示。

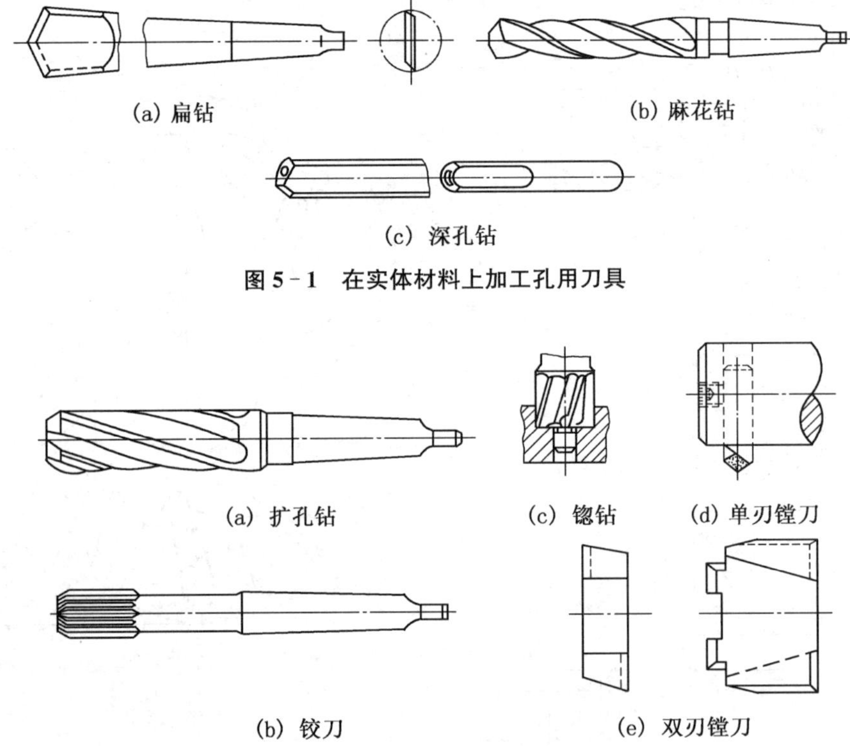

(a) 扁钻　(b) 麻花钻

(c) 深孔钻

图 5-1　在实体材料上加工孔用刀具

(a) 扩孔钻　(c) 锪钻　(d) 单刃镗刀

(b) 铰刀　(e) 双刃镗刀

图 5-2　对已有孔加工用刀具

孔加工刀具的共同特点：刀具工作部分处于加工表面包围之中，刀具的强度、刚度及导向、容屑及冷却润滑等都比切削外表面时问题更突出。因此，如何提高孔的加工精度、提高生产效率是设计和使用孔加工刀具时应优先考虑的问题。这就是本课题我们主要研究的内容。

任务 1　麻花钻

【知识点】 (1) 掌握麻花钻的结构，了解扩孔钻、锪钻等结构；

(2) 会绘制麻花钻的工作图。

【技能点】 依加工条件不同合理选择钻孔刀具，正确使用麻花钻进行钻孔操作。

【知识拓展】 孔加工时的注意事项。

一、任务下达

在车床上钻削如图 5-3 所示的孔。简要说明钻削的刀具和钻削的注意事项。

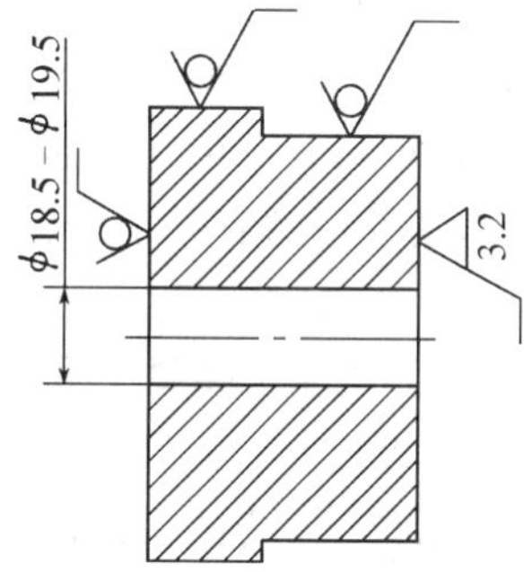

φ18.5–φ19.5　3.2

图 5-3　钻削练习内容

二、任务分析

该零件属于在车床上进行加工的内容，由于所示孔没有特殊要求，故使用一般的麻花钻就可以进行钻削。

三、相关知识

（一）麻花钻的组成

麻花钻是应用最广泛的一种孔加工刀具，一般用于加工精度较低的孔，或用于加工较高精度孔的预制孔。标准麻花钻的结构如图 5-4 所示，由柄部、颈部和工作部分组成。

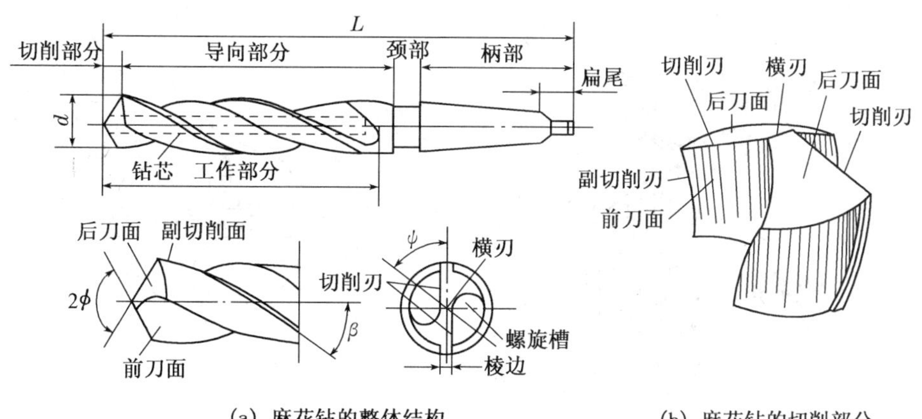

(a) 麻花钻的整体结构　　(b) 麻花钻的切削部分

图 5-4　麻花钻的组成

1. 工作部分

工作部分是钻头的主要组成部分。该部分可分为切削部分和导向部分。

切削部分担负着切削工作，由两个前刀面、主后刀面、副后刀面、主切削刃、副切削刃及一个横刃组成，如图 5-4(b)所示。

(1) 前刀面　前刀面是指麻花钻螺旋槽的表面，切屑就是沿着此螺旋槽排出的。

(2) 主后刀面　主后刀面是指钻孔时与孔底相对的表面。根据加工要求和刃磨形式不同，主后刀面可为螺旋面、锥面或平面，其形状直接影响后角的大小。

(3) 副后刀面　副后刀面是指钻头的棱边，主要起导向作用。

(4) 主切削刃　主切削刃是指前刀面与后刀面的交线。钻头有两个对称的主切削刃，起主要的切削作用。

(5) 副切削刃　副切削刃是前刀面与副后刀面的交线，即棱边。

(6) 横刃　横刃是两个(主)后刀面的交线,位于钻头的最前端,亦称钻尖,担负着中心部分的切削作用,并在钻孔时起定心作用。横刃由于有很大的负前角,切削条件很差,因此,修磨横刃对于改善钻头的切削性能十分重要。

导向部分在钻孔时起导向作用,也是切削部分的后备部分。为减少导向部分与孔壁的摩擦,其外径磨有一定的倒锥。

2. 柄部

柄部用于夹持钻头和传递扭矩。麻花钻的柄部有莫氏圆锥柄和圆柱柄两种。

3. 颈部

颈部较大的钻头在颈部标注商标、钻头直径和材料牌号等。

(二) 麻花钻的主要几何角度

1. 度量麻花钻几何角度的参考面

度量麻花钻几何角度的参考面有基面 P_r、切削平面 P_s 和正交平面 P_o,3 个参考面可按钻头的几何要素确定其方位。基面是指通过切削刃某选定点并通过钻头轴线的平面,切削平面是指由切削刃及某选定点的切削速度方向所确定的平面,正交平面是指与以上两个平面同时垂直的平面,如图 5-5 所示。

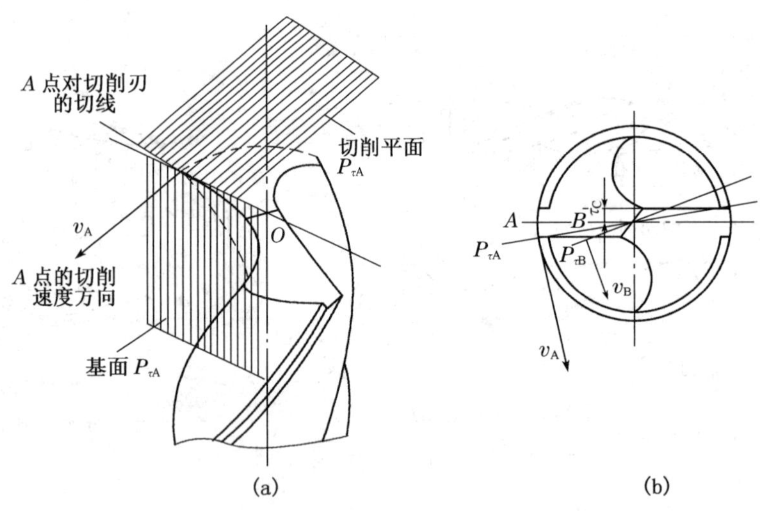

图 5-5　麻花钻标注角度参考系(切削刃上各点基面的变化)

麻花钻的参考面 P_r、P_s、P_o 同车刀相应参考平面的概念并无差别,但由于麻花钻的主切削刃不通过回转中心,故使刀刃上各点的切削速度方向不平行,因而造成主切削刃上各点的 P_r、P_s、P_o 等面均不相同。这是麻花钻参考面的重要特点。

在研究钻头的几何角度时,除了假定钻头的主运动方向和进给运动方向、确定选定点、建立坐标平面外,还必须给定测量平面。此外,确定钻头的刃磨角度时,也需给出测量平面。除主剖面、进给剖面外,常用的测量平面还有三个,如图 5-6 所示。

(1) 端平面 P_t　指与钻头轴线垂直的端面投影平面。

(2) 中剖面 P_c　指过钻头轴线与两主切削刃平行的平面。

(3) 柱剖面 P_z　指过主切削刃上某选定点作与钻头轴线平行的直线,该直线绕钻头轴线旋转所形成的圆柱面。

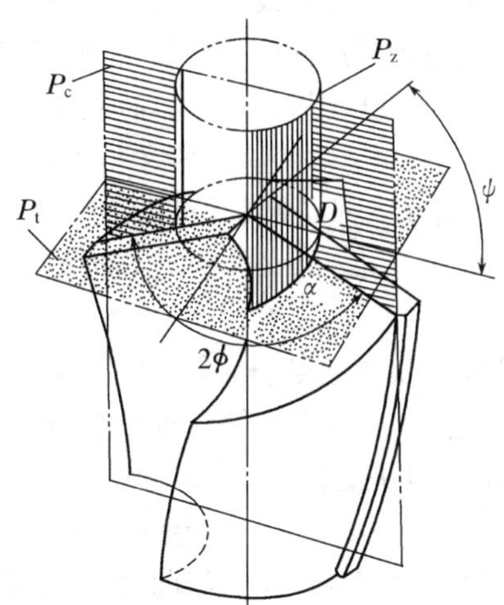

图 5－6　度量麻花钻几何角度的参考面

2. 主切削刃几何角度

麻花钻的几何角度如图 5－7 所示。

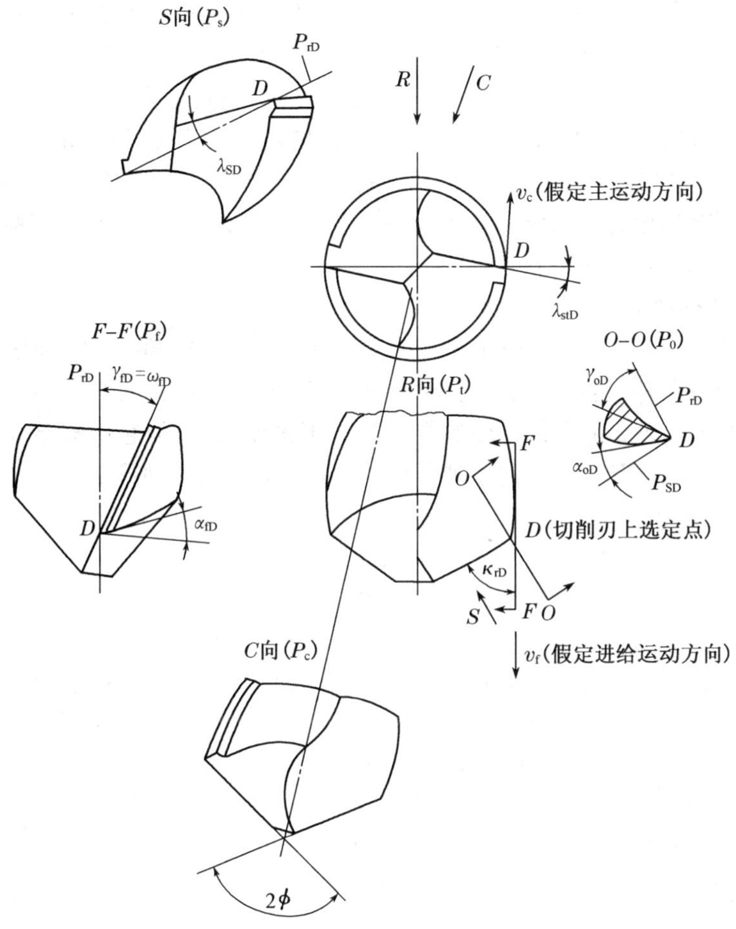

图 5－7　麻花钻的几何角度

(1) 螺旋角 β　螺旋角是钻头螺旋槽上最外圆的螺旋线展开成直线后与钻头轴线的夹角。由于螺旋槽上各点的导程相同,因而钻头不同直径处的螺旋角是不同的,外径处螺旋角最大,越接近中心螺旋角越小。增大螺旋角则前角增大,有利于排屑,但钻头刚度下降。标准麻花钻的螺旋角为 18°～38°。对于直径较小的钻头,螺旋角应取较小值,以保证钻头的刚度。

(2) 前角 γ_{om}　由于麻花钻的前刀面是螺旋面,主切削刃上各点的前角是不同的。从外圆到中心,前角逐渐减小。刀尖处前角约为 30°,靠近横刃处则为－30°左右。横刃上的前角为－50°～－60°。

(3) 后角 α_{om} 麻花钻主切削刃上选定点的后角,是通过该点柱剖面中的进给后角 α_{om} 来表示的。柱剖面是过主切削刃选定点 m,作与钻头轴线平行的直线,该直线绕钻头轴心旋转所形成的圆柱面。α_{om} 沿主切削刃也是变化的,越接近中心,α_{om} 越大。麻花钻外圆处的后角 α,通常取 8°～10°,横刃处后角取 20°～25°。这样能弥补由于钻头轴向进给运动而使主切削刃上各点实际工作后角减小所产生的影响,并能与前角变化相适应。

(4) 主偏角 κ_{rm} 主偏角是主切削刃选定点 m 的切线在基面投影与进给方向的夹角。麻花钻的基面是过主切削刃选定点包含钻头轴线的平面。由于钻头主切削刃不通过轴心线,故主切削刃上各点基面不同,各点的主偏角也不同。当顶角磨出后,各点主偏角也随之确定。主偏角和顶角是两个不同的概念。

(5) 锋角 2ϕ　锋角是两主切削刃在与其平行的平面上投影的夹角。较小的锋角容易切入工件,轴向抗力较小,且使切削刃工作长度增加,切削层公称厚度减小,有利于散热和提高刀具耐用度;若锋角过小,则钻头强度减弱,变形增加,扭矩增大,钻头易折断。因此,应根据工件材料的强度和硬度来刃磨合理的锋角,标准麻花钻的锋角 2ϕ 为 118°。

(6) 横刃斜角 ψ 横刃斜角是主切削刃与横刃在垂直于钻头轴线的平面上投影的夹角。当麻花钻后刀面磨出后,ψ 自然形成。由图 3－5 可知,横刃斜角 ψ 增大,则横刃长度和轴向抗力减小。标准麻花钻的横刃斜角约为 50°～55°。

3. *标准麻花钻的刃磨*

(1) 刃磨要求。刃磨标准麻花钻一般有 3 个要求:磨出锋角(118°)和按外小内大原则分布的主切削刃后角,磨出适当的横刃斜角(50°～55°),磨出对称的左、右主切削刃。

(2) 刃磨方法。刃磨钻头较合理的方法是采用机械刃磨,但它依赖于专用的夹具或设备,所以一般采用手工刃磨,刃磨时主要刃磨两个后刀面。要点如下:

① 选择表面平整的砂轮。

② 放平主切削刃,确保钻头中心线适当高于砂轮中心线,且与砂轮表面的夹角等于锋角的一半,如图 5－8 所示。

③ 左手握钻头柄部,右手握钻头头部,使主切削刃接触砂轮,边进给边微量转动钻头,并且使钻柄上下摆动。

以上操作磨出一条主切削刃及后角,用同样方法磨出另一条主切削刃及后角。需要注意的是,刃磨时,请反复检查主切削刃的对称性。

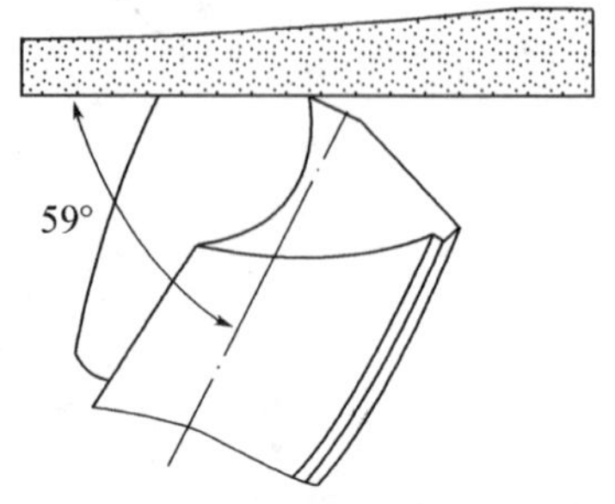

图 5－8　刃磨麻花钻主切削刃及后角

【知识链接】　标准麻花钻常用的机械刃磨方法有螺旋面磨法、锥面磨法、平面磨法等几种。其中,螺旋面磨法需在钻头磨床上进行,可以磨出螺旋后刀面,适合于大直径钻头的刃磨,锥面磨法则在普通磨刀机上使用专用夹具进行,适用于中等直径钻头的刃磨,平面磨法磨出平的后刀面,适合于小直径钻头的刃磨。

(三) 钻削的工艺特点

钻削属于内表面加工,钻头的切削部分始终处于一种半封闭状态,切屑难以排出,而加工产生的热量又不能及时散发,导致切削区温度很高。浇注切削液虽然可以使切削条件有所改善,但由于切削区是在内部,切削液最先接触的是正在排出的热切屑,待其到达切削区时,温度已显著升高,冷却作用已不明显。钻头的直径尺寸受被加工工件的孔径所限制,为了便于排屑,一般在其上面开出两条较宽的螺旋槽,因此,导致钻头本身的强度及刚度都比较差,而横刃的存在,使钻头定心性差,易引偏,孔径容易扩大,且加工后的表面质量差,生产效率低。因此,在钻削加工中,冷却、排屑和导向定心是三大突出而又必须重视的问题。尤其在深孔加工中,这些问题更为突出。

针对钻削加工中存在的问题,常采取的工艺措施如下:

1. 导向定心问题

(1) 预钻锥形定心孔,即先用小顶角、大直径麻花钻或中心钻钻一个锥形坑,再用所需尺寸的钻头钻孔。

(2) 对于大直径孔(直径大于 30 mm),常采用在钻床上分两次钻孔的方法,即第二次按要求尺寸钻孔,由于横刃未参加工作,因而钻头不会出现由此引起的弯曲。对于小孔和深孔,为避免孔的轴线偏斜,尽可能在车床上加工。而钻通孔时,当横刃切出瞬间轴向力突然下降,其结果犹如突然加大进给量一样,引起振动,甚至导致钻头折断。所以钻通孔时,在孔将钻通时,须减少进给量,非自动控制机床应改机动为手动缓慢进给。

(3) 刃磨钻头,尽可能使两切削刃对称,使径向力互相抵消,减少径向引偏。

2. 冷却问题

在实际的生产中,可根据具体的加工条件,采用大流量冷却或压力冷却的方法,保证冷却效果。在普通钻削加工中,常采用分段钻削、定时推出的方法对钻头和钻削区进行冷却。

3. 排屑问题

在普通钻削加工中,常采用定时回退的方法,把切屑排出;在深孔加工中,要通过钻头的结构和其冷却措施的结合,以便压力切削液把切屑强制排出。

(四) 钻削用量和切削层参数

1. 钻削用量

钻削用量同车削一样(如图 5-9),也包括切削深度 a_p、进给量 f 和钻削速度 v_c。

(1) 切削深度 a_p 即为钻削时的钻头半径,即 $a_p=d_0/2$,单位为 mm。

(2) 进给量钻削的进给量有以下三种表示方式。

① 每齿进给量 f_z 指钻头每转一个刀齿,钻头与工件间的相对轴向位移量,单位为 mm/z。

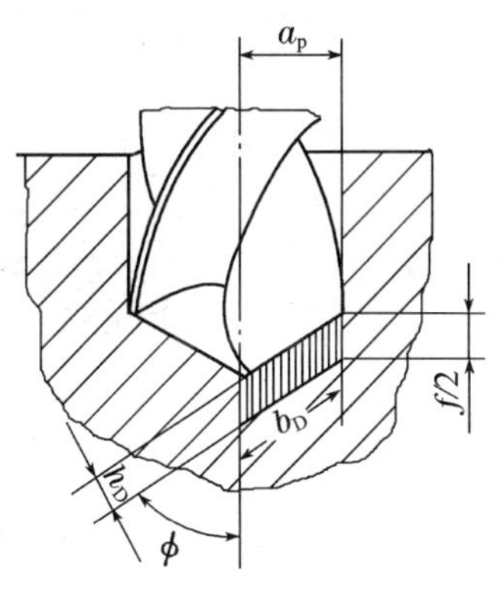

图 5-9　钻削切削层

② 每转进给量 f 指钻头或工件每转一转,它们之间的

轴向位移量,单位为 mm/r。

③ 进给速度 v_f 是在单位时间内钻头相对于工件的轴向位移量,单位为 mm/min 或 mm/s。

以上三种进给量的关系为:

$$v_f = nf = znf_z$$

式中 n——钻头或工件转速,r/min;

z——钻头齿数,即切削刃数,对于麻花钻,$z=2$。

(3) 钻削速度 v_c 指钻头外缘处的线速度,其计算公式为:

$$v_c = \pi d_0 n / 1\,000 (\text{m/min})$$

式中 d_0——钻头外径,mm

n——工件或钻头的转速,r/min。

2. 切削层横截面要素

钻孔时切削层横截面要素是在基面内度量的,但为了便于测量与计算,切削层横截面要素常取在中剖面中度量,它包括切削厚度 h_D、切削宽度 b_D 和切削面积 A_D,如图 5-8 所示。

(1) 切削厚度 h_D

$$h_D = f_z \sin\kappa_r = \frac{f\sin\kappa_r}{2} \approx \frac{f\sin\phi}{2}$$

(2) 切削宽度 b_D

$$b_D = \frac{a_p}{\sin\kappa_r} \approx \frac{d}{2\sin\phi}$$

(3) 切削层横截面积 A_D

钻削中的切削层横截面积 A_D 有下述两种表达方式。

① 每齿切削面积 A_D

$$A_D = h_D b_D = f_z a_p = \frac{1}{4} f d_0$$

② 切削总面积 $A_{D\Sigma}$

$$A_{D\Sigma} = 2A_D = \frac{1}{2} f d_0$$

(五) 扩孔钻

扩孔钻是用来扩大孔径、提高孔的加工精度的刀具。它用于孔的最终加工或铰孔、磨孔前的预加工。扩孔钻与麻花钻相似,但齿数较多,一般有 3~4 齿。主切削刃不通过中心,无横刃,钻心直径较大,因此,扩孔钻的强度和刚性均比麻花钻好,可获得较高的加工质量及生

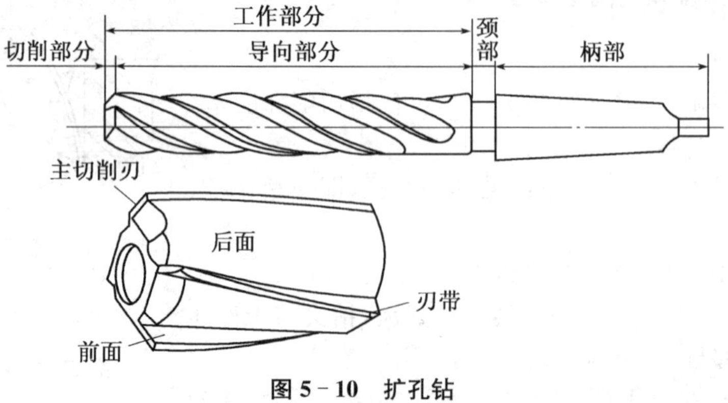

图 5-10 扩孔钻

产效率,扩孔钻在钻孔后使用,修正钻孔中心线位置和降低表面粗糙度,提高孔质量。

特点:导向性好;扩孔余量小;无横刃;改善了切削条件;屑槽较浅;钻心较厚;强度和刚度较高;可选择较大切削用量;加工质量和生产率均比麻花钻高。

(六) 锪钻

锪钻用于加工各种埋头螺钉沉头座,锥孔、凸台端面等。常用的几种锪钻的外形及应用如图 5 - 11 所示。

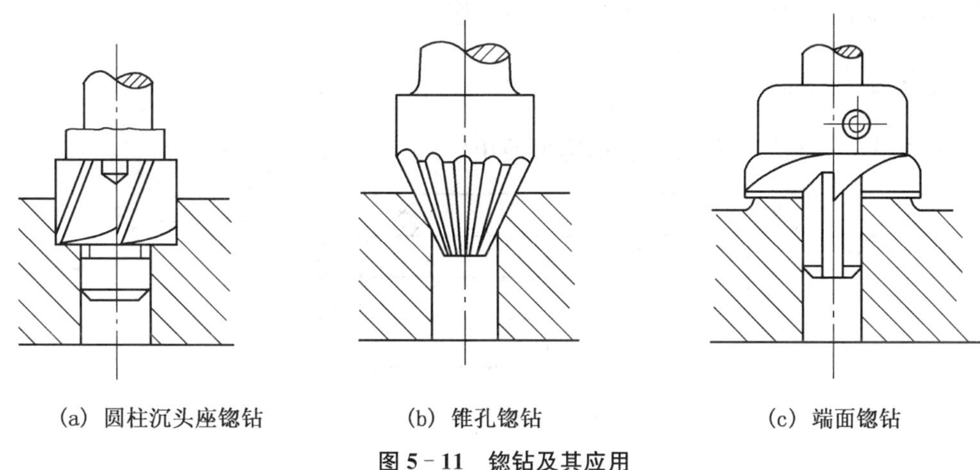

(a) 圆柱沉头座锪钻　　(b) 锥孔锪钻　　(c) 端面锪钻

图 5 - 11　锪钻及其应用

四、任务实施

钻削图 5 - 3 所示的孔时,采用麻花钻进行。钻孔的方法:

(1) 车平工件端面,有利于钻头定心。

(2) 找正尾座、工件旋转中心一致,防止将孔钻大、钻偏和钻头折断。

(3) 为防止小钻头跳动,可先钻出定位中心孔(或用挡铁支撑)。

(4) 30 mm 以上的孔径,可先用小钻头进行钻、扩孔(第一只钻头一般为第二只的 0.5~0.7 倍)。

(5) 新磨钻头一般应进行试钻,防止将孔钻大。

(6) 通孔与不通孔钻削时方法略有区别,钻不通孔时要用尾座套筒控制深度(或先用麻花钻钻孔,后用平头钻扩孔)。

钻孔要领:

钻头接触工件,动作应该缓慢;
以免遭受冲击,造成钻头折断;(进给要慢)
钻深孔排屑难,为清屑常退钻;(清屑退钻)
孔将通应牢记,横刃出减抗力;
手柄轻易摇快,进刀大钻头坏;(孔通时控制进刀)
要堵屑快退钻,以免钻头卡里面;(防止卡死)
钻脆料要牢记,钻时不加切削液。(脆料免加)

任务2　深孔刀具与铰刀

【知识点】 (1) 了解深孔钻、套料钻、铰刀等结构；
(2) 掌握深孔的类型与加工特点。
【技能点】 会依据机床、工件材料、刀材等具体因素的变化来确定铰刀直径的公差。
【知识拓展】 会使用深孔钻、铰刀等进行操作。

一、任务下达

钻削如图5-12所示的 $\phi12$ 的孔，需要使用什么刀具？

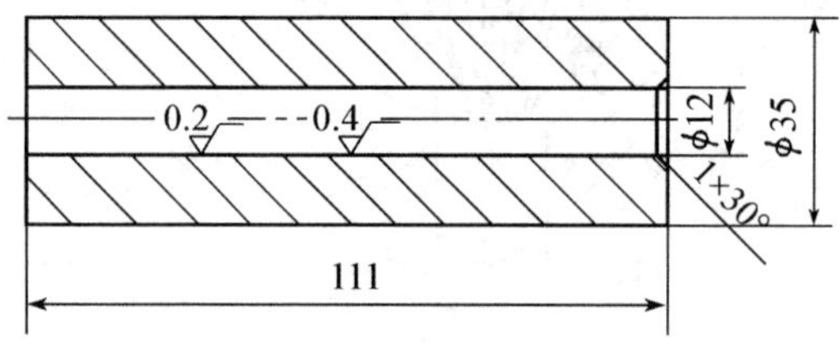

图5-12　孔加工零件图

二、任务分析

该零件属于典型的深孔加工的内容，需要使用到专门的深孔刀具才能进行。

三、相关知识

(一) 深孔钻

1. 深孔的类型与加工特点

(1) 深孔的类型。

深孔按长度与直径之比(L/D)分为三类。

① L/D=5～20属一般深孔。这类零件在普通车床、钻床上用深孔刀具或用接长麻花钻就可以加工。

② L/D=20～30属中等深孔。如各类机床主轴内孔。这类零件可在普通车床上加工，但需使用深孔刀具。

③ L/D=30～100属特殊深孔，如枪管、炮管、电机转子等。这类零件必须使用深孔机床或专用设备，并需用深孔刀具加工。

(2) 深孔加工的特点。

深孔加工有很多不同于一般孔加工的特点和不利因素，应特别注意：

① 不易观测刀具切削情况，只能靠听声音、看出屑、测油压等手段来判断排屑与刀具磨钝情况；

② 切削热不易传散，需采用有效冷却方式；

③ 切屑排出困难，必须设计合理的切削图形，保证断屑与排屑通畅；

④ 加工时孔易偏斜，刀具结构上应有导向装置；

⑤ 刀杆细长，刚性差，易振动，精深孔的表面粗糙度也难控制，需选择合理的加工工艺与切削用量。

以上诸点以排屑、导向和冷却最为重要，它们是保证加工精度、提高刀具耐用度及生产率的关键。

2. 三种典型深孔钻

下面介绍三种典型深孔钻的结构特点与工作原理。

(1) 枪钻(如图 5-13)。枪钻是一种单刃外排屑小深孔钻，因最早用于钻枪孔而得名。它主要用来加工直径约 1～35 mm 的小深孔。枪钻工作部分采用高速钢或硬质合金与用无缝钢管压制成形的钻杆对焊而成。钻杆滚压出 120°排屑槽，钻头中心制有 120°凹槽，外径有 1/1 000 倒锥。工作时工件旋转，钻头进给，同时高压切削液由钻杆尾部注入，冷却切削区后沿钻杆外部凹槽将切屑冲刷出来呈外排屑。枪钻切削部分主要特点是仅在轴线一侧有切削刃，没有横刃，将切削刃分成外刃和内刃。钻尖偏心距为 e，此外，切削刃的前面偏离钻头中心一个距离 h。

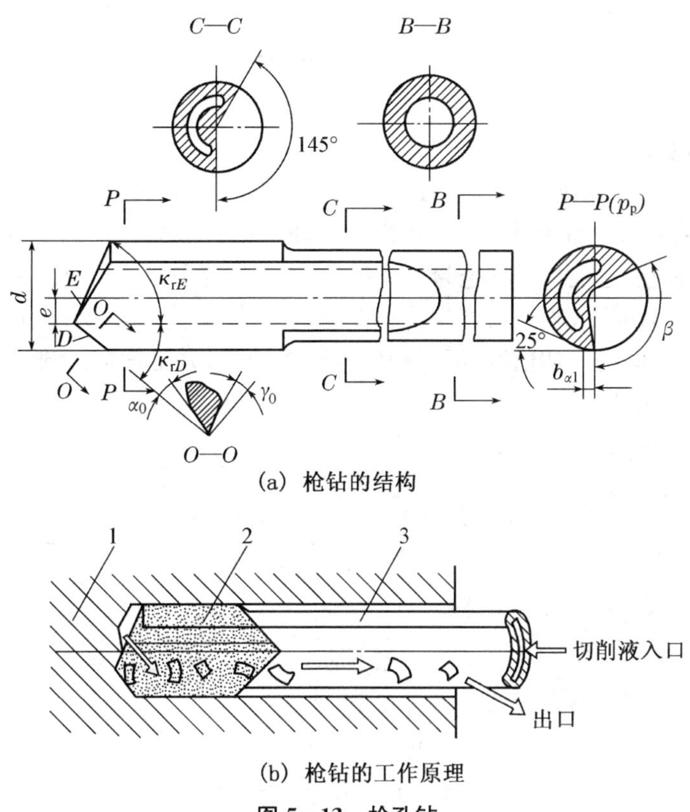

(a) 枪钻的结构

(b) 枪钻的工作原理

图 5-13　枪孔钻

由于枪钻外刃所受径向力略大于内刃的径向力。这样使钻头的支撑面始终紧贴于孔壁，从而保证了钻削时具有良好的导向性，并可防止孔径扩大。此外，由于钻头前面及切削刃不通过中心，避免了切削速度为零的不利情况，并在孔底形成一直径为 $2h$ 的芯柱，此芯柱在切削过程中具有阻抗径向振动的作用。在切削力的作用下，小芯柱达到一定长度后会自行折断。

(2) 错齿内排屑深孔钻(BTA 深孔钻)。

直径大一些的孔，例如加工直径为 20～70 mm 的深孔，可以用内排屑深孔钻(如图 5-14)。工作时，压力切削液从钻杆外圆与工件孔壁之间的间隙流入，冷却润滑切削区后挟带着切屑从钻杆内孔排出。钻杆外径比外排屑钻增大，因而钻杆刚性较大，允许的进给量大，钻孔效率高；冷却排屑效果较好，也有利于钻杆稳定。但是内排屑钻头必须装置一套供液系统，如受液器、油封头等。

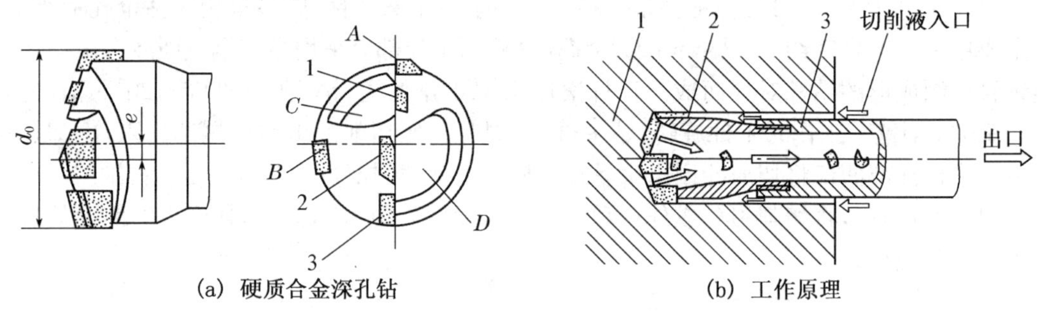

图 5-14　内排屑深孔钻

1—工件；2—钻头；3—钻杆。

(3) 喷吸钻(如图 5-15)。

喷吸钻是一种新型内排屑深孔钻，适用于加工直径为 20～65 mm 的深孔。它的切削部分与 BTA 深孔钻相同。喷吸钻的钻杆由内钻管和外钻管组成，两钻管之间留有环形空隙。工作时，高压切削液从进液口进入连接套，其中 1/3 从内钻管四周月牙形喷嘴喷入内管。由于月牙槽隙缝很窄，切削液喷出时产生喷射效应，使内管里被抽吸形成负压区。另外 2/3 的切削液经内、外管壁间进入切削区，汇同切屑被吸入内管，并迅速向后排出。这种喷吸效应有效地改善了排屑条件。

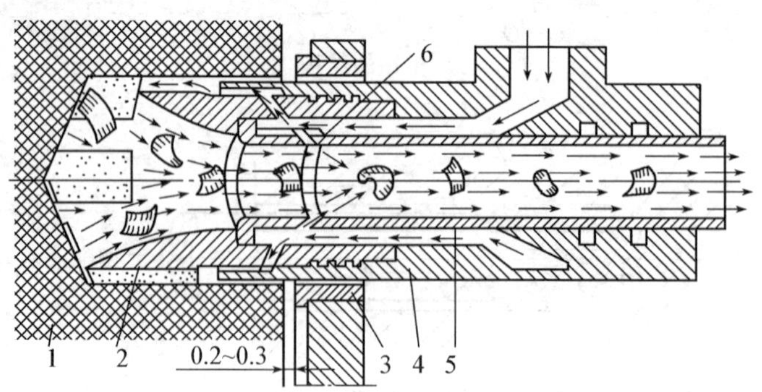

图 5-15　喷吸钻工作原理

1—工件；2—钻头；3—导向套；4—外管；5—内管；6—月牙形喷嘴。

普通喷吸钻由于采用双钻管结构，故加工直径较小时排屑空间受到限制。近年来出现的 *DF* 深孔钻采用单钻管双加油器实现喷吸效应，较好地解决了这一问题。

(二) 套料钻

在实心材料上加工直径较大(50 mm 以上)的孔时，可采用套料钻(如图 5 - 16)。因为它只切出一环形孔而留下一个料芯，这样不仅可以减少切削工作量，提高生产效率，中间留下的芯材还可以利用，这对于节约贵重材料尤为重要。

套料钻是空心圆柱体，在其端面固定有切削齿，齿数一般为 3～12 齿。当被钻的孔较深时，断屑和排屑仍然是首先要解决的问题。钻孔时钻杆的内、外圆柱面与被加工表面的间隙较小，排屑困难，往往需要强迫注入高压切削液，通过钻杆内部(称内排屑)或钻杆外部(称外排屑)将切屑排出。

设计套料钻时，为保证排屑通畅，一般采用多刃分段切削法，将实际切屑的宽度控制为排屑间隙尺寸的 1/3 左右。

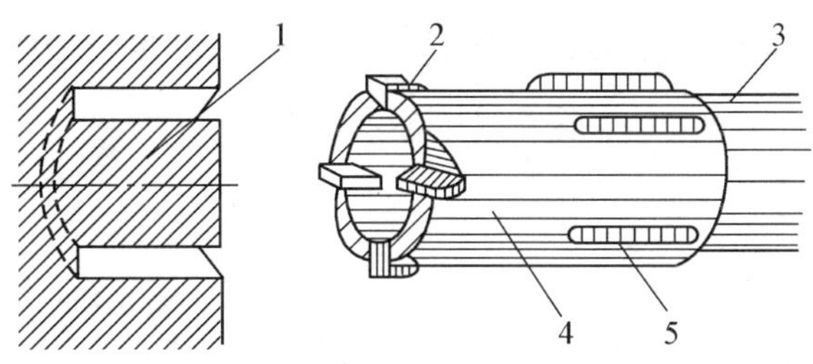

图 5 - 16　套料钻

1—料芯；2—刀齿；3—钻杆；4—刀体；5—导向块。

(三) 铰刀

铰刀是对预制孔进行半精加工或精加工的多刃刀具。铰孔是一种操作方便、生产率高、能够获得高质量孔的切削方式，故在生产中应用极为广泛。

1. 各种铰刀简介

根据使用方法铰刀可分为手用和机用两大类。手用铰刀工作部分较长，齿数较多；机用铰刀工作部分较短。按铰刀结构有整体式(锥柄和直柄)和套装式。

铰刀常见类型如图 5 - 17 所示。选用铰刀时，要根据生产条件及加工要求而定。单件或小批量生产时，选用手用铰刀；成批大量生产时，采用机用铰刀。

铰刀的精度等级分为 H7、H8、H9 三级，其公差由铰刀专用公差确定，分别适于铰削 H7、H8、H9 公差等级的孔。上述的多数铰刀，每一类又可分为 A、B 两种类型，A 型为直槽铰刀，B 型为螺旋槽铰刀。螺旋槽铰刀切削过程稳定，故适于加工断续表面。

普通圆柱机用铰刀的结构如图 5 - 18 所示。

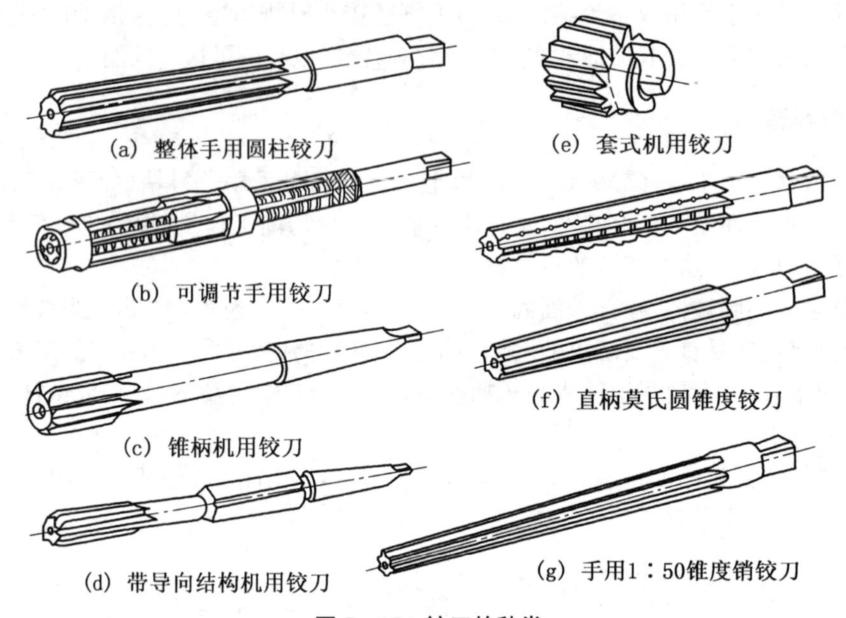

图 5-17 铰刀的种类

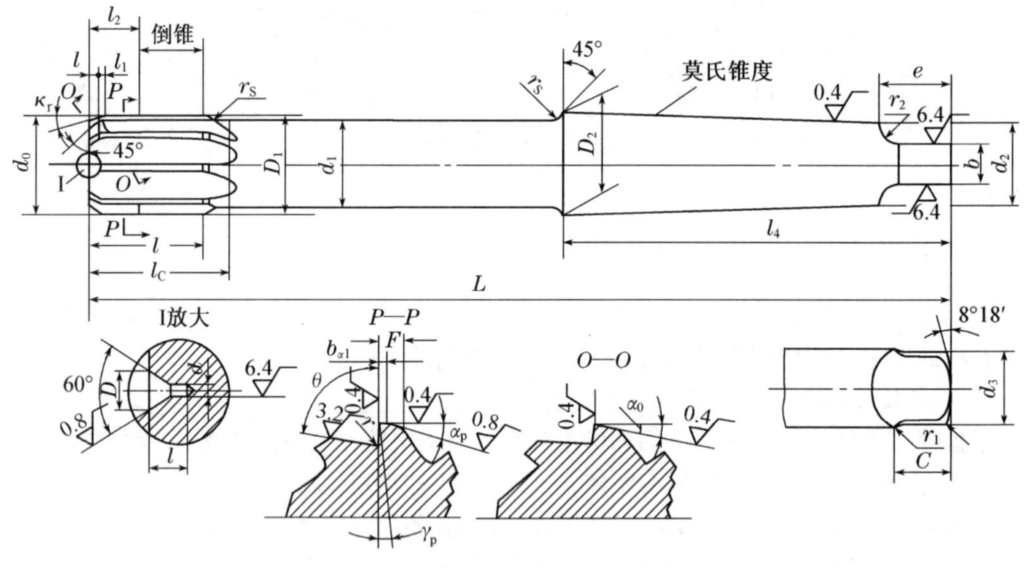

图 5-18 圆柱机用铰刀的结构要素

2. 铰刀外径

铰刀一般由工作部分、颈部及柄部组成。工作部分包括引导锥、切削部分、校准部分，其中校准部分由圆柱与倒锥两部分组成。为了使铰刀易于切入预制孔，在铰刀前端制出引导锥。圆柱部分用来校准孔的直径尺寸并提高孔的表面质量，以及切削时增强导向作用。倒锥用以减少摩擦。

铰刀直径公差对被加工孔的尺寸精度、铰刀制造成本和铰刀的使用寿命有直接影响。铰孔时，由于铰刀径向跳动等因素的影响会使铰出孔的直径往往大于铰刀直径，称为铰孔

“扩张”；而由于已加工表面的弹性变形恢复和热变形恢复等原因，会使孔径缩小，称为铰孔“收缩”。铰孔后是扩张还是收缩由实验或凭经验确定。经验表明，用高速钢铰刀铰孔一般会发生扩张，用硬质合金铰刀铰孔一般会发生收缩。

铰刀直径的基本尺寸等于孔的直径基本尺寸。铰刀直径的上下偏差应根据被加工孔的公差、铰孔时产生的扩张量或收缩量、铰刀的制造公差和磨损公差来决定。

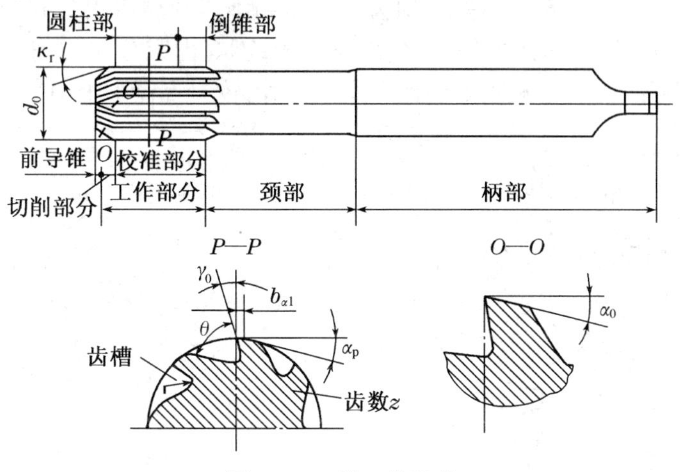

图 5－19　铰刀的组成

铰孔后发生扩张现象时，设计及制造铰刀的最大、最小极限尺寸分别为：

$$d_{0max}=d_{mmax}-P_{max}$$

$$d_{0min}=d_{0max}-G$$

若铰孔后发生收缩现象，则设计及制造铰刀的最大、最小极限尺寸分别为：

$$d_{0max}=d_{mmax}+P_{amin}$$

$$d_{0min}=d_{0max}-G$$

国家标准规定：铰刀制造公差 $G=0.35IT$。通常情况下，高速钢铰刀最大扩张量 P_{max} 可取 0.15IT；硬质合金铰刀最小收缩量 P_{amin} 常取 0 或 0.1IT。P_{max} 和 P_{amin} 的可靠确定办法是通过实验测定。

3. 铰刀的几何角度、齿数与齿槽

(1) 铰刀的几何角度。

① 主偏角 κ_r　主偏角愈小，铰刀受到的轴向力愈小，导向性愈好，但 κ_r 过小时，铰削时挤压摩擦较大，铰刀耐用度低，切入、切出时间长。故手用铰刀选择较小的主偏角，以减轻工人劳动强度和获得良好导向性，而机用铰刀选择较大的主偏角，以减少切削刃长度和机动时间，加工铸铁取 $\kappa_r=3°\sim5°$，加工钢料取 $\kappa_r=12°\sim15°$，加工盲孔取 $\kappa_r=45°$。

② 前角 γ_p　铰刀的前角规定在切深剖面（即铰刀的端剖面）内表示。铰削时，由于切屑与前面在切削刃附近处接触，切削厚度较小，故前角对切削变形的影响并不显著。为便于制造，通常高速钢铰刀在精加工时取 $\gamma_p=0°$；粗铰塑性材料时取 $\gamma_p=5°\sim10°$。硬质合金铰刀一般取 $\gamma_p=0°\sim5°$。

③ 后角 α_p　校准刃后角 α_p 在切深剖面内表示；切削刃后角 α_o 在主剖面中表示。由于

铰削时切削厚度小，磨损主要发生在后面上，因此，后角应该选得稍大些。但铰刀又是定尺寸刀具(即由刀具尺寸直接确定工件尺寸)，后角过大在铰刀重磨后会使其直径减小得快而降低铰刀的使用寿命，故铰刀后角不能选得过大。通常硬质合金铰刀校准刃后角 $\alpha_p=10°\sim15°$，切削刃后角 $\alpha_o=6°\sim10°$，刃带 $b_\alpha=0.1\sim0.5$ mm。

(2) 铰刀的齿数及齿槽。

铰刀刀齿在圆周上的分布有：等圆周齿距分布和不等圆周齿距分布两种形式。等距分布(如图 5-20(a))的铰刀制造方便，得到广泛应用；不等齿距分布切削时可减少周期性振动。为便于铰刀制造，铰刀一般取等齿距分布。另外，铰刀直径小于 20 mm 时，采用直线齿背；铰刀直径大于 20 mm 时，采用圆弧齿背。

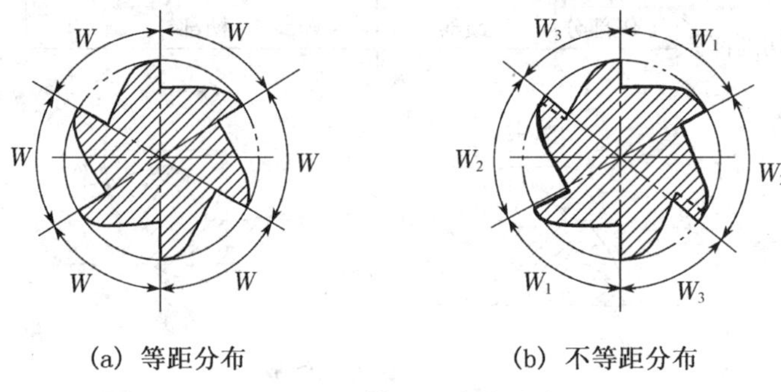

(a) 等距分布　　(b) 不等距分布

图 5-20　铰刀刀齿的分布

铰刀齿数影响铰孔精度、表面粗糙度、容屑空间及刀齿强度。其值按铰刀直径或工件材料确定。一般可按下式计算：

$$z=1.5\sqrt{d_0}+(2\sim4)$$

式中 d_0——铰刀的直径。

加工塑性材料时，齿数应取小值；加工脆性材料时，齿数可取大值。为了便于测量铰刀直径，齿数一般取偶数。在常用直径 $d_0=8\sim40$ mm 范围内，取齿数 $z=4\sim8$。

铰刀的齿槽方向有直槽和螺旋槽两种(如图 5-21)。为改善排屑条件，提高铰孔质量，铰刀齿槽常做成左旋螺旋槽，螺旋角取 3°～5°。直线齿背(如图 5-22(a))可用标准角度镜刀镜削，制造简单，一般用于直径为 1～20 mm 的铰刀；圆弧齿背(如图 5-22(b))具有较大的容屑空间和较好的刀齿强度，一般用于直径大于 20 mm 的铰刀，但这种齿背需用成形铣刀加工。

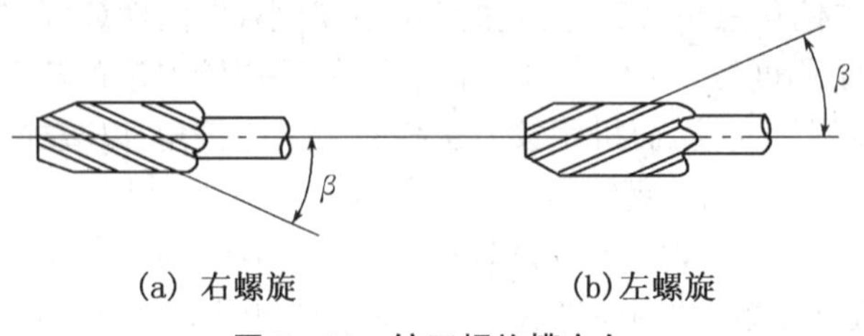

(a) 右螺旋　　(b)左螺旋

图 5-21　铰刀螺旋槽方向

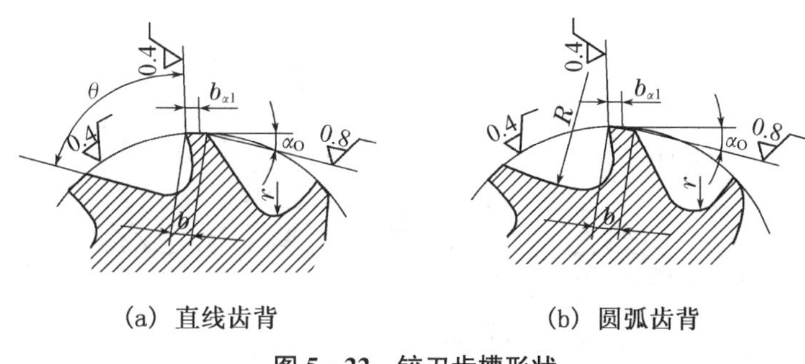

(a) 直线齿背　　　　(b) 圆弧齿背

图 5-22　铰刀齿槽形状

4. 铰刀的重磨、研磨及其他

(1) 铰刀的重磨与研磨(如图 5-23)。

铰刀是精加工刀具,其重磨和研磨的质量对被加工孔的表面粗糙度和精度有很大的影响。

为避免铰刀重磨后的直径减小或校准部分刃带宽度的减小,故一般只磨切削部分的后面。重磨通常在工具磨床上进行,铰刀轴线相对磨床导轨倾斜,并使砂轮的端面相对于切削部分后面倾斜 1°~3°,以免两者接触面积过大而烧伤刀齿。磨削时,后面与砂轮端面应处于平行位置,前面下的支撑片应比铰刀中心低 h,其值为 $h=d_o\sin\alpha_o/2$,这样便可得到所要求的后角 α_o。重磨后的铰刀用油石在切削刃与校准刃的交接处研磨出宽度为 0.5~1 mm 的倒角刀尖,以提高铰削质量和铰刀耐用度。

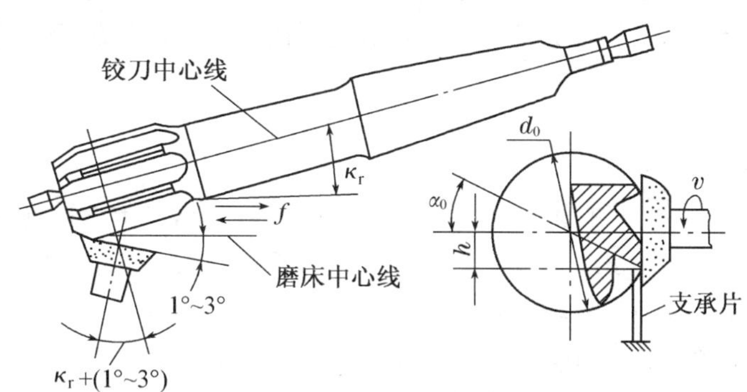

图 5-23　铰刀的重磨

工具厂供应的新铰刀,一般留有 0.01 mm 左右的直径研磨量,使用前需经研磨才能达到要求的铰孔精度。磨损后的铰刀通过研磨可用于铰削其他配合精度的孔。研磨铰刀可在车床上进行,铰刀低速转动,研具沿轴线均匀移动。研具由研磨套及外套组成,研磨时应加入少量研磨膏,如图 5-24 所示。

(2) 确定合理的铰削用量。

铰削用量对铰削质量、生产效率及铰刀磨损影响较大。

铰削余量 A,一般粗铰时 0.2~0.6 mm,精铰时取 0.05~0.2 mm。孔的精度较高时,A 取小值;反之取大值。

切削速度 v_c 对铰孔表面粗糙度 R_a 值影响最大,所以一般采用低速铰削来提高铰孔质

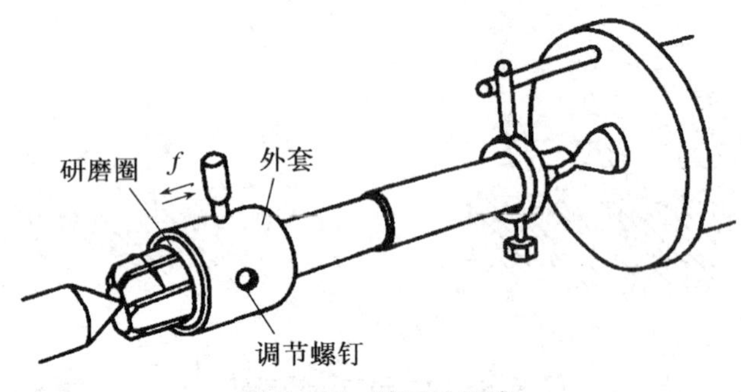

图 5-24 铰刀的研磨

量。用高速钢铰刀铰削钢或铸铁孔时，选 $v_c<10$ m/min；用硬质合金铰刀铰削钢或铸铁孔时，可取 $v_c=8\sim20$ m/min。

进给量 f 对铰孔质量、刀具耐用度和生产率也有明显的影响，所以在保证加工质量的前提下，f 值可取得大些。用硬质合金铰刀加工铸铁时，通常取 $f=0.5\sim3$ mm/r；加工钢时，可取 $f=0.3\sim2$ mm/r。用高速钢铰刀铰孔时，通常取 $f<1$ mm/r。

(3) 合理选用切削液。

一般用高速钢铰刀铰削钢件时，常用 10%～15%乳化液或硫化油；铰削铸铁件时，常用煤油。用硬质合金铰刀铰孔时应连续、充分地供给切削液，以免骤冷骤热造成刃口崩裂。另外在切削液中加入极压添加剂，有利于改善铰削效果。

(4) 金刚石铰刀。

金刚石铰刀是采用电镀的方法将金刚石磨料颗粒包镶在 45 钢(或 40Cr)刀体上制得的。用金刚石铰刀铰孔，铰削质量很高，加工精度可达 IT5～IT4 级，表面粗糙度值可低于 $R_a0.05\ \mu$m。

5. 铰削特点

(1) 铰削的特点。

铰削的加工余量一般小于 0.1 mm，铰刀的主偏角一般小于 45°，因此，铰削时切削厚度很小，为 0.01 mm～0.03 mm。除主切削刃正常的切削作用外，还对工件产生挤刮作用。

① 铰削精度高。铰刀齿数较多，心部直径大，导向性及刚性好。铰削余量小，切削速度低，且综合了切削和修光的作用，能获得较高的加工精度和表面质量。

② 铰削效率高。铰刀属于多齿刀具，虽然切削速度低，但其进给量比较大，所以生产效率要高于其他精加工方法。

③ 适应性差。铰刀是定直径的精加工刀具，一种铰刀只能用于加工一种尺寸的孔、台阶孔和盲孔。此外，铰削对孔径也有限制，一般应小于 80 mm。

(2) 铰刀的合理利用。

铰刀结构完善，是常用的精加工刀具，但是只有正确使用才能达到预期的精度和表面质量。

① 合理选择铰刀的直径。用铰刀加工出孔的实际尺寸不等于铰刀的实际尺寸，应综合各方面因素正确选择，详见本节铰刀的结构参数。

② 铰刀的装夹要合理。铰削的功能是提高孔的尺寸精度和表面质量，而不是提高孔的位置精度。铰孔时要求铰刀与机床主轴有很好的同轴度。采用刚性装夹并不理想，若同轴

度误差大，则会出现孔不圆、喇叭口和扩张量大等现象，最好采用浮动装夹装置。

③ 铰削余量要适中。余量过大，会因切削热多而导致铰刀直径增大，孔径扩大；余量过小，会留下底孔的刀痕，使表面粗糙度达不到要求。粗铰余量一般为 0.15 mm～0.35 mm，精铰余量一般为 0.05 mm～0.15 mm。

④ 选择合适的切削用量并合理浇注切削液。与钻削相比，铰削的特点是“低速大进给”。低速是为了避免积屑瘤，进给量大是由于铰刀齿数多，主偏角小。若进给量小会造成切削厚度小，切屑不易形成，啃刮现象严重，刀具磨损反而加剧。

⑤ 合理刃磨，并认真鐾刀。由于切削厚度小，铰刀的磨损常发生在切削部分的后面，所以应重磨切削锥部的后面，使其表面粗糙度 R_a 的值不大于 0.4 μm，以保证刃口锋利。

⑥ 根据加工对象正确选择铰刀的类型。铰一般孔时，采用直齿铰刀即可；铰不连续孔时，则应采用螺旋铰刀；铰通孔时应选用左旋铰刀，切屑向前排出；铰不通孔时，只能选用右旋铰刀，以使切屑向后排出，但应注意防止“自动进刀”现象引起的振动。

另外，机用铰刀不可倒转，以免崩刃。

四、任务实施

在加工如图 5-12 所示的零件图时，由于是属于深孔加工，故比较困难。根据深孔加工诸问题中，以排屑、导向和冷却最为重要。这几个问题解决好了，既可保证钻孔精度，又能延长刀具寿命、提高加工效率。因此，在深孔加工中可视具体加工要求采取以下工艺措施：

➢钻孔前先预钻一个与钻头直径相同的浅孔，引钻时可起到导向定心作用。加工直线度要求较高的小孔时这一步骤尤其必要。

➢安装、调试机床时，尽可能保证工件孔中心轴线与钻杆中心轴线重合。

➢根据工件材质合理选用切削用量，以控制切屑卷曲程度，获得有利于排屑的 C 形切屑。加工高强度材质工件时，应适当降低切削速度 v。进给量的大小对切屑的形成影响很大，在保证断屑的前提下，可采用较小进给量。

➢为保证排屑、冷却效果，切削液应保持适当的压力和流量。加工小直径深孔时可采用高压力、小流量；加工大直径深孔时可采用低压力、大流量。

➢开始钻削时，应首先打开切削液泵，然后启动车床，走刀切削；钻孔结束或发生故障时，应首先停止走刀，然后停车，最后关闭切削液泵。

任务 3　修磨与群钻

【知识点】（1）掌握修磨麻花钻的方法和技巧；

（2）了解群钻的结构及特点。

【技能点】 能正确地修磨麻花钻。

【知识拓展】 了解群钻的钻型。

一、任务下达

在车床上加工如图 5－25 所示的零件孔，试分析确定所用的孔加工刀具。

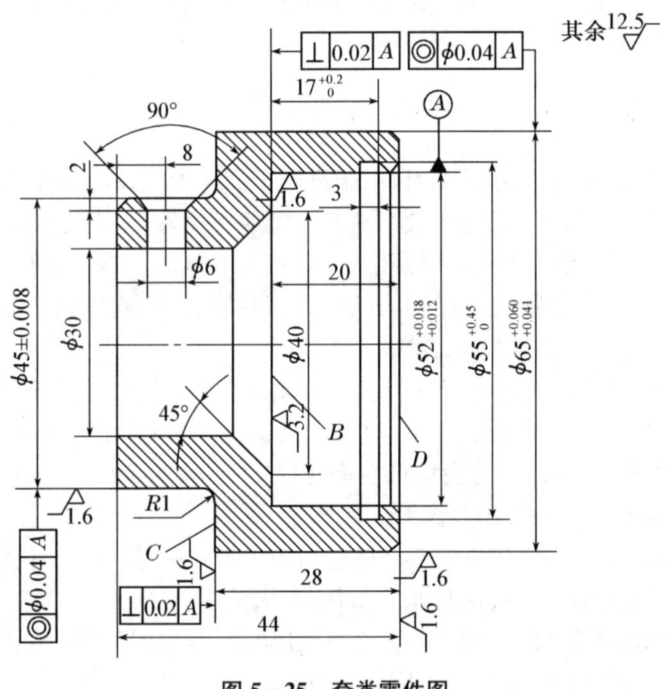

图 5－25　套类零件图

二、任务分析

该零件的孔加工比较复杂，并且加工要求比较高，故在加工中除使用到麻花钻外，还需使用到其他的刀具。

三、相关知识

改善钻头的切削性能，提高钻孔的加工效率，可采取两方面基本措施：一是针对某种加工条件，修磨现有的标准钻头，使其具有新的几何参数或新的钻型；二是设计开发新型钻头，如采用新型刀具材料，设计新型钻头结构。

(一) 标准麻花钻的修磨

1. 标准麻花钻几何参数存在的问题

(1) 标准麻花钻主切削刃上各点处的前角数值内外相差太大。钻头外缘处主切削刃的前角约为+30°，而接近钻心处，前角约为−30°，近钻心处前角过小，造成切屑变形大，切削阻力大；而近外缘处前角过大，在加工硬材料时，切削刃强度常常不足。

(2) 横刃长，横刃的前角是很大的负值，达−54°～−60°，从而将产生很大的轴向力。

(3) 与其他类型的切削刀具相比，标准麻花钻的主切削刃很长，不利于分屑与断屑。

(4) 刃带处副切削刃的副后角为零值，造成副后刀面与孔壁间的摩擦加大，切削温度上升，钻头外缘转角处磨损较大，已加工表面粗糙度恶化。

这些缺陷的存在，严重地制约了标准麻花钻的切削能力，影响了加工质量和切削效率。因此，有必要对其有关部位进行修磨，以改善钻头的切削性能，提高钻削的加工效益。

2. 麻花钻的修磨方法

标准麻花钻常见的修磨有以下几种。

(1) 修磨出过渡刃(即双重刃)(如图 5-26)。

在钻头的转角处磨出过渡刃(其锋角值 $2\phi_1=70°\sim75°$)，从而使钻头具有了双重刃。由于锋角减小，相当于主偏角 κ_r 减小，同时转角处的刀尖角 ε_r' 增大，改善了散热条件。

(2) 修磨横刃(如图 5-27)。

将原来的横刃长度修磨短，同时修磨出前角，从而有利于钻头的定心和轴向力减小。

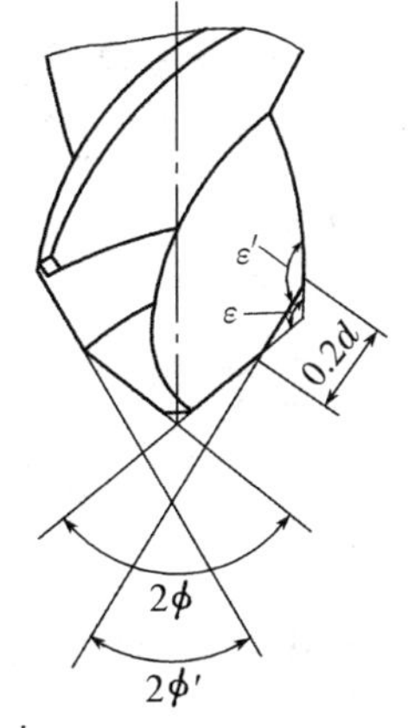

图 5-26　双重刃修磨

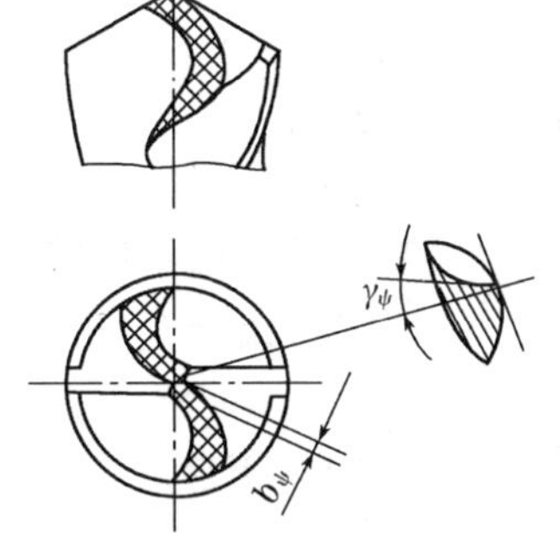

图 5-27　修磨横刃

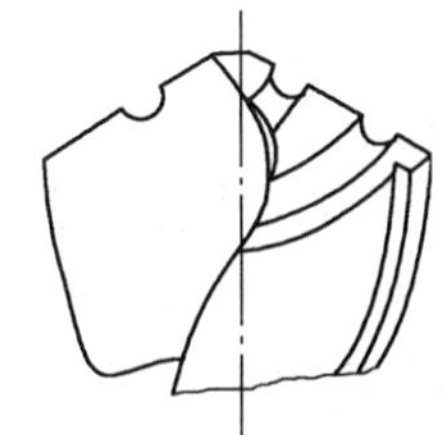

图 5-28　修磨分屑槽

(3) 修磨分屑槽(如图 5-28)。

在原来的主切削刃上交错地磨出分屑槽，使切屑分割成窄条，便于排屑，主要用于塑性材料的钻削。

(4) 修磨棱边(如图 5-29)。

加工软材料时，为了减小棱边(后角为零)与加工孔壁的摩擦，对直径大于 12 mm 以上的钻头，对棱边进行修磨。修磨后钻头的耐用度可提高一倍以上。

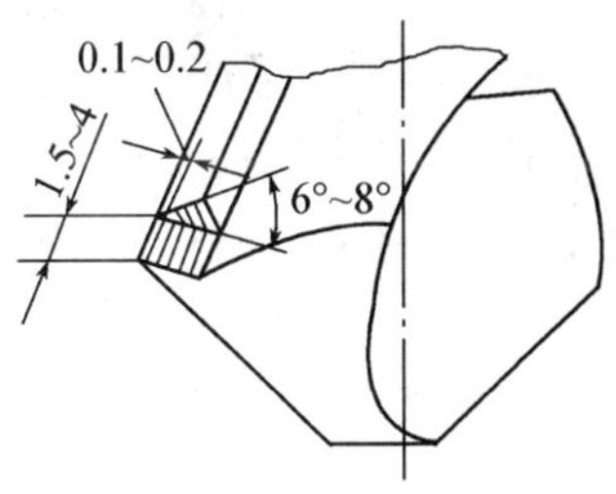

图 5-29　修磨棱边

实践中，刃磨标准麻花钻的口诀有：

口诀一:"刃口摆平轮面靠。"这是刃磨钻头与砂轮相对位置的第一步,往往有学生还没有把刃口摆平就靠在砂轮上开始刃磨了。这样肯定是磨不好的。这里的"刃口"是主切削刃,"摆平"是指被刃磨部分的主切削刃处于水平位置。"轮面"是指砂轮的表面。"靠"是慢慢靠拢的意思。此时钻头还不能接触砂轮。

口诀二:"钻轴斜放出锋角。"这里是指钻头轴心线与砂轮表面之间的位置关系。"锋角"即顶角 118°±2°的一半,约为 60°,这个位置很重要,直接影响钻头顶角大小及主切削刃形状和横刃斜角。要提示学生记忆常用的一块 30°、60°、90°三角板中 60°的角度,学生便于掌握。口诀一和口诀二都是指钻头刃磨前的相对位置,二者要统筹兼顾,不要为了摆平刃口而忽略了摆好斜角,或为了摆好斜放轴线而忽略了摆平刃口。在实际操作中往往容易出这些错误。此时钻头在位置正确的情况下准备接触砂轮。

口诀三:"由刃向背磨后面。"这里是指从钻头的刃口开始沿着整个后刀面缓慢刃磨。这样便于散热和刃磨。在稳定巩固口诀一、二的基础上,此时钻头可轻轻接触砂轮,进行较少量的刃磨,刃磨时要观察火花的均匀性,要及时调整压力大小,并注意钻头的冷却。当冷却后重新开始刃磨时,要继续摆好口诀一、二的位置,这一点往往在初学时不易掌握,常常会不由自主地改变其位置的正确性。

口诀四:"上下摆动尾别翘。"这个动作在钻头刃磨过程中也很重要,往往有学生在刃磨时把"上下摆动"变成了"上下转动",使钻头的另一主刀刃被破坏。同时钻头的尾部不能高翘于砂轮水平中心线以上,否则会使刃口磨钝,无法切削。

(二) 群钻(简介)(如图 5-30)

群钻是对麻花钻经合理修磨后而创造的一种新钻型,在长期的生产实践中已演化扩展成一整套钻型。与普通麻花钻比较,群钻具有以下一些优点:

(1) 钻削轻快,轴向力和力偶矩分别下降 35%~50%和 10%~30%;

(2) 钻孔进给量较普通麻花钻可提高 3 倍,大大提高钻孔效率;

(3) 耐用度约提高 2~3 倍,钻头寿命延长;

(4) 钻孔尺寸精度提高,形位误差和加工表面粗糙度值减小。

使用不同钻型,可改善对不同材料如铜、铝合金、有机玻璃等的钻孔质量,并能满足薄板、斜面、扩孔等多种情况的加工要求。

群钻的种类很多,标准群钻(即钢群钻)应用最广,是其中的基本形式。下面就标准群钻的几何形状、刃磨参数和结构特点做一介绍。

1. *标准群钻的几何形状*

基本型群钻切削部分结构如图 5-30 所示。其结构和几何参数有以下特点:

(1) 切削刃形成三尖七刃。该钻型将每条主切削刃磨成三段,即外直刃、圆弧刃和内直刃,两边则共有七刃(含横刃)。这种分段刃形结构使钻头各部分的几何参数可分别控制并趋于合理。同普通麻花钻相比,群钻外直刃前角增加较小;圆弧刃前角平均增大 10°;内直刃处平均增大 25°;横刃处平均增大 4°~6°。所以群钻的平均前角获得显著增加,从而使群钻刃口锋利,切削性能好。

除原钻尖外,圆弧刃和外直刃的交点又形成新的钻尖,故群钻具有"三尖"。这种三尖结构显著增强了钻头的定心和导向性能。

(2) 横刃低、窄、尖。群钻中心尖高 $h=0.03d$。横刃长度仅为修磨前的 1/4～1/6。由于磨出月牙槽(圆弧刃后面),使已磨窄的横刃进一步变尖。这种低、窄、尖的横刃使轴向抗力显著降低,并增强了定心性能。

(3) 分屑结构。主切削刃的分段结构使切屑分段变窄。钻头直径较大时,可在外直刃一侧再磨出分屑槽,或在两侧磨出交错槽,充分改善切屑的卷曲、折断和排出效果。

如上所述,基本型群钻的结构特点是三尖七刃锐当先,月牙弧槽分两边,外刃再开分屑槽,横刃磨低窄又尖。

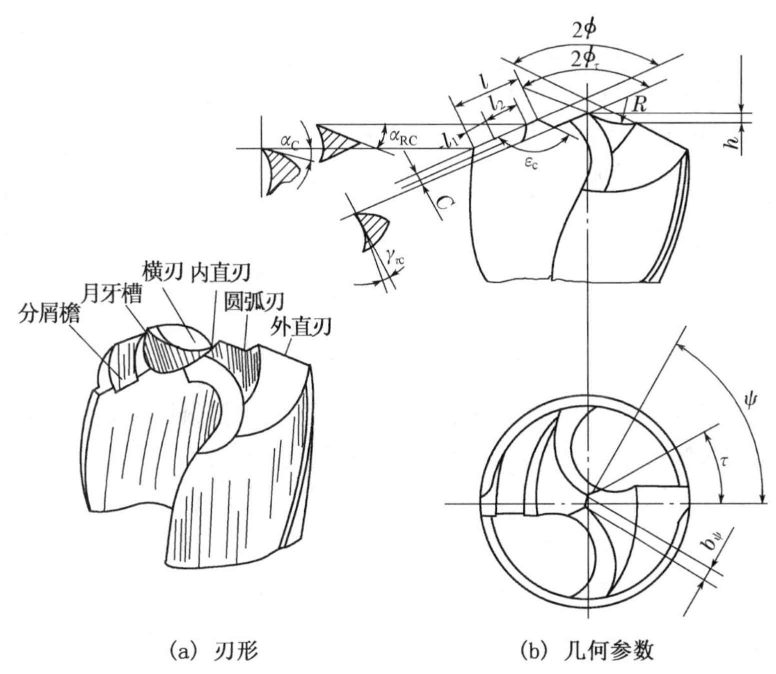

(a) 刃形　　(b) 几何参数

图 5-30　基本型群钻结构与几何参数

2. 基本群钻的刃磨参数

基本群钻的刃磨参数见表 5-1 所列。

表 5-1　基本群钻的刃磨参数

刃磨长度		刃磨角度	
尖　高	$h\approx0.04d$	外刃锋角	$2\phi\approx125°$
圆弧半径	$R\approx0.1d$	内刃锋角	$2\phi_{\tau}\approx135°$
外刃长	$l\approx\begin{matrix}0.3d(d>15)\\0.2d(d\leqslant15)\end{matrix}$	内刃前角	$r_{\tau c}\approx-10°$
槽　距	$l_1=1/4\sim1/3$	内刃斜角	$\tau=20°\sim30°$
槽　宽	$l_2=l/3-l/2$	横刃斜角	$\psi=60°\sim65°$
槽　深	$c=1\sim1.5$ mm	外刃后角	$\alpha_{fe}=10°\sim15°$(或 $\alpha_c=6°\sim11°$)
横刃长	$b_{\psi}\approx0.04d$	圆弧后角	$\alpha_{Rc}=12°\sim18°$

(三) 硬质合金钻头简介(如图 5－31)

加工硬脆材料如铸铁、绝缘材料、玻璃、淬硬钢等,当采用硬质合金钻头时,可显著提高切削效率。

对于小直径(即 $d_0 \leqslant 5$ mm)硬质合金钻头都做成整体结构,除用于加工硬材料外,也适用于非金属压层材料的加工,效果较好。

当直径大于 6 mm 时,硬质合金钻头都做成镶片结构。与高速钢麻花钻相比,镶片式硬质合金钻头的钻芯较粗,$d_c=(0.25\sim0.3)d_o$,工作部分缩短,加宽容屑槽,增大倒锥量,制成双螺旋角;刀片采用 YG8,刀体采用 9SiCr 合金钢,并淬硬到 50～52HRC。这些措施都是为了提高钻头的刚性和强度,减小振动,便于排屑,防止刀片崩裂。

目前国内外还出现了许多不同结构的硬质合金可转位刀片钻头。它装有两个凸三角形刀片,用沉头螺钉夹紧在刀体上,一个刀片靠近中心,另一个在外径处,切削时可起分屑作用。该钻头的几何角度可由刀体上的安装角度来决定。

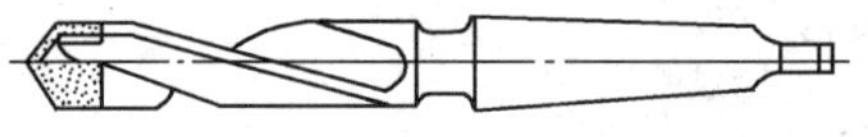

图 5－31　硬质合金麻花钻

用于加工高锰钢(2GMn13)的硬质合金钻头,为适应该材料硬化现象严重的特点,使刀片前角小,而采用双螺旋角,如图 5－32 所示,$\beta_1=6°\sim8°$。

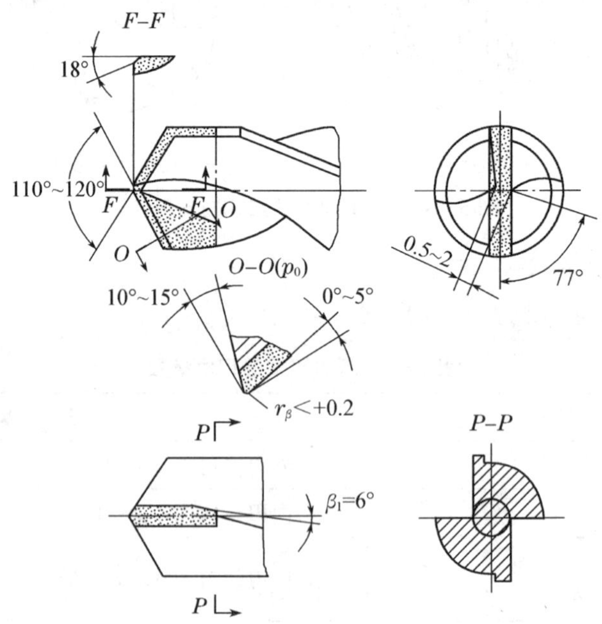

图 5－32　硬质合金高锰钢钻头

目前国内外已出现许多不同结构的硬质合金可转位刀片钻头，如图 5－33 所示。

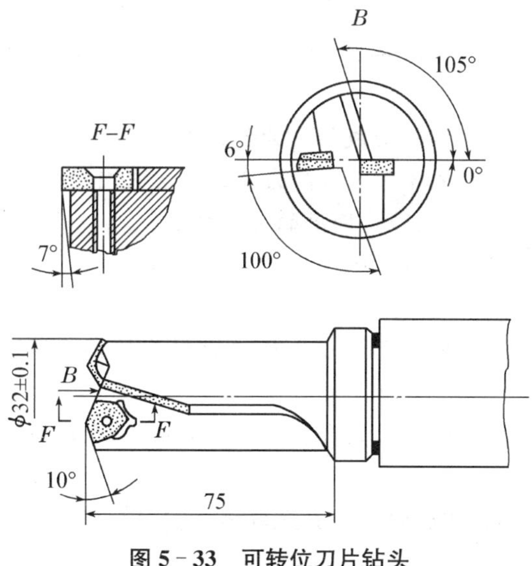

图 5－33　可转位刀片钻头

四、任务实施

套类零件是车削加工中最常见的零件，也是各类机械上常见的零件，在机器上占有较大比例，通常起支撑、导向、连接及轴向定位等作用，如导向套、固定套、轴承套等。套类零件一般由外圆、内孔、端面、台阶和沟槽等组成，这些表面不仅有形状精度、尺寸精度和表面粗糙度的要求，而且位置精度也有要求。

车床上加工孔的方法有钻孔、扩孔、镗孔、铰孔等。在加工中结合套类零件的技术要求，工艺制定可采用以下方法。

① 保证位置精度的方法：在一次安装中加工有相互位置精度要求的外圆表面与端面。

② 加工顺序的确定方法：基面先行，先近后远，先粗后精，先主后次，先内后外，即先车出基准外圆后粗精车各外圆表面，再加工次要表面。

③ 刀具的选择：根据零件的形状、精度选择相应尺寸的钻头。通孔镗刀的主偏角为 45°～75°，不通孔车刀主偏角为大于 90°。

④ 切削用量的选择：在保证加工质量和刀具耐用度的前提下，充分发挥机床性能和刀具切削性能，使切削效率最高，加工成本最低。

本课题总结

本课题主要讲述了孔加工刀具（麻花钻、扩孔钻深孔钻、锪钻、铰刀等）的结构、几何参数及切削用量的选择。通过学习应掌握孔加工刀具的结构和主要参数。在此基础上能根据具体的加工条件合理地选用刀具和其切削用量，能正确地操作。

课后习题

1. 试根据主偏角的定义，分析麻花钻的半锋角(ϕ)和切削刃上选定点处的主偏角(κ_{rm})为何不相同？

2. 麻花钻的前角 γ_{om}是怎么样形成的？为什么外径处大，内径处小？

3. 麻花钻的后角 α_{fm}是怎么样形成的？为什么要使它内径处大，外径处小？

4. 试说明通常对标准麻花钻进行修磨的几种方法？

5. 深孔钻削与一般钻削具有哪些不同点？主要解决哪几个问题？试以枪钻为例说明之。

6. 试从铰刀结构方面分析使用铰刀能加工出精度较高和表面粗糙度值较小零件的原因。

7. 在选取铰刀直径制造公差时，应考虑哪些问题？铰削 ϕ25H7 孔，试确定铰刀直径制造公差。

8. 改进钻头的切削性能可从哪几方面采取措施？

课题六 铣　　刀

任务1 铣刀的种类和用途

【知识点】 (1) 了解常见的铣刀；

(2) 铣刀的分类。

【技能点】 根据加工表面选择合理的铣刀。

一、任务下达

加工平面类零件，需要使用到哪些刀具?

二、任务分析

铣削是被广泛使用的一种切削加工方法，如图 6－1 所示，它用于加工平面、台阶面、沟槽、成形表面以及切断等。铣刀是多齿刀具，又用来进行断续切削，因此，铣削过程具有一些特殊规律。

三、相关知识

本模块以圆柱形铣刀和面铣刀为例，讲述铣刀的几何参数和铣削过程特点；分析常用铣刀的结构特点及其应用范围。

(a) 立铣刀　(b) 三面刃铣刀　(c) 槽铣刀　(d)形槽铣刀

(e) 键槽铣刀　(f) 燕尾槽铣刀　(g) 角度铣刀

图 6－1　铣刀种类

(一) 铣刀的几何参数

1. 圆柱形铣刀的几何角度

分析圆柱形铣刀的几何角度时，应首先建立铣刀的静止参考系。圆周铣削时，铣刀旋转运动是主运动，工件的直线移动是进给运动。圆柱形铣刀的正交平面参考系由 P_r，P_s 和 P_o 组成，如图 6-2(a)所示，其定义可参考车刀中的规定。

由于设计与制造需要，还采用法平面参考系来规定圆柱形刀的几何角度。

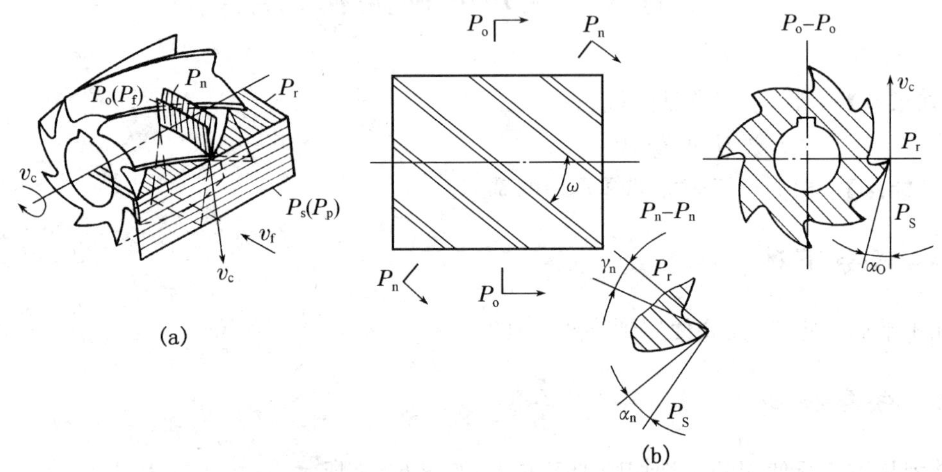

图 6-2 圆柱形铣刀的几何角度

(1) 螺旋角。

螺旋角 ω 是螺旋切削刃展开成直线后与铣刀轴线间的夹角。显然，螺旋角 ω 等于刃倾角 λ_s。它能使刀齿逐渐切入和切离工件，能增加实际工作前角，使切削轻快平稳；同时形成螺旋形切屑，排屑容易，防止切屑堵塞现象。一般细齿圆柱形铣刀 $\omega=30°\sim35°$；粗齿圆柱形铣刀 $\omega=40°\sim45°$。

(2) 前角。

通常在图样上应标注 γ_n，以便于制造。但在检验时，通常测量正交平面内前角 γ_o。可按下式，根据 γ_n 计算出 γ_o：

$$\tan\gamma_n=\tan\gamma_o\cos\omega \tag{6-1}$$

前角 γ_n 按被加工材料来选择。铣削同时，取 $\gamma_n=10°\sim20°$；铣削铸铁时，取 $\gamma_n=5°\sim15°$。

(3) 后角。

圆柱形铣刀后角规定在 P_o 平面内度量。铣削时，切削厚度 h_D 比车削小，磨损主要发生在后面上，适当地增大后角 α_o，可减少铣刀磨损。通常取 $\alpha_o=12°\sim16°$，粗铣时取小值，精铣时取大值。

2. 面铣刀的几何角度

面铣刀的静止参考系如图 6-3(a)所示，面铣刀的几何角度除规定在正交平面参考系内度量外，还规定在背平面、假定工作平面参考系内表示，以便于面铣刀的刀体设计与制造。

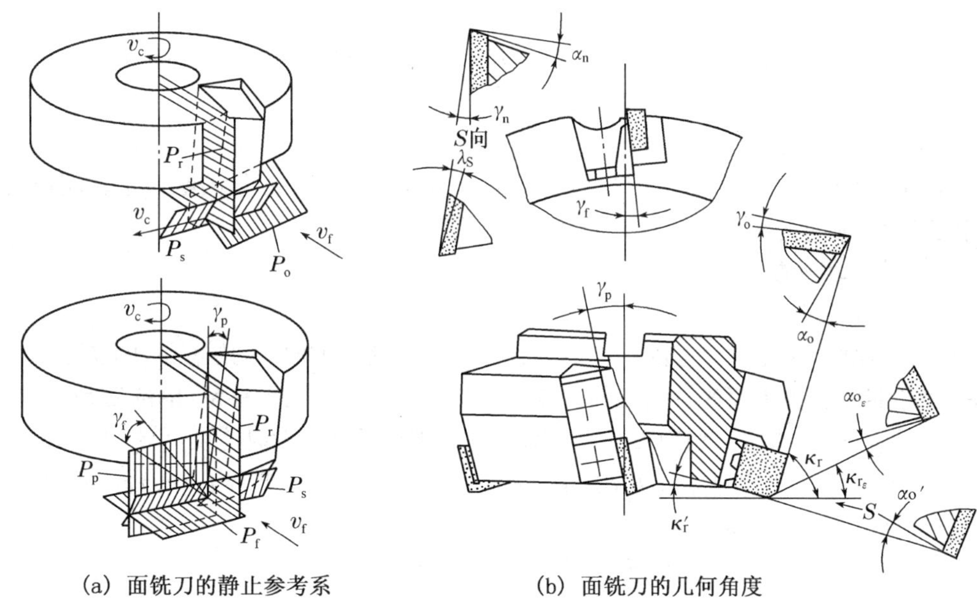

(a) 面铣刀的静止参考系　　　　(b) 面铣刀的几何角度

图 6-3　面铣刀的几何角度

如图 6-3(b)所示，在正交平面参考系中，标注角度有 γ_o、α_o、λ_s、k_r、k_r'、α_o'、$\alpha_{o\varepsilon}$和 $k_{r\varepsilon}'$。

机夹面铣刀每个刀齿安装在刀体上之前，相当于一把车刀。为了获得所需的切削角度，使刀齿在刀体中径向倾斜 γ_f 角、轴向倾斜 γ_p 角。若已确定 γ_o、λ_s 和 k_r 值，则按有关公式换算出 γ_f 和 γ_p，并将它们标注在装配图上，以供制造需要。

硬质合金面铣刀铣削时，由于断续切削，刀齿经受很大的机械冲击，在选择几何角度时，应保证刀齿具有足够强度。一般加工钢时取 $\gamma_o=5°\sim-10°$，加工铸铁时取 $\gamma_o=5°\sim-5°$，通常取 $\lambda_s=-15°\sim-7°$，$k_r=45°\sim75°$，$k_r'=5°\sim15°$，$\alpha_o=6°\sim12°$，$\alpha_o'=8°\sim10°$。

(二) 铣削用量

1. 铣削用量

如图 6-4 所示，铣削用量有以下几个方面。

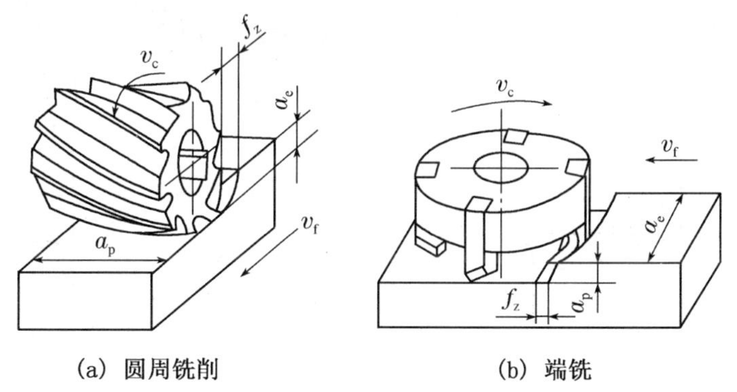

(a) 圆周铣削　　　　(b) 端铣

图 6-4　铣削用量

（1）背吃刀量 a_p。

在通过切削刃基点并垂直于工作平面的方向上测量的吃刀量。端铣时，a_p 为切削层深度；圆周铣削时，a_p 为被加工表面的宽度。

（2）侧吃刀量 a_e。

在平行于工作平面并垂直于切削刃基点的进给运动方向上测量的吃刀量。端铣时，a_e 为切削层深度；圆周铣削时，a_e 为切削层深度。

（3）进给运动参数。

铣削时进给量有三种表示方法：

① 每齿进给量 f_z 指铣刀每转过一齿相对工件在进给运动方向上的位移量，单位为 mm/z。

② 进给量 f 指铣刀每转一转相对工件在进给运动方向上的位移量，单位为 mm/r。

③ 进给速度 V_f 指铣刀切削刃基点相对工件的进给运动的瞬时速度，单位为 mm/min。

通常铣床铭牌上列出进给速度，因此，应根据具体加工条件选择 f_z，然后计算出 V_f，按 V_f 调整机床，三者之间关系为：

$$V_f = f_n = f_z Zn \tag{6-2}$$

式中 V_f——进给速度；

Z——铣刀齿数。

（4）铣削速度 v_c。

指铣刀切削刃基点相对工件的主运动的瞬时速度，可按下式计算：

$$v_c = \pi dn/1\,000 \tag{6-3}$$

式中 v_c——主运动瞬时速度，单位为 m/min 或 m/s；

d——铣刀直径，单位为 mm；

n——铣刀转速，单位为 r/min 或 r/s。

2. 切削层参数

铣削时的切削层为铣刀相邻两个刀齿在工件上形成的过渡表面之间的金属层，如图 6-5 所示。切削层形状与尺寸规定在基面内度量，它对铣削过程有很大影响。切削层参数有以下几个。

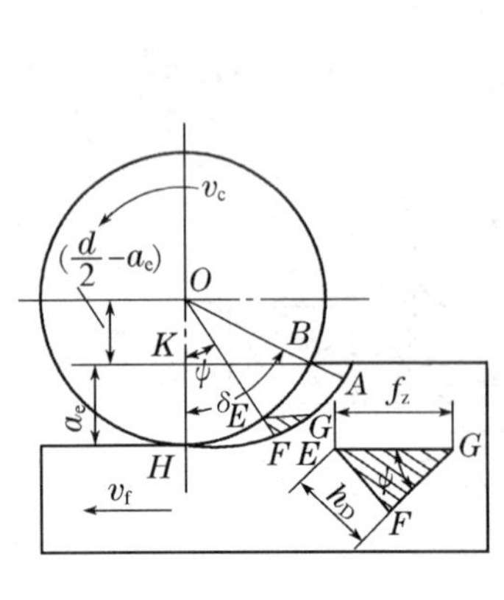

(a) 圆柱形铣刀

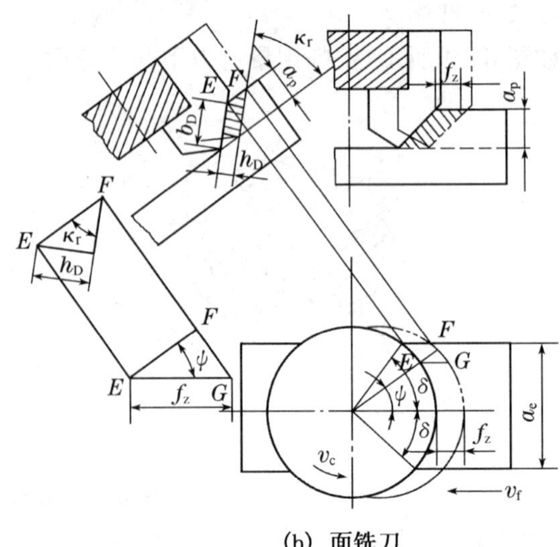

(b) 面铣刀

图 6-5 铣刀切削层参数

(1) 切削层公称厚度 h_D(简称切削厚度)。

指相邻两个刀齿所形成的过渡表面间的垂直距离,图 6-5(a)为直齿圆柱形铣刀的切削厚度。当切削刃转到 F 点时,其切削厚度为:

$$h_D = f_z \sin\psi \tag{6-4}$$

式中　ψ——瞬时接触角,它是刀齿所在位置与起始切入位置间的夹角。

由式(6-5)可知,切削厚度随刀齿所在位置不同而变化。刀齿在起始位置 H 点时,$\psi=0$,因此 $h_D=0$。刀齿转到即将离开工件的 A 点时,$\psi=\delta$,切削厚度 $h_D=f_z\sin\delta$,h_D 为最大值。

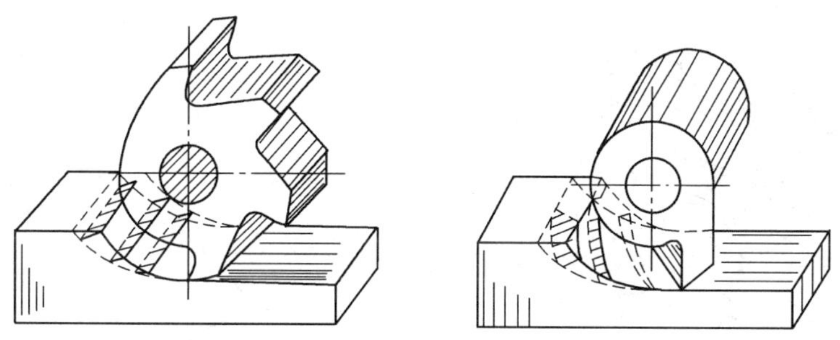

图 6-6　圆柱形铣刀切削层参数

由图 6-6 可知,螺旋齿圆柱形铣刀切削刃是逐渐切入和切离工件的,切削刃上各点的瞬时接触角不相等,因此,切削刃上各点的切削厚度也不相等。

图 6-5(b)所示为端铣时切削厚度 h_D,刀齿在任意位置时的切削厚度为:

$$h_D = \overline{EF}\sin k_r = f_z\cos\psi\sin k_r \tag{6-5}$$

端铣时,刀齿的瞬时接触角由最大变为零,然后由零变为最大。因此,由式(6-6)可知,刀齿刚切入工件时,切削厚度为最小,然后逐渐增大。到中间位置时,切削厚度为最大,然后逐渐减小。

(2) 切削层公称宽度 b_D(简称切削宽度)。

b_D 指切削刃参加工作长度。由图 6-6 可知,直齿圆柱形铣刀的 b_D 等于 a_p;而螺旋齿圆柱形铣刀的 b_D 是随刀齿工作位置不同而变化的,刀齿切入工件后,b_D 由零逐渐增大至最大值,然后又逐渐减小至零,因而铣削过程较为平稳。

如图 6-5(b)所示,端铣时每个刀齿的切削宽度始终保持不变,其值为:

$$b_D = a_p/\sin k_r \tag{6-6}$$

(3) 平均总切削层公称横截面积 $A_{D_{av}}$。

简称平均总切削面积,指铣刀同时参与切削的各个刀齿的切削层公称横截面积之和。铣削时,切削厚度是变化的,而螺旋齿圆柱形铣刀的切削宽度也是随时变化的,此外铣刀的同时工作的齿数也在变化,所以铣削总切削面积是变化的。铣削时平均总切削面积可按下式计算:

$$A_{D_{av}} = \frac{Q_w}{v} = \frac{a_p a_e v_f}{\pi d n} = \frac{a_p a_e f_z Z n}{\pi d n} = \frac{a_p a_e f_z Z}{\pi d} \tag{6-7}$$

(三) 铣削力

1. 铣削时的切削力

(1) 作用在铣刀上的铣削力铣削时，由于切削变形与摩擦，铣刀每个工作刀齿都受到一定的切削力。由于工作刀齿的切削位置和切削面积的变化，使每个刀齿所受到的铣削力的大小和方向也发生变化。通常假定各刀齿上的铣削力的合力 F 作用于某个刀齿上，并根据其作用不同分解为三个互相垂直的切削分力，如图 6－7 所示。

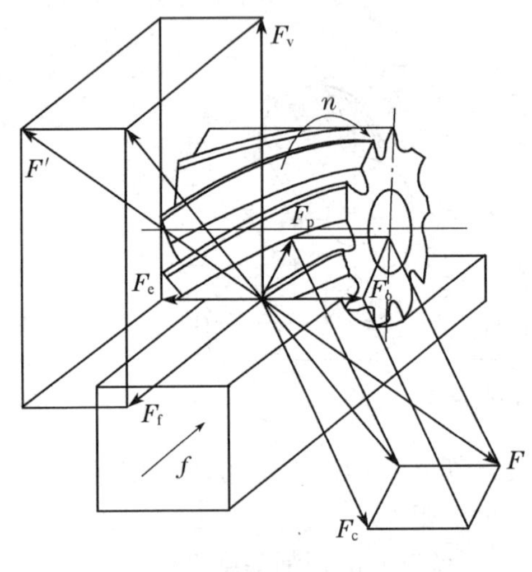

(a) 圆柱铣刀铣削力

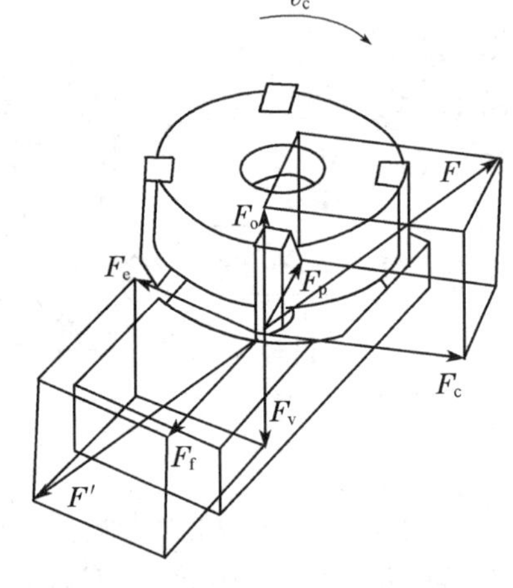

(b) 端铣刀铣削力

图 6－7 铣削刀

① 切削力 F_c 是作用在铣刀外圆切线方向的分力，又称切向力。它消耗的功率最多。

② 背向力 F_p 是沿铣刀半径方向的分力，又称径向力。它使刀杆弯曲，影响到铣削的平稳性。

③ 轴向力 F_o 是沿铣刀轴线方向的分力。

圆柱铣刀铣削时，F_p 和 F_o 的大小与铣刀的螺旋角 ω 有关；而端铣时，与铣刀的主偏角 k_r 有关。

(2) 作用在工件上的切削反力由于机床、夹具设计的需要和测量方便，通常将作用于工件上的合力 F'(F 的反力)按铣床工作台运动方向分解为三个分力(如图 6－7)

① 纵向进给分力 F_f 是在铣床纵向进给方向上的分力。它作用在铣床的纵向进给机构上，其方向因铣削方式的不同而异。

② 横向进给分力 F_e 是在铣床横向进给方向上的分力。

③ 垂直进给分力 F_v 是在铣床垂直进给方向上的分力。

铣削时，各铣削分力和切向力有一定的比例关系，见表 6－1 所示，若求出了 F_c，便可计算出 F_f、F_e 和 F_v。

表 6-1　各铣削力之间的比值

铣削条件	比值	对称铣削	不对称铣削	
			逆　铣	顺　铣
端铣削 $a_e=(0.4\sim0.8)d_0$ $f_z=0.1\sim0.2$ mm/z	F_f/F_c	0.3～0.4	0.6～0.9	0.15～0.30
	F_e/F_c	0.85～0.95	0.45～0.7	0.9～1.00
	F_v/F_c	0.5～0.55	0.5～0.55	0.50～0.55
圆柱铣削 $a_e=0.05d_0$ $f_z=0.1\sim0.2$ mm/z	F_f/F_c	—	1.0～1.20	0.8～0.90
	F_v/F_c		0.2～0.3	0.75～0.80
	F_e/F_c		0.35～0.4	0.35～0.40

铣削合力 F 为

$$F=\sqrt{F_c^2+F_p^2+F_0^2}=\sqrt{F_f^2+F_e^2+F_v^2} \tag{6-8}$$

2. 铣削力的计算

圆柱铣刀和面铣刀的切向力可按表 6-2 所列出的经验公式进行计算。当加工材料性能不同时，需乘以材料修正系数 k_{Fc}。

表 6-2　圆柱铣削和端铣削时的铣削力计算式

铣刀类型	刀具材料	切削刀 F_c 计算式(单位:N)	
圆柱铣刀	高速钢	碳钢	$F_c=9.81(65.2)a_e^{0.86}f_z^{0.72}a_pzd_0^{-0.86}$
		灰铸铁	$F_c=9.81(30)a_e^{0.83}f_z^{0.65}a_pzd_0^{-0.83}$
	硬质合金	碳钢	$F_c=9.81(96.6)a_e^{0.83}f_z^{0.75}a_pzd_0^{-0.87}$
		灰铸铁	$F_c=9.81(58)a_z^{0.90}f_e^{0.80}a_pzd_0^{-0.90}$
面铣刀	高速钢	碳钢	$F_c=9.81(78.8)a_e^{1.1}f_z^{0.80}a_p^{0.95}zd_0^{-1.1}$
		灰铸铁	$F_c=9.81(50)a_e^{1.14}f_z^{0.72}a_p^{0.90}zd_0^{-1.1}$
	硬质合金	碳钢	$F_c=9.81(789.3)a_e^{1.1}f_z^{0.75}a_pzd_0^{-1.3}n^{-0.2}$
		灰铸铁	$F_c=9.81(54.5)a_ef_z^{0.74}a_p^{0.90}zd_0^{-1.0}$
被加工材料 σ_b 或硬度不同时的修正系数 k_{F_c}			加工钢料时 $k_{F_c}=\left(\frac{\sigma_b}{0.637}\right)^{0.30}$ (式中 σ_b 的单位:GPa)
			加工铸铁时 $k_{F_c}=\left(\frac{布氏硬度值}{190}\right)^{0.55}$

3. 铣削功率

$$P_c=F_cv_c\times10^{-3}/60 \tag{6-9}$$

式中　P_c——铣削功率(kW)；

F_c——切削刀(N)；

v_c——铣削速度(m/min)。

(四) 铣削方式

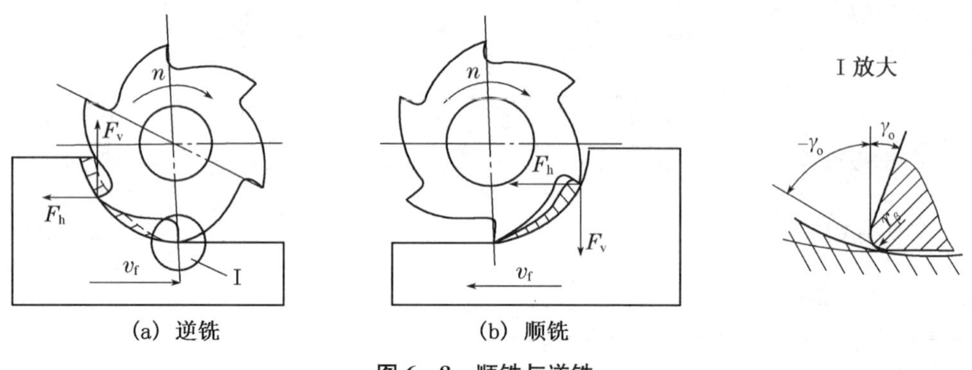

(a) 逆铣　　(b) 顺铣

图 6-8　顺铣与逆铣

1. 圆周铣削方式

如图 6-8 铣削时,根据铣刀旋转方向和工件进给方向组合不同,分为顺铣和逆铣。铣刀旋转方向和工件进给方向相反时称为逆铣,相同时称为顺铣。

逆铣时,切削厚度由零逐渐增大,由于铣刀刀齿具有刃口钝圆半径 r_β,使刀齿要产生一段"滑行"才能切入工件,结果使已加工表面产生硬化,表面粗糙度值变大,铣刀磨损增大。

顺铣时,切削厚度由厚变薄,无"滑行"现象,加工表面粗糙度值小,铣刀磨损也小。同时,垂直力 F_v 向下作用,将工件压向工件台,避免铣削时的上下振动。但 F_h 力与进给方向一致,由于铣床工作台进给机构丝杠——螺母存在有间隙,在铣削力变动的过程中,由于 F_h 的作用,可能使工作台带动丝杠发生窜动而影响铣刀寿命,甚至打刀。因此,当要采用顺铣方式时,机床进给机构必须具有消除间隙机构。

2. 端铣方式

端铣时,根据面铣刀相对于工件安装位置不同,也可分为逆铣和顺铣。如图 6-9(a)所示,面铣刀轴线位于铣削弧长的中心位置,上面的顺铣部分等于下面的逆铣部分,称为对称端铣。图 6-9(b)中的逆铣部分大于顺铣部分,称为不对称逆铣。图 6-9(c)中的顺铣部分大于逆铣部分,称为不对称顺铣。图中切入角 δ 与切离角 δ_1,凡位于逆铣一侧为正值,而位于顺铣一侧为负值。

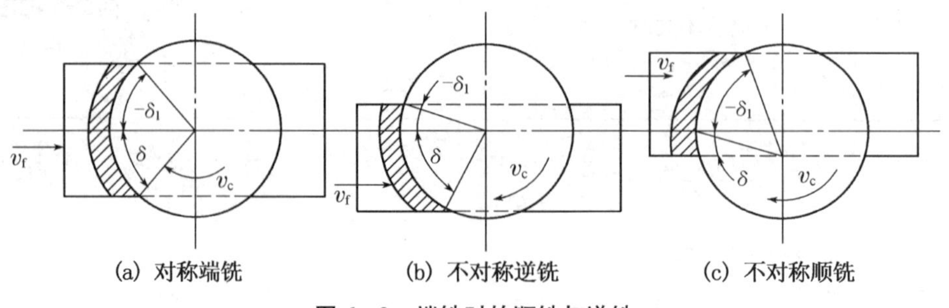

(a) 对称端铣　　(b) 不对称逆铣　　(c) 不对称顺铣

图 6-9　端铣时的顺铣与逆铣

(五) 常见的铣刀种类

1. 圆柱形铣刀

它用于加工平面，可分为粗齿和细齿两种。其直径 d=50 mm、63 mm、80 mm、100 mm。这类铣刀的几何角度为 $\gamma_n=15°$，$\alpha_o=12°$，$\omega=30°\sim35°$(细齿铣刀)和 $\omega=40°\sim45°$(粗齿铣刀)。粗齿圆柱形铣刀具有齿数少、刀齿强度高、容屑空间大、重磨次数多等特点，适用于粗加工。细齿圆柱形铣刀齿数多、工作平稳，适用于精加工。

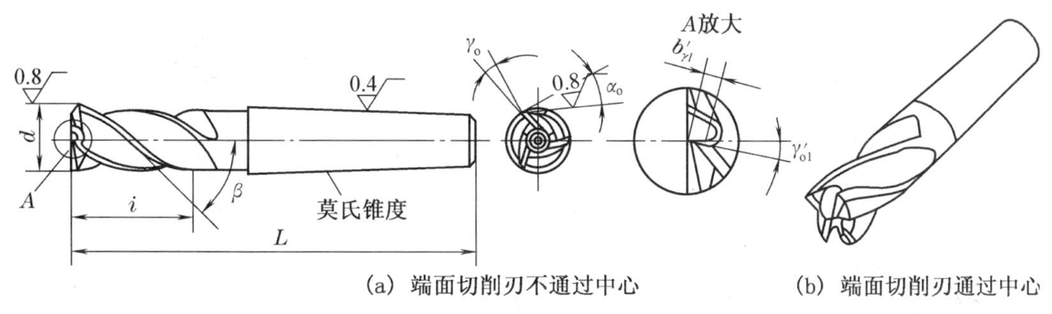

(a) 端面切削刃不通过中心　　(b) 端面切削刃通过中心

图 6-10　高速钢立铣刀

2. 立铣刀

图 6-10 为高速钢立铣刀，它主要用于加工凹槽、台阶面以及成形表面。国家标准规定：直径 d=2～71 mm 的立铣刀做成直柄或削平型直柄；直径 d=6～63 mm 做成莫氏锥柄；d=25～80 mm 做成 7∶24 锥柄等。

如图 6-10(a)所示，立铣刀圆柱面上的切削刃是主切削刃，端面上的切削刃没有通过中心，是副切削刃。工作时不宜做轴向进给运动。为了保证端面切削刃具有足够强度，在端面切削刃的前面上磨出 $b'_{r1}=0.4\sim1.5$ mm、$\gamma'_{o1}=6°$的倒棱。

国内外许多工厂生产有 1～2 个切削刃通过中心的立铣刀(如图 6-10(b))。加工时，它可以进行轴向进给或钻浅孔，特别适合于模具加工。

硬质合金立铣刀可分为整体式和可转位式。通常直径 d=3～20 mm 制成整体式，直径 d=12～50 mm 制成可转位式。

整体式硬质合金立铣刀分为标准螺旋角(30°或 45°)和大螺旋角(60°)立铣刀(如图 6-11)，齿数为 2、4、6 齿。6 齿大螺旋角立铣刀切削平稳，径向切削力小，适用于精加工。标准螺旋角立铣刀齿数少，容屑槽大，有 1～2 个切削刃通过中心，适用于粗加工。

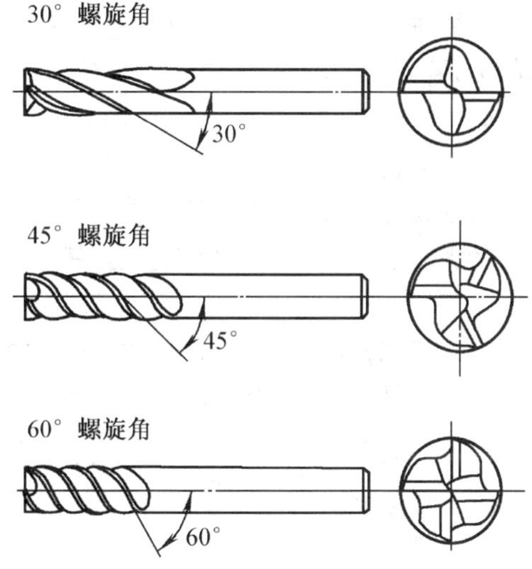

图 6-11　硬质合金立铣刀

可转位立铣刀按其结构和用途可分为普通型、钻铣型和螺旋齿型。

可转位螺旋立铣刀(如图 6－12)的每个螺旋刀齿上若干硬质合金可转位刀片,相邻两个刀齿上的硬质合金刀片相互错开,切削刃呈玉米状分布,减小了切削宽度。在保持切削功率不变情况下,可较大地增大进给速度 v_f。为了减小切削力,可选用正前角或有断屑槽的刀片。通常直径 d=32～50 mm 制成直柄或莫氏锥柄,直径 d=32～100 mm 制成 7∶24 锥柄。它又分为左旋(ω=30°)和右旋(ω=25°)两种。

可转位螺旋齿立铣刀的头部刚性差,容易坏,可以做成模块式(如图 6－13),以便于更换,比整体的更经济。

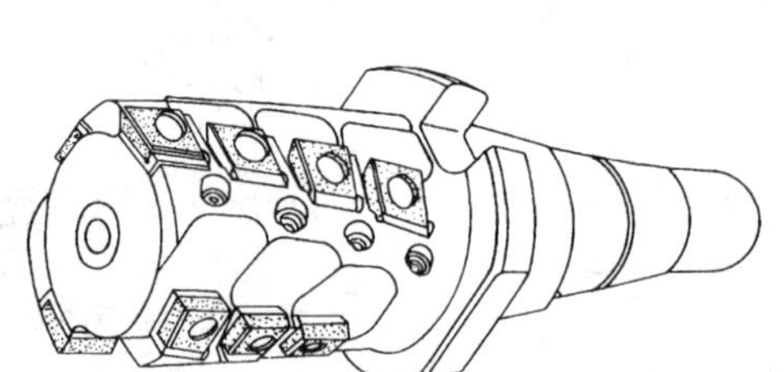

图 6－12 可转位螺旋立铣刀

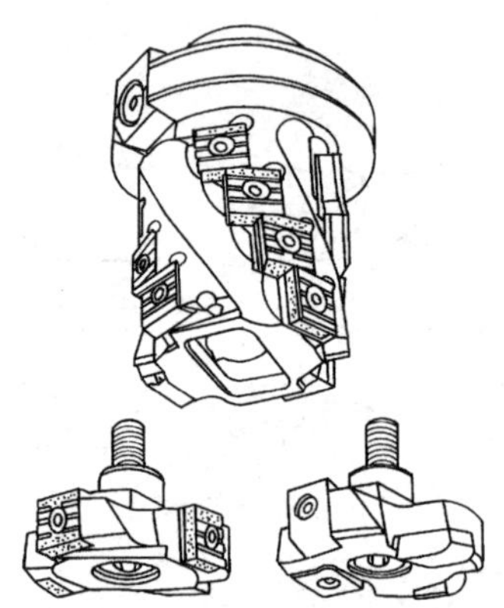

图 6－13 模块式螺旋齿立铣刀

3. 键槽铣刀

图 6－14 为键槽铣刀,它主要用于加工圆头封闭键槽。它有两个刀齿,圆柱面和端面上都有切削刃,端面切削刃延至中心,工作时能沿轴线做进给运动。按国家标准规定,直柄键槽铣刀 d=2～22 mm,锥柄键槽铣刀直径 d=14～50 mm。键槽铣刀直径的精度等级有 e8 和 d8 两种,通常分别加工 H9 和 N9 键槽。

键槽铣刀的圆周切削刃仅在靠近端面的一小段长度内发生磨损。重磨时只需刃磨端面切削刃,铣刀直径不变。

4. 三面刃铣刀

三面刃铣刀适用于加工凹槽和台阶面。三面刃铣刀除圆周具有主切削刃外,两侧面也有副切削刃,从而改善了切削条件,提高了切削效率和减小表面粗糙度,但重磨后厚度尺寸变化较大。三面刃铣刀可分为直齿、错齿和镶齿三面刃铣刀。

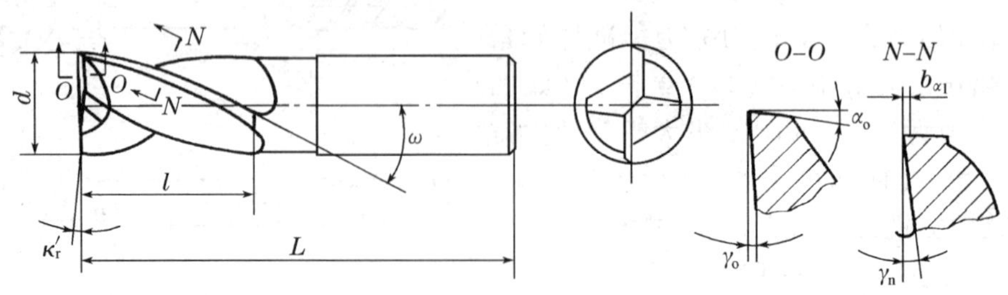

图 6－14 键槽铣刀

图 6-15 为直齿三面刃铣刀。按国家标准规定，铣刀直径 d=50～200 mm、厚度 L=4～400 mm。厚度尺寸精度为 K11、K8。它的主要特点是圆周齿前面与端齿前面是一个平面，可一次铣成和刃磨，使工序简化；圆周齿和端齿均留有凸出刃带，便于刃磨，且重磨后能保证刃带宽度不变，但侧刃前角 $\gamma_0'=0°$，切削条件差。

错齿三面刃铣刀（如图 6-16）的 γ_0' 近似等于 λ_s。与直齿三面刃铣刀相比，它具有切削平稳、切削力小、排屑容易和容屑槽大等优点。

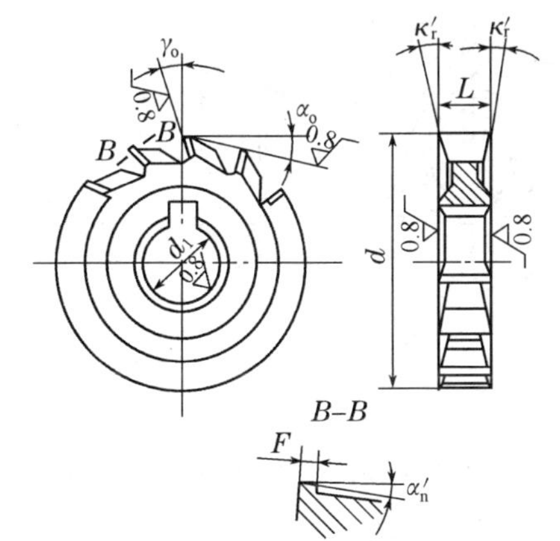

图 6-15　直齿三面刃铣刀

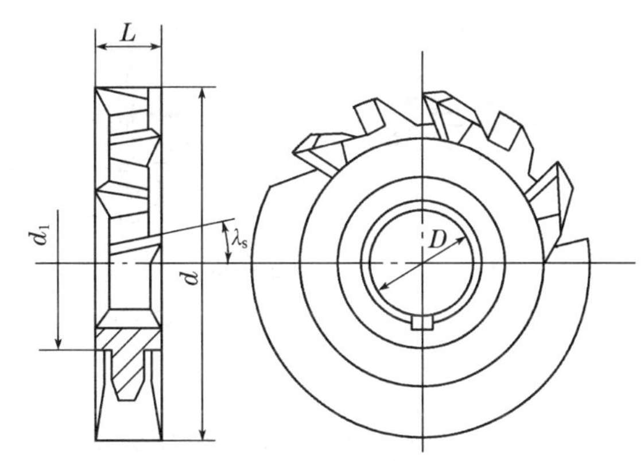

图 6-16　错齿三面刃铣刀

图 6-17 所示为镶齿三面刃铣刀，该铣刀直径 d=80～315 mm、厚度 L=12～40 mm。在刀体上开有带 5°斜度齿槽，带齿纹的楔形刀齿楔紧在齿槽内。各个同向齿槽的齿纹依次错开 P/Z（Z 为同向倾斜的齿数；P 为齿纹齿距）。铣刀磨损后，可依次取出刀齿，并移至下一个相邻同向齿槽内。调整后铣刀厚度增加 $2P/Z$，再通过重磨，可恢复铣刀厚度尺寸。

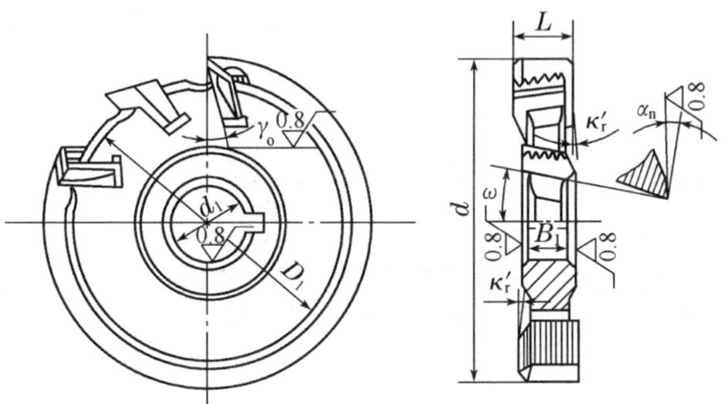

图 6-17　镶齿三面刃铣刀

硬质合金可转位三面刃铣刀（如图 6-18）一般通过楔块螺钉或压孔式将刀片夹紧在刀体上，刀片的安装多数采用平装，也有立装的。三个切削刃同时参加切削、排屑条件差，因此，三面刃铣刀的齿数较少，以保证足够容屑空间。可转位三面刃铣刀的前角一般取 $\gamma_p=+3°\sim+5°$、$\gamma_f=-2°\sim+7°$。取 $k_r'=40'\sim1°$。常用可转位三面刃铣刀直径 d=80～315 mm，厚度 L=10～32 mm。一般可转位三面刃铣刀有

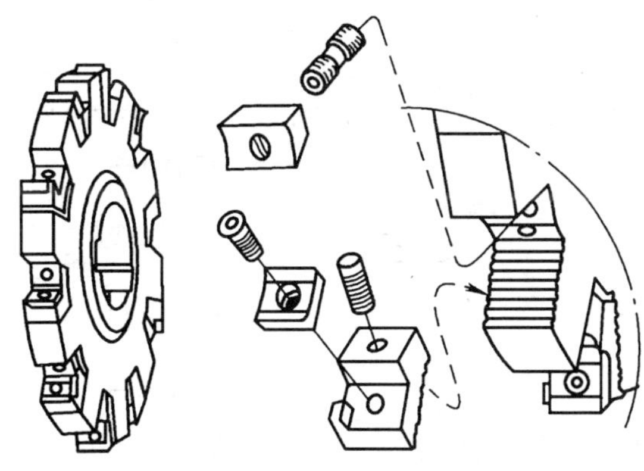

图 6-18　硬质合金可转位三面刃铣刀

两个键槽，以便于组合使用时，将刀齿错开，使切削平稳。

5. 角度铣刀

图 6-19 为角度铣刀，它主要用于加工带角度的沟槽和斜面。图 6-19(a)为单角铣刀，圆锥面上的切削刃为主切削刃，端面切削刃为副切削刃。图 6-19(b)为双角铣刀，两圆锥面上的切削刃均为主切削刃。它分为对称双角铣刀和不对称双角铣刀。

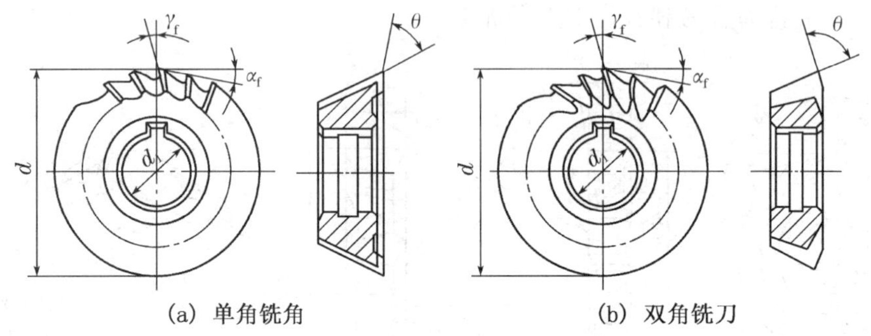

(a) 单角铣角　　(b) 双角铣刀

图 6-19　角度铣刀

国家标准规定，单角铣刀直径 d=40～100 mm，两刀刃间夹角为 θ=18°～90°。不对称双角铣刀直径 d=40～100 mm，夹角为 θ=50°～100°。对称双角铣刀直径 d=50～100 mm，夹角 θ=18°～19°。

6. 模具铣刀

模具铣刀(如图 6-20)用于加工模具型腔或凸模成形表面。在模具制造中广泛应用。它是由立铣刀演变而成。高速钢模具铣刀主要分为圆锥形立铣刀(直径 d=6～20 mm，半锥角 $\alpha/2$=3°、5°、7°和 10°，圆柱形球头立铣刀直径 d=4～63 mm)和圆锥形球头立铣刀(直径 d=6～20 mm，半锥角 $\alpha/2$=3°、5°、7°和 10°)，按工件形状和尺寸来选择。

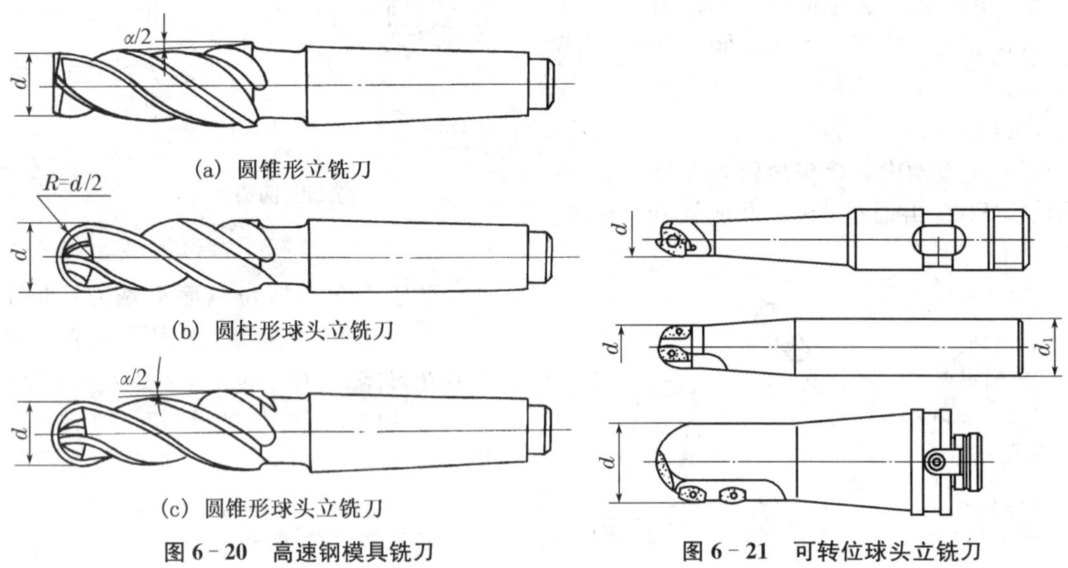

(a) 圆锥形立铣刀

(b) 圆柱形球头立铣刀

(c) 圆锥形球头立铣刀

图 6-20　高速钢模具铣刀　　**图 6-21　可转位球头立铣刀**

硬质合金球头铣刀可分为整体式和可转位式。整体式硬质合金球头铣刀直径 d=3～20 mm，螺旋角 ω=30°或 45°，齿数 Z=2～4 齿，适用于高速、大进给铣削。加工表面粗糙度小,主要用于精铣。

可转位球头立铣刀(如图 6-21)前端装有一片或 2 片可转位刀片,它有两个圆弧切削刃,直径较大的可转位球头立铣刀除端刃外,在圆周上还装长方形可转位刀片,以增大最大吃刀量。用这种球头铣刀进行坡铣时,向下倾斜角不宜大于 30°。铣削表面粗糙度较大,主要用于高速粗铣和半精铣。

硬质合金旋转锉也称作硬质合金模具铣刀(如图 6-22),可取代金刚石锉刀和磨头来加工淬火后硬度小于 65HRC 的各种模具,其切削效率可提高几十倍。

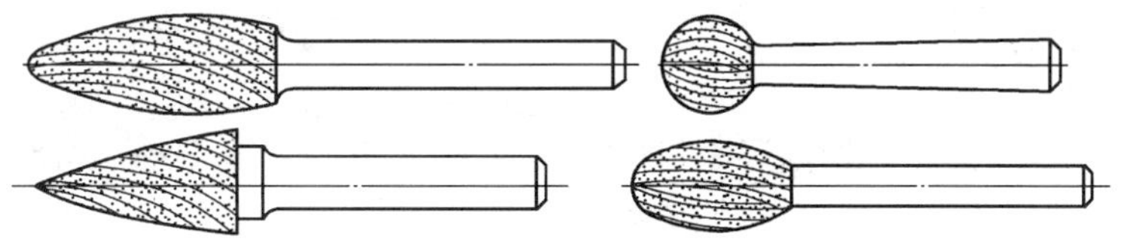

图 6-22　硬质合金旋转锉

7. 硬质合金可转位面铣刀

硬质合金可转位面铣刀适用于高速铣削平面,由于它刚性好、效率高、加工质量好、刀具寿命高,故得到广泛应用。

图 6-23 为典型的可转位面铣刀。它由刀体 5、刀垫 1、紧固螺钉 3、刀片 6、楔块 2 和偏心销 4 等组成。刀垫通过楔块和紧固螺钉夹紧在刀体上,在夹紧前端旋转偏心销将刀垫轴向支承点的轴向跳动调整到一定数值范围内。刀片安放在刀垫上后,通过楔块夹紧。偏心销还能防止切削时刀垫受过大轴向力而产生窜动。

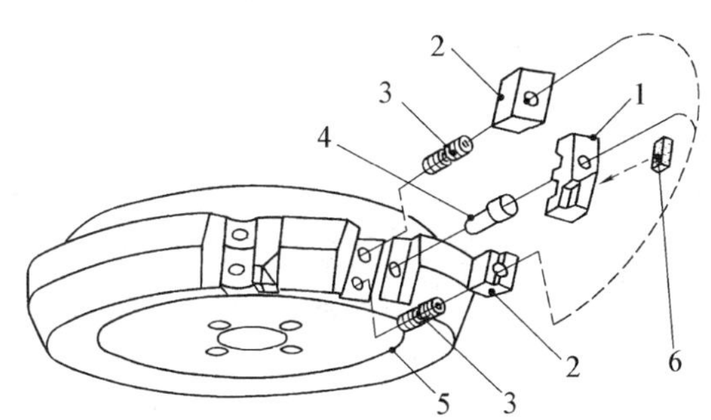

图 6-23　硬质合金可转位面铣刀

1—刀垫;2—楔块;3—紧固螺钉;4—偏心销;5—刀体;6—刀片。

切削刃磨损后,将刀片转位或更换刀片后即可继续使用。与可转位车刀一样,它具有加工质量好、加工效率高、加工成本低、使用方便等优点,因而得到广泛使用。

任务2　铣刀的磨损与铣刀寿命

【知识点】（1）铣刀的磨损；

（2）铣刀的寿命。

【技能点】合理选择铣刀的寿命。

一、任务下达

一把铣刀用一段时间后，切削起来可能会比较沉重，甚至出现振动。有时会从工件与刀具接触面处发出刺耳的尖叫声，会在加工表面上出现亮点和紊乱的刀痕，表面粗糙度明显恶化，这说明刀具磨损了，怎样判断铣刀的磨损？

二、任务分析

刀具变钝显然是磨损所致，而刀具磨损的快慢必然与切削条件有关，如加工时所选的切削用量等。为了防止上述现象出现，必须熟悉刀具磨损的具体原因及磨损的形式，在刀具变钝之前，及时地停止加工，并对其进行刃磨。

三、相关知识

（一）铣刀的磨损

1. 铣刀的磨损及破损

铣刀磨损的基本规律与车刀相似。高速钢铣刀的切削厚度较小，尤其在逆铣时，刀齿对工作表面挤压、滑行较严重，所以铣刀磨损主要发生在后面上，如图6－24(a)所示。用硬度合金面铣刀铣削钢件时，因切削速度高，切屑沿前面滑动速度大，故后面磨损的同时，前面也有较小磨损，如图6－24(b)所示。此外，硬质合金面铣刀由于断续切削时的机械冲击和刀具材料的脆性产生低速性崩刃。进行高速断续切削时，使刀齿经受着反复的机械冲击和热冲

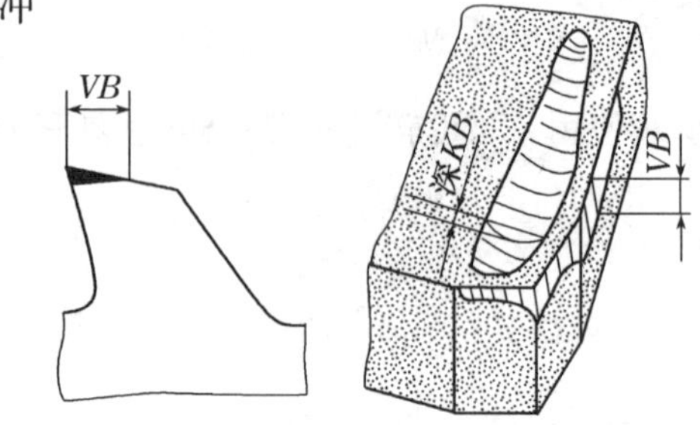

(a) 后面磨损　　(b) 前、后面同时磨损

图6－24　铣刀磨损

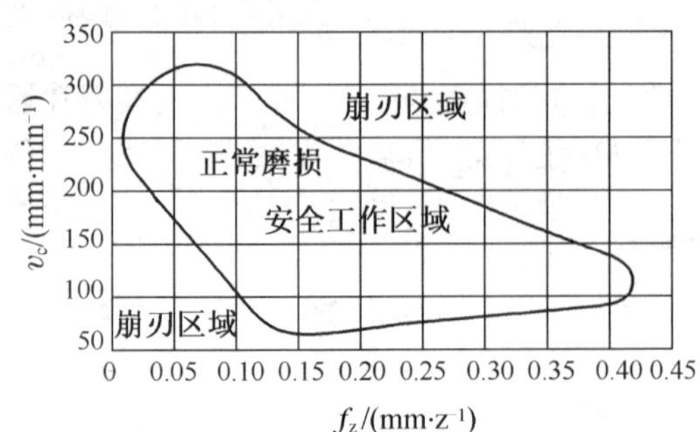

图6－25　硬质合金面铣刀安全工作区域

击，产生裂纹而引起刀齿的疲劳破损。铣削速度愈高，产生这种疲劳破损就愈早和愈严重。大多数硬质合金面铣刀因疲劳破损而失去切削能力。

如果铣刀几何角度选择不合理或使用不当，刀齿强度差，则刀齿在承受很大的冲击力后，会产生没有裂纹的破损。

(二) 防止铣刀破损的措施

(1) 合理选择铣刀刀片牌号　应采用韧性高、抗热裂纹敏感性小且具有较好耐热性和耐磨性的刀片材料。例如，铣削钢时，可采用 YS30、YS25 等牌号刀片；铣削铸铁时，可选用 YD15 等牌号刀片。

(2) 合理选用铣削用量　在一定加工条件下，存在一个不产生破损的安全工作区域，如图 6-25 所示。选择在安全工作区域内的 v_c 和 f_z，能保证铣刀正常工作。

(3) 正确地确定铣刀刀齿切入工件的状态　如图 6-26(a)所示，用面铣刀铣削平面时，工件侧面切削断面 $STUV$ 在刀齿切入时，与刀齿前刀面初始接触点。根据铣削的侧前角 γ_f、背前角 γ_p 和切入角 φ 不同组合，可能是 S' 在刀尖、T' 在切削刃上、V' 在副切削刃附近、U' 在远离刀尖和切削刃的前刀面上。例如，铣削时若刀尖 S 首先与工件侧面相接触，由于刀尖是刀具最弱的部位，就可能引起崩刃或打刀；若前刀面的 U 点首先与工件接触，由于 U' 点在前刀面较远处，强度最好(四个点相比较)，就不容易引起崩刃或打刀，并能使其他各点在无冲击下切入工件。根据分析实验证明为使 U 点首先与工件接触，应使切入角 φ 大于侧(进给)前角 γ_f(如图 6-26(b))或侧(进给)前角 γ_f 和背(切深)前角 γ_p，同时为负。

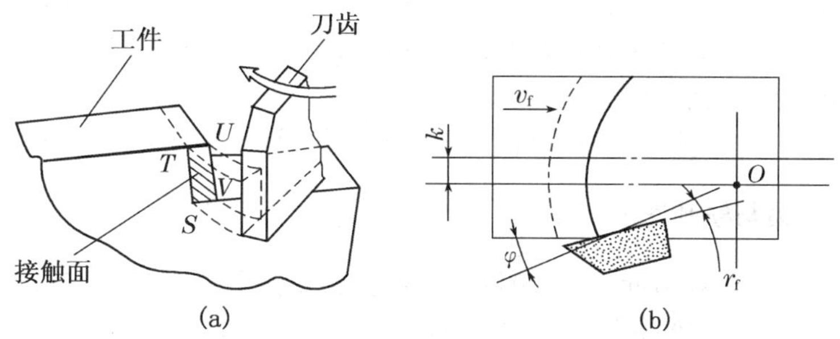

图 6-26　刀齿前恨面与工件侧面的接触点

(4) 合理安置铣刀和工件的相对位置和选取铣刀直径

① 切入角 φ 的选定　由图 6-24 及式 $\sin\varphi=\dfrac{a_e/2-k}{d/2}$ 可知，铣刀相对于工件的偏移量 k 愈小，则切入角 φ 愈大。当 $k=0$，$\sin\varphi=\dfrac{a_e}{d}$，若 $a_e=d$，即侧吃刀量 a_e 等于铣刀直径时，$\varphi=90°$，切入角 φ 最大。刀齿切入时，切削厚度为零，使铣刀刀齿有“滑行”，不能很快进入正常切削状态，引起刀齿磨损或破损。

增大偏移量 k，使 $k>a_e/2$ 时，切入角 φ 为负值，这时刀齿切入时，切削厚度最大，为顺铣状态，使切削很快进入到正常切削状态，因而刀齿磨损或破损少。根据实验结果，切入角 φ 对刀具寿命的影响，如图 6-27 所示。在铣削较软材料 $\varphi=-20°$ 左右时，刀具寿命最高。但这时从接触种类来说，基本属于容易发生崩刃的 S 或 VS 接触；而在铣削高硬度材料时，$\varphi=$

5°～20°的 U 点接触，刀具寿命最高，如图 6－27(b)所示。由此可以认为切入角 φ 的效果主要是由于刀齿切入时，切削厚度不同所带来的影响所致。

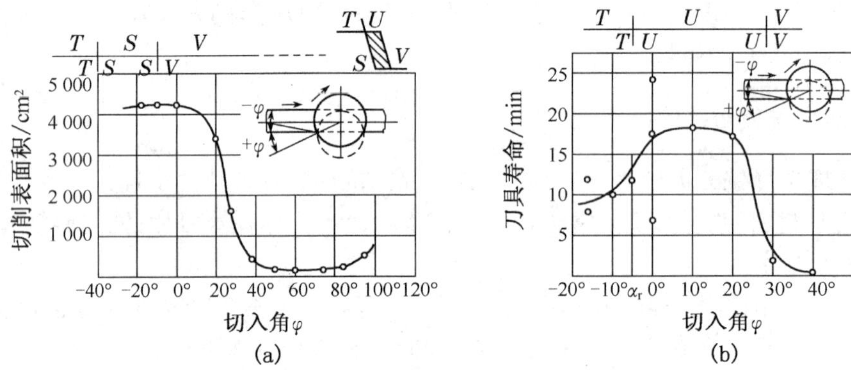

图 6－27　切入角 φ 对刀具寿命的影响

表 6－3　铣刀直径 d 与切入角 φ 的关系(当铣削宽度 a_e＝100 mm 时)

铣刀直径 d	250	200	160	125	100
a_e/d	0.4	0.5	0.63	0.8	1.0
切入角 φ	23°	30°	38°	53°	90°

② 铣刀直径 d 的选定　对称铣削时，当工件铣削宽度 a_e 已知，铣刀直径 d 不同，切入角 φ 就不同(如图 6－27)。由表 6－3 可知，铣刀直径 d 愈大，切入角就愈小，对铣刀有利。但直径越大，线速度越大，产生的机械冲击也就越大，又会增大刀齿产生崩刃的可能性，权衡两者，通常采用的铣刀直径 $d=(1.2\sim1.5)a_e$ 为宜。

不对称铣削时，应采用不对称顺铣，不采用不对称逆铣，其铣刀直径也不宜过大。

(三) 铣刀寿命与铣削速度

铣刀磨损标准规定在后面上，高速钢圆柱形铣刀粗铣钢件时 $VB=0.6$ mm，精铣时 $VB=0.25$ mm。硬质合金面铣刀铣削钢件时 $VB=1\sim1.2$ mm，铣削铸件时 $VB=1.5\sim2$ mm。高速钢圆柱形铣刀的寿命 $T=100\sim400$ min，硬质合金面铣刀的寿命 $T=80\sim600$ min。铣削速度根据铣刀寿命和加工条件，可按下列实验公式进行计算：

$$v_c=\frac{C_{vc}d^{q_{vc}}}{T^m a_p^{x_{vc}} a_f^{y_{vc}} Z^{m_{vc}} a_e^{Z_{vc}}}K_{vc} \qquad (6-10)$$

式中 C_{vc} 为系数，q_{vc}、m、x_{vc}、m_{vc} 和 Z_{vc} 为指数，K_{vc} 为修正系数。

公式中系数和指数可从有关手册中查得。切削速度也可从有关资料直接查得。

任务3　合理选择铣刀的几何参数和铣削用量

【知识点】（1）铣刀几何参数的功用；

（2）铣削用量及其计算。

【技能点】 合理选择铣刀几何角度和铣削用量。

一、任务分析

欲采用 $\phi80$ mm 的高速钢细齿圆柱铣刀精铣铸铁件平面，试确定刀具的几何参数及铣削用量。

二、任务分析

与其他金属切削刀具一样，铣刀几何参数的大小影响着铣削时金属材料的变形和铣削力的大小，影响着切削温度、铣刀磨损和铣刀寿命，从而影响着加工表面的质量和生产效率。为了充分发挥铣刀的切削性能，除正确选择刀具材料和刀具种类外，还应根据具体的铣削条件，合理地选择铣刀的几何参数和铣削用量。本课题要求学生学会根据被加工材料的加工要求合理选择铣刀的几何角度和铣削用量，达到高质量、高效率完成加工任务的目的。

三、相关知识

（一）铣刀的几何参数

在结构上，铣刀由刀齿和刀体两部分构成，如图 6-28 所示。刀体的作用是固定刀齿并通过它把铣刀安装在铣床主轴或刀杆上。铣刀的每个刀齿相当于一把普通车刀，所以车刀的几何角度的定义也适用于铣刀。

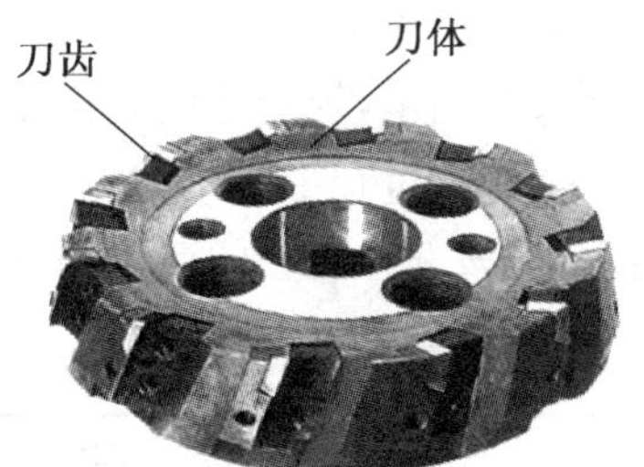

图 6-28　铣刀的结构组成

1. 前角

前角通常是在主剖面内度量的，用 γ_o 表示。但对于螺旋齿圆柱铣刀，如图 6-29 所示，为了便于制造和测量，规定法向前角 γ_o 为其标注角度，而 γ_n 和 γ_o 的换算关系为：

$$\tan\gamma_o = \tan\gamma_o \tan\beta$$

式中　β——铣刀的螺旋角，对于圆柱铣刀，其螺旋角 β 就是刃倾角 λ_s。

选择铣刀前角的依据主要是工件材料、刀具材料及加工性质。若工件材料较软时，为了减少切削层的变形，减小切削力与切削热，应选择较大的前角。若工件材料硬而脆，为保护刀尖，提高刀具切削部分的强度，应选择较小前角。硬质合金刀具性能较脆，所以它的前角比高速钢铣刀的前角小些。铣刀前角的数值见表 6-4 所示。

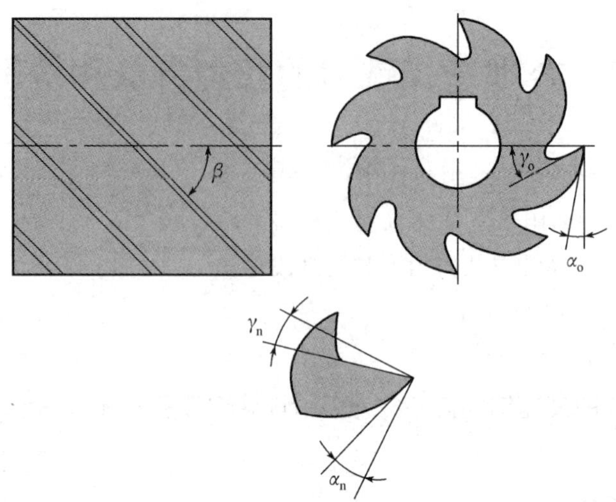

图 6-29　螺旋齿圆柱铣刀

表 6-4　铣刀的前角(圆柱铣刀为 γ_n,端面铣刀为 γ_o)

工件材料 / 刀具材料	钢材	铸铁	铝合金、镁合金
高速钢	10°～20°	5°～15°	25°～30°
硬质合金	−10°～15°	−5°～5°	—

课题引入中,用高速钢细齿圆柱铣刀精铣铸铁件,其铣刀前角查表 6-1,可选择在 5°～15°之间。

2. 后角

和前角类似,后角也是在主剖面内度量的,用 α_o 表示。但对于螺旋齿圆柱铣刀,为了便于制造和测量,规定法向后角 α_n 为其标注角度。

在铣削过程中,由于铣削厚度比车削小,磨损主要发生在后刀面上,为了减少后刀面的磨损,应该选择较大的后角。铣刀后角的数值见表 6-5 所示。

表 6-5　铣刀的后角(圆柱铣刀为 α_n,端面铣刀为 α_o)

铣刀类型		后角
高速钢铣刀	粗齿	12°
	细齿	16°
硬质合金铣刀	粗齿	6°～8°
	细齿	12°～15°

课题引入中,用的是高速钢细齿圆柱铣刀,所以查表 6-5 其后角可选择为 16°。

3. 主偏角和副偏角

如图 6-30(a)所示,圆柱铣刀的主偏角 $\kappa_r=90°$。因圆柱铣刀无副切削刃,所以无副偏角。

硬质合金端面铣刀的主偏角 κ_r 和副偏角 κ_r' 如图 6－30(b)所示，其数值的选择见表 6－6 所示。

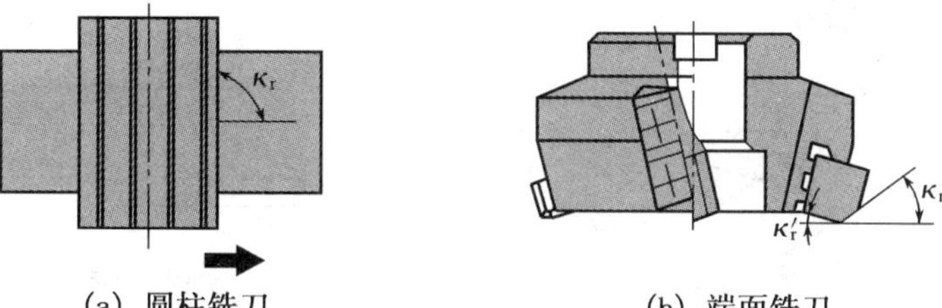

(a) 圆柱铣刀　　(b) 端面铣刀

图 6－30　铣刀的主偏角和副偏角

表 6－6　硬质合金端面铣刀主偏角 κ_r 和副偏角 κ_r'

工件材料	κ_r	κ_r'
钢材 铸铁	60°～75° 45°～60°	0°～5° 0°～5°

课题引入中，工件材料为铸铁，所以铣刀主偏角范围为 45°～60°，副偏角范围为 0°～5°。

4. *刃倾角*

圆柱铣刀的刃倾角，λ_s 等于刀齿的螺旋角 β。螺旋角 β 的作用是使铣刀刀齿逐渐切入和切出工件，提高铣削的平稳性。增大螺旋角 β 能增加铣刀的实际工作前角，使切削轻快，易于排出切屑，对切削过程有利。

硬质合金端面铣刀的刃倾角，主要考虑铣削中的冲击性。为了增加刀尖的强度，应合理选择刃倾角数值，如铣削钢材及铸铁时，刃倾角应取负值。只有在加工强度较低的工件材料时，才选用正值。

铣刀刃倾角(螺旋角 β)的大小见表 6－7 所示。

表 6－7　铣刀的刃倾角 λ_s(螺旋角 β)

铣刀类型	圆柱铣刀		硬质合金端面铣刀
	粗齿	细齿	
$\lambda_s(\beta)$	40°～60°	25°～30°	−15°～−5°

课题引入中的铣刀刃倾角范围应为 25°～30°。

(二) 铣削用量

铣削用量包括铣削速度、进给量、铣削背吃刀量及铣削宽度等。合理选择铣削用量，对提高生产效率、改善表面质量和加工精度，都有着密切的关系，铣削用量如图 6－31 所示。

1. *铣削速度 v_c*

铣削速度是指在切削过程中，铣刀的线速度。其计算公式为：

$$v_c=\frac{\pi D n}{1\,000}(\mathrm{m/min}) \tag{6-11}$$

式中　D——铣刀的直径，mm；

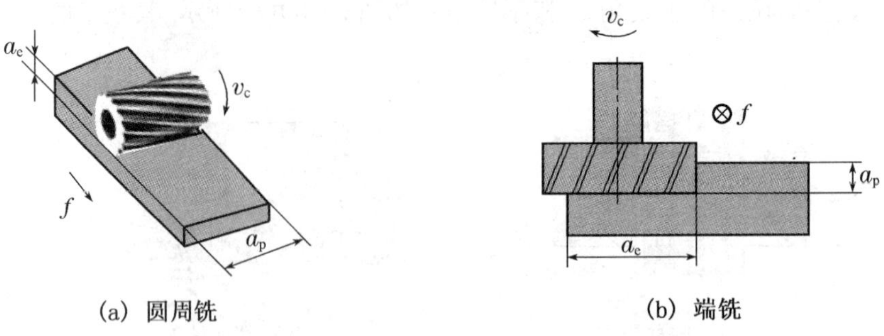

(a) 圆周铣　　(b) 端铣

图 6－31　铣削用量

N——铣刀的转速，r/min；

π——圆周率。

【知识链接】 铣削速度在铣床上是以主轴转速来调整的。但是对铣刀使用寿命等因素的影响，是以铣削速度来考虑的。因此，大都在选择好合适的铣削速度后，再根据铣削速度来计算铣床的主轴转速。

【例 6－1】 在 X6132 型卧式铣床上，用直径为 80 mm 的细齿圆柱形铣刀，以 20 m/min的铣削速度进行铣削。试问主轴转速应调整到多少？

【解】 已知：$D=80$ mm，$v_c=20$ m/min，根据式(6－11)

$$n=\frac{1\,000v_c}{\pi D}=\frac{1\,000\times 20}{3.14\times 80}=79.6\ \text{r/min}$$

实际上铣床主轴转速铭牌上与其接近的数值为 75 r/min。

铣削速度 v_c 可在表 6－8 推荐的范围内选取，并根据实际情况进行试切后加以调整。

表 6－8　铣削速度 v_c 数值的选取

工件材料	铣削速度 v_c(m/min)	
	高速钢铣刀	硬质合金铣刀
20 钢	20～45	150～190
45 钢	20～35	120～150
40Cr	15～25	60～90
HT150	14～22	70～100
黄铜	30～60	120～200
铝合金	112～300	400～600
不锈钢	16～25	50～100

说明：① 粗铣时取小值，精铣时取大值。

② 工件材料强度和硬度较高时取小值，反之取大值。

③ 刀具材料耐热性较好时取大值，反之取小值。

课题引入中用高速钢铣刀铣削铸铁件，查表 6－8 其铣削速度可选择在 14～22 m/min 范围内。

2. 进给量

铣刀是多刃刀具，因此，进给量有几种不同的表达方式。

(1) 每齿进给量(f_z)。

铣刀每转过一个刀齿时，铣刀在进给运动方向上相对于工件的位移量称为每齿进给量(mm/z)，它是选择铣削进给速度的依据。每齿进给量的选择见表 6-9 所示。

表 6-9　每齿进给量 f_z 的数值　　mm/z

刀具名称	高速钢刀具		硬质合金刀具	
	铸铁	钢件	铸铁	钢件
圆柱铣刀	0.12～0.2	0.1～0.15	0.2～0.5	0.08～0.20
立铣刀	0.08～0.15	0.03～0.06	0.2～0.5	0.08～0.20
套式面铣刀	0.15～0.2	0.06～0.10	0.2～0.5	0.08～0.20
三面刃铣刀	0.15～0.25	0.06～0.08	0.2～0.5	0.08～0.20

针对课题引入中的情况，查表 6-10，其 f_z 应选择在 0.12～0.2 mm/z 范围内。

(2) 每转进给量。

每转进给量是指铣刀每转一转，铣刀与工件的相对位移，单位为 mm/r。

(3) 进给速度 v_f。

进给速度是指铣刀相对于工件的移动速度，即单位时间内的进给量，单位为 mm/min。在调整机床时常用进给速度表示。

三者之间的关系为：

$$v_f = fn = f_z zn \text{(mm/min)}$$

式中　z——铣刀齿数。

【例 6-2】 在 X6132 型卧式铣床上，用一把直径为 80 mm、齿数为 12 的细齿圆柱铣刀，采用 $n=75$ r/min，$f_z=0.08$ mm/z 进行平面铣削。问机床进给速度应调整到多少？

【解】 已知 $n=75$ r/min，$f_z=0.08$ mm/z，$z=12$。

$$v_f = f_z zn = 0.08 \times 12 \times 75 = 72 \text{ mm/min}$$

实际铣床铭牌上与其接近的数值为 75 mm/min。

【知识链接】 当计算所得的数值与铣床铭牌上所标数值不符时，可取与计算数值最接近的铭牌数值。若计算数值处在铭牌上两个数值中间时，应取较小的数值。

3. 铣削背吃刀量(a_p)

铣削背吃刀量不同于车削时的背吃刀量，不是待加工表面与已加工表面的垂直距离，而是指平行于铣刀轴线测得的切削层尺寸，如图 6-31 所示。铣削背吃刀量 a_p 数值的选取见表 6-10 所示。

表 6-10 铣削背吃刀量 a_p 的数值 mm

工件材料	高速钢铣刀		硬质合金铣刀	
	粗铣	精铣	粗铣	精铣
铸铁	5～7	0.5～1	10～18	1～2
软钢	<5	0.5～1	<12	1～2
中硬钢	<4	0.5～1	<7	1～2
硬钢	<3	0.5～1	<4	1～2

针对课题引入的情况，已知为高速钢铣刀，精铣铸铁件，查表 6-11，其背吃刀量 a_p 应选在 0.5～1 mm 范围内。

4. 铣削宽度(a_p)

铣削宽度是指垂直于铣刀轴线测量的切削层尺寸，如图 6-31 所示。

必须指出，周铣和端铣的铣削深度 a_p 和铣削宽度 a_e 在工件上的表达方位是不相同的，两者不能混淆，否则在计算铣削力时会出现错误。

课后练习

1. 用图表表示圆柱形铣刀和面铣刀的静止参考系和几何角度。
2. 标注出图 6-1 所示的各种铣刀铣削时的背吃刀量 a_p 和侧吃刀量 a_e。
3. 试述铣削过程的特点。
4. 什么是顺铣？什么是逆铣？试分析比较圆柱铣削时顺铣和逆铣的主要优缺点。
5. 试述硬质合金面铣刀产生破损的原因，可采取哪些措施来减少破损。
6. 试述常用各种铣刀的结构特点和使用场合？怎样选择其主要参数？

课题七　螺纹刀具

螺纹刀具指加工内、外螺纹的刀具。按机床上使用的螺纹刀具可分为车刀类、铣刀类、拉刀类以及螺纹滚压工具类等。其中最具有代表性的也是应用较广的是丝锥。本课题主要讨论各种螺纹刀具的特点以及应用。

【知识点】 了解常见的螺纹刀具的种类及用途。

【技能点】 能根据加工要求合理选用螺纹刀具。

一、任务下达

常见的螺纹刀具有哪些类型？它们各适合在什么场合，加工哪些类型的螺纹。

二、任务分析

螺纹是零件上常见的表面之一，它有多种形式。按照螺纹的种类、精度和生产批量的不同，可以采用不同的方法和螺纹刀具来加工螺纹。

三、相关知识

螺纹刀具的种类较多，下面仅对几种常见的加工螺纹的刀具的特点和应用做简要介绍。

（一）丝锥

1. 丝锥的结构与几何参数

如图 7－1 所示就是最常用的普通螺纹丝锥。它是用高速钢制作的，为了能够切削，在端部磨出切削锥，沿轴向开出容屑槽而形成切削刃，用于加工内螺纹。在它的切削部分上铲磨出锥角 2ϕ，以使切削负荷分配到几个刀齿上。校正部分有完整的齿形，以控制螺纹参数并引导丝锥沿轴向运动。柄部方尾供与机床联结，或通过扳手传递扭矩。丝锥轴向开槽以容纳切屑，同时形成前角。切削锥的顶刃与齿形刃经铲磨形成后角。丝锥的中心有锥心，用以保持丝锥的强度。

攻螺纹的切削运动是丝锥的旋转与轴向移动合成的螺旋运动。当切出一段螺纹后，丝锥齿侧就能与螺纹螺旋面咬合，自动引导攻入。丝锥的切削部分可理解为一把螺旋拉刀。切削顶刃按螺旋面展开，其半径递增形成齿升量 α_f，校正部分齿形无齿升量，相当于拉刀的校正齿。

丝锥的参数包括螺纹参数与切削参数两部分。螺纹参数有大径 d、中径 d_2、小径 d_1、螺距 P 及牙形角 α 等，由被加工的螺纹的规格来确定。切削参数有锥角 2ϕ、前角 γ_p、后角 α_p、槽数 Z 等，由被加工的螺纹的精度、尺寸来选择。

由图 7－2 可知，锥角 2ϕ、切削部分长度 l_1、原始三角形高度 H 之间的关系为

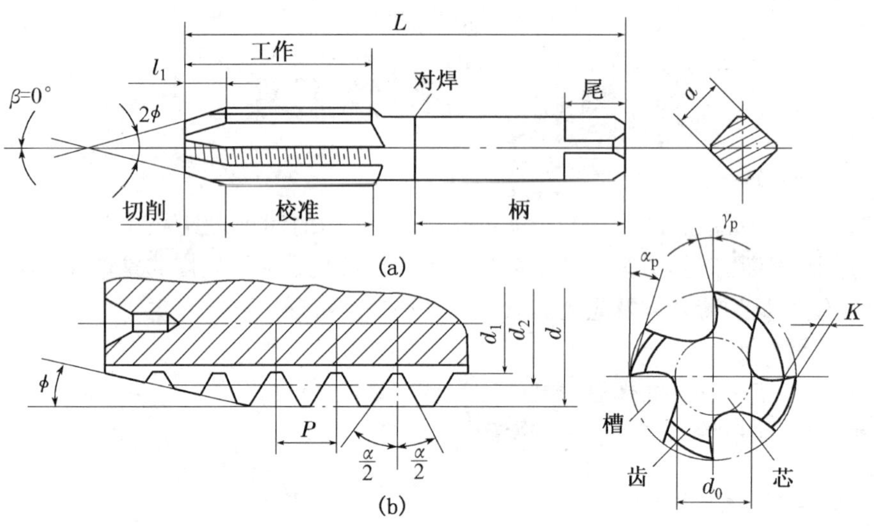

图 7-1 丝锥的结构

$$\tan\phi=\frac{H}{l_1} \tag{7-1}$$

刀齿径向齿升量：

$$a_f=\frac{P\tan\phi}{Z} \tag{7-2}$$

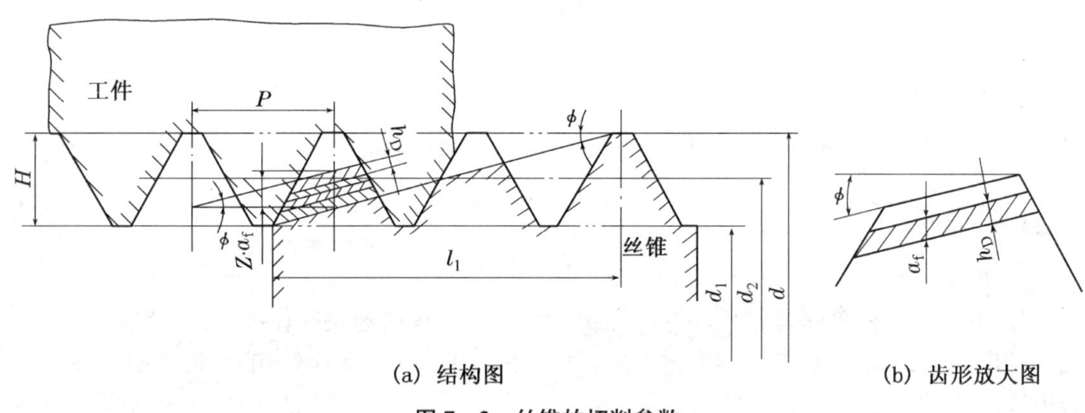

图 7-2 丝锥的切削参数

注意：以上两式表明，在螺距、槽数不变的情况下，切削锥角愈大，齿升量与切削厚度也愈大，而切削部分长度就愈小。这就使攻螺纹时导向性变差，加工表面粗糙度增大。如果切削锥角磨得过小，则齿升量与切削厚度就减小，使切削变形增大，扭矩增大，切削部分长度增长，使攻螺纹时间延长。

为解决以上的矛盾，丝锥标准中推荐手用成套丝锥是 2～3 支为一组，成套丝锥的锥半角 ϕ 值如下：

头锥，锥半角 ϕ 较小，约 4°30′，切削部分长度为 8 牙。

二锥，锥半角 ϕ 约 8°30′，切削部分长度为 4 牙。

精锥，锥半角 ϕ 约 17°，切削部分长度为 2 牙。

一般材料攻通孔螺纹时，往往直接使用二锥攻螺纹。在加工较硬材料或尺寸较大的螺纹时，就用 2～3 支成组丝锥，依次分担切削工作量，以减轻丝锥的单齿负荷。攻不通孔螺纹时，最后必须采用精锥。

成组丝锥切削图形有两种设计方案，如图 7－3 所示。其中：

（1）等径设计。每支丝锥大、中、小径相等，仅切削锥角不等。头锥 ϕ 角最小，精锥 ϕ 角最大。等径设计制造简单，利用率高。精锥磨损后可改为二锥、头锥使用。

（2）不等径设计。每支丝锥大、中、小径不相等，只有精锥才具有工作螺纹要求的廓形与尺寸。不等径设计负荷分配合理，齿顶、齿侧均有切削余量，适用于高精度螺纹或梯形螺纹丝锥。

普通丝锥做成直槽。如需控制排屑方向，可选用螺旋槽丝锥，或将切削部分磨出槽斜角。加工通孔右旋螺纹用左旋槽，使切屑从孔底排出。加工不通孔右旋螺纹用右旋槽，使切屑从孔口排出。此外螺旋槽丝锥增大了实际前角，有效地降低了扭矩，提高了螺纹加工表面质量。

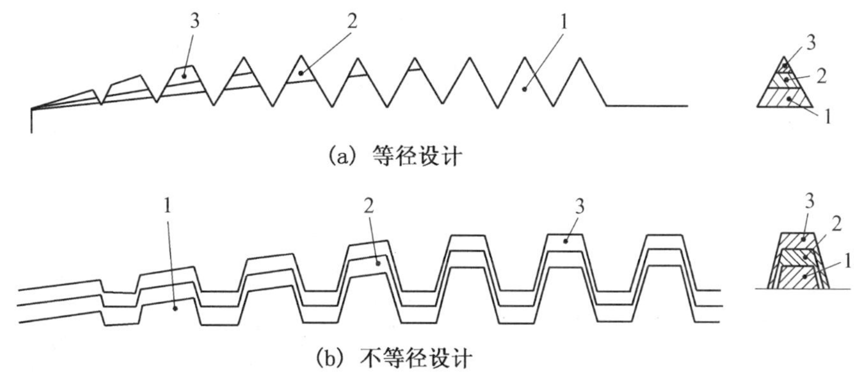

(a) 等径设计

(b) 不等径设计

图 7－3　成组丝锥切削图形设计

1—头锥；2—二锥；3—精锥

2. 丝锥的结构与应用特点

丝锥按加工螺纹的形状、切削方式及本身的结构可分为许多类型。表 7－1 列举了几种丝锥的名称、特点和应用范围。

表 7－1　丝锥的结构与应用范围

类型	简图及国标代号	特点	使用范围
手用丝锥	l　l_1　45° (a) 手用、机用丝锥GB/T3464.1—1994	手动攻螺纹，常为两把成组使用。用合金工具钢制造	单件小批生产通孔、不通孔螺纹
机用丝锥	l　l_1　45° (b) 长柄机用丝锥GB/T3464.3—1994	用于钻、车、镗、铣床上，切削速度较高，经铲磨齿形。用高速钢制造	成批大量生产通孔、不通孔螺纹

（续表）

类型	简图及国标代号	特点	使用范围
螺母丝锥	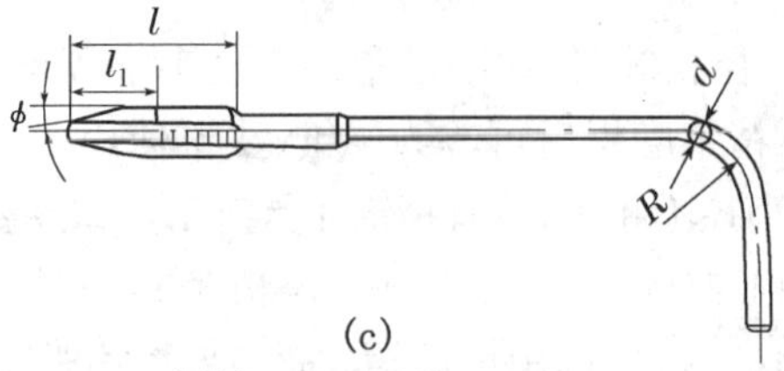 (c) 短柄：GB/T 967—1994； 长柄：JB/T 8786—1998	切削锥较长，攻螺纹完毕工件从柄尾流出，丝锥不需倒转。分短柄、长柄、弯柄三种结构	大量生产专供螺母攻螺纹（M2～M5）
锥形丝锥	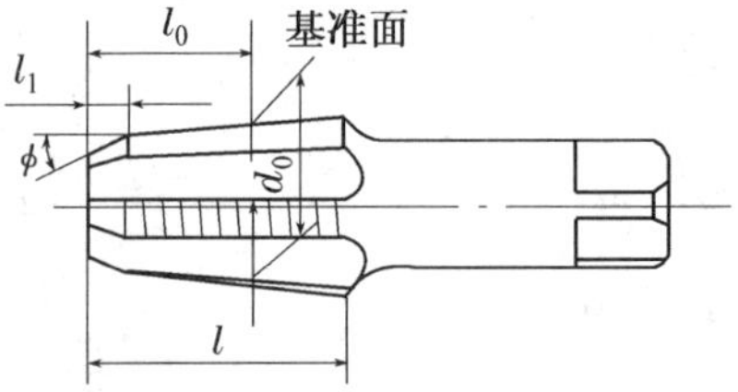 (d)	切削锥角与螺纹锥角相等，无法校准部分。攻螺纹时要强迫做螺旋运动，并控制长度	专供锥管螺纹攻螺纹
板牙丝锥	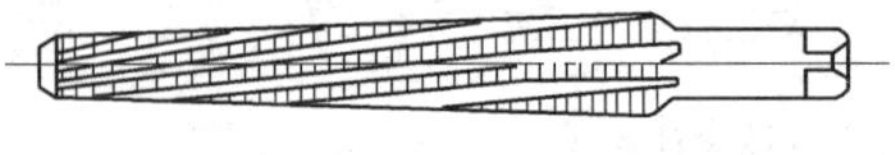 (c)	切削锥加长，齿槽数增多	板牙攻螺纹
螺旋槽丝锥	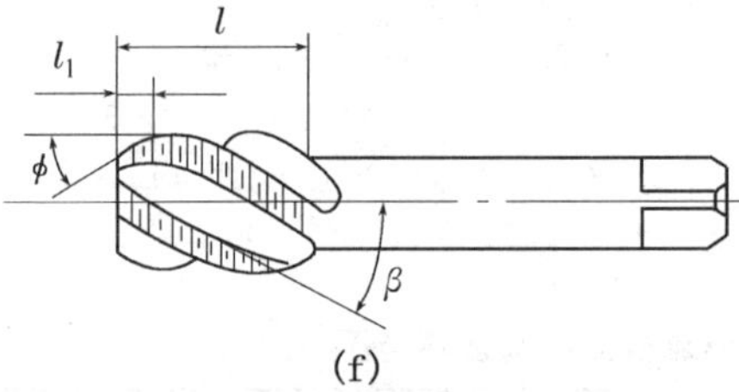 (f)	螺旋槽排屑效果好，并使切削实际前角增大，降低转矩	中小尺寸螺孔，不锈钢、铜铝合金材料攻螺纹
刃倾角丝锥	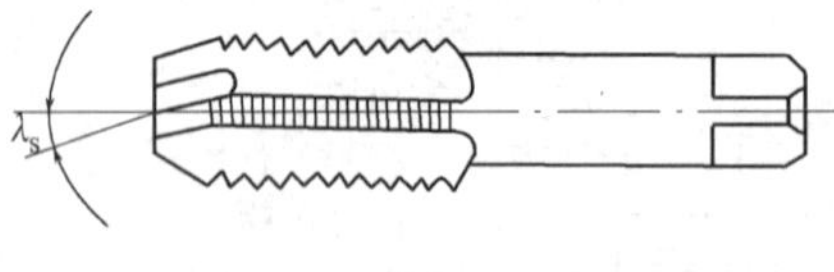 (g)	将直槽丝锥切削部分磨出刃倾角（$\lambda_s = 10° \sim 30°$）。具有螺旋槽丝锥优点，而且制造简单	通孔螺纹
跳牙丝锥	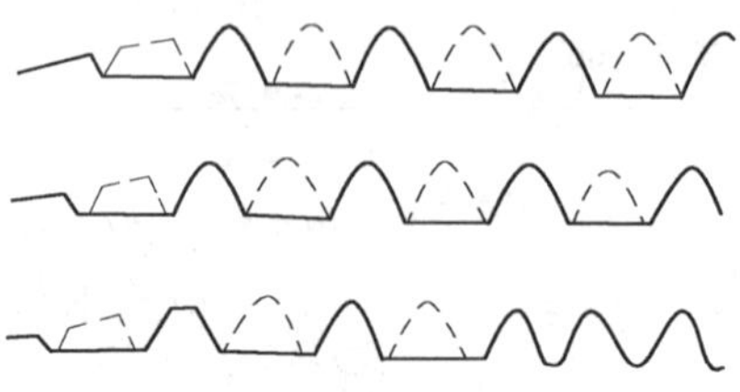 (h)	奇数槽丝锥将工作部分刀齿沿螺旋线间隔磨去。改善切削变形与摩擦条件，防止齿形拉毛、烂牙、崩齿	韧性材料细牙螺纹

（续表）

类型	简图及国标代号	特点	使用范围
内贮屑丝锥	排气孔 β–10° (i)	丝锥芯部有贮屑孔，切削锥部开有若干不通槽，形成前角与刃倾角。改善精锥导向与排屑性能	用于大直径高精度螺孔的精锥

3. 拉削丝锥

拉削丝锥可以加工梯形、方形、三角形单头或多头内螺纹。在普通车床上一次拉削成形，效率很高，操作简单，质量稳定。

拉削丝锥的工作情况如图 7－4 所示。先将工件套入丝锥的前导部，再将工件夹紧，用插销把拉刀与刀架联结，防止拉刀转动。拉削右旋螺纹时工件由车床主轴带动反向旋转，拉刀同时沿螺纹导程向尾架方向移动。丝锥拉出工件后，螺孔加工完毕。

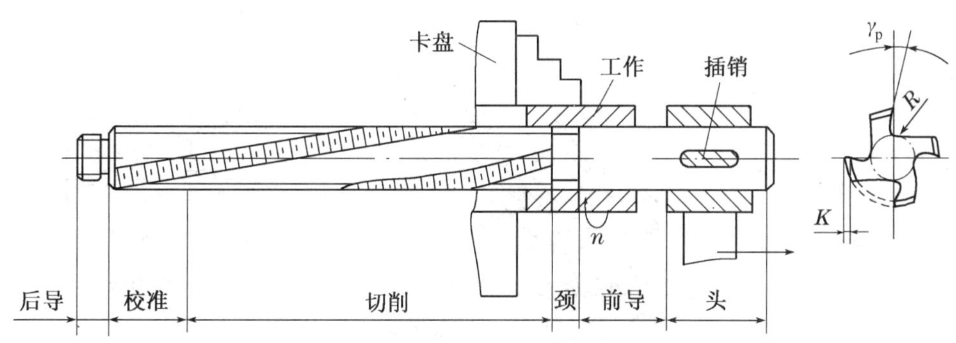

图 7－4　拉削丝锥工作示意图

拉削丝锥实质上是一把螺旋拉刀。它的结构设计与几何参数是综合了丝锥、铲齿成形铣刀、拉刀三种刀具的设计方法。其中螺纹部分的参数、切削锥角、校准部分的齿形等都属于梯形丝锥参数。后角、铲齿量、前角及齿形角修正都按铲齿成形铣刀设计方法计算。头、颈和引导部分的设计均类似拉刀。

拉削丝锥一般齿升量是 0.01～0.02 mm，前角 $\gamma_p=10°\sim20°$，后角 $\alpha_p=4°\sim5°$。当选定槽数 Z 后，即可计算锥角 2ϕ、切削部分长度 l_1、铲削量 K 等切削参数。校准部分长度为(5～5)倍螺距。为提高精度，丝锥中径做出微量正到锥度(约 0.5)，切削锥部分的切削图形如图 7－5 所示。每个刀齿侧刃均有微小的切削余量，以保证齿形精度与齿侧面的表面粗糙度。这是拉削丝锥设计的重点特点之一。

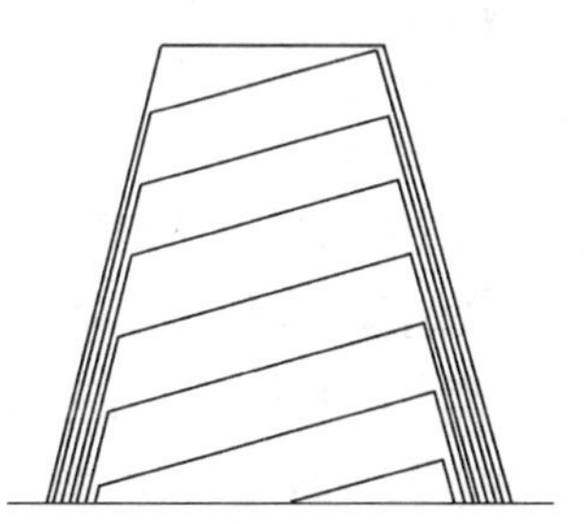

图 7－5　拉削丝锥工作示意图

4. 挤压丝锥

挤压丝锥不开容屑槽，也无切削刃。它是利用塑性变形的原理加工螺纹的，可用于加工中小尺寸的内螺纹。它的主要优点是：

(1) 挤压后的螺纹表面组织紧密,耐磨性提高。攻螺纹后扩张量极小,螺纹表面被挤光,提高了螺纹的精度。

(2) 可高速攻螺纹,无排屑问题,生产率高。

(3) 丝锥强度高,不易折断,寿命长。

挤压丝锥主要适用于高精度、高强度的塑性材料,适合专用机床或自动生产线上使用。

挤压丝锥的直径应比普通丝锥增加一个弹性恢复量,常取 $0.01P$。挤压丝锥的直径、螺距等参数制造精度要求较高。

如图 7-6 所示为挤压丝锥的结构。切削部分的大径、中径、小径均作出正锥角,攻螺纹时先是齿尖挤入,逐渐扩大到全部齿,最后挤压出螺纹齿形。挤压丝锥的端面呈多棱形,以减少接触面,降低扭矩。

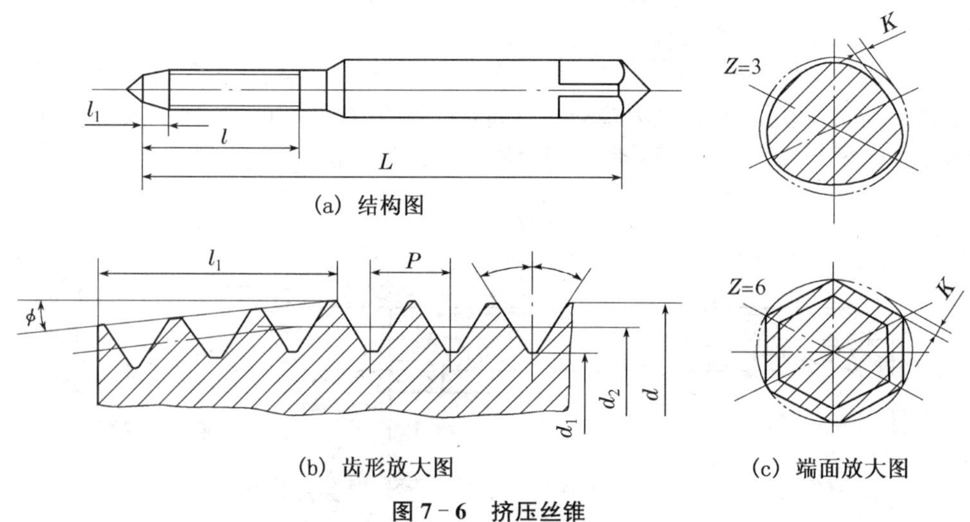

(a) 结构图 (b) 齿形放大图 (c) 端面放大图

图 7-6 挤压丝锥

挤压丝锥的直径应比普通丝锥增加一个弹性恢复量,常取 $0.01P$。挤压丝锥的直径、螺距等参数制造精度要求较高。

选用挤压丝锥时,预钻孔直径可取螺纹底径加上一个修正量。修正量的参数与工件材料有关,需通过工艺试验决定。

(二) 其他螺纹刀具

1. 板牙

板牙是加工与修整外螺纹的标准刀具。它的基本结构是一个螺母,轴向开出容屑孔以形成切削齿前面。因结构简单,制造使用方便,在中小批量生产中应用很广。

加工普通外螺纹常用圆板牙,其结构如图 7-7 所示。圆板牙左右两个端面上都磨出切削锥角 2ϕ,齿顶经铲磨形成后角。

套丝时先将圆板牙放在板牙套中,用紧定螺丝固紧。然后套在工件外圆上,在旋转板牙(或旋转工件)的同时应在板牙的轴线方向施以压力。因为套螺纹时的导向是靠套出的螺纹齿侧面,所以开始套螺纹时需保持板牙端面与螺纹中心线垂直。

圆板牙的中间部分是校准部分,一端切削刃磨损后可换另一端使用。都磨损后,可重磨

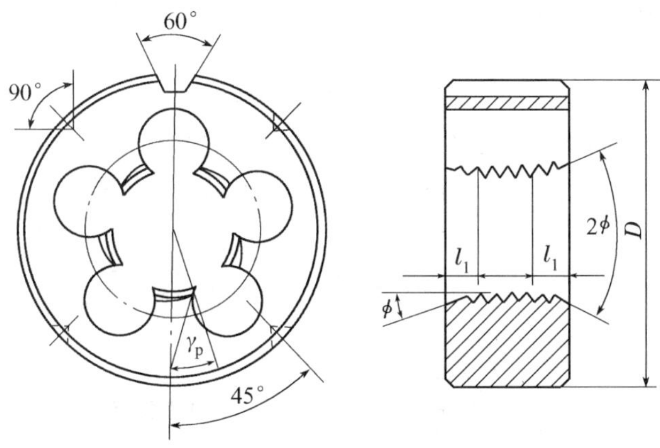

图 7－7　圆板牙

容屑槽前面或废弃。

当加工出螺纹的直径偏大时，可用片状砂轮在60°缺口处割开，调节板牙架上紧，定螺钉，使孔径收缩。调整直径时，可用标准样规或试切的方法来控制。

板牙的螺纹廓形在内表面，很难磨制。校准部分的后角不但为零，而且热处理后的变形等缺陷也难以消除。因此板牙只能加工精度要求不高的螺纹。

板牙外形除圆形外，还有四方、六方形，它们适合用四方或六方扳手带动，一般在狭窄加工现场修理工作用。此外还有管道形或拼块结构，它们分别适用于转塔车床、自动车床及钳工修理工作。

2. 螺纹铣刀

螺纹铣刀有盘形、梳形与铣刀盘三类，多用于铣削精度不高或对螺纹粗加工的工件，都有较高的生产率。

盘形螺纹铣刀用于粗切蜗杆或梯形螺纹，工作情况如图 7－8(a)所示。铣刀与工件轴线交错 ψ 角（ψ 角等于工件的螺纹升角）。由于是铣螺旋槽，为减少铣槽的干涉，直径宜选得较小，齿数选择较多，以保证铣削的平稳。为改善切削条件，刀齿两侧可磨成交错的，以增大容屑空间，但需有一个完整的齿形，以供检验。

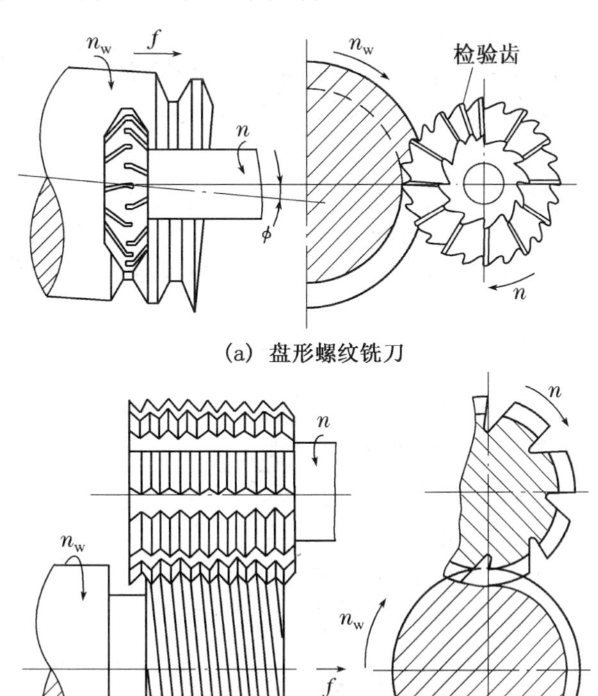

(a) 盘形螺纹铣刀

(b) 梳形螺纹铣刀

图 7－8　螺纹铣刀

梳形螺纹铣刀由若干个环形齿纹构成，宽度大于工件的长度，一般作成铲齿结构，用于专用的铣床上加工较短的三角形螺纹。其工作情况如图 7－8(b)所示。工件转一周,铣刀相对工件轴线移动一个导程,即可全部铣出螺纹。

铣刀盘是指用硬质合金刀头的高速铣削螺纹刀具。常见的有内、外旋风铣削刀盘。刀盘轴线相对工件轴线倾斜一个螺旋升角,高速旋转形成主运动。工件每转一周,旋风头沿工件轴线移动一个导程为进给运动。螺纹表面是切削刃运动的轨迹与工件相对螺旋运动包络形成的。

铣刀盘的生产效率较高,但也只适用于粗加工或铣削精度要求不高的螺纹。

3. 板牙头

螺纹板牙头是一种组合式螺纹刀具,通常是开合式。外形如图 7－9 所示。图 7－9(a)是加工外螺纹的圆梳刀板牙头,图 7－9(b)是加工内螺纹的径向梳刀板牙头。使用时可通过手动或自动操纵梳刀的径向开合。因此可在高速切削螺纹时达到快速退刀,生产效率很高。梳刀可多次重磨。使用寿命较长。

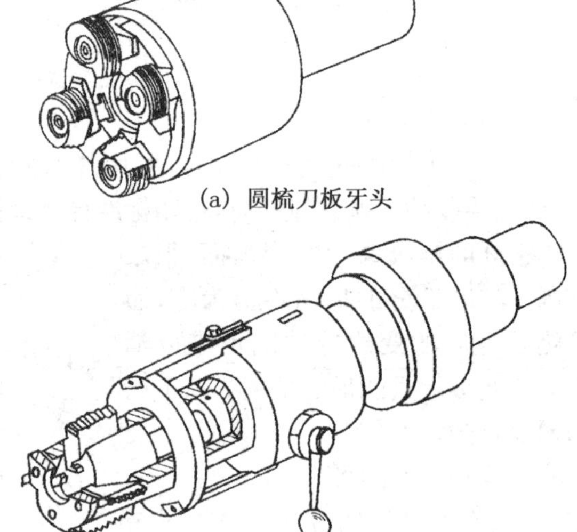

(a) 圆梳刀板牙头

(b) 切向螺纹梳刀板牙头

图 7－9　板牙头

螺纹梳刀板牙头有多种型号规格,每种型号加工某一尺寸范围,螺纹尺寸在此范围内调节。

板牙头结构复杂,成本较高。通常在转塔、自动和组合机床上使用。

4. 螺纹滚压工具

滚压螺纹属于无屑加工,适合滚压塑性材料。由于效率高、精度好,螺纹力学性能好,工具寿命长,这种工艺已广泛用于制造螺纹标准件、丝锥、螺纹量规等。

常用的滚压工具是滚丝轮与搓丝板。

(1) 滚丝轮。

图 7－10(a)所示为滚丝轮的工作情况。两个滚丝轮的螺纹旋向相同,与工件螺纹旋向相反,装在相互平行的轴上,齿纹错开半个螺距。工作时两个滚丝轮同向、等速旋转,工件放在中间的支撑板上,当动滚丝轮径向靠紧时,工件逐渐受压,产生塑性变形而形成螺纹。尺寸达到预定的尺寸后,搓动滚丝轮停止进给,继续滚转几周后修正了螺纹廓形,再退回动滚丝轮取下工件。设计滚丝轮时,其中径螺纹升角等于工件中径的螺纹升角。为了增大滚丝轮的直径和心轴的刚性,滚丝轮的螺纹头数是多头的。头数 $z=p\times$滚轮中径/工件中径。

(2) 搓丝板。

图 7－10(b)所示为搓丝板。由静板和动板组成一对进行搓丝。当工件进入两块搓丝板之间时立即夹住并使之滚动,最终由于塑性变形而被压出螺纹。搓丝板的生产率很高,但螺纹的精度不高。因滚压时径向压力较大,使被挤螺纹产生椭圆度,所以只能加工直径小于 20 mm 的螺纹。

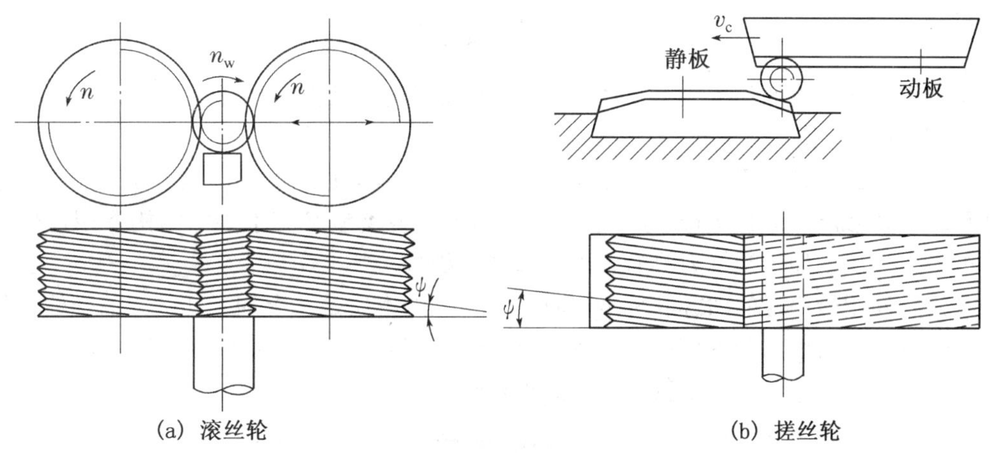

图 7-10　滚压螺纹工具

(3) 自动开合螺纹板牙头。

自动开合螺纹板牙头是一种高精度、高效率的工具,适合在卧式车床、转塔车床、自动车床上使用。图 7-11 是 YGT—3 型螺纹滚压头的外形结构,适用于滚压 M10～22 的外螺纹。滚压头在圆周方向均匀分布着三个螺纹滚子,相当于三个滚丝轮。每只滚子上的环形齿纹相互错开三分之一螺距,安装时都倾斜了一个螺纹升角。工作时,工件旋转,滚压头柄部装于机床的尾座或转塔刀架上,沿轴向做进给运动,到达预定长度后,三个滚子自动张开,然后滚压头快速返回。

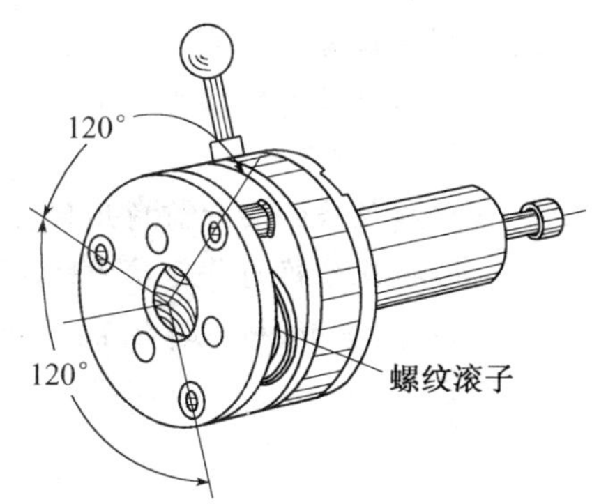

图 7-11　自动开合螺纹滚压头

四、任务实施

本课题主要目的是了解各种常用螺纹刀具的种类及应用。根据前面内容做相关概括:

(1) 螺纹车刀。应用:中、小批量及单件螺纹的加工。

(2) 丝锥。应用:是加工各种内螺纹用的标准刀具之一,中、小尺寸的螺纹加工。

(3) 板牙。应用:是加工外螺纹的标准刀具之一,在单件、小批量生产及修配中应用仍很广泛。但仅用来加工精度 6 h～8 h 和表面质量要求不高的螺纹。

(4) 螺纹铣刀。应用:① 盘形螺纹铣刀用于铣切螺距较大、长度较长的螺纹,如单头或多头的梯形螺纹和蜗杆等;

② 梳形螺纹铣刀。应用:用于加工长度短而螺距不大的三角形内、外圆柱螺纹和圆锥螺纹,也可加工大直径的螺纹和带肩螺纹;

③ 用高速铣削螺纹刀盘加工是一种高效的螺纹加工方法,加工螺纹的精度一般为 7～8 级,表面粗糙度达 Ra 0.8 μm。

④ 自动开合螺纹切头。一种高生产率、高精度的螺纹刀具。

⑤ 滚压加工螺纹刀具。广泛应用于连接螺纹、丝锥和量规等的大批量生产中。

课题总结

本课题主要讨论的是螺纹刀具的类型、特点和用途以及典型的螺纹刀具——丝锥的结构、参数及常用类型。

螺纹刀具的类型主要有切削加工螺纹刀具和滚压加工螺纹刀具。其中切削加工螺纹刀具使用较多,有螺纹车刀、丝锥、板牙和螺纹铣刀等。各类型又有不同的结构及用途分类和各自的特点。滚压加工螺纹刀具有滚丝轮和搓丝板等。

丝锥是使用最广泛的内螺纹标准刀具之一。它的本质是一个加了切削刃的螺栓。丝锥的几何参数(前角、后角及容屑槽数目等)对丝锥的用途及性能起着决定性的作用。常用的丝锥有手用丝锥、机用丝锥、拉削丝锥和无槽丝锥等。

课后练习

1. 用图表示丝锥的结构及主要切削角度与齿形参数。

2. 常用丝锥有哪些类型,它们结构特点与适用范围如何?

3. 为什么说拉削丝锥实质上是一把螺旋拉刀,试用拉刀、铲齿成形铣刀的结构参数分析拉削丝锥的几何参数。

4. 螺旋槽丝锥的实际前角用何公式计算?

5. 比较挤压丝锥与普通丝锥的优缺点。

6. 圆板牙,盘形、梳形螺纹铣刀,板牙头,滚丝轮,搓丝板等刀具的结构及其工作原理如何?

课题八　砂　　轮

磨削是用高硬度人造磨料与结合剂经混合烧结而成的砂轮为刀具，以很高的磨削速度，很小的背吃刀量，对工件进行微细加工，获得高精度和小的表面粗糙度的一种加工方法。它是机械制造中最常见的加工方法之一。本课题学习：磨削运动、砂轮、磨削过程、磨削力和磨削温度、磨削表面质量与砂轮修整、特种磨削、石材用人造金刚石磨具等内容。

任务 1　磨削运动

【知识点】 (1) 了解常见的磨削方式；

(2) 磨削运动。

【技能点】 根据刀具材料不同选择合理的砂轮。

一、任务下达

如图 8-1 所示刀具，左边材料为高速钢刀具，右边为硬质合金刀具，试选用合理的砂轮磨削？

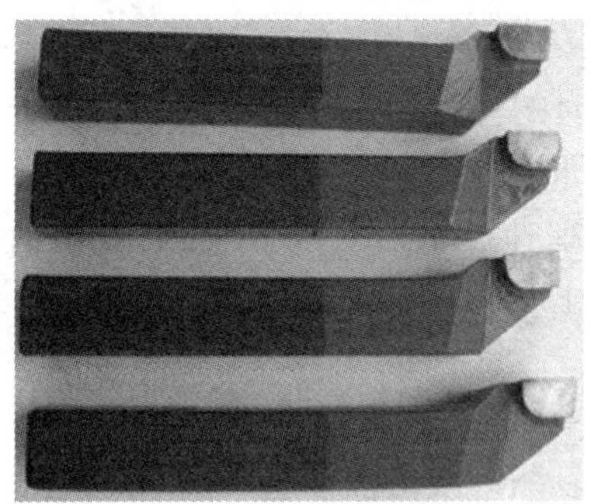

图 8-1　刀具

二、任务分析

在磨削加工中，根据被加工材料不同（刀具材料）选用砂轮材料也不同。

三、相关知识

磨削应用广泛，可以加工外圆、内圆、平面、螺纹、花键、齿轮以及钢材切断等；其加工的材料也很广，如淬硬钢、钢、铸铁、硬质合金、陶瓷、玻璃、石材、木材和塑料等。磨削常用于精加工和超精加工，也可用于荒加工（磨削钢坯、磨割浇冒口等）精加工（直接磨出麻花钻沟槽)。根据加工精度的不同要求,通常将磨削加工分为普通磨削、精密磨削和超精密磨削。普通磨削能达到的表面粗糙度 Ra 为 0.8～0.2 μm,尺寸精度为 IT6。精密磨削能达到的表面粗糙度 Ra 为 0.2～0.05 μm,尺寸精度为 IT5。超精密磨削能达到的表面粗糙度 Ra 为 0.05～0.01 μm,尺寸精度为 IT4～IT3。磨削加工容易实现自动化,因而磨削加工的用途愈来愈广。在工业发达国家中,磨床在机床容量中已占 25%以上。目前,磨削主要用于精加工和超精加工。

(一) 磨削运动

典型的磨削运动方式也是最常见的磨削方式,如图 8-2 所示。

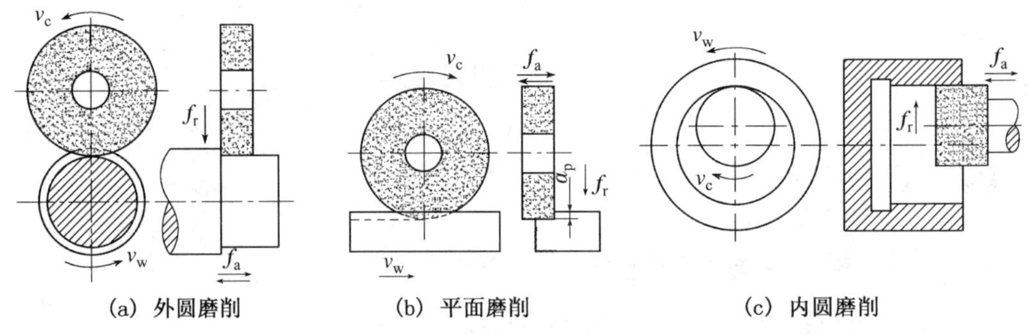

图 8-2 典型磨削方式及其运动

为了便于理解砂轮的磨削运动下文以外圆磨削(如图 8-3 所示)为例来说明。

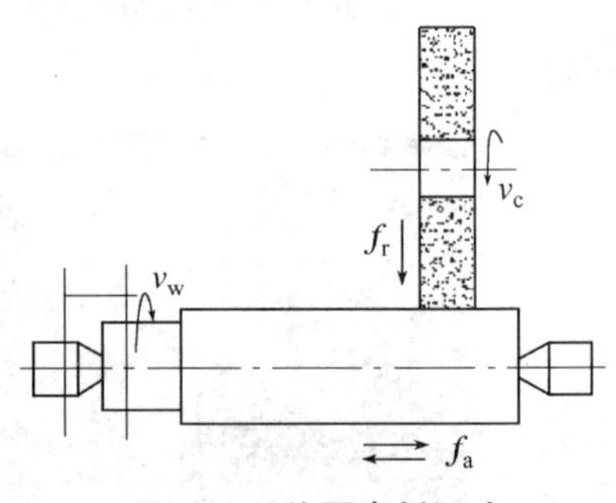

图 8-3 外圆磨削运动

1. 主运动

磨削时的主运动是砂轮的旋转运动。砂轮的圆周切线速度即为磨削速度 v_c(单位为 m/s)。外圆磨削时常用的磨削速度 v_c:25 m/s(用于氧化铝或碳化硅砂轮),80～150 m/s(用于 CBN 砂轮或人造金刚石砂轮)。

2. 进给运动

磨削时的进给运动分为:

(1) 工件的旋转进给运动。实际上是指工件沿圆周方向的进给运动,进给速度为工件的切线速度 v_w(单位为 m/min);外圆磨削时,按粗磨和精磨不同来选择 v_w 的值:粗磨取 20～30 mm/min;精磨取 20～60 mm/min。

(2) 工件相对砂轮的轴向进给运动。轴向进给量用工件每转相对于砂轮的轴向移动量 f_a(单位为 mm/r)表示,进给速度为 v_f(单位为 mm/min)为 nf_a(其中 n 为工件的转速,单位为 r/min);外圆磨削时,按粗磨和精磨不同来选择 f_a 的值:粗磨时取(0.3～0.7)B mm/r;精磨时取(0.3～0.4)B mm/r;其中 B 为砂轮的宽度,单位为 mm。

3. 磨削深度

砂轮的磨削深度 a_p(或称背吃刀量),也可用砂轮径向进给运动时的径向进给量 f_r 来表示,即砂轮切入工件的运动,进给量用工作台每单行程或双行程砂轮切入工件的深度(单位为 mm/单行程或 mm/双行程)表示。外圆磨削时,按粗磨和精磨不同来选择 f_r 的值:粗磨时取 0.015～0.05 mm/单行程或 0.015～0.05 mm/双行程;精磨时取 0.005～0.01 mm/单行程或 0.005～0.01 mm/双行程。

任务2　砂　　轮

【知识点】 (1) 砂轮的组成要素；
(2) 砂轮的形状、尺寸和标志；
(3) SG砂轮、TG砂轮、人造金刚石砂轮与立方氮化硼砂轮。

【技能点】 能够根据加工实际选用不同的砂轮。

一、任务下达

如图8-4所示轴零件要求精加工，已知零件材料为45[#]钢，试选用合理的砂轮来进行磨削。

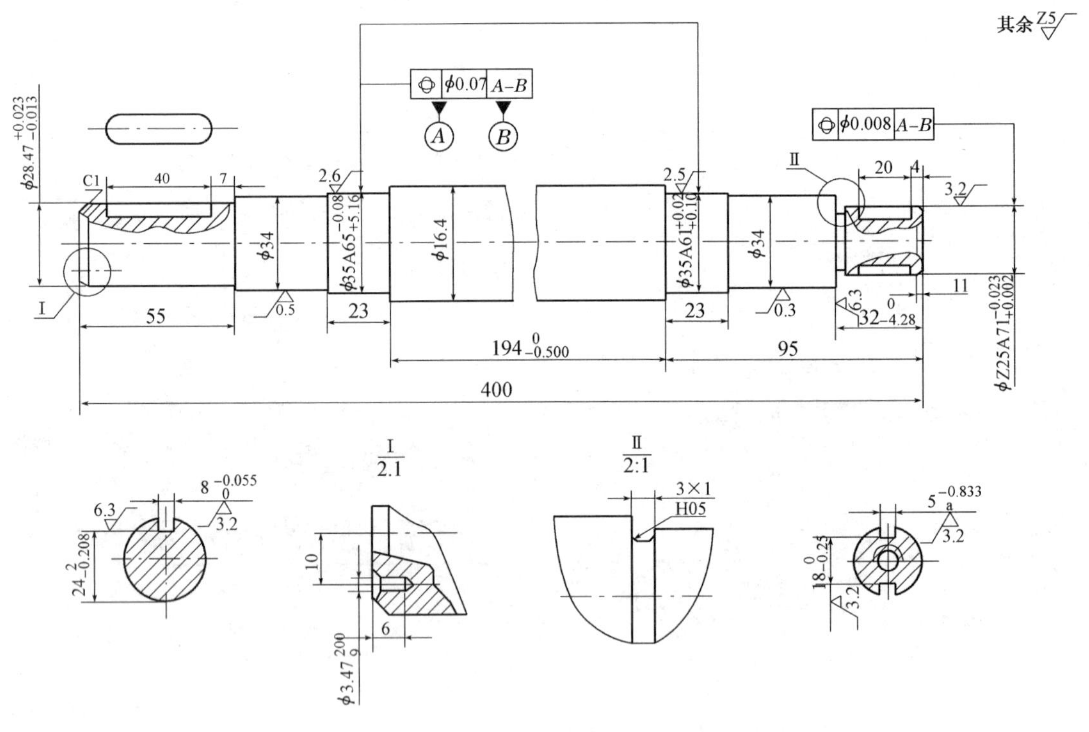

图8-4　轴

二、任务分析

在切削加工中，刀具直接承担着切除加工余量，形成零件表面的任务。刀具切削部分的材料不仅对加工表面质量，而且对刀具寿命、切削效率和加工成本均有直接影响。在选择砂轮时，需要考虑的因素主要包括：被加工零件的材料、切削加工速度和切削加工阶段。总之，应当重视砂轮的合理选用。

三、相关知识

砂轮使用结合剂将磨粒固结成一定形状的多孔体(如图 8-5 所示)。要了解砂轮的切削性能，必须研究砂轮的各组成要素。

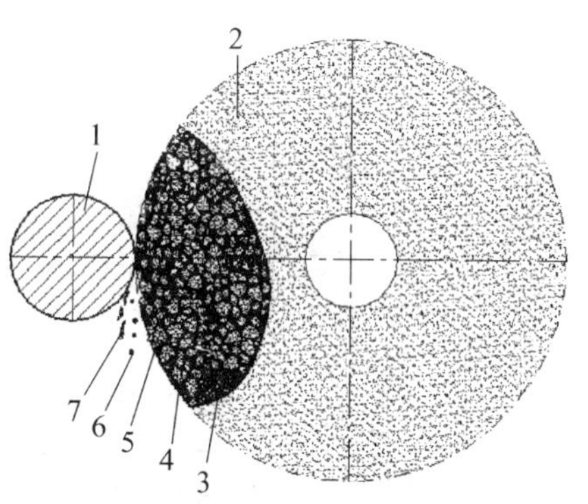

图 8-5　砂轮的构造

1—工件；2—砂轮；3—结合剂；4—气孔；5—磨粒；6—脱落的磨粒；7—磨屑。

(一) 砂轮的组成要素

1. 磨料

磨料分为天然磨料和人造磨料两大类。一般天然磨料含杂质多，质地不匀。天然金刚石虽好，但价格昂贵故目前主要使用人造磨料。常用人造磨料有棕刚玉(A)，白刚玉(WA)，铬刚玉(PA)；黑碳化硅(C)，绿碳化硅(GC)；人造金刚石(MBD 等)，立方氮化硼(CBN)等。其性能与适用范围见表 8-1。

国家标准规定，磨料分为固结磨具磨料(F 系列)和涂附磨具磨料(P 系列)两种。

2. 粒度

粒度是指磨粒的大小。GB/T 2481.1—1998 和 GB/T 2481.2—1998 规定，固结磨具用磨料粒度的表示方法为：粗磨料 F4～F220(用筛分法区别，F 后面的数字大致为每英寸筛网长度上筛孔的数目)，例如：46# 粒度是表示磨粒正好能通过每吋长度上为 46 个孔眼的筛网，而通不过下一档每吋长度上为 54 个孔眼的磨粒。微粉 F230～F1200(用沉降法区别，主要用光电沉降仪区分)。

3. 结合剂

把磨粒固结成磨具的材料称为结合剂。结合剂的性能决定了磨具的强度、耐冲击性、耐磨性和耐热性。此外，它对磨削温度和磨削表面质量也有一定的影响。

4. 硬度

磨粒在外力作用下从磨具表面脱落的难易程度称为硬度。砂轮的硬度反映结合剂固结磨粒的牢固程度。砂轮硬就是磨粒固结得牢，不易脱落；砂轮软，就是磨粒固结得不太牢，容易脱落。砂轮的硬度对磨削生产率和磨削表面质量都有很大的影响。如果砂轮太软，磨粒未磨钝已从砂轮上脱落，砂轮损耗大，形状不易保持，影响加工质量。砂轮的硬度合适，磨粒磨钝后因磨削力增大而自行脱落，使新的锋利的磨粒露出，这种砂轮具有自锐性。砂轮自脱性好，磨削效率高，工件表面质量好，砂轮的损耗也小。

5. 组织

组织表示砂轮中磨料结合剂和气孔间的体积比例。根据磨粒在砂轮中占有的体积百分数(称磨料率)，砂轮可分为 0～14 组织号。组织号从小到大，磨料率由大到小，气孔率由小到大。砂轮不易堵塞，切削液和空气容易带入磨削区域，可降低磨削温度，减少工件的变形和烧伤，也可提高磨削效率，但组织号大，不易保持砂轮的轮廓形状。常用的砂轮组织号为 5。

表 8-2 列出了砂轮的五个组成要素：代号、名称、截面形状、形状尺寸标记、性能和适用范围，供选择砂轮时参考。

表 8-1　砂轮的组成要素、代号、性能和适用范围

砂轮 — 磨粒 — 磨料

系列	名称	代号	性能	适用范围
刚玉	棕刚玉	A	棕褐色，硬度较低，韧性较好	磨削碳素钢，合金钢，可锻铸铁与青铜
	白刚玉	WA	白色，较A硬度高，磨粒锋利，韧性差	磨削淬硬的高碳钢，合金钢，高速钢，磨削薄壁零件，成形零件
	铬刚玉	PA	玫瑰红色，韧性比WA好	磨削高速钢，不锈钢，成形磨削，刃磨刀具，高表面质量磨削
碳化物	黑碳化硅	C	黑色带光泽，比刚玉类硬度高，导热性好，但韧性差	磨削铸铁，黄铜，耐火材料及其他非金属材料
	绿碳化硅	GC	绿色带光泽，较C硬度高，导热性好，韧性较差	磨削硬质合金，宝石，光学玻璃
超硬磨料	人造金刚石	MBD，RVD，SCD和M-SD等	白色，淡绿，黑色，硬度最高，耐热性较差	磨削硬质合金，光学玻璃，花岗岩，大理石宝石，陶瓷等高硬度材料
	立方氮化硼	CBN，M-CBN等	棕黑色，硬的仅次于MBD，韧性较MBD等好	磨削高性能高速钢，不锈钢，耐热钢及其他难加工材料

砂轮 — 磨粒 — 粒度

类别		粒度号	适用范围
磨粒	粗粒	F4，F5，F6，F8，F10，F12，F14，F16，F20，F22，F24	荒磨
	中粒	F30，F36，F40，F46	一般磨削，加工表面粗糙度可达 R_a0.8 μm
	细粒	F54，F60，F70，F80，F90，F100	半精磨，精磨，成形磨削加工表面粗糙度 Ra 可达 0.8～0.1 μm
	微粒	F120，F150，F180，F220	精磨，精密磨，超精磨，成形磨，刃磨刀具，珩磨
微粉		F230，F240，F280，F320，F360，F400，F500，F600，F800，F1000，F1200	精磨，精密磨，超精磨，珩磨，螺纹磨，超精密磨，镜面磨，精研，加工表面粗糙度 Ra 可达 0.01～0.01 μm

砂轮 — 结合剂 — 种类

名称	代号	特　性	适用范围
陶瓷	V	耐热，耐油，耐酸，耐碱，强度较高，但性较脆	除薄片砂轮外，能制成各种砂轮
树脂	B	强度高，富有弹性，具有一定抛光作用，耐热性差，不耐酸碱	荒磨砂轮，磨窄槽，切断用砂轮，高速砂轮，镜面磨砂轮
橡胶	R	强度高，弹性更好，抛光作用好，耐热性差，不耐油和酸，易堵塞	磨削轴承沟道砂轮，无心磨导轮，切割薄片砂轮，抛光砂轮

砂轮 — 结合剂 — 硬度

等级	超软			软			中软		中		中硬			硬		超硬
代号	D	E	F	G	H	J	K	L	M	N	P	Q	R	S	T	Y
选择	磨未淬硬钢选用L～N，磨淬火合金钢选用H～K，高表面质量磨削时选用K～L 刃磨硬质合金刀具H～L															

砂轮 — 气孔 — 组织

组织号	0	1	2	3	4	5	6	7	8	9	10	11	12	13	14
磨粒率（%）	62	60	58	56	54	52	50	48	46	44	42	40	38	36	34
用途	成形磨削，精密磨削				磨削淬火钢，刃磨刀具				磨削硬度不高的韧性材料					磨削热敏性高的材料	

(二) 砂轮的形状、尺寸和标志

为了适应在不同类型磨床上的各种使用需要，砂轮有许多形状。常用砂轮的形状，代号和用途见表 8-2(GB/T 2484—1994)。

表 8-2 常用砂轮的形状，代号和主要用途

代号	名 称	截面形状	形状尺寸标记	主要用途
1	平形砂轮	D, T, H	1—D×T×H	磨外圆、内孔、平面及刃磨刀具
2	筒形砂轮	D, W, W≤0.17D, T	2—D×T-W	端磨平面
4	双斜边砂轮	D, U, T, H	4—D×T/U×H	磨齿轮及螺纹
6	杯形砂轮	D, W, W<E, T, E, H	6—D × T × H—W,E	端磨平面、刃磨刀具后刀面
11	滴形砂轮	D, W, W<E, K, T, E, H, J	11—D/J×T×H—W,E,K	端磨平面、刃磨刀具后刀面
12	形一号砂轮	D, K, U, T, E, H, J	12a—D/J × T/U × H—W,E,K	刃磨刀具前刀面
41	片砂轮	D, T, H	41—D×T×H	切断及磨槽

砂轮的标志印在砂轮端面上，供使用者选用。其顺序是：形状代号，尺寸，磨料，粒度号，硬度，组织号，结合剂和允许的最高线速度。各代号意义如下：

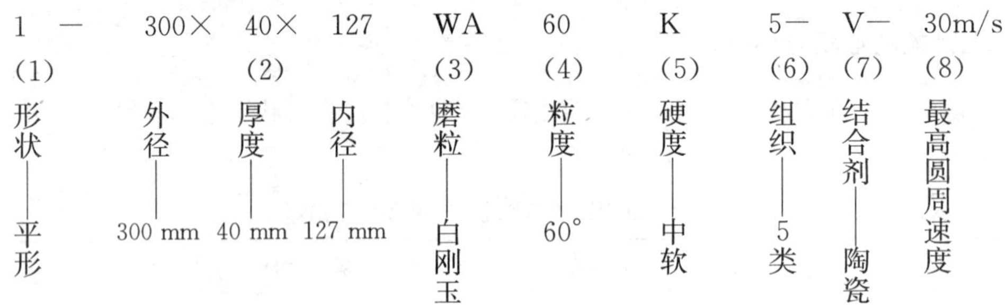

(三) SG砂轮和TG砂轮

20世纪80年代美国推出两种新的陶瓷刚玉磨料Cubitron(3M公司)和SG(Norton公司)。Cubitron经过化学陶瓷化处理、SG经过晶体凝胶化处理,干燥固化后破碎成颗粒,最后烧结成磨料,这与原来的刚玉(A,WA等)经熔炼后冷却同化,然后破碎的制法不同。SG韧性好(为原来刚玉的2～2.5倍),晶体很小(0.1～0.2μm而原来刚玉为5～10μm),耐磨,自锐性好,磨粒锋利、形状保持好、寿命长。因此,磨除率(单位时间内磨除材料量)高,磨削比(磨除材料量与砂轮损耗量之比)大,但它的制造成本较高。目前常用的是SG与WA(或A)的混合砂轮,其中SG所占比例有100%,50%,30%,20%和10%等多种,分别称为SG,SG5,SG3,SG2和SG1砂轮。纯SG砂轮用于粗磨,SG5,SG3,SG2和SG1等用于精磨。SG磨料砂轮在我国工厂已使用,如用于汽车行业中磨曲轴的砂轮。

除此以外,还有SG与GC混合的砂轮以及SG与CBN混合的砂轮,后者称为CVS。20世纪90年代在工业发达国家SG和CVSG等砂轮已被普遍采用。

21世纪初,Norton公司又推出TG磨料(Targa,称为第二代SG磨料),它的磨粒是很细的棒状晶态结构,适用于磨削铬镍铁合金、高温合金等难加工材料,适合于缓进给磨削。TG磨料的磨除率为刚玉磨料的2倍,寿命为刚玉磨料的7倍。

(四) 人造金刚石砂轮与立方氮化硼砂轮

1. 人造金刚石砂轮

如图8-6所示的人造金刚石砂轮由磨料层1和基体2两部分组成。磨料层由人造金刚石磨粒与结合剂组成,厚度约为1.5～5 mm,起磨削作用。基体起支承磨削层的作用,并通过它将砂轮紧固在磨床主轴上。基体常用铝、钢、铜或胶木等制造。人造金刚石砂轮用于磨削高硬度的脆性材料如硬质合金、花岗岩、大理石、宝石、光学玻璃和陶瓷等,还可磨削有一定韧性的热喷焊耐磨材料如合金钢NiCrl5C等。

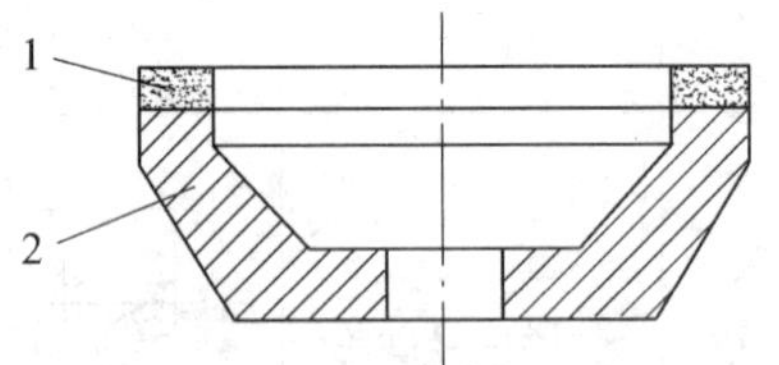

图8-6 人造金刚石砂轮和立方氮化硼砂轮的构造

1—磨料层;2—基体。

人造金刚石砂轮的结合剂有金属(代号M,常用的是青铜)、树脂和陶瓷三种。金属结合剂金刚石砂轮具有结合强度高、耐磨性好、寿命长和能承受大负荷磨削等特点,所以适合于粗磨,高性能硬脆材料的成形磨削,半精磨和超精密磨削。但是金属结合剂的金刚石砂轮自锐性差,容易堵塞,在磨削中易产生由砂轮偏心所引起的激振力,从而影响磨削过程的稳定性和工件表面质量,为此砂轮必须经常修整。树脂和陶瓷结合剂的金刚石砂轮适合于半精磨、精磨和抛光。

金刚石砂轮中金刚石的含量用浓度来表示。常用的浓度有 150%,100%,75%,50%和 25%等 5 种。所谓 100%浓度是指磨削层每立方厘米体积中含有 4.39 克拉(1 克拉 = 0.2 g);金刚石 50%浓度是指每立方厘米体积中含有 2.2 克拉金刚石.其余以此类推。高浓度金刚石砂轮适于粗磨,小面积磨削和成形磨削,低浓度适于精磨和大面积磨削。青铜结合剂的金刚石砂轮常采用 100%～150%的浓度。树脂结合剂的金刚石砂轮常采用 50%～75%的浓度。

金刚石砂轮的标记(CB/T 6409.1—1994)举例说明如下：

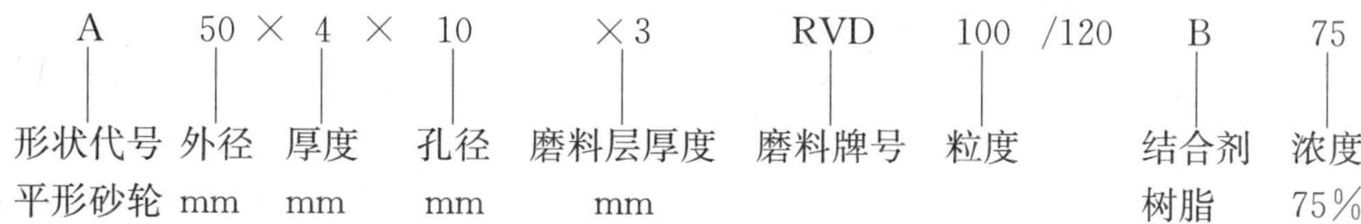

2. 立方氮化硼砂轮

立方氮化硼砂轮的结构与人造金刚石砂轮相似。立方氮化硼只有一薄层,立方氮化硼磨粒非常锋利又非常硬,其寿命为刚玉磨粒的 100 倍。立方氮化硼砂轮用来磨削高硬度、高韧性的难加工钢材,如高钒高速钢和耐热合金等。立方氮化硼砂轮特别适合高速磨削和超高速磨削,但不能采用普通的水剂切削液,而需采用经改制的特殊水剂切削液。

四、任务实施

任务引入中的例子刃磨高速钢刀具和硬质合金刀具,根据上面讲述的内容,由于砂轮的成分不同,所以刃磨硬质合金刀具应选择绿色碳化硅砂轮,而刃磨高速钢刀具时应选用白刚玉砂轮。

任务 3　磨削过程

【知识点】(1) 砂轮的形貌；
(2) 磨削过程；
(3) 磨削力和磨削温度；
(4) 磨削表面质量与砂轮的修整。

【技能点】磨削过程的分析及磨削表面质量。

一、任务下达

磨削过程中磨削力的大小及磨削温度的高低直接影响着磨削的表面质量，如图 8-4 所示的轴零件图。在磨削过程中怎样控制磨削力的大小？又如何控制磨削温度的高低？又如何选用磨削用量的？

二、课题分析

由于磨削过程比较复杂，磨削后的工件要求达到很高的精度，很小的表面粗糙度数值。要求精修的砂轮的磨粒具有微刃等高性，磨削厚度很小。磨削与其他切削加工方法相比，切除单位体积的切屑功率消耗大，磨削表面变形、烧伤、应力都比较大。所以在磨削过程中要注意磨削的三个阶段，控制磨削温度，磨削时要采用大量的切削液进行冷却。

三、相关知识

(一) 砂轮形貌

1. 磨粒形状

砂轮上的磨粒是形状很不规则的多面体。磨粒锐利时容易切入工件，其磨削力和磨削热相应较小；磨粒钝化时不易切入工件，磨削力和磨削热较大。大多数磨粒形状的特点为：

(1) 多棱锥形，如图 8-7(a)所示。磨粒形似多棱锥或近似圆锥形，其锥角大多在 130°～155°之间，锥角随磨粒大小变化。

(2) 椭球形，如图 8-7(*b*)所示。刚玉和碳化硅的 F36～F80 磨粒的平均尖角 β 在 104°～108°之间，平均尖端圆角 r_β 在 7.4～35 μm 之间。随磨粒的颗粒变小，磨粒形状逐渐变为近似球状、正方体或正多面体状。

(3) 平面多棱台形，如图 8-7(c)所示。有些磨粒在某一方向上的宽度是其他两个方向的长度 1/2，近似多棱台或圆台形状。

磨粒尖端在砂轮上的分布，无论在方向、高低和间距方面，在砂轮的轴向和径向都是随机分布的。砂轮的形貌除取决于磨料种类、粒度号和组织号外，还取决于砂轮的修整情况。经修整后的砂轮，磨粒负前角可选－80°～－85°。在磨削过程中，磨粒的形状还将不断地变化。

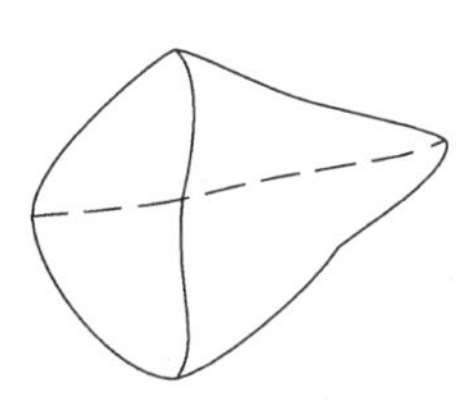
(a) 多棱锥形

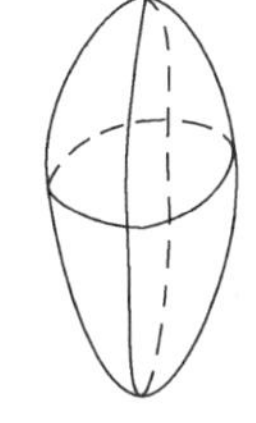
(b) 椭球形

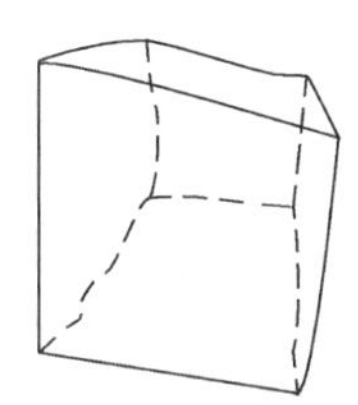
(c) 平面多棱台性

图 8-7　砂轮上磨粒的形状

图 8-8　平均磨粒间隔(w)和连续磨粒间隔(g)

2. 磨粒的分布

如图 8-8 所示中黑点表示磨粒在砂轮表面的分布状态。磨粒在砂轮表面上分布间隔并不完全处于随机状态，而是处于以某平均值为中心的高斯分布，其平均间隔为 w。表 8-3 为氧化铝砂轮平均磨粒间隔 w 值，通常等于(1.5～2)d。磨粒分布在垂直于砂轮轴线截面的圆周上，这时相邻前、后两磨粒间的距离，叫连续磨粒间隔 g。刚玉砂轮的连续磨粒间隔 g 见表 8-4 所示。

表 8-3　刚玉砂轮平均磨粒间隔

粒度	30 号			46 号			80 号		
硬度	G	M	S	G	M	S	G	M	S
1 cm^2 中磨粒数	93	129	150	178	214	313	643	692	916
w/mm	1.04	0.88	0.82	0.75	0.68	0.58	0.40	0.38	0.33

表 8-4　刚玉砂轮连续磨粒间隔

粒度	30 号			46 号			80 号		
硬度	G	M	S	G	M	S	G	M	S
g/mm	18.1	12.8	11.5	10.3	9.3	8.9	7.4	6.5	6.2

(二) 磨削过程分析

磨削与一般刀具的切削作用相比，磨粒刃口钝，形成很大的负前角，形状不规则，分布不均匀，切削过程具独有特征。磨削是在极微小的切削厚度下进行的，每个磨粒的切削作用和几何参数均不同，有些磨粒较钝、或隐藏在其他磨粒下面只稍微滑擦着工件表面，起抛光作用(如图 8-9(a)所示)。有一些磨粒比较钝的、突出高度较小，切不下切屑，只起刻划作用(如图 8-9(b)所示)，在工件表面上挤压出微细的沟槽，使金属向两边塑性流动，造成沟槽的两边微微隆起。其中一些突出和比较锋利的磨粒，在磨削刚开始时，磨粒压向工件表面，使工件表面产生弹性变形，这时磨粒在工件表面滑擦一段距离，如图 8-10 所示的开始段，称为滑擦阶段；随着挤入深度的增加，磨粒与工件表面间的压力也逐渐增大，变形从弹性变形阶段过渡到塑性变形阶段，如图 8-10 所示中间阶段。此阶段挤压剧烈，磨粒在工件表面划出沟痕，同时，在沟痕的两侧，由于金属塑性变形而形成隆起，这一阶段称为刻划阶段；当挤压深度增大到一定值时，因切入工件较深，切削厚度较大，并产生切屑，所以起切削作用（如图 8－9(c)所示）。

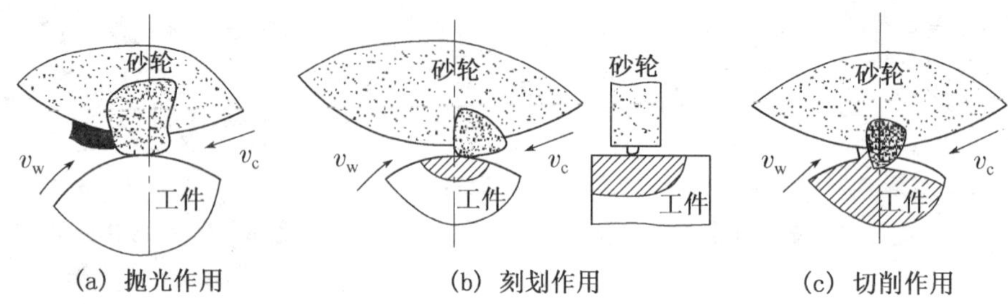

图 8－9　磨削过程中磨粒的切削，刻划和抛光作用

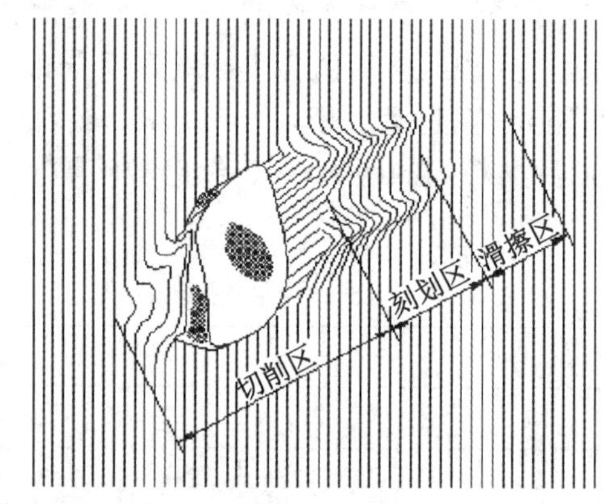

图 8－10　突出磨粒的切削过程

由于切屑非常细微，磨削温度很高，磨屑飞出时氧化形成火花。磨削过程伴随有很大的弹性和塑性变形，其中包括切削、刻划和抛光作用的综合复杂过程，这是磨削特有现象。

工件的表面粗糙度由砂轮的形貌和磨削用量所决定。磨削所以能达到很高的精度，很小的表面粗糙度数值，是因为经过精细修整的砂轮，磨粒只有微刃等高性；磨削厚度很小，除了切削作用外，还有挤压和抛光作用。磨床砂轮回转精度很高，工作台纵向液压传动，运动平稳，精度高，横向能微量进给。

但是，磨削与其他切削加工方法相比，切除单位体积的切屑功率消耗大，磨削表面变形、烧伤、应力都比较大。

（三）切削层厚度分析

由于砂轮上磨粒的形状和分布都极不规则，不同的磨粒在磨削过程中所起的作用又各不相同，所以各磨粒的切削厚度悬殊。要定量分析随机分布的各磨粒的切削厚度必须采用概率统计方法，这比较复杂。为了便于工艺分析，采用一个简单的数学模型（假想磨粒沿着砂轮的轴向、周向和径向都是均匀分布，各切削刃等高）来计算理论状态下每个磨粒的磨削厚度。

1. 理想平均磨削厚度 $h_{D_{av}}$

如图 8－11 所示为磨削外圆的情况。f_r 为工作台每单行程或双行程后砂轮的径向进给量（磨削深度，单位为 mm）。设砂轮上的 A 点以线速度 v_c（单位为 m/s）从位置 A 转到位

置 C 的同时，工件上的 C 点以线速度 v_w（单位为 m/min）从位置 C 转到位置 B，所用时间相等，所以：

$$\overset{\frown}{BC}/(v_w/60)=\overset{\frown}{AC}/v_c \tag{8-1}$$

图中面积 ABC 就是 AC 内的磨粒所磨去的金属。设砂轮圆周上每毫米长度内有 m 颗磨粒，则平均每颗磨粒的最大磨削厚度 $h_{D_{max}}$（单位为 mm）应为：

$$h_{D_{max}}=\frac{BD}{\overset{\frown}{AC}\cdot m} \tag{8-2}$$

由于 f_r 和 BC 都极小，可认为△CBD 为直角三角形，且 $BD\perp CD$。$\sin(\alpha+\beta)=BD/BC$，利用式(8－2)消去 BD，再利用式(8－1)消去 $\overset{\frown}{BC}/\overset{\frown}{AC}$，得：

$$h_{D_{max}}=\frac{\overset{\frown}{BC}\cdot\sin(\alpha+\beta)}{\overset{\frown}{AC}\cdot m}=\frac{v_w}{60v_c m}\sin(\alpha+\beta) \tag{8-3}$$

在△OCO_w 中，其中 $OO_w=(D+D_w)/2-f_r$，$OC=D/2$，$O_wC=D_w/2$，$\angle OCO_w=(\alpha+\beta)$；再利用余弦定理，

$$\cos(\alpha+\beta)=\frac{(D/2)^2+(D_w/2)^2-[(D+D_w)/2-f_r]^2}{2\times(D/2)\times(D_w/2)}=2f_r\left(\frac{1}{D}+\frac{1}{D_w}\right)-1-\frac{2f_r^2}{D\times D}$$

略去高阶最小量，得：$\cos(\alpha+\beta)=2f_r\left(\frac{1}{D}+\frac{1}{D_w}\right)-1$，又因：

$$\sin(\alpha+\beta)=\sqrt{1-\cos^2(\alpha+\beta)}=\sqrt{4f_r\left(\frac{1}{D}+\frac{1}{D_w}\right)\left[1-\frac{f_e}{2}\left(\frac{1}{D}+\frac{1}{D_w}\right)\right]}\approx2\sqrt{f_r\left(\frac{1}{D}+\frac{1}{D_w}\right)}$$

代入式(8－3)中，可得：

$$h_{D_{max}}=\frac{v_w}{30v_c m}\sqrt{f_r(1/D+1/D_w)} \tag{8-4}$$

若取 $h_{D_{max}}$ 的一半作为平均磨削厚度 $h_{D_{av}}$，并使公式也适用于内圆磨削和平面磨削，则：

$$h_{D_{av}}=\frac{v_w}{60v_c m}\sqrt{f_r(1/D+1/D_w)} \tag{8-5}$$

上式中根号内正号用于外圆磨削，负号用于内圆磨削；对于平面磨削，因为工件直径 $D_w\to\infty$ 故 $1/D_w=0$。上式中 D 为砂轮直径，单位与工件直径 D_w 一样，均为 mm。

由式(8－5)可知：每颗磨粒的平均磨削厚度 $h_{D_{av}}$ 随着件工旋转进给速度 v_w、砂轮径向进给量 f_r 的增加而增大；随砂轮速度 v_c、砂轮直径 D、砂轮粒度号的增大（粒度号大，m 大）而减小。影响 $h_{D_{av}}$ 较大的是 v_w，v_c 和 m，影响较小的是 f_r 和 D。$h_{D_{av}}$ 愈大，磨削生产率愈高，但是磨粒切削负荷愈重，磨削力愈大，磨削温度愈高，砂轮磨损愈快，磨出工件的表面质量愈差。

2. 当量磨削厚度 $h_{D_{eq}}$

磨削时材料切除率 Q（每分钟砂轮磨去的材料体积，单位为 mm^3/min）可从下式求出：

$$Q=1\,000v_w f_r f_a \tag{8-6}$$

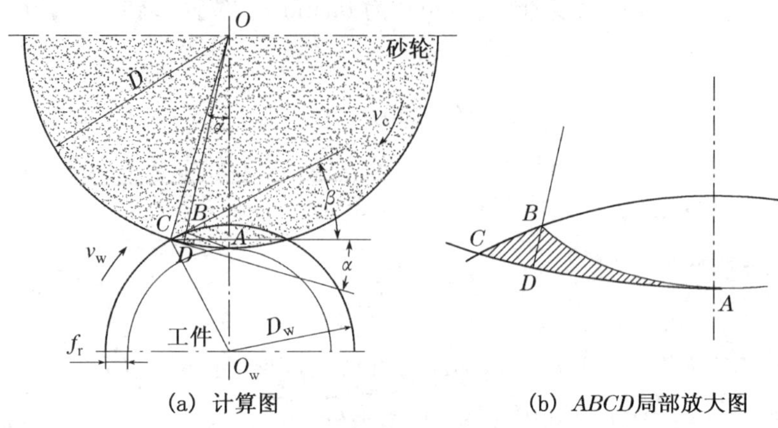

(a) 计算图　(b) ABCD局部放大图

图 8-11　理想平均磨削厚度

式中，f_r 为工件每转工作台轴向进给量，单位为 mm。

设砂轮宽度为 B（单位为 mm），则每 mm 砂轮宽度的材料切除率（单位为 mm^3/min）应为：

$$q=\frac{Q}{B}=\frac{1\,000v_w f_r f_a}{B} \tag{8-7}$$

磨削研究实验表明，q/v_c 与磨削力、砂轮寿命和工件表面粗糙度间存在着一定的关系；而且 q/v_c 的数值与实际磨下的金属层厚度基本相等。所以，1975 年国际生产技术研究会（CIRP）把 q/v_c 定义为当量磨削厚度 $h_{D_{eq}}$（单位为 mm），当量磨削厚度的值为：

$$h_{D_{eq}}=\frac{q}{v_c}=\frac{1\,000v_w f_r f_a}{1\,000\times 60v_c B}=\frac{v_w f_r f_a}{60v_c B} \tag{8-8}$$

从式(8-8)中，通过当量磨削厚度也可以分析各磨削工艺参数对磨削力、磨削温度、砂轮磨损和工件质量的影响。

(四) 磨削力与磨削温度

磨削时，磨削力可以分解为三个力如图 8-12 所示，磨削力 F 可分解为三个互相垂直的分力：在主运动方向的磨削力 F_c；沿进给运动方向的进给磨削力 F_f 和沿切深方向的背向磨削力 F_p。其中 $F_f=(0.1\sim0.2)F_c$，$F_p=(1.6\sim3.2)F_c$。磨削力 F_c 特别大是磨削的一个特征。因为磨粒以负前角切削，刃口钝圆半径与切削厚度之比相对很大，且磨削时砂轮与工件接触宽度大。

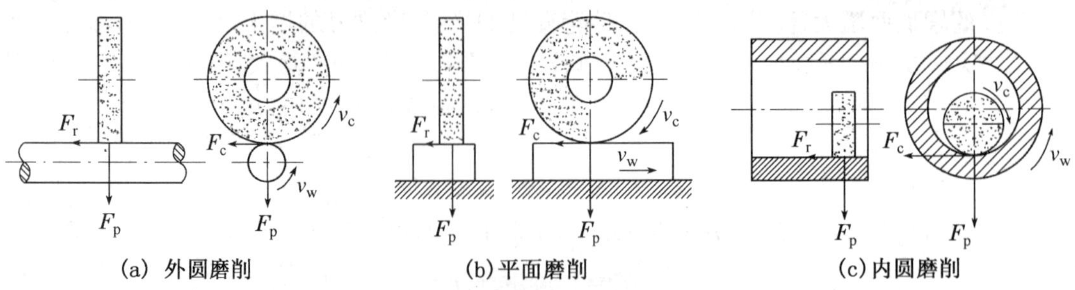

(a) 外圆磨削　(b) 平面磨削　(c) 内圆磨削

图 8-12　常见磨削方式中磨削的三个分力

1. 磨削力的计算公式

(1) 指数公式。

$$F_c = K a_p^{\alpha} v_c^{-\beta} v_w^{\gamma} f_a^{\delta} B^{\varepsilon} \tag{8-9}$$

式中，α、β、γ、δ、ε 为指数，由表 8-5 中查得；K 为比例常数；a_p为磨削深度，单位为 mm；v_c为磨削速度，单位为 m/min；v_w为工件圆周进给速度，单位为 m/min；f_a为工件轴向进给量，单位为 mm/r；B 为砂轮宽度，单位为 mm；F_c为磨削力，单位为 N。

表 8-5　磨削力实验式指数值

符号	α	β	γ	δ	ε
数值	0.88	0.76	0.76	0.62	0.38

由式(8-9)可知，磨削深度 a_p 和工件圆周进给速度对磨削力影响最大，而砂轮的磨削速度 v_c 与磨削力 F_c 成反比。

(2) 单位磨削力公式。

磨削力
$$F_c = p_s B a_p \frac{v_w}{v_c} \tag{8-10}$$

背向磨削力
$$F_p = m p_s B a_p \frac{v_w}{v_c} = m F_c \tag{8-11}$$

进给磨削力
$$F_f = p_s B a_p \frac{v_w}{v_c}\left(\frac{f}{v_c}\right) = \left(\frac{f}{v_c}\right) F_c \tag{8-12}$$

$$p_s = k_0 A_{D_{av}}^{-\lambda} \tag{8-13}$$

式中，$A_{D_{av}}$ 为磨削平均截面积，单位为 mm，$A_{D_{av}} = w^2 \frac{v_w}{v_c}\sqrt{f_r\left(\frac{1}{D}+\frac{1}{D_w}\right)}$；

w 为砂轮表面平均磨粒间隔，见表 8-3 所示；

p_s为单位磨削力，由式(8-13)算出；

k_0为单位磨削力常数，由表 8-6 查得；

B 为砂轮宽度，单位为 mm；

λ 为指数，$\lambda = 0.25 \sim 0.5$；

m 为背向磨削力与磨削力之比值，见表 8-7。

其余符号意义同前。

表 8-6　各种材料的单位磨削力常数 k_0(A60P 砂轮)

材料	轴承钢	w_c0.6%钢	w_c1.2%钢	w_c1.2%钢	w_c0.6%钢	w_c0.2%钢	铸铁	黄铜
热处理	淬火	淬火	淬火	退火	退火	退火	退火	退火
韦氏硬度/HV	830	630	440	275	200	110	130	130
k_0	205	200	204	165	170	145	130	105

表 8-7 m 值

材料	钢	铸铁	硬质合金
m	1.8～2.5	3	4

背向磨削力 F_p 与磨削力 F_c 之比值约为 2～4，这也是磨削的显著特点之一；它引起工件变形，影响磨削精度和加工效率。

2. 磨削阶段

磨削时，由于背向力 F_p 很大，引起工件、夹具、砂轮和磨床系统产生弹性变形，使实际磨削深度与磨床刻度盘上所显示的数值有差别。所以，普通磨削的实际磨削过程可分为三个阶段，图 8-13 为其示意图。图中虚线为磨床刻度盘所显示的磨削深度。

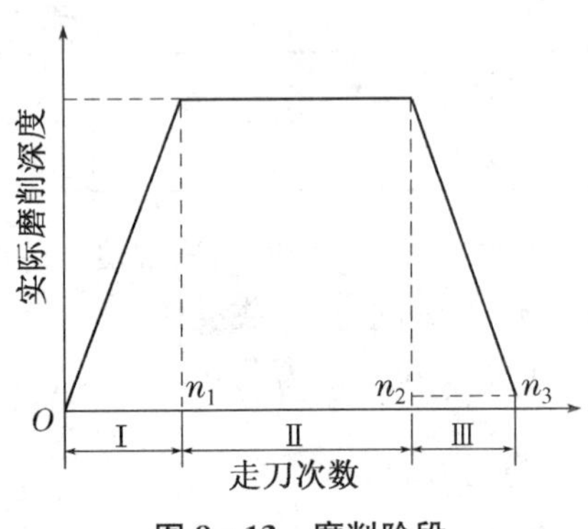

图 8-13 磨削阶段

(1) 初磨阶段(Ⅰ)。

砂轮开始接触工件时，由于工艺系统的弹性变形，实际磨削深度比磨床刻度盘所显示的径向进给量小。工件、夹具、砂轮和磨床的刚性愈差，此阶段愈长。

(2) 稳定阶段(Ⅱ)。

当工艺系统弹性变形达到定程度后，继续径向进给时，其实际磨削深度基本上等于径向进给量。

(3) 清磨阶段(Ⅲ)。

在磨去主要加工余量后，可以减少径向进给量或完全不进给再磨一段时间。这时，由于系统的弹性变形逐渐恢复，实际磨削深度大于径向进给量。随着工件被磨去一层又一层，实际磨削深度趋近于零，磨削火花逐渐消失。这个清磨阶段主要是为了提高磨削精度和表面质量。

掌握了这三个阶段的规律，在开始磨削时，可采用较大的径向进给量以提高生产率，最后阶段应采用无径向进给磨削以提高工件质量。

3. 恒压力磨削与恒功率磨削

实践证明，磨削力的大小决定了磨削生产率的高低和工件表面是否被烧伤。在一定的磨削条件下，存在着一个最佳背向力 F_p 值的区域；在这个区域内磨削，生产率高，工件质量也能保证。于是在自动磨削场合下出现了控制 F_p 使其为定值的磨削方法，称为恒压力磨削。他不同于普通的恒径向进给磨削，而是使砂轮架以恒定的压力压向工件。这样，磨削从一开始就进入“正常”磨削状态，没有空程，生产率可以提高。在砂轮锋利时，能更快地磨去余量；当砂轮磨钝后，能自动减少径向进给量，因而避免了振动和工件表面被烧伤。国内某厂在生产中已使用锆刚玉砂轮以 10 000 N 的恒压力进行重负荷磨削。

但这种恒压力磨削，砂轮磨钝后，就磨不下材料，影响生产率；在自动磨床上，又不易获得信号来自动修整砂轮。所以，近年来的大切深磨削常采用恒功率磨削。它的实质是控制磨削力 F_c 使其为定值，F_c 值由所需磨去材料量决定。当砂轮磨钝，就磨不下材料，F_c 较小时，恒功率磨削的自动系统迫使砂轮的切入量增加，使钝磨粒破碎、脱落，达到砂轮自锐的效果。另外，恒功率磨削由于控制了一定的磨削量，所以，也可避免工件表面被烧伤。

4. 磨削温度

磨削时，由于切削速度很高，切削厚度很小，切削刃很钝，所以切除单位体积切削层所消耗的功率约为车、铣等切削加工方法的 10～20 倍，磨削所消耗能量的大部分转变为热能。磨削时产生的热量经由工件、砂轮、磨屑和切削液传走。由于砂轮和工件接触时间短，砂轮的导热性较差，所以传入砂轮的热量较少(约为 10%～15%)。磨削热量传入磨屑的也不多(约在 10%以下)，因磨屑热容量小，磨屑在空气中氧化呈火花飞出。传给工件的热量占大多数，使磨削区域的工件上形成高温。

磨削温度是指磨削过程中磨削区域的平均温度，约在 400～1 000 ℃之间：磨削温度影响磨粒的磨损，磨屑与磨粒的粘附，影响工件表面的加工硬化、烧伤和裂纹，使工件热膨胀翘曲，形成内应力；为此，磨削时需采用大量的切削液进行冷却，并冲走磨屑和碎落的磨粒。

磨削温度主要与砂轮磨削深度(径向进给量)，磨削速度 v_c 和工件进给进度 v_w 有关。f_r 增加磨削面积增大，磨削厚度增大，v_c 增加，挤压与摩擦速度增大；都使磨削热增加，磨削温度提高。其中 f_r 的影响更大。v_w 增加，虽然磨削厚度增加，磨削热增加，但由于工件与砂轮的接触时间短，传入工件表层的热量少，磨削温度反而降低。

5. 磨削的表面烧伤与应力

(1) 烧伤。磨粒在切削、刻划和抛光工件的过程中产生大量的磨削热，使磨削表面的温度升得很高，表面层(约几十微米到千余微米深度处)金属发生相变，使其硬度与塑性等发生变化。并在工件表面局部有时出现各种带色斑点，这种表层变质的现象称为表面烧伤。高温的磨削表面生成一层氧化膜，氧化膜的颜色取决于磨削温度(如图 8 - 14(a)所示)与表面变质层的深度(如图 8 - 14(b)所示)。表面烧伤可由氧化膜的颜色来反映。

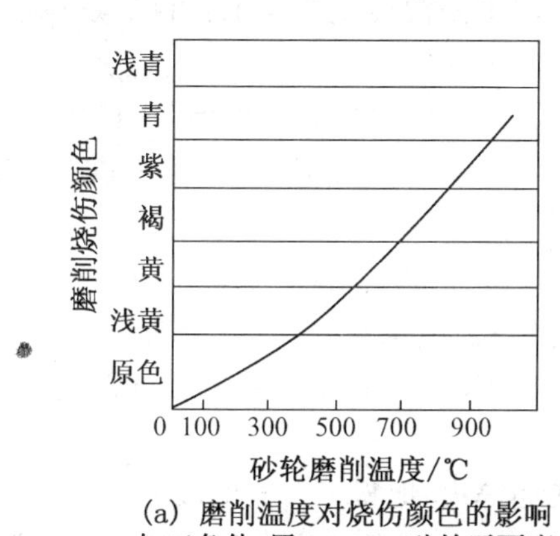

(a) 磨削温度对烧伤颜色的影响
加工条件：用WAF60K砂轮平面磨削淬硬工具钢，不加切削液。
f_r=0.005～0.05mm、v_w=6m/min

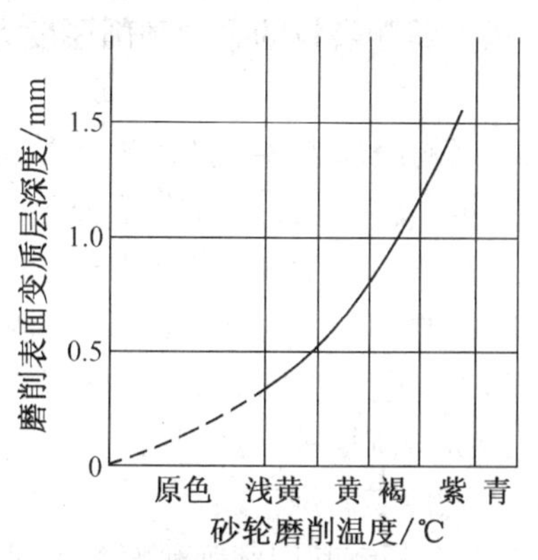

(b) 烧伤颜色对表面变形层深度的关系
加工条件：用WAF60K砂轮平面磨削淬硬工具钢。
不加切削液。v_w=3～9m/min

图 8 - 14 磨削时表面烧伤颜色的变化

图 8 - 15 表示磨削淬硬高速钢时，表面烧伤层硬度变化的情况。

曲线 A 表示磨削温度超过相变温度。表层的回火马氏体组织转变成奥氏体，在切削液急冷下，奥氏体又转变成白色马氏体，硬度比原来的高，往深处去的内层温度，使原来的回火马氏体转变成回火托氏体、回火索氏体组织，硬度逐渐下降。再往深处，回火组织逐渐减少，硬度回升，直到原组织硬度。

曲线 B 表示磨削温度未达到相变温度，处于回火温度范围内。此时，原来的回火马氏体组织变成回火托氏体、回火索氏体组织，所以表层硬度降低。最表层因为加工硬化，硬度稍高一些。

曲线 C 也表示磨削温度未达相变温度，与 B 不同的是磨粒较钝。此时，表层因淬火组织转变为回火组织而硬度有所降低，但稍里一些就因加工硬化而比原来的硬度有所提高。

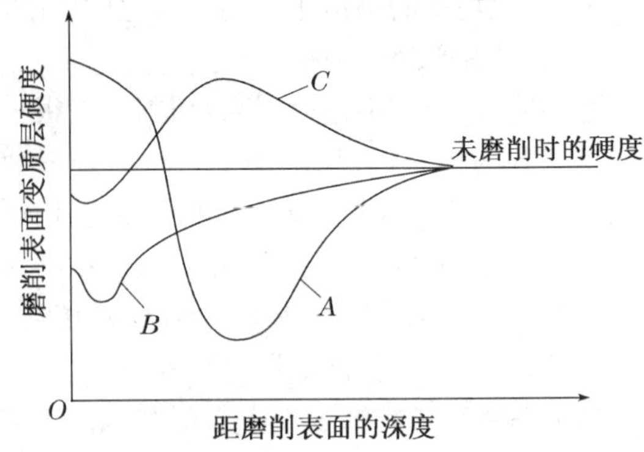

图 8-15　磨削淬硬钢时表面烧伤层硬度的变化

严重的烧伤，其烧伤颜色肉眼就可分辨。轻微的烧伤则须经酸洗后才能显现。滚动轴承厂规定，轴承内、外滚道磨削后，要用酸洗法抽检其有无烧伤。

表面烧伤破坏了零件的表面组织，影响零件的使用性能和寿命，避免烧伤就要减少磨削热，加速磨削热的传散。具体措施有以下四个方面：

① 合理选用砂轮。要选择硬度较软、组织较疏松的砂轮，并及时修整。选用特制的大气孔砂轮，因散热条件好，不易堵塞，能有效地避免表面烧伤。树脂结合剂砂轮退让性好，比陶瓷结合剂砂轮不易使工件表面烧伤。用砂轮端面磨平面时，可将砂轮端面倾斜很小一个角度或将砂轮端面修凹，以减少与工件的接触面积，避免烧伤。

② 合理选择磨削用量。磨削时砂轮切入量 f_r 对磨削温度影响最大。所以，为了避免表面烧伤，宜减少 f_r，提高工件的旋转进给速度 v_w 和工件轴向进给量 f_a，砂轮与工件的接触时间少了，虽然每颗磨粒的平均磨削厚度大了，但磨削温度仍能降低，可以碱少或避免表面烧伤。

③ 采取良好的冷却措施。选用冷却性能好的切削液，采用较大的流量，使用能使切削液喷入磨削区的冷却效果较好的喷嘴（如直角喷嘴），或采用喷雾冷却，切削液透过砂轮体内的内冷却方法，可以有效地避免表面烧伤。

④ 改进磨床的结构。磨床能否保证精确的砂轮切入量，是能否保证工件表面不被烧伤的一个重要条件。近代磨床采取静压导轨或滚动导轨，滚珠丝杠，减少传动环节，消除传动间隙，提高进给机构刚性等一系列措施以精确控制砂轮切入量。这些措施不但提高了磨削精度，也可防止工件表面烧伤。

此外现在有人研究利用磨削热对工件进行表面淬火，取得了一定的成果。

(2) 表面残余应力及裂纹。磨削时，当工件磨削表面的热应力大于工件材料的强度时，就会产生龟裂，这就是磨削裂纹。产生裂纹的主要原因是因受热产生热应力的结果。易发生裂纹的材料有：淬火高碳钢、渗碳钢和硬质合金。但是热应力不大于工件材料的强度时，会产生残余应力。它是指零件在去除外力和热源作用后，存在于零件内部的，保持零件内部各部分平衡的应力。零件磨削后，表面存在残余应力的原因有下列三个方面：

① 金属组织相变引起的体积变化。例如磨削淬硬的轴承钢，磨削温度使表层组织中的残余奥氏体转变成回火马氏体，体积膨胀，于是里层产生残余拉应力，表层产生残余压应力。这种由相变引起的残余应力称为相变应力。

② 不均匀热胀冷缩。例如，磨削导热性较差的材料，表层与里层温度相差较多。表层温度迅速升高又受切削液急速冷却，表层的收缩受到里层的牵制，结果里层产生残余压应力，表层产生残余拉应力。这种由热胀冷缩不均匀引起的残余应力称为热应力。

③ 残留的塑性变形。磨粒在切削、刻划磨削表面后，在磨削速度方向，工件表面上存在着残余拉应力；在垂直于磨削速度方向，由于磨粒挤压金属所引起的变形受两侧材料的约束，工件表面上存在着残余压应力。这种由于塑型变形而产生的残余应力称为塑变应力。

磨削后工件表层的残余应力是由相变应力、热应力和塑变应力综合作用的结果。

表面残余拉应力会降低零件的疲劳强度，与工作应力合成后还可能导致裂纹的产生。因此，在考虑磨削工艺时，应尽量减少和避免残余拉应力的产生。比较有效的措施是，采用立方氮化硼砂轮磨削，减少砂轮切入量 f_r，采用切削液，增加清磨次数等。有时可以通过不同的热处理工艺来提高材料抗裂纹能力。

6. 磨削液

磨削液与切削液的作用相同，但因磨削加工的特殊性：磨削速度高，通过磨削接触弧的时间短，约 0.04 μs。所以磨削液很难侵入磨粒和工件之间，润滑作用极少，磨削液主要是对磨削部位和工件进行冷却，以降低磨削温度，防止烧伤和磨屑对已加工表面的熔附（磨削点的温度高达 1 540 ℃）及防止砂轮表面的堵塞。常用磨削液为水溶性溶液，主要成分为亚硝酸钠、铬酸钠等无机盐，这类磨削液以离子形式吸附于磨粒和工件表面，用以防止工件熔附和砂轮堵塞。

（五）磨削表面质量与砂轮修整

磨削表面质量也包括磨削的表面粗糙度度、表面烧伤和表面残余应力三个方面，磨削表面烧伤和表面残余应力前面已述，只要选用的砂轮合适、磨削用量合适、冷却措施得当和机床机构先进合理，就可以消除。下面主要讨论表面粗糙度的成因，及砂轮在使用中磨损、寿命和修整对磨削表面质量的影响。

1. 磨削表面粗糙度

影响磨削表面粗糙度的因素很多，如砂轮的性质、磨削用量、工作台进给量 f_a 以及磨床、夹具、工件和砂轮系统振动所形成的振纹等等。当工件确定，砂轮选好后，影响磨削表面粗糙度的主要因素是磨削深度 f_r、砂轮磨削速度 v_c、工件圆周进给速度 v_w、工作台进给量 f_a 和砂轮宽度。它们之间的关系由下面的实验公式给出。

$$Ra = ka_p^{0.18} v_c^{-1.0} v_w^{0.18} f_a^{0.47} B^{-0.47} \tag{8-14}$$

式中，Ra 为表面粗糙度值。

由上式知：磨削的残留面积决定于砂轮的粒度、硬度、砂轮的修整情况和磨削用量。砂轮的粒度号大，硬度选择适当；修整砂轮时，金刚石笔切入量小，轴向进给慢；磨削时，v_c/v_w 大、f_a/B 小、f_r 小，则表面粗糙度小。在磨削用量中，对表面粗糙度影响最大的是 v_c/v_w，其次是 f_a/B，影响最小的是 f_r。

磨削过程中的振动是一个很复杂的问题。振动远比残留面积对表面粗糙度的影响大。磨削中有强迫振动（磨床旋转部件不平衡而引起），低频共振（强迫振动频率与系统固有频率近而引起），还有高频自激振动等。其中尤以高频自激振动为常见。消除振动，减小振波的主要措施包括:严格控制磨床工件主轴的径向圆跳动,对砂轮及其他高速旋转部件仔细平衡,保证磨床工作台慢进给时无爬行;提高磨床动刚度,减小磨削用量:选择合适的砂轮和采取吸振措施等。

2. 砂轮的磨损与修整

(1) 砂轮的磨损与损耗。

砂轮磨损与失去磨削性能的形式有以下四种:

① 磨粒的磨损。磨粒在磨去工件表层的同时,磨粒自己的棱角也被磨钝变平,形成棱面 A(如图 8-16 所示)。

② 磨粒的破碎。磨粒在磨削的瞬间升到高温,又在切削液的作用下骤冷。这种急热骤冷的频率很高,在磨粒中产生很大的热应力,磨粒容易因热疲劳而碎裂(如图 8-16 所示中 B 处)。

③ 砂轮表面堵塞。磨削过程中,在高温高压下被磨削材料会粘附在磨粒上,磨下的磨屑也会嵌入砂轮气孔中。这样,其气孔被堵塞,砂轮表面变光,砂轮便失去磨削能力。使用硬度高、组织号小、粒度号大的砂轮磨削韧性材料时,砂轮最容易发生堵塞现象。

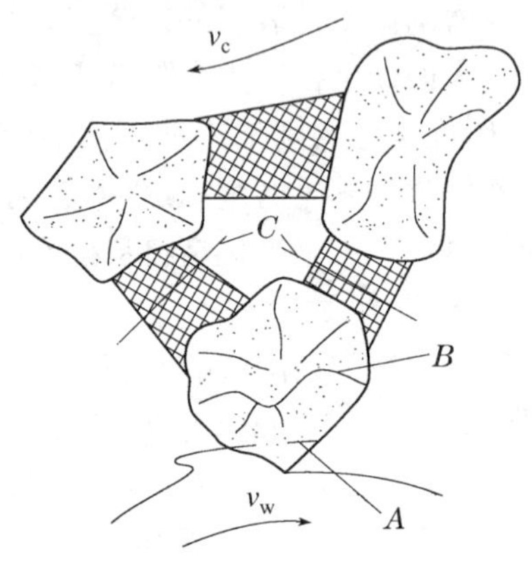

图 8-16 磨粒的磨损、破碎和脱落

④ 砂轮轮廓失真。砂轮表面的磨粒在磨削力作用下脱落(如图 8-16 所示中 C 处结合剂破裂)不匀使砂轮轮廓失真。砂轮硬度太软时容易发生失真现象。

(2) 砂轮修整。

砂轮磨损与失去磨削性能后,若继续使用,则磨削生产率下降,磨削力与功率消耗增大,磨削表面质量恶化,工件变形,磨削精度下降,还会发生振动和噪声。所以,发现砂轮失去磨削能力时,就应及时修整砂轮。修整砂轮的方法很多,修整工具有单晶金刚石笔(如图 8-17(a)所示)、多粒细碎金刚石笔(如图 8-17(b)所示)和金刚石滚轮(如图 8-17(c)所示),修整砂轮常用的工具有单晶金刚石笔和金刚石滚轮。多粒金刚石笔修整效率较高,所修整的砂轮磨出的工件表面粗糙度较小。金刚石滚轮修整效率更高,适于修整成形砂轮。

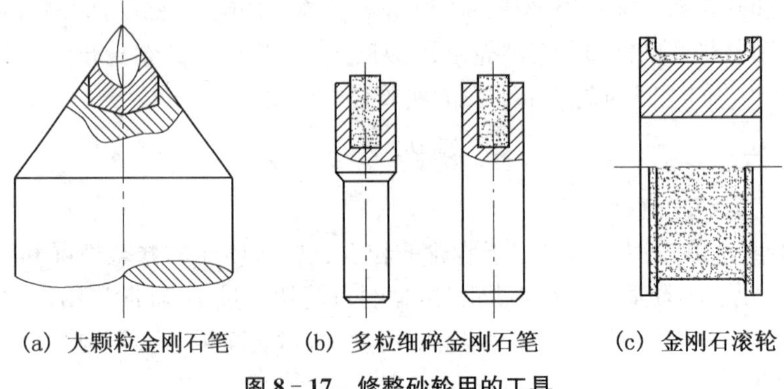

(a) 大颗粒金刚石笔　(b) 多粒细碎金刚石笔　(c) 金刚石滚轮

图 8-17 修整砂轮用的工具

用单晶金刚石笔修整砂轮时,根据所采用的进给速度和背吃刀深度的不同,砂轮修整可分精磨修整和普通修整两种。

① 精磨修整。采用小的进给量和背吃刀量，是修整后的磨粒能细密地排列在砂轮工作面上。但过小的修整用量，使磨粒间隔变小，易使磨粒变钝导致砂轮寿命缩短。

② 普通修整。普通修整法是经常采用的修整方法，较大的进给量和背吃刀量可使磨粒脱落多，平均磨粒间隔变大，使砂轮的磨削力提高。不同的修正条件可得到不同的砂轮表面及工件表面，见表 8－8 所示。

表 8－8 不同修正条件所得砂轮表面及工件表面

不同条件 / 所得种类	单晶金刚石笔，尖端圆弧半径 1 mm，GBZ 砂轮（D=220 mm），砂轮转速 2 190 r/min				WA46LV 砂轮，f_r = 1.25 μm/r，磨削液为水磨削速度 1 560 m/min，工件速度 6 m/min
	修整用量		砂轮切削刃密度的变化		工件材料：淬火轴承钢，外圆切入磨削
修整种类	背吃刀量/μm	进给速度/(mm/r)	切削刃数/(个/cm^2)	立体的切削刃间隔/mm	磨削表面粗糙度值 R_a/μm
普　通	20	0.128	235	0.242	2.8
精　密	10	0.064	—	—	0.8
极精密	2.5	0.023	413	0.190	0.3

通常认为理想的平均磨粒间隔 w 和粒度(号)之间有如下关系：w=25.4 mm/粒度(号)。粗修饰取修整器进给量 $f_a=w$；精修整时，$f_a=wD_f$=[25.4 mm/粒度(号)]×D_f。式中 D_f由表 8－9 给出。

表 8－9 修正进给系数 D_f的值

粒度 / 种类	加工表面粗糙度 R_a/μm	粗粒度（10～20）	中粒度（30～60）	细粒度（80～220）	微细粒度（10～20）
粗磨削	50 以下	1	1	—	—
普通磨削（中磨削）	6.0 以下	1/2～1	1/2～1	1/2～1	—
精磨削	1.5 以下	1/5～1/2	1/5～1/2	1/5～1/2	(1/2～1)
精密磨削	0.4 以下	—	(1/10～1/5)	(1/10～1/5)	(1/10～1/5)
超精密磨削	0.2 以下	—	(1/10～1/5)	(1/10～1/5)	(1/10～1/5)

注：1. 在刚性及精度不高的磨床上采用“( )”圆括号内的修整进给系数数值时，不能得到表中所列的表面粗糙度值。

2. 修整进给系数 1、1/2、1/5、1/10 等分别表示砂轮每转修整进给量为平均磨粒间隔的 1、1/2、1/5、1/10 倍。

(六) 特种磨削

随科技的进步，以提高生产率和加工质量为目标的先进磨削方法发展迅速，其中常用的有深切缓进给磨削、超精密磨削与镜面磨削以及砂带磨削等。

1. 深切缓进给磨削

深切缓进给磨削又称蠕动磨削，是 20 世纪 60 年代发展起来的一种高效磨削工艺。它的磨削深度达 1～30 mm，工件进给速度 v_w 为 10～100 mm/min，是普通磨削的 1/1 000～1/100。磨钢时材料切除率可达 3 kg/min，磨铸铁时可达 4.5～5 kg/min。可直接从铸、锻毛坯上磨出成品，以磨代车，以磨代铣。它适合磨削成形表面和沟槽，特别适合于耐热合金等难加工材料和淬硬金属的成形加工。如直接磨出航空发动机涡轮叶片的榫槽，滚动轴承内环、外环滚道，麻花钻螺旋槽和花键槽等。我国于 20 世纪 70 年代中期开始研究深切缓进给磨削，现已用它磨制燃气轮机叶片的叶根圆弧槽（如图 8－18(a)所示），三爪自定心卡盘卡爪的导向槽（如图 8－18(b)所示），齿条的齿形和连杆结合面等多种零件以及硬质合金螺纹梳刀等刀具。

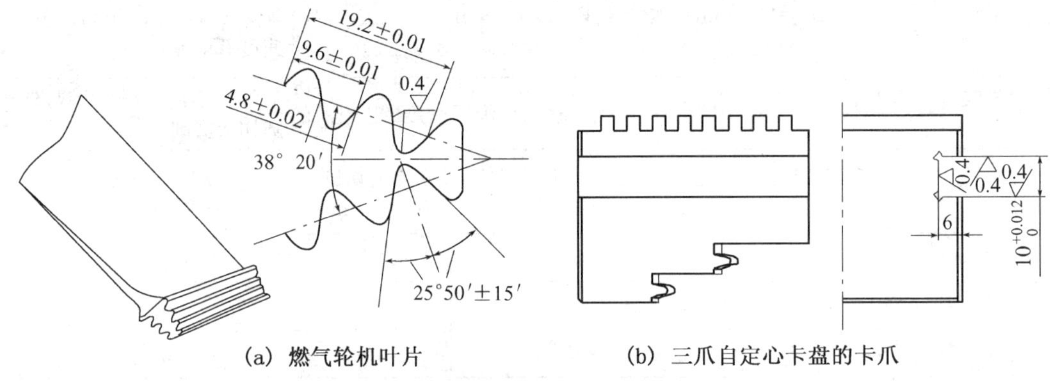

(a) 燃气轮机叶片　　(b) 三爪自定心卡盘的卡爪

图 8－18　深切缓进给磨削实例

(1) 深切缓进给磨削的特点：

① 由于磨削弧面大，参加切削的磨粒多，且节省了工作台频繁往返所花费的制动、换向和两端越程时间，所以生产率比普通磨削高 3～5 倍。

② 由于砂轮不需要无数次撞入工件端部锐边，所以能较长时间保持砂轮的轮廓精度。

③ 磨削力很大，磨削温度很高，工件表面易烧伤，磨床容易振动。

(2) 深切缓进给磨削必须采取的措施。

① 要采用顺磨，并用大量切削液（压力高达 0.8～1.2 MPa，流量达 80～200 L/min）来冷却和冲走脱落的磨粒及磨屑。

② 要选用超软的，粒度号小和组织号大的砂轮或大气孔砂轮。磨削耐热合金等难加工材料时，最好选用 WA 与 GC 的混合磨料砂轮或立方氮化硼砂轮。

③ 对磨床要求功率大（砂轮电动机功率为 0.2～1 kW/mm），主轴承载能力高，刚度要大于 140 N/μm；工作台低速运动均匀而无爬行，并有快速返程装置，要有高效的切削液过滤装置。

20 世纪 90 年代深切缓进给磨削又采用高速磨削（v_c＝150 m/s）。采用此项新技术的轧辊粗磨床，其砂轮驱动功率高达 487 kW，工件驱动功率达 55 kW，材料磨削率为 6～7 kg/min。

2. 超精密磨削与镜面磨削

(1) 超精密磨削与镜面磨削加工粗糙度。

能磨得表面粗糙度 R_a 值在 0.05～0.01 μm 之间的表面磨削方法称为超精密磨削。能磨得表面粗糙度 R_a 值在 0.05 μm 以下表面的磨削方法称为镜面磨削。我国在 20 世纪 60 年代就研制成功了超精密磨削和镜面磨削，并制成了相应的高精度磨床，使这项先进磨削工艺在生产中得到推广。目前,超精密磨削已成为对钢铁材料(黑色金属)和半导体等硬脆材料进行精密加工的主要方法之一。

(2) 超精密磨削与镜面磨削必须采取的措施:

① 要采用高精度磨床,磨床要恒温,隔离安装。

② 超精密磨削使用棕刚玉、白刚玉或微晶粒刚玉磨料,粒度 F60～F80,陶瓷结合剂,硬度为 K,L 的砂轮。镜面磨削使用铬刚玉、白刚玉或白刚玉和绿碳化硅混合磨料,粒度 F280～F500,改性酚醛树脂结合剂并加石磨填料,硬度为 E 和 F 的砂轮。镜面磨削使用的这种砂轮称为微粉弹性砂轮。用它磨削,切削能力微弱,但抛光作用很好,能获得镜面。

③ 砂轮要用金刚石笔精细修整。

④ 对前道工序工件的尺寸、形状、位置精度和表面粗糙度都有较高的要求。这两种磨削的用量为 $v_c=15\sim20$ m/s,$v_w=5\sim15$ m/min,工作台移动速度 $v_f=50\sim200$ mm/min,$f_r=2\sim5$ μm,磨削时径向进给 1～3 次,然后无进给清磨几次至几十次。

20 世纪 80 年代以来,镜面磨削又有新发展:采用铸铁纤维结合剂金刚石微粉砂轮,使用电解在线修整技术,磨削速度提高到 50 m/s。

3. *砂带磨削*

(1) 砂带磨削的用途。

用高速运动的砂带作为磨削工具,磨削各种形状表面的方法称为砂带磨削(如图 8-19 所示)。砂带由基体、结合剂和磨粒组成(如图 8-20 所示)。常用的基体是牛皮纸、布(斜纹布,尼龙纤维,涤纶纤维)和纸—布组合体。纸基砂带平整,磨出的工件表面粗糙度小,布基砂带承载能力高。纸—布基砂带综合两者的优点。砂带上结合剂有两层,底胶把磨粒粘结在基体上,复胶固定磨粒间位置,结合剂常用的是树脂。砂带上仅有一层经过精选的粒度均匀的磨粒,通过静电植砂,使其锋口向上,切削刃具有较好的等高性。因此,砂带磨削材料切除率高,磨削表面质量好。

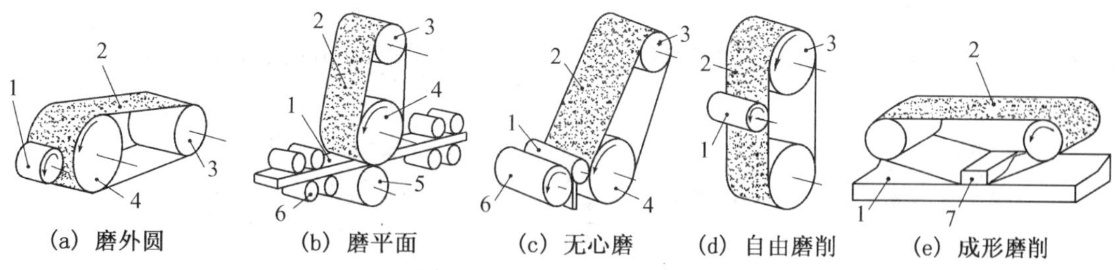

图 8-19　砂带磨削的几种形式

1—工件;2—砂带;3—张紧轮;4—接触轮;5—承载轮;6—导轮;7—成形导向板。

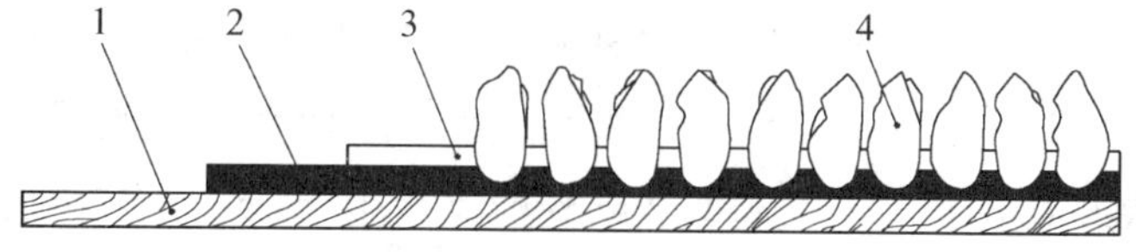

图 8-20　砂带的结构

1—基体;2—底胶;3—复胶;4—磨粒。

20 世纪 60 年代制成砂带磨床后,砂带磨削发展非常快,目前,工业发达国家的砂带磨削已占磨削加工量的一半左右。

(2) 砂带磨削有以下特点。

① 砂带上磨粒颗颗锋利，砂带磨削面积大，所以生产率比铣削和砂轮磨削都高得多。它除了可磨金属外，还可磨木材、皮革、橡胶、石材和陶瓷等。

② 磨削温度低，砂带有弹性，磨粒可退让，工件不会烧伤和变形，加工质量好。

③ 砂带柔软，能贴住成形表面磨削，适合于磨削复杂的型面。

④ 砂带磨床结构简单，功率消耗少，但占用空间大，噪声大。

⑤ 不能磨削小直径的深孔、不通孔、柱坑孔、阶梯外圆和齿轮等。

⑥ 砂带经常要换，砂带消耗量大。

20 世纪 90 年代美国的砂带已用 Cubitron 和 SG 磨料取代普通刚玉。新磨料韧性好，磨粒很少发生宏观折断，而只是微破碎形成新的锋刃。另外，由于采用新基体、新结合剂，砂带寿命延长，消耗量也大大减少。近年来砂带磨削也用于大切深强力磨削，而且数控和自适应控制的砂带磨床也已应用。

(七) 石材用人造金刚石磨具简介

随着建筑业的蓬勃发展，大理石、花岗岩等石材获得大量应用，加工这种硬脆材料的石材磨具用得愈来愈多。石材磨具的切削部分用的是人造金刚石，它是由人造金刚石粉末压合烧结而成。石材磨具的非切削部分是由钢材制成的，两者焊接在一起。常用的石材人造金刚石磨具是切割石材用的人造金刚石圆锯片，加上石材边缘的人造金刚石成形磨轮以及抛光石材平面和成形面的各种抛光砂轮。石材磨具切削时要用水充分冷却，水是石材磨具必需的切削液。

1. 石材人造金刚石圆锯片

石材人造金刚石圆锯片是节块式的(如图 8-21 所示)，已有建材行业标准 JC 340—92 和国家标准 CB/T 6409.1—1994。圆锯片主要尺寸为名义直径 D、名义宽度 T 和齿数 z。圆锯片最大名义直径 D 为 3 m，圆锯片最小名义宽度 T 为 2.5 mm，齿数 z 为 14～160。

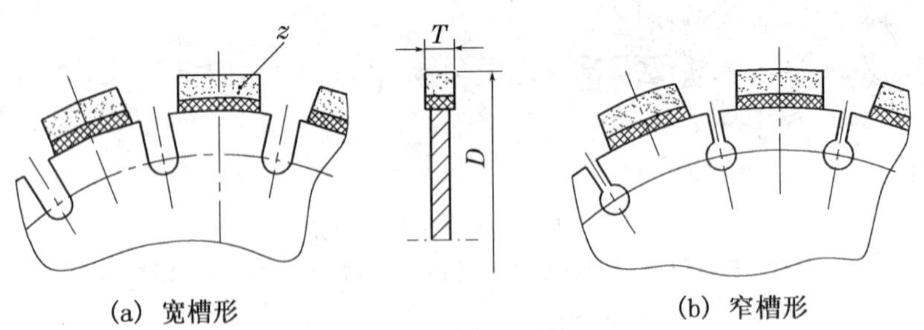

图 8-21　节块式人造金刚石圆锯片

D—圆锯片名义直径；T—圆锯片名义宽度，节块宽度；z—齿数。

节块由粉末状人造金刚石热压成型烧结到薄钢板上组成。各节块再焊接到圆形基体上。石材人造金刚石圆锯片是锯切花岗岩、大理石、混凝土、陶瓷、水泥制品、耐火材料、玻璃、沥青、塑料和电木等非金属材料的高效、优质和经济的磨具。

2. 成形磨轮

成形磨轮有烧结类人造金刚石和电镀类人造金刚石两种。烧结类人造金刚石成形磨轮是由粉末状人造金刚石压制烧结成方块后焊接到钢轮上，然后加工成为成形磨轮，这类金刚石成形磨轮用于磨削花岗岩的花边。电镀类人造金刚石成形磨轮是用粉末状人造金刚石用电镀法制成单块后焊接到钢轮上去的。它用来磨削大理石花边，图 8-22 列举了几种所磨的大理石花边的剖面形状。各种大理石花边的剖面形状与加工它的金刚石成形磨轮的轴向剖面形状相一致。

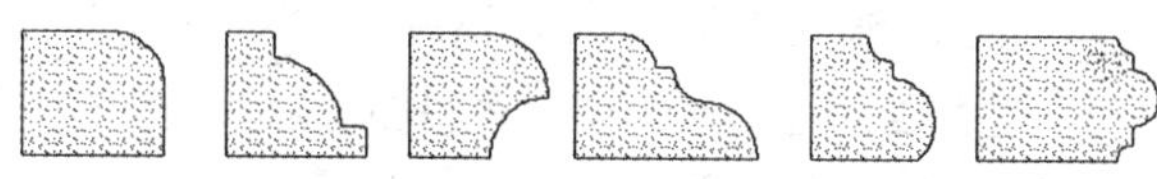

图 8-22 磨制大理石花边部分形状

3. 抛光磨轮

大理石、花岗岩等石材经人造金刚石圆锯片切割后，其平面需磨平和抛光，此时，应采用树脂结合剂的人造金刚石磨盘或者树脂填埋式金属结合剂人造金刚石磨盘来磨平。然后用树脂结合剂的人造金刚石抛光盘来抛光。磨削和抛光用水作切削液。大理石、花岗岩等石材的周边经成形磨轮加工后也需要用各种成形抛光磨轮和磨头来研磨和抛光。这些磨轮和磨头由树脂结合剂的人造金刚石制成，并装在石材磨边和花线机上使用或装在电动工具和风动工具上手工使用。

课后练习

1. 外圆磨削有哪些运动？磨削用量如何表示？

2. 砂轮有哪些组成要素？用什么代号表示？砂轮如何选用？说明下列砂轮代号的意义？

Ⅰ-400×50×203WAF60K5V-m/s；

Ⅱ-150/120×35×32-10,20,100GCF36J5B-50 m/s。

3. SG 砂轮与普通砂轮有何区别？什么是 TG 砂轮，它有什么特点？

4. 超硬砂轮(人造金刚石砂轮与立方氮化硼砂轮)和普通砂轮有什么区别？

5. 砂轮形貌对磨削过程有何影响？磨削有何特点？

6. 什么是理论平均厚度和当量磨削厚度？哪些因素影响磨削厚度？

7. 为何要采用恒压力磨削和恒功率磨削？

8. 磨削温度对工件质量有何影响？如何降低磨削温度？

9. 砂轮磨损与失去磨削性能的形式有哪些？对磨削有何影响？

10. 磨削表面质量包括哪些方面？哪些因素影响磨削质量？为提高磨削质量应采取哪些措施？

11. 深切缓进给磨削有哪些特点？采用深切缓进给磨削要采取哪些措施？

12. 什么是超精磨削？什么是镜面磨削？超精磨削与镜面磨削对磨床、砂轮、砂轮修整磨削工艺有何要求？

13. 砂带磨削有哪些特点？可应用于哪些方面？

14. 试述石材人造金刚石磨具用途？人造金刚石圆锯片有何特点？

课题九　拉　　刀

拉刀是一种多齿的精加工、高生产率刀具。拉削时，拉刀上各齿依次从工件上切下很薄的一层金属，经一次行程即可切除全部余量，拉削精度可达 IT8～IT7，表面粗糙度 R_a 值为 3.2～0.5 μm。拉削的主要特点：能加工贯通的内外表面，拉削精度高、生产率高，拉刀寿命长。由于拉刀制造较复杂，故主要用于大量、成批零件的加工，例如拉削汽车发动机体壳、柴油机连杆及各种机器上的齿轮花键孔等等。

任务 1　拉刀的类型

【**知识点**】 (1) 了解拉刀的分类方法；

(2) 了解拉刀的结构组成及主要参数。

【**技能点**】 根据加工表面选择合理的拉刀。

一、任务下达

如图 9-1 所示零件，零件为内花键带轮，内花键如何加工？

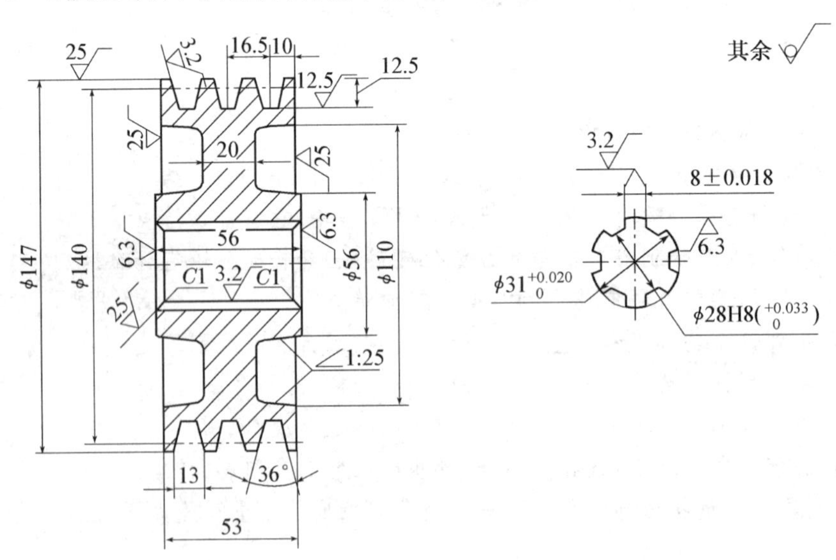

图 9-1　带轮

二、任务分析

在切削加工中，刀具直接承担着切除加工余量，形成零件表面的任务。图 9-1 所示零件带轮的内孔为花键，与单键相比花键的定位精度要好，但花键加工很复杂，用加工单键的方法根本达不到精度要求，且形位误差难以保证，所以采用拉削的方法来保证加工精度要求。

三、相关知识

（一）拉刀的分类方法

1. 按被加工表面部位不同来区分

按被加工表面部位不同可分为内拉刀和外拉刀。如图 9－2 所示，较常见的内拉刀和外拉刀有：圆拉刀、花键拉刀、四方拉刀、键槽拉刀和外平面拉刀。

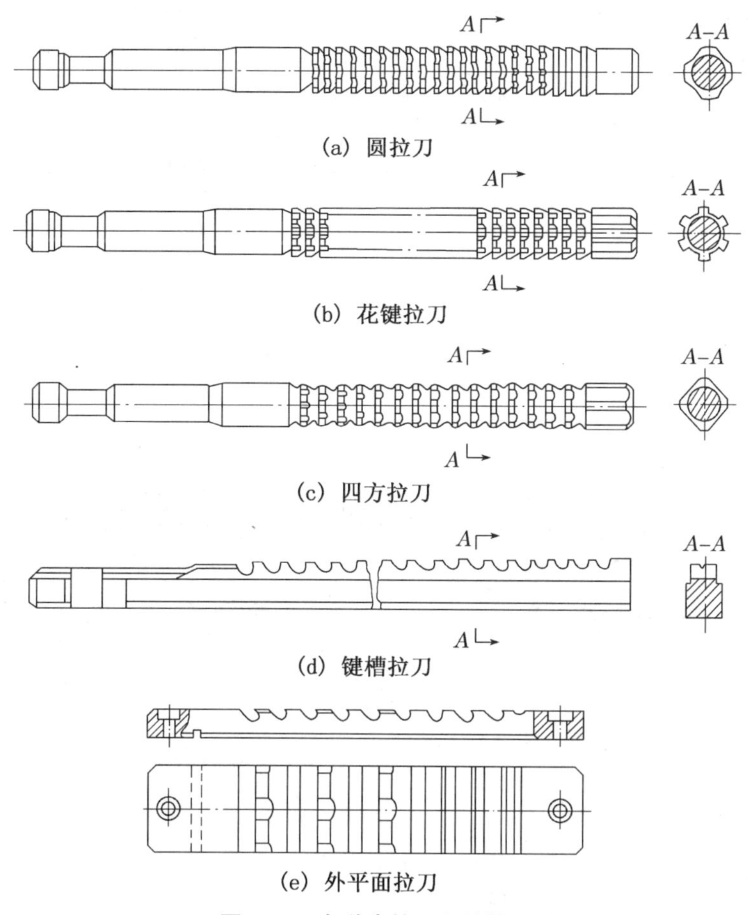

(a) 圆拉刀

(b) 花键拉刀

(c) 四方拉刀

(d) 键槽拉刀

(e) 外平面拉刀

图 9－2 各种内拉刀和外拉刀

2. 按拉刀结构不同来区分

按拉刀结构不同分为整体式拉刀、焊接式拉刀、装配式拉刀和镶齿式拉刀。加工中、小尺寸表面的拉刀用整体高速钢制成；加工大尺寸、复杂形状表面的拉刀制成组装式结构，如图 9－3 所示为装配式内齿轮拉刀和硬质合金镶齿平面拉刀。

3. 按使用方法不同来区分

按使用方法不同可分为拉刀、推刀和旋转拉刀。图 9－4 所示为圆推刀和花键推刀。推刀是在推力作用下工作的。推刀主要用于校正硬度<HRC45、变形量<0.1 mm 的已加工孔。推刀的结构与拉刀相似，但它的齿数少，长度短，前、后柄较为简单。旋转拉刀是在转矩作用下，通过旋转运动而切削工件的。

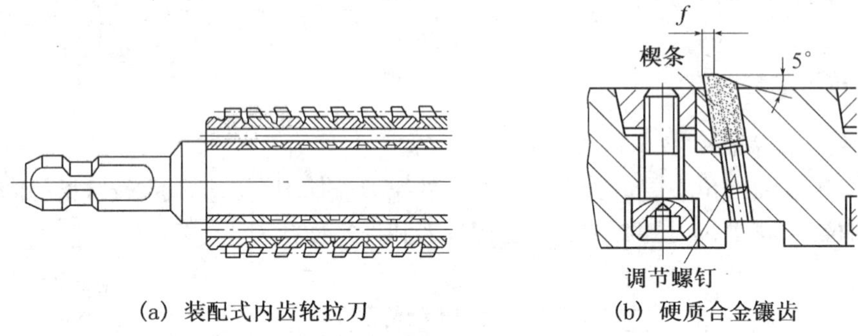

(a) 装配式内齿轮拉刀　　(b) 硬质合金镶齿

图 9-3　装配式拉刀和镶齿

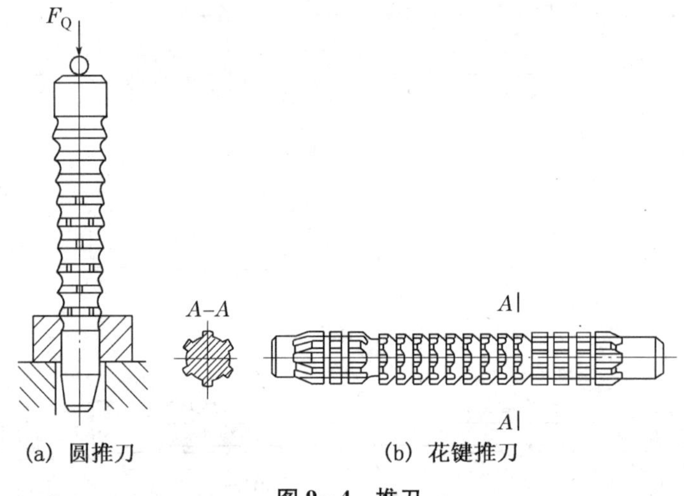

(a) 圆推刀　　(b) 花键推刀

图 9-4　推刀

(二) 拉刀的结构组成及主要参数

1. 拉刀的结构组成

拉刀的种类很多，结构也各不相同，但它们的组成部分基本相同。现以圆孔拉刀为例，说明拉刀的各组成部分及其作用，如图 9-5 所示：

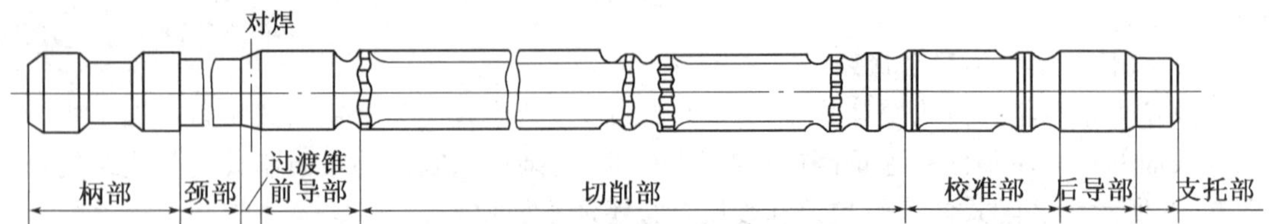

图 9-5　圆孔拉刀结构

柄部,拉刀的夹持部分,用于传递拉力;

颈部,便于柄部穿过拉床的挡壁,也是做标记的地方;

过渡锥,引导拉刀逐渐进入工件孔中;

前导部,引导拉刀正确地进入孔中,防止拉刀歪斜;

切削部,担负全部余量的切削工作。由粗切齿、过渡齿和精切齿三部分组成;

校准部,起修光和校准作用,并可作为精切齿的后备齿;

后导部,保证拉刀最后的正确位置,防止拉刀的刀齿切离后因下垂而损坏已加工表面或刀齿;

支托部,对于长又重的拉刀,用于支撑并防止拉刀下垂。

2. 拉刀的主要结构参数

以圆拉刀为例介绍其结构。主要有切削、校准和其他部分组成,如图 9-6 所示。

(1) 切削部分。

切削部分是拉刀的主要部分,它与拉削质量以及生产效率密切相关。其组成参数有:齿升量 f_z、几何参数、齿距、容屑槽、分屑槽、切削齿数及其直径等。

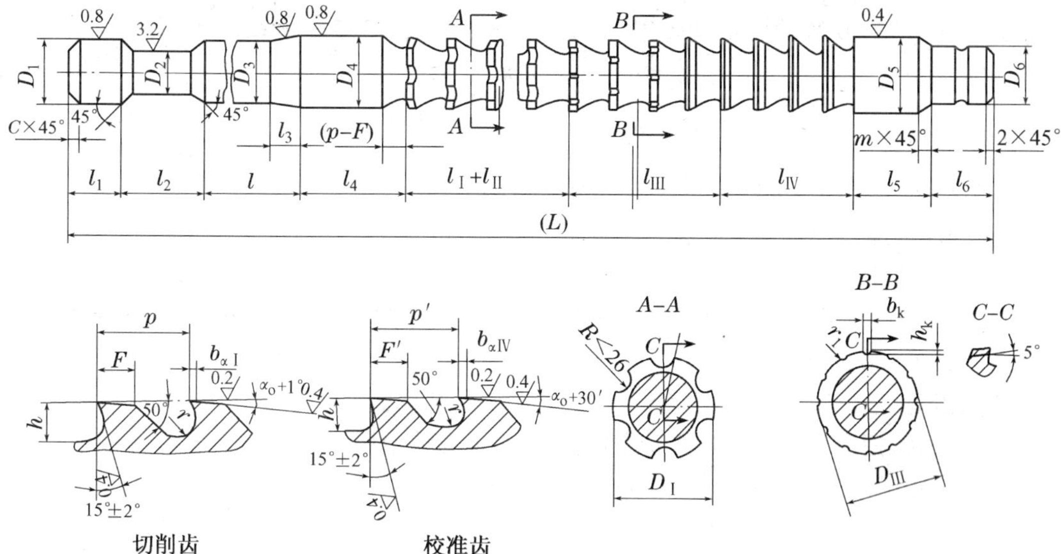

图 9-6　综合轮切式圆孔拉刀的结构

① 齿升量 f_z。

粗切齿、过渡齿和精切齿都有齿升量。粗切齿的齿升量较大(约为 0.03～0.06 mm),各粗切齿的齿升量相等,全部粗切齿共约切去拉削余量的 80%。齿升量也不易过大,过大则拉削力太大,影响拉刀的强度和机床的负荷,也难获得表面粗糙度值小的拉削表面;齿升量也不能小于 0.01 mm,过小则切屑很薄,由于刃口钝圆半径 r_β 的影响,使挤压作用加剧,刀齿容易磨损,且难获得光洁的加工表面。粗切齿的齿升量是根据工件材料和拉刀类型进行选取,可查阅有关资料。过渡齿的齿升量不等,为了逐渐降低拉削负荷,由粗切齿的齿升量逐齿递减至精切齿的齿升量。精切齿的齿升量一般取 0.03～0.01 mm。

② 几何参数

a. 前角 γ_o。为了减小切削变形和便于卷屑、降低拉削力、获得光洁的加工表面、提高拉刀的寿命,前角应适当选大些。一般是根据工件材料选取为 5°～20°。

b. 后角 α_o。圆孔拉刀是属于精加工的刀具,工件的尺寸由刀具来控制,拉刀是重磨前刀面,为了使直径变化较小,延长拉刀的使用寿命,后角应选取小些,一般为 1°～3°。

c. 刃带宽度 $b_{\alpha 1}$。刃带的作用是为了在制造拉刀时便于测量刀齿直径和拉削时起支撑作用,重磨后保持直径不变。但刃带不能太宽,以免增加摩擦而使表面粗糙度值变大,刃带的宽度一般选 0.1～0.4 mm,粗切时取小值,精切时取大值。

③ 齿距 p。

齿距 p 是相邻两刀齿间的轴向距离。齿距 p 的大小,主要影响容屑槽尺寸和同时工作齿数 z_e。在确定齿距 p 的尺寸时,为了保证拉削过程平稳,并能获得良好的拉削表面,首先要满足容屑槽尺寸的需要,其次应使同时工作齿数不小于 3 个齿,但最多不应超过 6～8 个齿。

通常

粗切齿
$$p_{\mathrm{I}}=(1.25\sim1.5)\sqrt{l} \tag{9-1}$$

式中,p_{I} 为拉刀粗切齿的齿距,单位为 mm;l 为拉削长度,单位为 mm。

过渡齿
$$p_{\mathrm{II}}=p_{\mathrm{I}} \tag{9-2}$$

式中,p_{II} 为拉刀过渡齿的齿距,单位为 mm。

精切齿
$$p_{\mathrm{III}}=(0.6\sim0.8)p_{\mathrm{I}} \quad (\text{当 } p_{\mathrm{I}}>10\text{ mm 时}) \tag{9-3}$$

式中,p_{III} 为拉刀精切齿的齿距,单位为 mm。

④ 容屑槽。

a. 容屑槽的形状。容屑槽的形状应能使切屑自由卷曲,并能使刀齿有足够的强度和重磨次数。其形式如图 9-7 所示。

直线齿背,槽形简单、制造容易,常用于拉削脆性金属。

曲线齿背,槽形有利于切屑的卷曲,适用于拉削韧性金属。

加长齿距,槽形有足够的容屑空间,适用于综合轮切式拉刀。

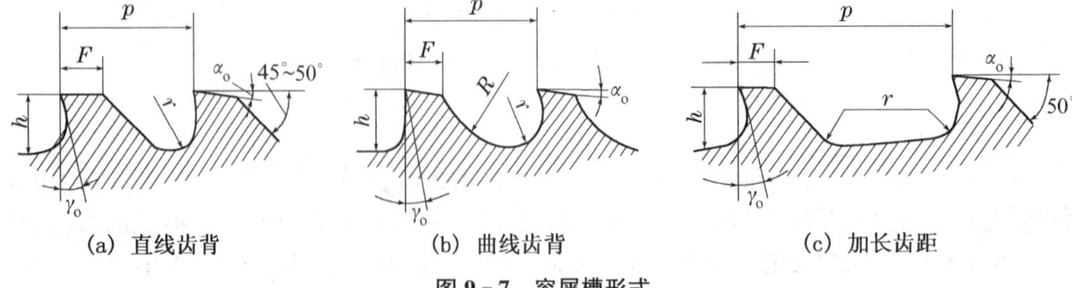

图 9-7 容屑槽形式

b. 容屑槽的深度 h。

$$h=1.13\sqrt{kh_{\mathrm{D}}l} \tag{9-4}$$

式中,h 为容屑槽的深度,单位为 mm;k 为容屑系数,即容屑槽的有效容积和切屑体积的比,

一般 $k=2\sim4$；h_D 为切屑厚度，单位为 mm；l 为拉削长度，单位为 mm。

根据齿距 p 和槽深 h，可在有关资料中查出各尺寸的容屑槽。

⑤ 分屑槽。

分屑槽的作用是减小切屑宽度，便于切屑容纳在容屑槽中。所以，在切削齿的刀刃上都要做出交错分布的分屑槽，使切屑分成许多小段。其形式有 V 形、U 形和圆弧形三种，如图 9－8 所示。分屑槽的深度应大于齿升量，槽底后角为 $\alpha_o+2°$，为了保证拉削质量最后一个精切齿没有分屑槽。拉削脆性材料时，总是崩碎切屑，可不设分屑槽。

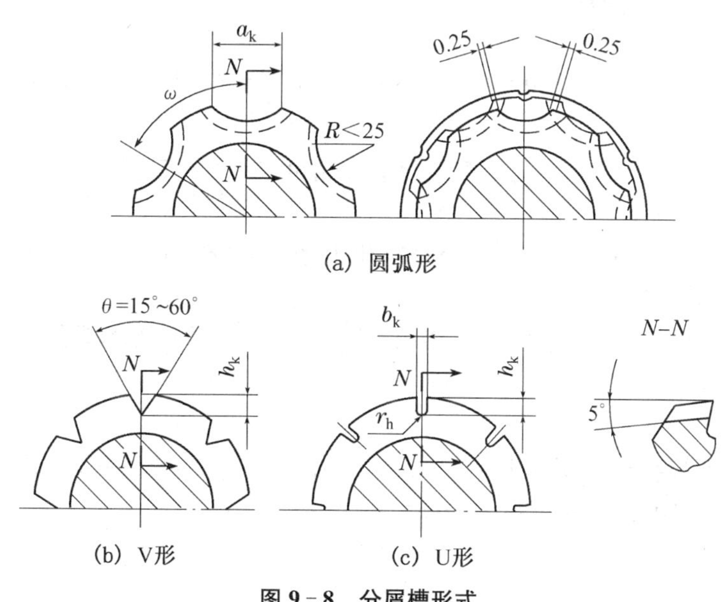

图 9－8　分屑槽形式

⑥ 切削齿数。

切削齿数 z

$$z=z_{\mathrm{I}}+z_{\mathrm{II}}+z_{\mathrm{III}}$$

a. 粗切齿齿数 z_{I}。

$$z_{\mathrm{I}}=\frac{A-(A_{\mathrm{II}}+A_{\mathrm{III}})}{2f_z}+1 \tag{9-5}$$

式中，A 为总余量，单位为 mm；A_{II} 为过渡齿切削余量，单位为 mm；A_{III} 为精切齿切削余量，单位为 mm。

b. 过渡齿齿数 z_{II}。z_{II} 一般取 3～5 个。

c. 精切齿齿数 z_{III}。z_{III} 一般取 3～7 个。

⑦ 直径。

a. 拉刀第一圈粗切齿的直径。为避免因拉削余量不均，使拉刀承受过大的负荷，拉刀的第一个粗切齿的直径一般与前导部的直径不同。

综合轮切式圆拉刀的第一个切削齿直径 d_1 可以没有齿升量，或者取为：

$$d_1=d_{\mathrm{wmin}}+\left(\frac{1}{3}\sim\frac{1}{2}\right)f_z \tag{9-6}$$

当拉削前孔的精度在IT10以上时，因精度较高，则第一个切削齿可以参加切削工作，故取为：

$$d_1 = d_{wmin} + 2f_z \tag{9-7}$$

上述两式中：d_1 为拉刀的第一个切削齿直径，单位为mm；d_{wmin} 为预制孔的最小直径，单位为mm；f_z 为齿升量，单位为mm。

b. 各刀齿的直径。以后各刀齿的直径则按各刀齿的齿升量依次递增计算，最后一个精切齿的直径等于校准齿的直径。

(2) 校准部分。

校准部分的校准齿没有齿升量，只起校准和修光孔的作用，不开分屑槽。

① 几何参数。

a. 前角 $\gamma_{o\text{IV}}$。由于校准齿不起切削作用，前角可取为0°～5°。但为了制造方便，也可取与切削齿相同的前角。

b. 后角 $\alpha_{o\text{IV}}$。为了使拉刀重磨后直径变化小，延长拉刀使用寿命，校准齿的后角比切削齿后角取得小些，一般取1°～2°。

c. 刃带宽度 $b_{\alpha\text{IV}}$。为了使拉刀重磨后直径变化小及拉削平稳，校准齿上也做有刃带，其宽度比精切齿大些，一般取0.4～0.8 mm。

② 齿距 p_{IV}。

由于校准齿只起修光作用，其齿距可比切削齿距 p_{I} 小，以缩短拉刀长度。

当粗切齿的齿距 $p_{\text{I}} > 10$ mm时，$p_{\text{IV}} = (0.6 \sim 0.8)p_{\text{I}}$。

当粗切齿的齿距 $p_{\text{I}} \leqslant 10$ mm时，$p_{\text{IV}} = p_{\text{I}}$。

③ 齿数与直径。

校准齿的齿数的选取与被拉削孔的精度有关，一般取3～7个齿，精度要求高时取大值，低时取小值。

为了增加拉刀的重磨次数和延长使用寿命，校准齿的直径应等于被拉削孔的最大直径 d_{mmax}。但考虑到拉削后的工件孔常会发生扩张或收缩，故校准齿的直径 d_{IV} 实际取为：

$$d_{\text{IV}} = d_{mmax} \pm \delta \tag{9-8}$$

式中，d_{IV} 为校准齿直径，单位为mm；d_{mmax} 为拉削后孔的最大直径，单位为mm；δ 为拉削后孔径扩张或收缩量，单位为mm。

拉削后孔径扩张，取“—”，若孔径收缩，取“+”。

拉削韧性金属时，取收缩量为0.01 mm。

加工薄壁零件时，收缩量按下列式计算：

$$\delta = 0.3d_{mmax} - 1.4T\text{(拉削3号或5号钢)} \tag{9-9}$$

$$\delta = 0.6d_{mmax} - 2.8T\text{(拉削或18CrNiMnWA)} \tag{9-10}$$

式中，δ 为拉削后孔的收缩量，单位为mm；T 为孔壁厚度，单位为mm。

(3) 其他部分。

① 柄部、颈部、过渡锥和前导部(如图9-6所示)。

a. 柄部。通常采用快速装夹的形式，直径 D_1 约比拉削前孔径小0.5 mm，并按标准尺寸选取(参阅设计资料)；$C=2\sim5$ mm；$l_1=15\sim25$ mm；$l_2=28\sim38$ mm；$D_2\geqslant D_1-5$。

b. 颈部和过渡锥。$D_3=D_1-(0.3\sim1)$ mm 或 $D_3=D_1$；$l=100\sim180$ mm(根据拉床规格选取)；l_3 可取 10 mm、15 mm、20 mm 三种规格。

c. 前导部。D_4 等于拉削前孔的最小直径 d_{wmin}，偏差取 e8。l_4 等于拉削孔的长度。

② 后导部和支托部(如图 9-6 所示)。

a. 后导部。D_5 等于拉削后孔的最小直径 d_{mmin}，偏差取 f7。

b. 支托部。$D_6=(0.5\sim0.7)$拉削后孔的公称尺寸。$l_6=(0.5\sim0.7)l$(l 为拉削长度)。

③ 拉刀的总长度。

拉刀所有组成部分长度的总和。总长度在 1 000 mm 以内时，偏差取±2 mm；超过 1 000 mm 时，偏差取±3 mm。拉刀的总长度不能超过拉床允许的最大行程。一般拉刀总长度 $L=(30\sim40)d$(d 为拉刀外经)，当外经和容屑槽深一致时取最小值。

(4) 拉刀的检验。

为使拉刀能顺利工作、在设计拉刀时，甚至在使用外购拉刀前，应对拉刀同时工作齿数、容屑空间、拉刀强度等项目进行检验。

① 同时工作齿数检验。

由式 $p=1.25\sim1.8\sqrt{L}$ 确定的齿距 P 会影响刀齿在拉削长度 L 内的同时工作齿数 z_e。为了确保拉削过程的稳定性一般应使 $z_e=3\sim8$。故在设计或使用拉刀时，应按下式检验同时工作齿数：

$$z_e=\frac{L}{P}+1\geqslant3 \tag{9-11}$$

如若 $z_e<3$，则将若干零件叠夹拉削，或适当减小齿距 P。

② 容屑空间检验。

容屑空间的设计或检验是指在拉刀的假定进给平面中，一个刀齿容屑槽的有效面积 A 应大于该刀齿切下的金属层面积 A_D，即：

$$A>A_D \text{ 或 } A=KA_D$$

如图 9-9 所示，$A=\dfrac{\pi h^2}{4}$；$A_D=Lh_D$ 或 $A_D=Lf_z$

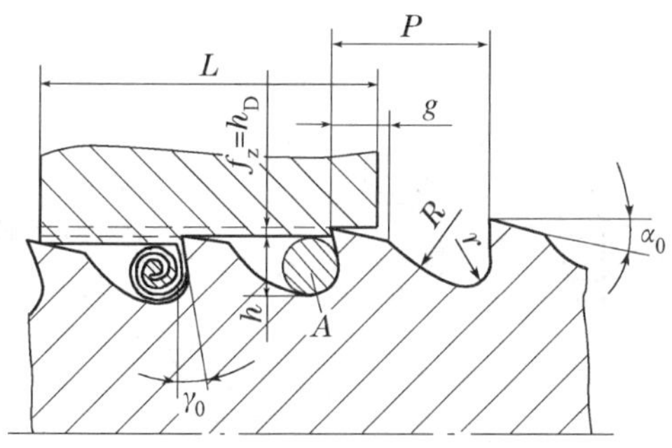

图 9-9 容屑槽有效面积与金属层面积

因此，容屑槽深度 h 为：

$$\frac{\pi h^2}{4}=KLh_D;h=1.13\sqrt{KLh_D} \tag{9-12}$$

此外，也可在已确定容屑槽深度 h 后来检验容屑空间所容许的齿升量 $f_z(h_D)$：

$$f_z=h_D=\frac{0.781h^2}{KL} \tag{9-13}$$

式中，K 为容屑系数、分块式拉削 $K=2\sim3.5$；L 为拉削长度。

通常设计容屑槽时，是根据式 9-12 求出 h 及根据式 9-11 求出 P，在容屑槽系列标准中再确定槽的齿宽 g、齿背圆弧 R 及槽底圆弧 r 的尺寸。

③ 拉刀强度检验。

拉刀强度检验是个重要的项目，在生产中常因工件材料强度高，拉刀齿升量过大，拉刀上受力面积小及切屑严重堵塞而引起拉刀折断。为使拉刀强度足够，应使拉削时产生的拉应力 σ 小于拉刀材料的许用拉应力[σ]，即：

$$\sigma=\frac{F_{cmax}}{S_{min}}\leqslant[\sigma] \tag{9-14}$$

式中，F_{cmax}为作用于拉刀刀齿上主运动方向的最大切削力，单位为 N；S_{min}为拉刀上强度最薄弱位置处的横截面积，通常为颈部或第一刀齿槽底的横截面积，单位为 mm^2；[σ]为拉刀材料的许用应力，单位为 MPa。高速钢[σ]=350～400 MPa。

作用在拉刀刀齿上最大切削力 F_{cmax}，可由下列实验公式求得：

$$F_{cmax}=F'_c b_{Dmax} z_e K \tag{9-15}$$

式中，F'_c为作用在刀齿单位切削宽度上的切削力，单位为 N/mm，可在拉刀设计资料中查得。

（三）拉削方式

拉刀在切削过程中是后一个刀齿的齿高于前一个刀齿，拉刀做直线运动，一次行程从工件上切下全部加工余量。如图 9-10 所示。

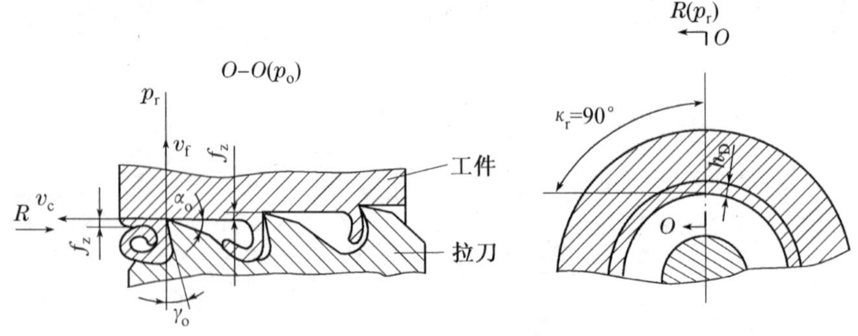

图 9-10　拉削过程

1. 拉削要素

(1) 拉削速度 v_c。拉刀直线运动的速度就是拉削速度。

(2) 进给量或齿升量 f_z。相邻两齿径向高度之差。

(3) 切削厚度 h_D。在基面 p_r 内，垂直于加工表面的切削层尺寸。

(4) 切削宽度 b_D。在基面 p_r 内沿着过渡面所度量的切削层尺寸。

(5) 切削层横截面积 A_D。在基面 p_r 内，一个刀齿的切削层横截面积 $A_z=b_Dh_D=f_zb_D$。总切削层横截面积 $A_D=A_zz_e$。

式中，z_e 为同时工作齿数，$z_e=\dfrac{l}{p}+1$；p 为拉刀切削齿的齿距，单位为 mm；l 为拉削长度，单位为 mm。

2. 拉削方式

拉削方式是指拉刀逐齿从工件表面上切除加工余量的方式。如图 9-11 所示，拉削方式有：分层式、分块式和综合式三种。

(1) 分层式(如图 9-11(a)所示)。

分层拉削的余量是一层一层地切去。但根据工件表面最终廓形的形成过程不同，又分成：同廓式和渐成式。

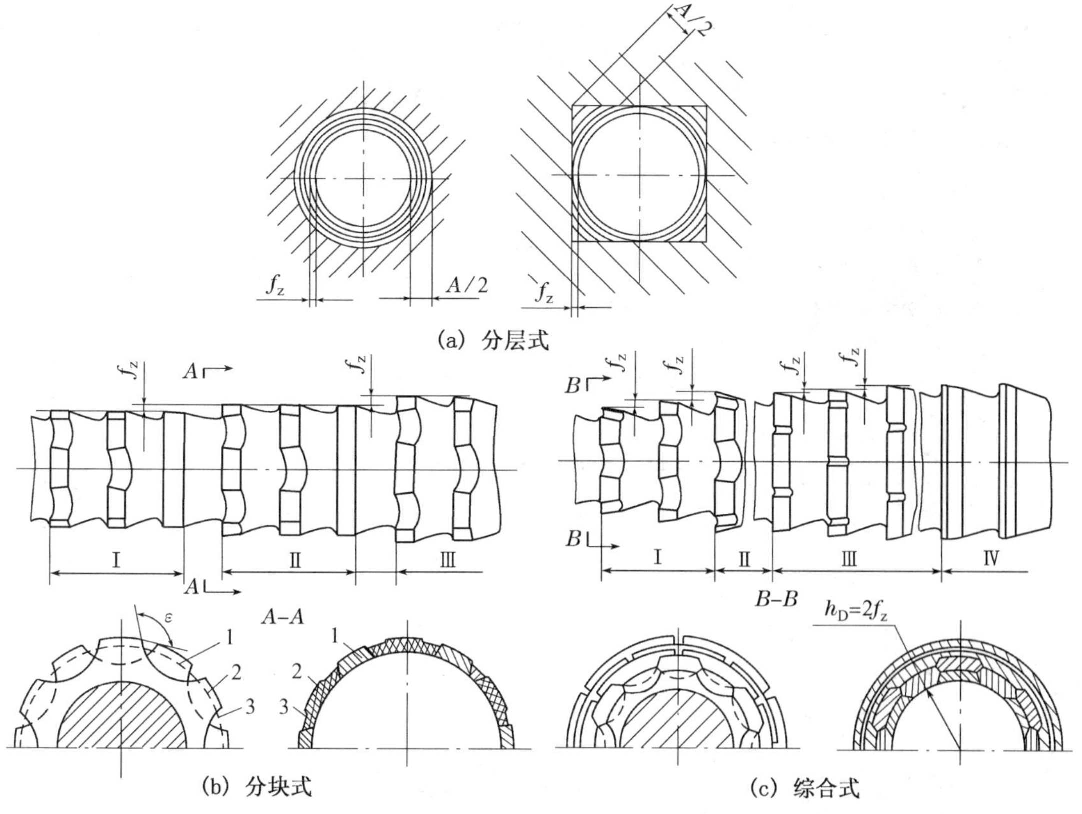

图 9-11　拉削方式

① 同廓式。各刀齿的形状与加工表面的最终形状相同。最后一个刀齿的形状和尺寸，决定已加工表面的形状和尺寸。其优点是 h_D 小、b_D 大，拉削后的表面粗糙度值小，适用于加工余量较小，且均匀的中小尺寸圆孔和精度要求较高的成形表面。缺点是 h_D 薄而 b_D 宽，使拉削力增大、刀齿数多、拉刀较长，生产效率较低。

② 渐成式。各刀齿的形状与加工表面的最终形状不相似，已加工表面的形状和尺寸是

由各刀齿切出的表面连接而成。其优点是拉刀制造简单，缺点是拉削后的表面质量差。

(2) 分块式(轮切式)(如图 9-11(b)所示)。

拉刀的切削部分是由若干齿组组成，每个齿组中有 2～5 个刀齿。每个齿组切除较厚的一层余量，每个刀齿切除该层加工余量的一段。如图所示为三个刀齿为一组的分块式拉刀刀齿的结构与拉削图形。前两个刀齿在刀刃上磨出交错分布的大圆弧分屑槽，使切削刃交错分布。第三个刀齿为圆环形，直径略小。

(3) 综合式(如图 9-11(c)所示)。

综合式拉刀是吸取了轮切式与同廓式的优点而形成的拉削方式。

三种拉削方式的主要特点是：同廓分层式拉刀的齿升量较小，拉削质量高，拉刀较长。同廓渐成式拉刀拉削成形表面时拉刀较易制造，拉削质量较差；分块式拉刀的齿升量大，适宜于拉削大尺寸、大余量表面，也可拉削毛坯表面，拉刀的长度短，效率高，但不易提高拉削质量；综合式拉刀具有同廓分层、分块拉削的优点，目前拉削余量较大的圆孔，常使用综合式圆拉刀。

课后练习

1. 试述拉刀工作范围，所能达到的加工精度和表面粗糙度。
2. 试述拉刀的种类和用途。
3. 用图表示拉削图形，并说明它们的拉削特点。
4. 以圆孔拉刀为例说明拉刀的各组成部分及其作用。
5. 拉削要素包括哪些？
6. 拉刀的齿升量根据什么原则选择？
7. 拉刀的几何参数包括哪些？
8. 拉刀的容屑槽有几种形状？容屑槽尺寸参数如何选定？
9. 拉刀的分屑槽有几种形状？
10. 拉刀使用前应检验哪些项目？如何检验？
11. 拉削有几种方式？各有何优缺点及使用范围？

课题十　数控刀具

机械加工自动化生产可分为以自动生产线为代表的刚性专用化和以数控机床为主的通用化自动生产。就刀具而言，在刚性专用化自动生产中，是以提高刀具专用符合程度来获得最佳经济效益的。而在柔性自动化生产中，为适应随机多变加工零件的需求，尽可能通过提高刀具及其工具系统的标准化、系列化和模块化程度来获得最佳经济效益。

本章简述对数控刀具的特殊要求，车削类、镗铣类数控工具系统，磨损与破损的自动监测。

任务 1　数控机床刀具

【知识点】 (1) 数控刀具的材料；

(2) 数控刀具的种类。

【技能点】 掌握数控刀具的种类。

一、任务下达

数控刀具的种类有哪些？

二、任务分析

数控刀具是机械制造中用于切削加工的工具，又称切削工具。广义的切削工具既包括刀具，还包括磨具；同时“数控刀具”除切削用的刀片外，还包括刀杆和刀柄等附件。

三、相关知识

(一) 对数控刀具的要求

以数控机床为主的柔性自动化加工是按预先编好的程序指令自动地进行加工。应适应加工品种多、批量小的要求，刀具除应具备普通机床刀具应有的性能外，还应满足下列要求：

(1) 刀具切削性能稳定可靠，避免过早地损坏，而造成频繁地停机。

(2) 刀具应有较高寿命。应采用切削性能好、耐磨性高的涂层刀片以及合理地选择切削用量。

(3) 保证可靠断屑、卷屑和排屑。为了确保可靠断屑、卷屑和排屑，可采用以下措施：合理选用可转位刀片的断屑槽槽形；合理地调整切削用量；在刀体中设置切削液通道，将切削液直接输送至切削区，有助于清除切屑；利用高压切削液强迫断屑。

(4) 能快速地换刀或自动换刀。

(5) 能迅速、精确地调整刀具尺寸。

(6) 必须从数控加工的特点出发来制订数控刀具的标准化、系列化和通用化结构体系。数控工具系统应是一种模块式、层次化可分级更换、组合的体系。

(7) 对于刀具及其工具系统的信息，应建立完整的数据库及其管理系统。

(8) 应有完善的刀具组装、预调、编码标识与识别系统。

(9) 应建立切削数据库，以便合理利用机床与刀具。

(二) 数控刀具的种类

数控刀具的种类很多。按结构来分有：整体式、镶嵌式、内冷式、减振式、机夹可转位式；按加工工艺来分有：车刀、钻头、镗刀、铣刀等。

数控车床能兼作粗精车削，因此粗车时，要选强度高、耐用度好的刀具，以便满足粗车时大背吃刀量、大进给量的要求。精车时，要选精度高、耐用度好的刀具，以保证加工精度的要求。

此外，为减少换刀时间和方便对刀，应尽可能采用机夹刀和机夹刀片。夹紧刀片的方式要选择得比较合理，刀片最好选择涂层硬质合金刀片。目前，数控车床用得最普遍的是硬质合金刀具和高速钢刀具两种。

(三) 数控刀具的材料

刀具的选择是根据零件的材料种类、硬度以及加工表面粗糙度要求和加工余量的已知条件来决定刀片的几何结构(如刀尖圆角)、进给量、切削速度和刀片牌号。

数控刀具的材料有：高速钢、硬质合金(钨钴类硬质合金、钨钛钴类硬质合金、钨钛钽(铌)钴类硬质合金)、陶瓷(纯氧化铝类(白色陶瓷)、TiC 添加类(黑色陶瓷))、立方碳化硼、聚晶金刚石。

(四) 数控刀具的选择

刀具的选择是数控加工工艺中重要内容之一。选择刀具通常要考虑机床的加工能力、工序内容、工件材料等因素。选取刀具时，要使刀具的尺寸和形状相适应。

1. 刀具选择应考虑的主要因素

(1) 被加工工件的材料、性能。如金属、非金属，其硬度、刚度、塑性、韧性及耐磨性等。

(2) 加工工艺类别。车削、钻削、铣削、镗削或粗加工、半精加工、精加工和超精加工等。

(3) 加工工件信息。工件的几何形状、加工余量、零件的技术经济指标。

(4) 刀具能承受的切削用量。切削用量三要素，包括主轴转速、切削速度与切削深度。

(5) 辅助因数。如操作间断时间、振动、电力波动或突然中断等。

2. 车刀的选择

数控车床使用的刀具从切削方式上分为三类：圆表面切削刀具、端面切削刀具和中心孔类刀具。各类刀具又具有不同的形状和材质。

(1) 车削刀具类型。

数控车床一般使用标准的机夹可转位刀具。机夹可转位刀具的刀片和刀体都有标准(硬质合金可转位刀片按 GB/T 12076—1987)，刀片材料采用硬质合金、涂层硬质合金以及高速钢。

数控车床机夹可转位刀具类型有外圆刀具、外螺纹刀具、内圆刀具、内螺纹刀具、切断刀具、孔加工刀具(包括中心孔钻头、镗刀、丝锥等)。

机夹可转位刀具在固定不重磨刀片时通常采用螺钉、螺钉压板、杠销或楔块等结构(如图10-1所示)。

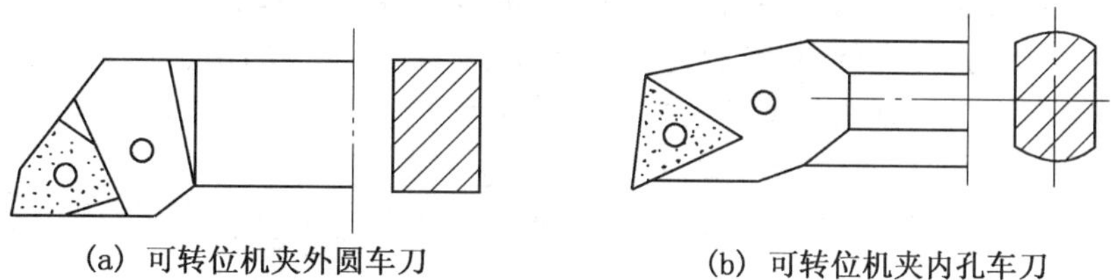

(a) 可转位机夹外圆车刀
(b) 可转位机夹内孔车刀

图10-1　可转位车刀

常用外圆可转位车刀类型如图10-2所示。

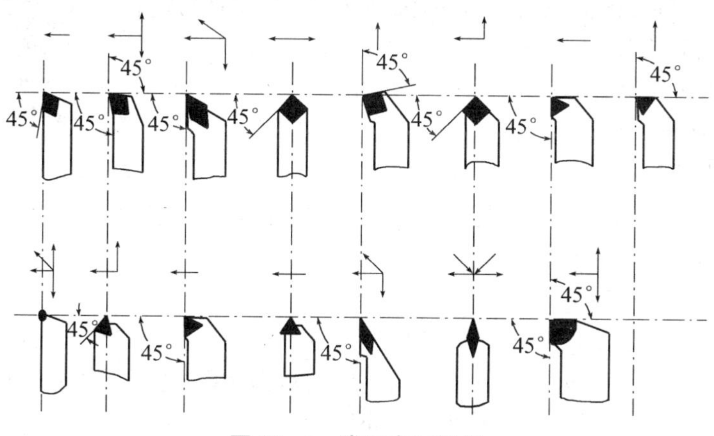

图10-2　常见车刀种类

车刀上的硬质合金可转位刀片按GB/T 12076—1987规定有:

等边等角(如正方形、正三角形、正五边形等)、等边不等角(如菱形)、等角不等边(如矩形)、不等角不等边(如平行四边形)圆形等五种(如图10-3所示)。

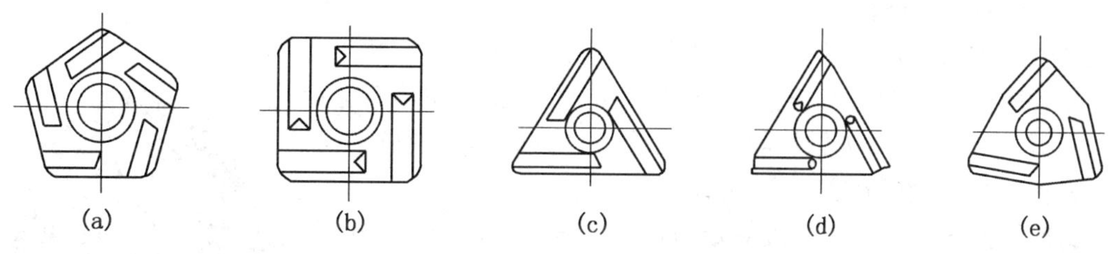

图10-3　硬质合金可转位刀片

选择刀具类型主要应考虑如下几个方面的因素:

(1) 一次连续加工表面尽可能多。

(2) 在切削过程中刀具不能与工件轮廓发生干涉。

(3) 有利于提高加工效率和加工表面质量。

(4) 有合理的刀具强度和耐用度。

下文着重介绍圆弧形车刀(如图 10－4 所示)的选用。圆弧形车刀是与普通车削加工用圆弧成形车刀性质完全不同的特殊车刀,它适用于某些精度要求较高的凹曲面零件或一刀即可完成跨多个象限的外圆弧面零件的车削。

车削时,圆弧形车刀的切削刃与被加上轮廓曲线作相对“滚动”运动,这时,车刀在不同的切削位置上,其“刀尖”在圆弧切削刃上也有不同位置(即相切的切点)。

结论:圆弧形车刀切削刃对零件的车削是以无数个连续变化位置的“刀尖”进行的。

规定圆弧形车刀刀位点必须在该圆弧刃的圆心位置上。

要满足车刀圆弧刃的半径处处等距,则必须保证该圆弧刀具有很小的圆度误差,一般采用特殊的制造工艺(如光学曲线磨削等)加工。

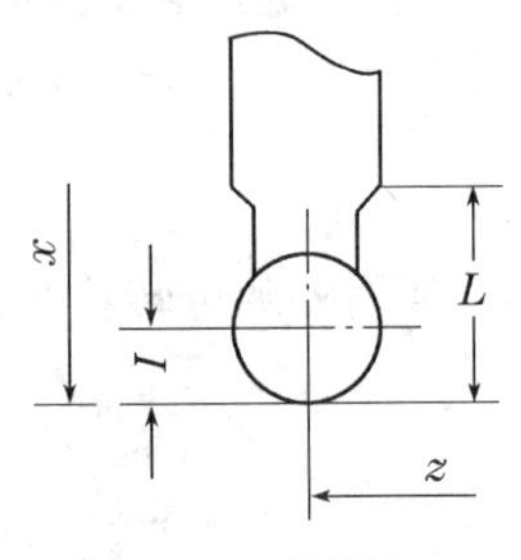

图 10－4　圆弧刀

圆弧刀刀具参数的设置(如图 10－4 所示)如下:

x 为刀尖在 x 轴方向的位置;z 为刀尖在 z 轴方向的位置;I 为刀尖半径;L 为刀头长。

3. 铣削加工刀具的选择

(1) 对刀具的基本要求。

① 铣刀刚性要好。

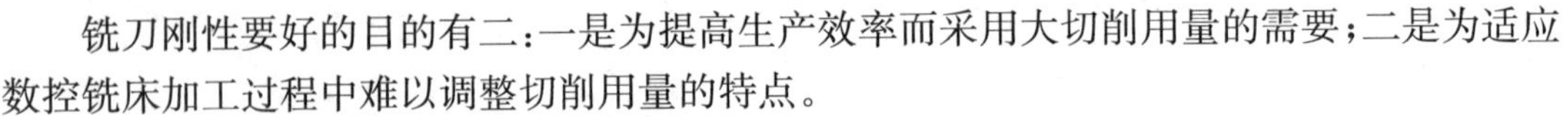

铣刀刚性要好的目的有二:一是为提高生产效率而采用大切削用量的需要;二是为适应数控铣床加工过程中难以调整切削用量的特点。

② 铣刀的耐用度要高。

尤其是当一把铣刀加工的内容很多时,如刀具不耐用而磨损较快,不仅会影响零件的表面质量与加工精度,而且会增加换刀引起的调刀与对刀次数,也会使工作表面留下因对刀误差而形成的接刀台阶,从而降低了零件的表面质量。

除上述两点之外,铣刀切削刃的几何角度参数的选择及排屑性能等也非常重要。切屑粘刀形成积屑瘤在数控铣削中是十分忌讳的。总之,根据被加工工件材料的热处理状态、切削性能及加工余量,选择刚性好,耐用度高的铣刀,是充分发挥数控铣床的生产效率和获得满意加工质量的前提。

(2) 铣刀的种类。

铣刀种类很多,这里只介绍几种在数控机床上常用的铣刀。

① 面铣刀。如图 10－5 所示,面铣刀的圆周表面和端面上都有切削刃,端部切削刃为副切削刃。面铣刀多制成套式镶齿结构,刀齿材料为高速钢或硬质合金,刀体为 40Cr。

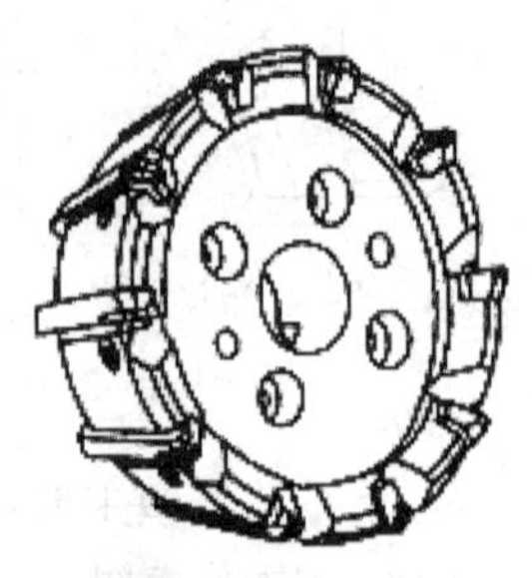
图 10－5　面铣刀

高速钢面铣刀按国家标准规定,直径 $d=80\sim250$ mm,螺旋角 $\beta=10^{\circ}$,刀齿数 $Z=10\sim26$。

硬质合金面铣刀与高速钢铣刀相比,铣削速度较高、加工效率高、加工表面质量也较好,并可加工带有硬皮和淬硬层的工件,故得到广泛应用。硬质合金面铣刀按刀片和刀齿安装方式的不同,可分为整体焊接式、机夹-焊接式和可转位式三种(如图 10－6 所示)。

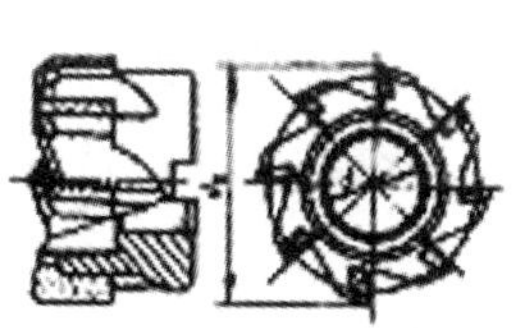

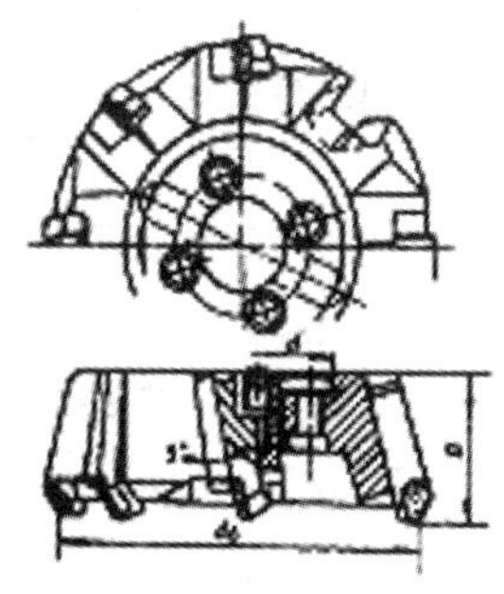
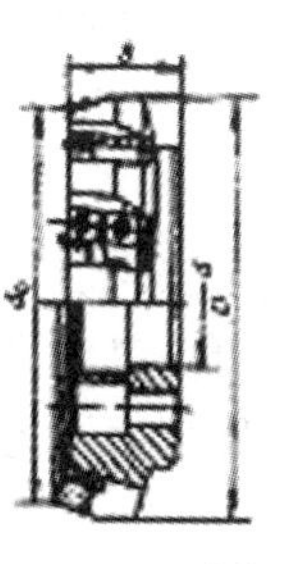
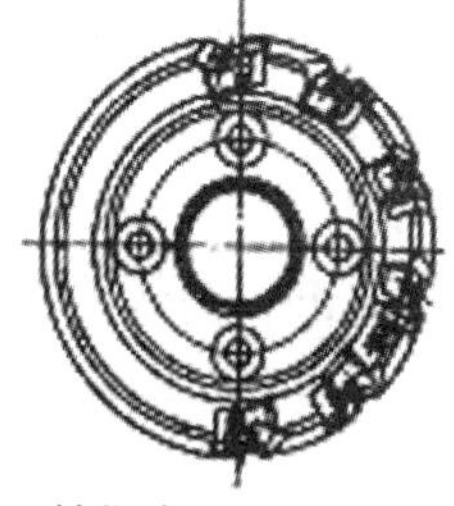

(a) 整体焊接式　　(b) 机夹-焊接式　　(c) 可转位式

图 10－6　硬质合金面铣刀

② 立铣刀。立铣刀是数控机床上用得最多的一种铣刀,立铣刀的圆柱表面和端面上都有切削刃,它们可同时进行切削,也可单独进行切削。

立铣刀圆柱表面的切削刃为主切削刃,端面上的切削刃为副切削刃。主切削刃一般为螺旋齿,这样可以增加切削平稳性,提高加工精度。由于普通立铣刀端面中心处无切削刃,所以立铣刀不能作轴向进给,端面刃主要用来加工与侧面相垂直的底平面。

为了能加工较深的沟槽,并保证有足够的备磨量,立铣刀的轴向长度一般较长。

为了改善切屑卷曲情况,增大容屑空间,防止切屑堵塞,刀齿数比较少,容屑槽圆弧半径则较大。一般粗齿立铣刀齿数 $z=3\sim4$,细齿立铣刀齿数 $z=5\sim8$,套式结构 $z=10\sim20$,容屑槽圆弧半径 $r=2\sim5$ mm。当立铣刀直径较大时,还可制成不等齿距结构,以增强抗振作用,使切削过程平稳。

标准立铣刀的螺旋角 β 为 40°～45°(粗齿)和 30°～35°(细齿),套式结构立铣刀的 β 为 15°～25°。

直径较小的立铣刀,一般制成带柄形式。$\phi2\sim\phi71$ mm 的立铣刀制成直柄;$\phi6\sim\phi63$ mm 的立铣刀制成莫氏锥柄;$\phi25\sim\phi80$ mm 的直铣刀做成 7:24 锥柄,内有螺孔用来拉紧刀具。但是由于数控机床要求铣刀能快速自动装卸,故立铣刀柄部形式也有很大不同,一般是由专业厂家按照一定的规范设计制造成统一形式、统一尺寸的刀柄。直径为 $\phi40\sim\phi160$ 的立铣刀可做成套式结构。

③ 模具铣刀。模具铣刀由立铣刀发展而成,可分为圆锥形立铣刀(圆锥半角 $\alpha/2=3°$、5°、7°、10°)、圆柱形球头立铣刀和圆锥形球头立铣刀三种,其柄部有直柄、削平型直柄和莫氏锥柄。它的结构特点是球头或端面上布满切削刃,圆周刃与球头刃圆弧连接,可以作径向和轴向进给。铣刀工作部分用高速钢或硬质合金制造。国家标准规定直径 $d=4\sim63$ mm。小规格的硬质合金模具铣刀多制成整体结构,$\phi16$ mm 以上直径的,制成焊接或机夹可转位刀片结构。按国家标准规定,直柄键槽铣刀直径 $d=2\sim22$ mm,锥柄键槽铣刀直径 $d=14\sim50$ mm。键槽铣刀直径的偏差有 e8 和 d8 两种。键槽铣刀的圆周切削刃仅在靠近端面的一小段长度内发生磨损,重磨时,只需刃磨端面切削刃,因此重磨后铣刀直径不变。

④ 鼓形铣刀。鼓形铣刀的切削刃分布在半径为 R 的圆弧面上,端面无切削刃。这种刀具的缺点是刃磨困难,切削条件差,而且不适合加工有底的轮廓表面。

⑤ 成形铣刀。一般都是为特定的工件或加工内容专门设计制造的,如角度面、凹槽、特

形孔或台的加工等。

注意:铣刀的相关知识请读者参照课题六的内容。

铣刀类型应与工件表面形状及尺寸相适应。加工较大的平面应选择面铣刀;加工凹槽、较小的台阶面及平面轮廓应选择立铣刀;加工空间曲面、模具型腔或凸模成形表面等多选用模具铣刀;加工封闭的键槽选择键槽铣刀;加工带斜角零件的带斜角面应选用鼓形铣刀;加工各种直的或圆弧形的凹槽、斜角面、特殊孔等应选用成形铣刀。根据不同的加工材料和加工精度要求,应选择不同参数的铣刀进行加工。

任务 2　数控刀具的工具系统

【知识点】 了解数控刀具的工具系统。

【技能点】 熟悉数控刀具系统的组成及操作。

一、下达任务

什么是数控刀具工具系统，包括哪些部分？

二、任务分析

由于在数控机床上要加工多种工件，并完成工件上多道工序的加工，因此需要使用的刀具品种、规格和数量较多。为减少刀具的品种规格，有必要发展柔性制造系统和加工中心使用的工具系统。

三、相关知识

数控刀具的工具系统是指用来联接机床主轴与刀具之间的辅助系统。它除了刀具本身之外，还包括实现刀具快换所必需的定位、夹持、拉紧、动力传递和刀具保护部分。为满足柔性自动化生产中用较少种类的刀具适应较多品种工件加工的需要，通过标准化、系列化和模块化来提高其通用化程度，且也便于刀具组装、预调、使用、管理以及数控管理。建立包括刀具、刀夹、刀杆和刀座等工具结构体系，是数控加工基础。为此，不少国家和公司都已制定出自己的标准和体系。

数控刀具的工具系统按使用范围可分为镗铣类数控工具系统和车削类数控工具系统；按系统的结构特点可分为整体式工具系统和模块式工具系统。

（一）车削类数控工具系统

车削类数控工具系统的构成和结构一般与下列因素有关。

1. 机床刀架的形式

常见数控车床刀架形式如图 10－7 所示。由于机床刀架形式不同，刀具与机床刀架之间刀夹、刀座也就不同。

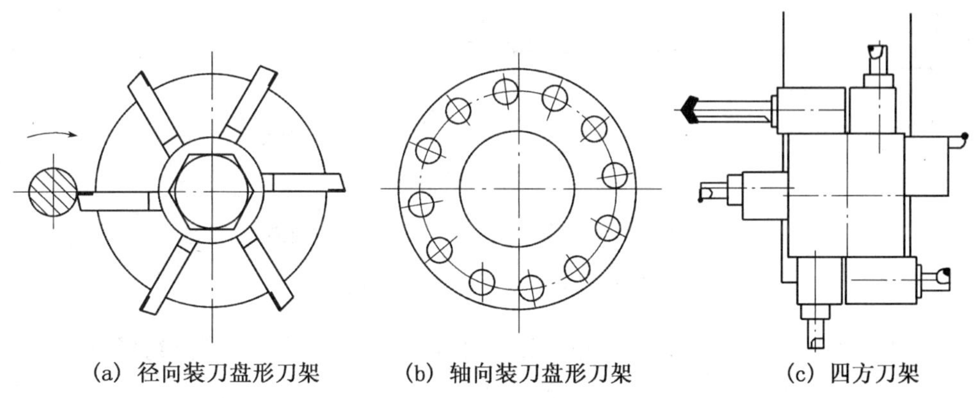

(a) 径向装刀盘形刀架　(b) 轴向装刀盘形刀架　(c) 四方刀架

图 10－7　常见数控车床刀架形式

2. 刀具类型

刀具类型不同,所需的刀夹就不同。例如定尺寸刀具(钻头、铰刀)与非定尺寸刀具(一般内、外圆车刀)等的刀夹就不同。

3. 工具系统中动力驱动

有动力驱动刀夹与无动力驱动刀夹的结构显然不同,如图 10－8 所示为动力驱动钻夹头。

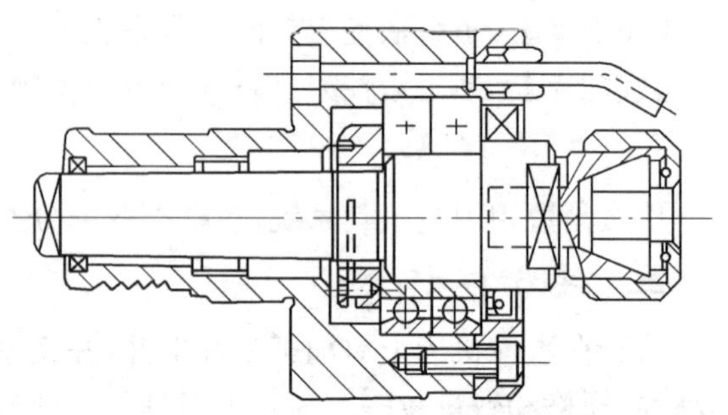

图 10－8　动力驱动的钻夹头

我国大多数数控车床上所使用的车刀,除采用可转位车刀比率和可转位车刀刀体、刀片的精度略高以外,与卧式车床上使用的车刀区别不大。因此至今未能形成我国的车削类工具系统。现介绍目前在我国已较为普及、在国际上被广泛采用的一种整体式车削类工具系统。按照国内行业命名方法,可称为 CZG 车削工具系统(如图 10－9 所示),它等同于德国标准 DIN69880。

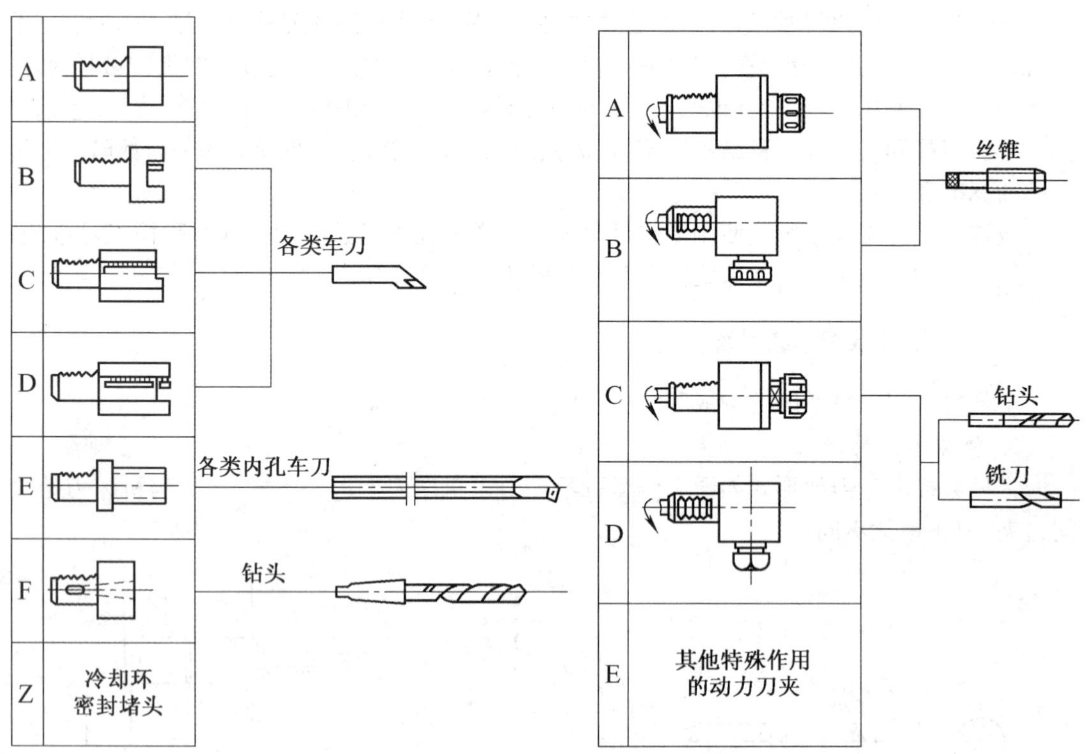

(a) 非动力刀夹组合形式　　(b) 动力刀夹组合形式

图 10－9　CZG 车削类数控工具系统

CZG 车削工具系统与数控车床刀架联结的柄部是由一个圆柱加齿条组成(如图 10－10 所示)。在数控车床的刀架上,安装刀夹柄部圆柱孔的侧面,设有一个由螺栓带动的可移动楔形齿条,该齿条与刀夹柄部上的齿条相啮合,并有一定错位,由于存在这个错位,当旋转螺栓，楔形齿条径向压紧刀夹柄部的同时，使柄部的法兰紧密地贴在刀架的定位面上，并产生足够的拉紧力。

这种结构具有刀夹装卸操作简便、快捷，刀夹重复定位精度高，联结刚度高等优点。

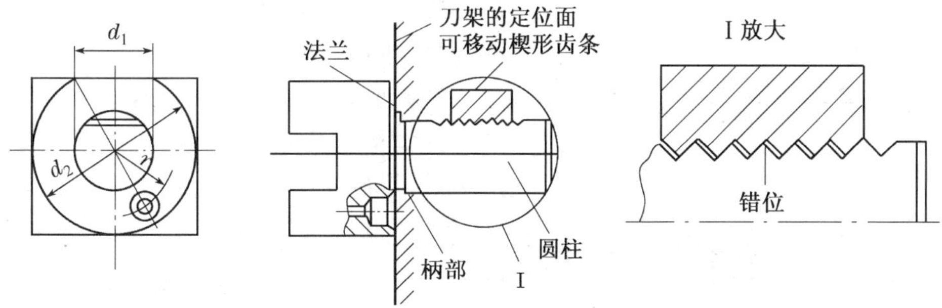

图 10－10　CZG 车削类数控工具系统柄部形状

目前许多国外公司研制开发了只更换刀头模块的模块式车削工具系统，这些模块式车削工具系统的工作原理基本相似，现以图 10－11 结构为例，简要说明如下：

当拉杆 4 向后移动，前方的涨环 3 端部由拉杆轴肩推动沿接口中心线后拉，涨环 3 的外缘周边嵌入刀头模块内沟槽，将刀头模块锁定在刀柄 2 上。当拉杆 4 向前推进，前方的涨环 3 端部由拉杆沿中心线方向向前推，直径减小，涨环外缘周边和刀头模块内沟槽分离，拉杆将刀头模块推出。拉杆可以通过液压装置自动驱动，也可以通过螺纹或凸轮手动驱动。该系统反应迅速，能获得很高的重复定位精度。

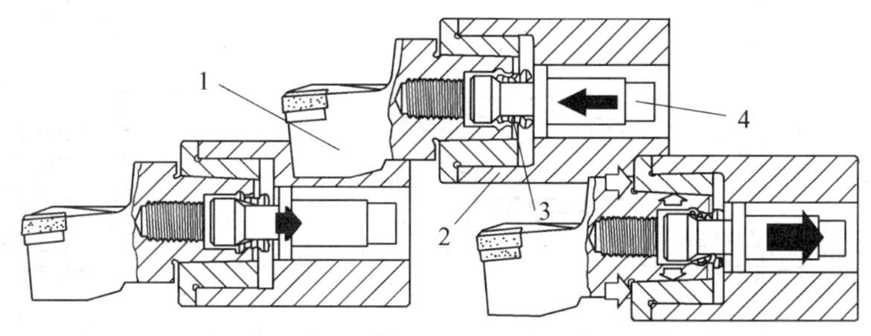

图 10－11　Sandvik 模块式车削工具系统

1—带有椭圆三角短锥接柄的刀头模块；2—刀柄；3—可张开涨环；4—拉杆。

(二) 镗铣类数控刀具系统

镗铣类数控工具系统采用 4∶24 锥柄与机床联接。它具有不自锁、换刀方便、定心精度高等优点。它可分为整体式和模块式两大类。

1. 整体式镗铣类数控工具系统

这类工具系统的柄部与夹持刀具的工作部分连成一体，不同品种和规格的工作部分都必须带有与机床主轴联接的柄部。

我国 TSG82 工具系统是整体式镗铣类数控工具系统简称，TSG 是镗铣类数控工具系统汉语拼音首写字母的缩写。图 10－12 为 TSG82 工具系统图，它表示了 TSG82 工具系统中各种工具的组合形式，供选用时参考。它包含刀柄、多种接杆和少量刀具。可完成加工平面、斜面、沟槽、铣削、钻孔、铰孔、镗孔和攻螺纹等工序。它具有结构简单、使用方便、装卸灵活、更换迅速等特点，在国内得到广泛应用。

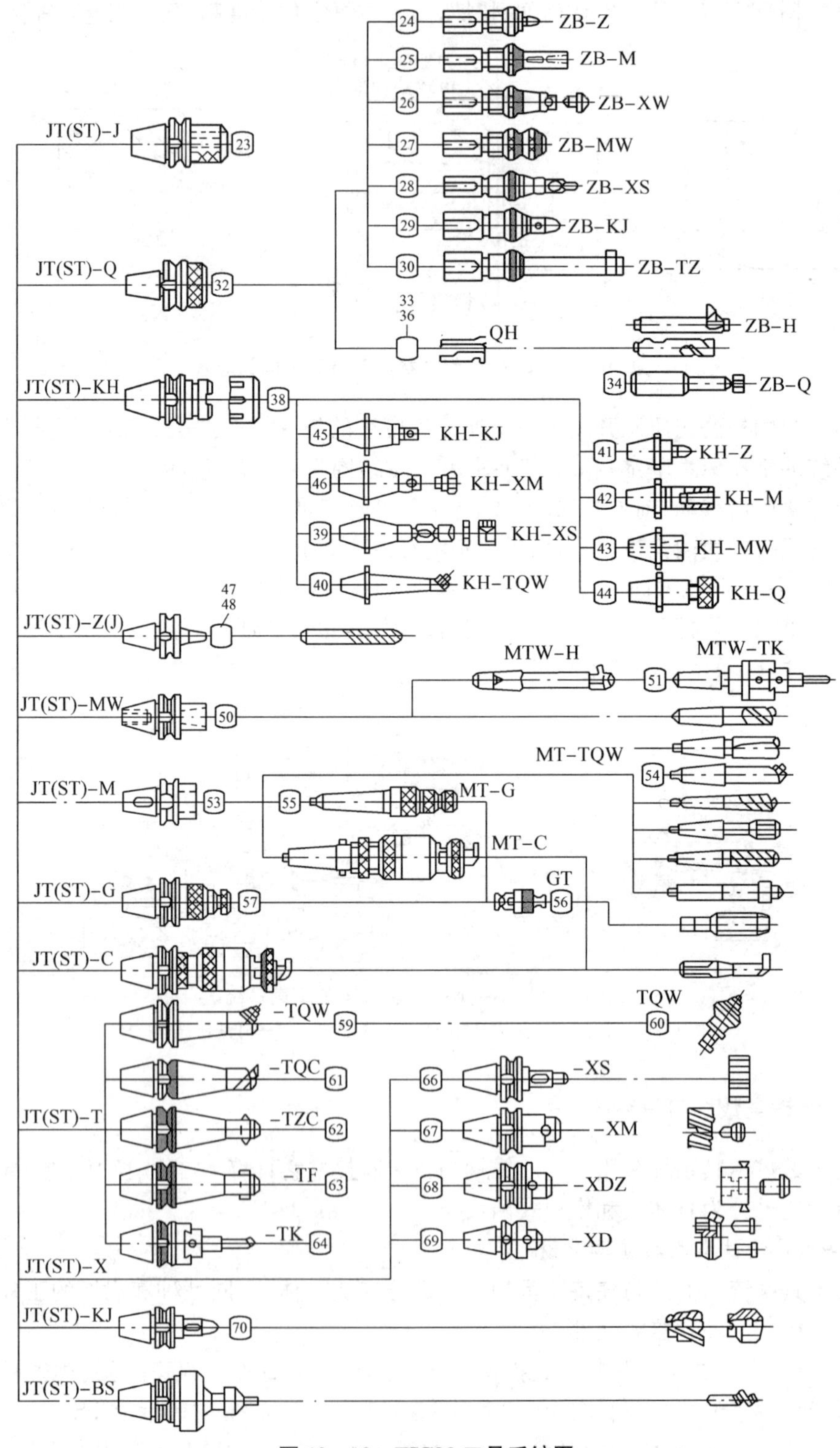

图 10-12 TSG82 工具系统图

【知识链接】 TSG82 工具系统中各种工具刀柄形式和尺寸代号、工具的代号和意义分别见表 10－1 和表 10－2。

表 10－1　TSG82 工具系统柄部的形式

柄部的形式		柄部的尺寸	
代号	代号的意义	代号的意义	举例
JT	加工中心机床用锥柄柄部，带机械手夹持槽	ISO 锥度号	50
ST	一般数控机床用锥柄柄部，无机械手夹持槽	ISO 锥度号	40
MTW	无扁尾莫氏锥柄	莫氏锥度号	3
MT	有扁尾莫氏锥柄	莫氏锥度号	1
ZB	直柄接杆	直径尺寸	32
KH	7∶24 锥度的锥柄接杆	锥柄的锥度号	45

表 10－2　TSG82 工具系统工具的代号和意义

代号	代号意义	代号	代号意义	代号	代号意义
J	装接长杆用刀柄	C	切内槽工具	TZC	直角型粗镗刀
Q	弹簧夹头	KJ	用于装扩/铰刀	TF	浮动镗刀
KH	7∶24 锥度快换夹头	BS	倍速夹头	TK	可调镗刀
Z(J)	用于装钻夹头(贾氏锥度加注 J)	H	倒锪端面刀	X	用于装铣削刀具
		T	镗孔刀具	XS	装三面刃铣刀用
MW	装无扁尾莫氏锥柄刀具	TZ	直角镗刀	XM	装面铣刀用
M	装带扁尾莫氏锥柄刀具	TQW	倾斜式微调镗刀	XDZ	装直角面铣刀用
G	攻螺纹夹头	TQC	倾斜式粗镗刀	XD	装面铣刀用

TSG82 工具系统中各种工具的型号由汉语拼音字母和数字组成。分前、后两段，在两段之间用“—”相连，表示方法如下：

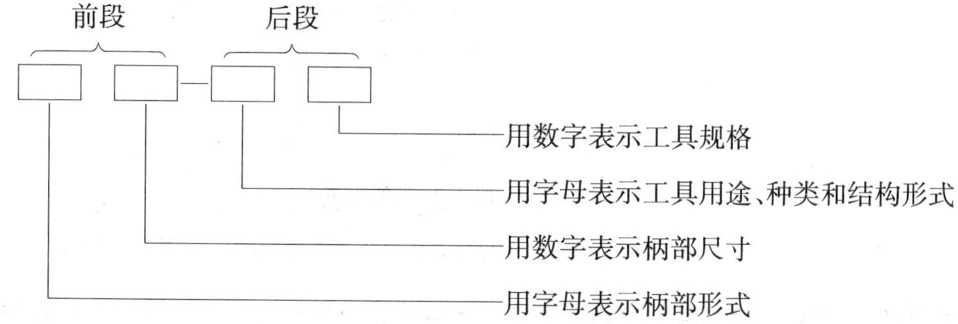

例如：

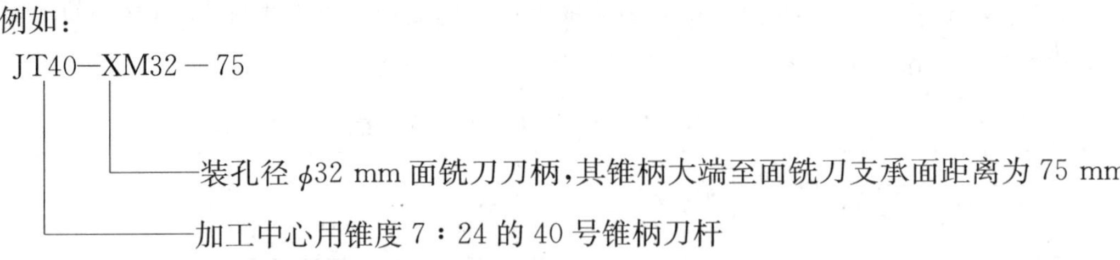

2. 模块式镗铣类工具系统

随着数控机床的推广使用，工具的需求量迅速增加。为了克服整体式工具系统规格品种繁多，给生产、使用和管理带来许多不便的缺点。20 世纪 80 年代以来相继开发了模块式镗铣类工具系统。如图 10－13 所示，他把工具系统的柄部和工作部分分开，制成主柄模块、中间模块和工作模块三大系列。然后用不同规格的模块组成不同用途、不同规格的模块式工具系统。

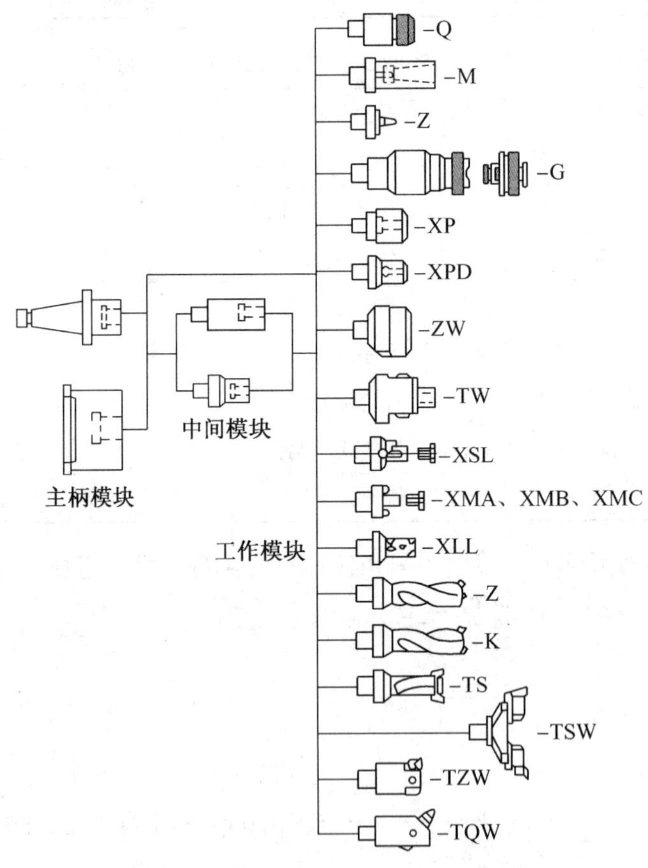

图 10－13　TMG21 模块式镗铣类工具系统

注意：镗铣类模块式工具系统的名称用汉语拼音词组的字母命名，简称 TMG 系统。为了区别不同结构的模块式工具系统，需在 TMG 之后加上两位数字，前位数字表示模块连接的定心方式，各种定心方式的数字代号见 10－3 表。后位数字表示模块连接的锁紧方式。各种锁紧方式的数字代号见表 10－4。各工具模块型号以及拼装后刀柄型号编写方法见有

关标准。

表 10-3　定心方式代号

前位数字代号	模块联接的定心方式
1	短圆锥定心
2	单圆柱面定心
3	双键定心
4	端齿啮合定心
5	双圆柱面定心

表 10-4　锁紧方式代号

后位数字代号	模块联接的锁紧方式
0	中心螺钉拉紧
1	径向销钉锁紧
2	径向楔块锁紧
3	径向双头螺栓锁紧
4	径向单侧螺钉锁紧
5	径向两螺钉垂直方向锁紧
6	螺纹联接锁紧

(1) 圆柱定心径向销钉锁紧式工具系统(TM21)。我国目前生产的 TMG21 模块式工具系统的联接结构如图 10-14 所示。它相当于德国 KOMET 公司开发的 ABS 工具系统，两个工具系统的产品可以互换组接。TMG21 工具系统的特点如下：

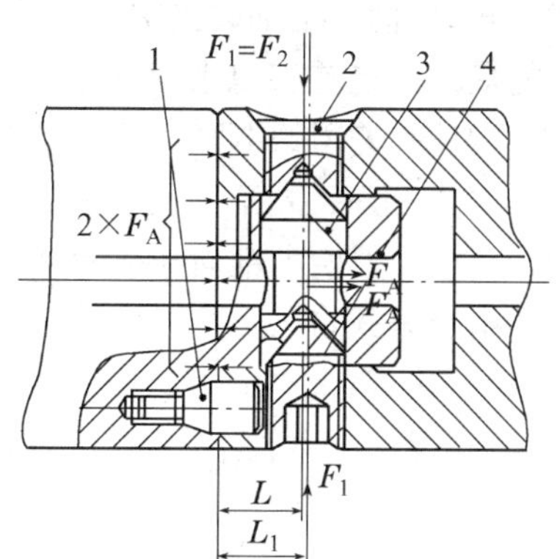

图 10-14　圆柱定心径向销钉锁紧结构

1—定位销；2—固定螺钉；3—锥端滑销；4—紧固螺钉。

① 模块之间采用径向锁紧，使得工具拆装非常方便。更换刀具或工作模块时，不必卸下整套工具，特别适用于重型数控镗铣床。

② 紧固螺钉 4 和固定螺钉 2 的轴线与滑销 3 的轴线不在同一轴线上。旋紧紧固螺钉，使滑销两端锥面分别与紧固螺钉和固定螺钉相应的锥面相互作用，产生的轴向力约为径向锁紧力的 2 倍，因而夹紧力大。

③ 轴向夹紧力使两模块端面紧密地接触，增加了刀柄刚性。

④ 刀柄精度取决于圆柱配合间隙和结合端面的轴向跳动，这两项制造允差极小，因而制造困难。

⑤ 在配合圆柱的前端设置了直径略小的鼓形导入部分，因而组装时插入较方便。

(2) 圆锥定心轴向螺栓拉紧工具系统(TMG10)。TMG10 工具系统的联接结构如图 10-15所示，目前国内可以生产。它有以下特点：

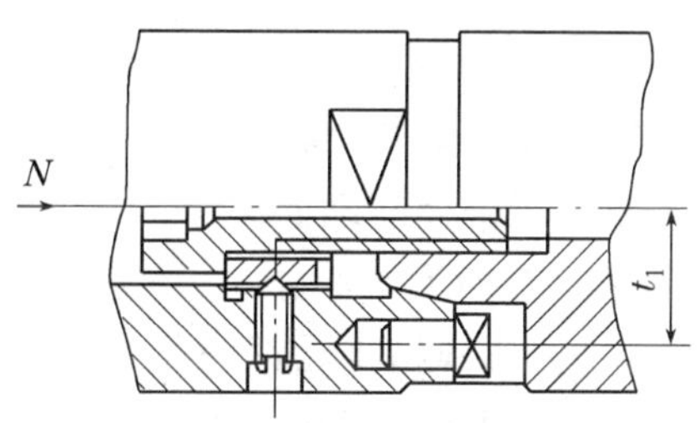

图 10-15　圆锥定心轴向

① 模块之间靠短锥定心，用轴向螺栓拉紧。拉紧后锥面和端面同时紧密接触。因而定心精度高，联接刚性好。

② 更换工作模块时必须把所有联接模块全部拆卸下来，因此拆卸、组装、调整工作量大。

③ 这种模块结构在制造时，即使超差也可修复，因而废品率低。此外其结构比较简单，生产成本比 TMG21 工具系统要低些，特别适用于中小型数控铣床和加工中心。

3. 高速铣削用的工具系统

高速铣削有许多优点，近年来国内外已使用转速达20 000～60 000的高速加工中心。7∶24锥度刀柄镗铣类工具系统存在某些缺点，远不能满足高速铣削要求。传统主轴7∶24前端锥孔在高速时，由于离心力的作用会发生膨胀，膨胀量的大小随着旋转半径与转速的增大而增大，主轴锥孔呈喇叭状扩张（如图10-16所示）。但7∶24实心刀柄则膨胀量较小，引起总的锥度联接刚度降低。在拉杆拉力作用下，刀具的轴向位置发生变化，还会引起刀具及夹紧机构质量中心偏离，而影响动平衡。由上述可知，刀柄与主轴联接中存在的主要问题是联接刚度、精度、动平衡等性能变差。目前改进的最佳途径是将原来仅靠锥面定位改为锥面与端面同时定位。这种方案的代表是德国HSK刀柄、美国的KM刀柄以及日本BiG-plus刀柄。

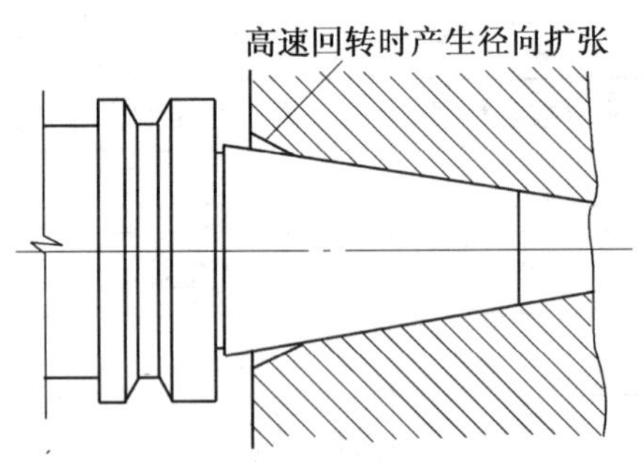

图10-16 在高速运转中离心力使主轴锥孔扩张

德国HSK双面定位型空心刀柄是一种典型的1∶10短锥面工具系统（如图10-17所示）。HSK刀柄由锥面和端面共同实现定位和夹紧。其主要优点：① 采用锥面和端面过定位的结合方式，提高了结合刚度；② 锥部短，采用空心结构，质量轻，自动换刀；③ 采用1∶10锥度，楔紧效果好，故有较强的抗扭能力；④ 有较高安装精度。但这种结构存在的缺点是：与现在的主轴结构不兼容；并且由于过定位安装使制造工艺难度大、制造成本高等。

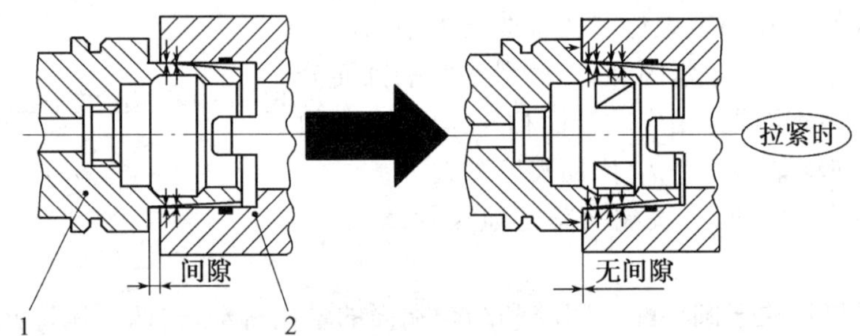

图10-17 HSK刀柄与主轴联接结构与工作原理

1—HSK刀柄；2—主轴。

如图10-18所示为美国的KM刀柄，1∶10短锥配合，锥柄长度仅为7∶24锥柄长度，部分解决了锥面与端面同时定位而产生的干涉问题。刀柄为空心结构，当拉杆轴向移动时，拉杆上圆弧槽推动钢球径向凸出，卡在刀柄槽内，使刀柄一起轴向移动。在拉杆轴向拉力作用下，短锥可径向收缩，实现锥面与端面同时接触定位。锥度配合部分有较大过盈量（0.02～0.05 mm）所需的加工精度比7∶24长锥配合所需的精度低。锥柄直径较

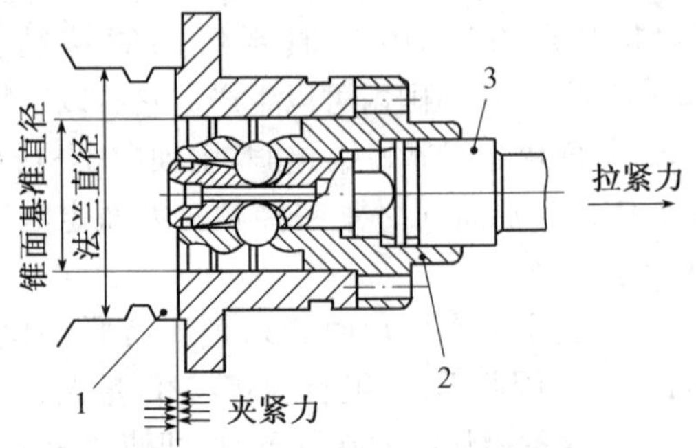

图10-18 KM刀柄与主轴联接结构

1—KM刀柄；2—主轴；3—拉杆。

小，在高速旋转时的扩张小，高速性能好。它的主要缺点：① 它与传统的 7∶24 锥柄联接不兼容；② 短锥的自锁会使换刀困难；③ 锥柄是空心的，夹紧需由刀柄的法兰实现，这样增加了刀具悬伸量，削弱了联接刚度。

【知识链接】 日本 BiG-plus 刀柄的锥度仍然为 7∶24(如图 10－19 所示)。将刀柄装入主轴时，端面的间隙为(0.02±0.005)mm。锁紧后，利用主轴内孔的弹性膨胀，使刀柄端面贴紧(如图 10－19 上半部分所示)，使刚性增强；同时使振动衰减效果提高，轴向尺寸稳定。通常刀柄端面不贴紧，有空隙(如图 10－19 下半部分所示)。它能迅速推广应用的一个原因是它和一般的刀柄之间有互换性。它允许的极限转速为 40 000 r/min。其主要缺点：由于过定位安装，必须严格控制锥面基准线与法兰端面的轴向位置精度，与它配合的主轴也必须控制这一轴向精度，因此制造困难。

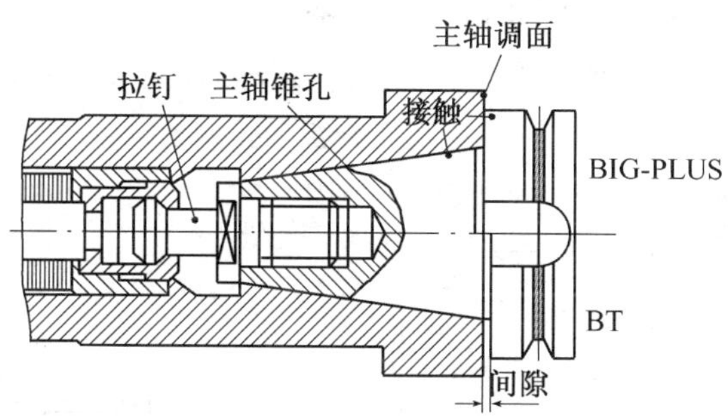

图 10－19 BiG-plus 刀柄(图上半部)与 BT 刀柄(图下半部)的比较

在加工中心进行高速切削时，不平衡工具系统会产生很大离心力，使机床和刀具振动。其结果一方面影响工件的加工精度和表面质量；另一方面影响主轴轴承和刀具使用寿命。所以高速铣削用的工具系统都应进行动平衡。目前还没有制定专门平衡标准，一般要达到 G2.5 或 G6.5 平衡指标。

高速铣削时，刀具的旋转速度高，无论从保证精度方面考虑，还是从操作安全方面考虑，对它的装夹技术有很高要求。原来工具系统的弹簧夹头、螺钉等传统的刀具装夹方法已不能满足高速加工需要。为此德国一些公司开发了高精度液压夹头，如图 10－20 所示。通过使用内六方螺栓扳手拧紧加压螺栓 1，提高油腔 2 内的油压，促使油腔的内壁 3 均匀径向膨胀，从而夹紧刀具 5。这种夹头具有精度高(定位精度≤3 μm)、传递转矩大、结构对称好、外形尺寸小等优点，是高速铣削不可缺少的辅助工具。

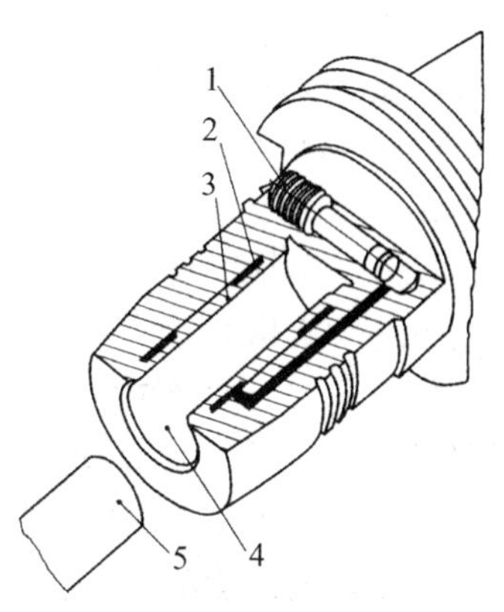

图 10－20 高精度液压夹头

1—加压螺栓；2—油腔；3—油腔内壁；4—装刀孔；5—刀具。

热装夹头是继液压夹头之后开发出的另一种新型夹头，它是一种无夹紧元件的夹头，夹紧力比液压夹头大，可传递更大的转矩，并结构对称，更适合模具的高速切削。

(三) 刀具尺寸的控制系统与刀具磨损、破损检测

1. 刀具尺寸的控制系统

在自动化生产中，为了缩短调刀、换刀时间，保证加工精度，提高生产效率，已广泛采用尺寸控制系统。刀具尺寸控制系统是指加工时对工件已加工表面进行在线自动检测。当刀具因磨损等原因，使工件尺寸变化而达到某一预定值时，控制装置发出指令，操纵补偿装置，使刀具按指定值进行微量位移，以补偿工件尺寸变化，使工件尺寸控制在公差范围内。

尺寸控制系统由自动测量装置、控制装置和补偿装置组成。图 10－21(a)所示为典型镗孔尺寸控制系统。加工后的工件由测头 2 进行测量，其测量值传递给控制装置 3，控制装置将测量值与规定尺寸进行比较，获得尺寸偏差值，然后将偏差值信号转换和放大，再传递给补偿装置 4，补偿装置利用信号，使镗头上的镗刀产生微量位移，然后继续加工下一件。图 10－21(b)为常用的拉杆—摆块式补偿装置。刀具的径向尺寸补偿由拉杆的轴向位移转换为摆块的摆动来实现。

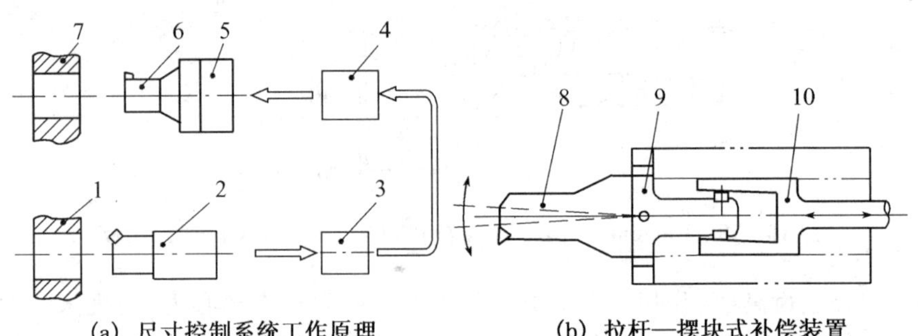

(a) 尺寸控制系统工作原理　　(b) 拉杆—摆块式补偿装置

图 10－21　镗孔尺寸控制系统

1—已加工工件；2—测头；3—控制装置；4—补偿装置；5—镗头；6—镗刀；7—待加工工件；8—镗刀；9—摆块；10—拉杆。

2. 刀具磨损检测与监控

(1) 刀具磨损的直接检测与补偿。

在加工中心或柔性制造系统中，加工零件的批量小。为了保证加工精度，较好方法是直接检测刀具的磨损量，并通过补偿机构对相应尺寸误差进行补偿，如图 10－22 所示的镗刀刀刃的磨损测量原理图。当镗刀停在测量位置时，测量装置移近刀具并与刀刃接触，磨损测量传感器从刀柄的参考表面上测取读数。刀刃和参考表面与测量装置的相邻两次接触，其读数变化值即为刀刃的磨损值。测量过程、数据的计算和磨损值的补偿过程都可以由计算机进行控制和完成。

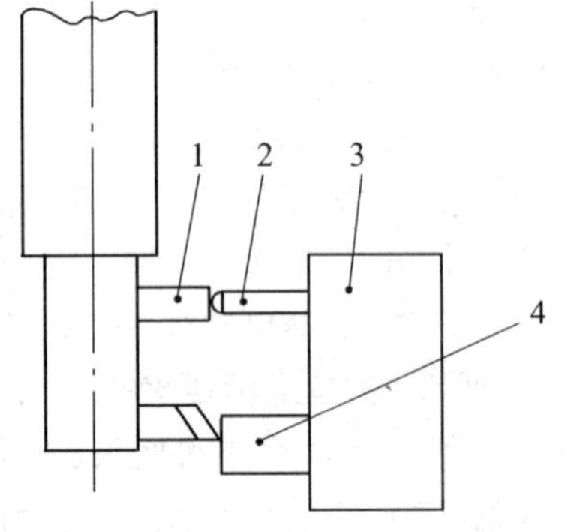

图 10－22　镗刀磨损测量

1—参考表面；2—磨损传感器；3—测量装置；4—刀具触头。

(2) 刀具磨损的间接检测和监控。

在加工过程中，多数刀具的磨损区被工件或切屑遮盖，很难直接测量刀具的磨损值，因此多采用间接测量的

方法。

① 以刀具寿命为判据。这种方法目前在加工中心和柔性制造系统中得到广泛使用。对于使用条件已知的刀具，其寿命可根据用户提供的使用条件试验确定或者根据经验确定。刀具寿命确定后，可按刀具编号送入管理程序中。在调用刀具时，从规定的刀具使用寿命中扣除切削时间，用到刀具寿命剩余少于下次使用时间发出换刀信号。

② 以切削力为判据。切削力变化可直接反映刀具磨损情况。切削力会随着磨损量增大而增大。若刀具破损，切削力会剧增。对加工中心机床，由于刀具不断需要更换，测力装置无法与刀具安装在一起，最好将测力装置安装在主轴轴承处。如图 10－23 所示为装有测力轴承的加工中心主轴系统。轴承的外圈装有应变片，通过应变片采集与符合成正比的信号。联接应变片的电缆线通常从轴承的轴肩端面引出，与放大器和微处理器控制的电子分析装置连接，并通过数据总线与计算机控制系统相连，测力轴承监测到的切削力信号不断与程序中的参考值进行比较，并根据比较结果来更换刀具。

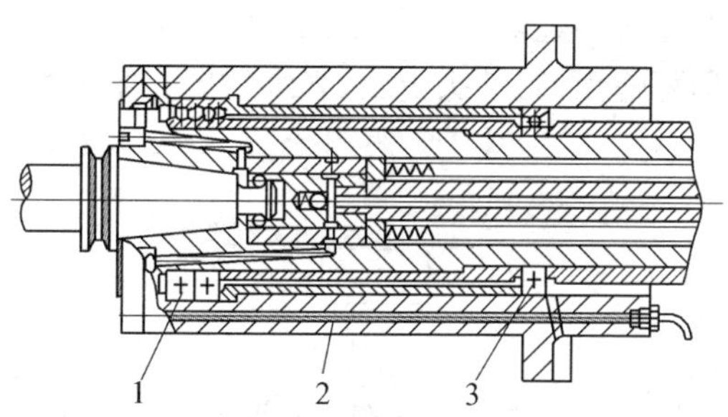

图 10－23　装有测力轴承的加工中心主轴

1、3—测力轴承；2—电缆线。

③ 以加工表面粗糙度为判据。加工表面粗糙度与刀具磨损之间关系如图 10－24 所示。因此可以通过监测工件表面粗糙度来判断刀具的磨损状态。图 10－25 是利用激光技术监测表面粗糙度的示意图。激光束通过透镜射向工件加工表面，由于粗糙度的变化，使反射的激光强度也不相同。因而通过检测反射光的强度和对信号的比较分析来识别表面粗糙度和判别刀具的磨损状态。这种监测系统便于在线实时检测。

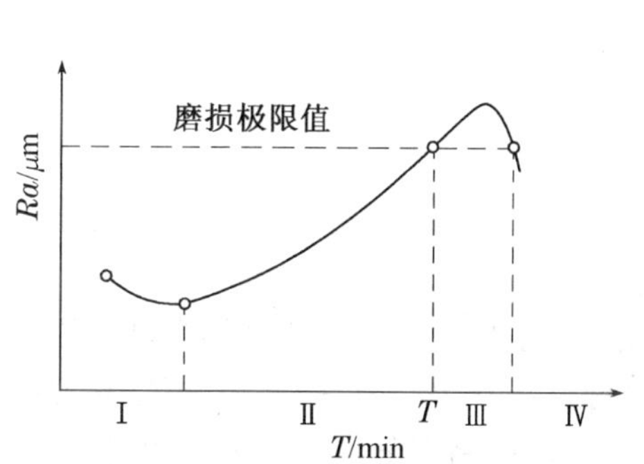

图 10－24　表面粗糙度与刀具磨损的关系

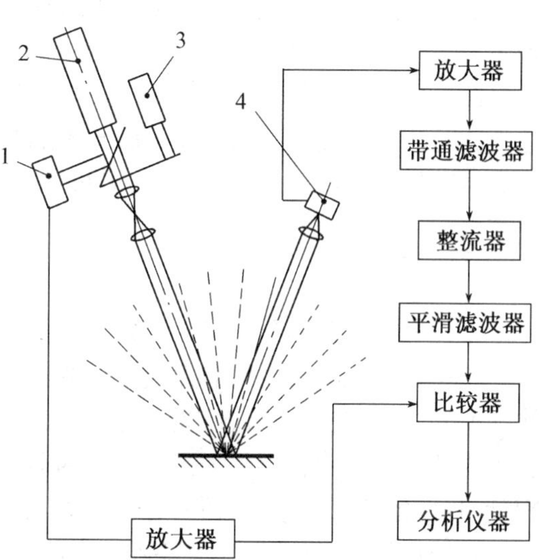

图 10－25　激光检测工件表面粗糙度

1—参考探测器；2—激光发生器；
3—斩波器；4—测量探测器。

(3) 刀具的破损检测。

刀具的破损检测是保证机械加工自动化生产正常进行的重要措施。在自动化生产中,若刀具的破损未能及时发现,会导致工件报废,甚至损坏机床。

① 光电式刀具的破损检测。

采用光电式检测装置可以直接检测钻头或丝锥是否完整或折断。如图 10-26 所示,光源的光线通过隔板中的小孔射向刚加工完毕返回的钻头,若钻头完好,光线受阻,光敏元件无信号输出;若钻头折断,光线射向光敏元件,发出停机信号。这种破损检测装置易受切屑干扰。

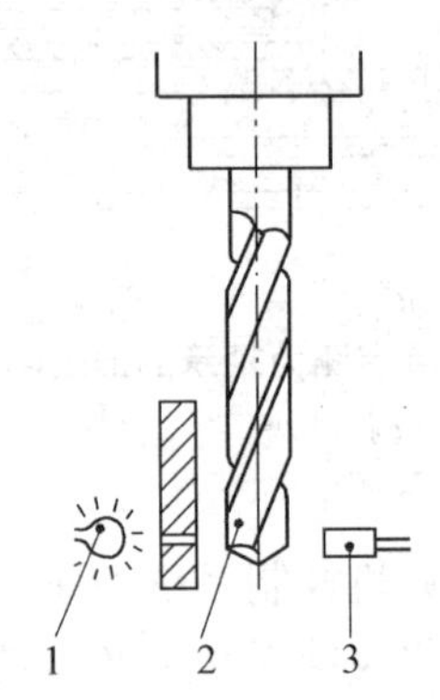

图 10-26　光电式检测装置

1—光源;2—钻头;3—光敏元件。

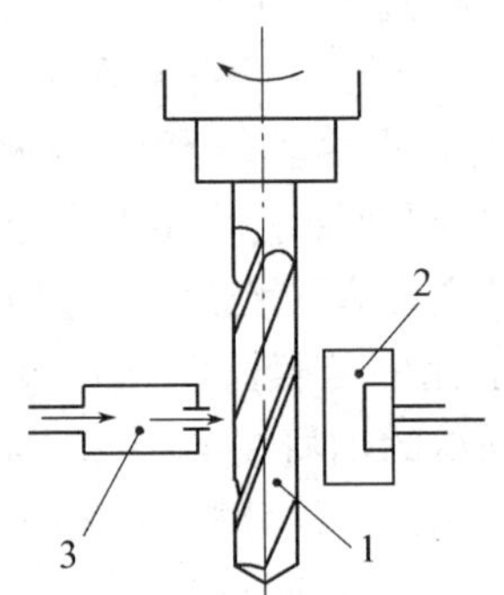

图 10-27　气动式检测装置

1—钻头;2—气动压力开关;3—喷嘴。

② 气动式刀具的破损检测。

气动式刀具的破损检测原理与光电式相似,如图 10-27 所示。当钻头或丝锥返回原位后,气阀接通,喷嘴喷出的气流被钻头挡住,压力开关不动作。当刀具折断时,气流就冲向气动压力开关,发出刀具折断信号。这种方法的优缺点和应用范围与光电式检测装置相同。

此外,在金属切削过程中,用声发射方法检测刀具破损非常有效,特别是对小尺寸刀具破损的检测。声发射是利用在金属分子晶格发生位错、裂纹及苏醒变形时释放出的超高频应力脉冲信号(其频谱范围在 100 kHz 以上)来监测刀具的破损,目前用于加工中心上。

四、任务实施

本任务主要目的是了解数控刀具的工具系统的组成、分类与特点。数控刀具的工具系统是指用来联接机床主轴与刀具之间的辅助系统。它除了刀具本身之外,还包括实现刀具快换所必需的定位、夹持、拉紧、动力传递和刀具保护部分。为满足柔性自动化生产中用较少种类的刀具适应较多品种工件加工的需要,通过标准化、系列化和模块化来提高其通用化程度,且也便于刀具组装、预调、使用、管理以及数控管理。建立包括刀具、刀夹、刀杆和刀座等工具结构体系,是数控加工基础。为此不少国家和公司都已制定出自己的标准和体系。

课题总结

本课题主要讨论的是数控刀具方面的基本知识。主要包括以下两方面的内容:(1) 数控刀具的种类、特点、选择与应用;(2) 数控刀具工具系统的组成、分类、特点。重点掌握数控刀具的种类、特点与应用。

课后练习

1. 要在数控车床上加工如图 10－28 所示的零件，试合理选择相应的数控车刀。

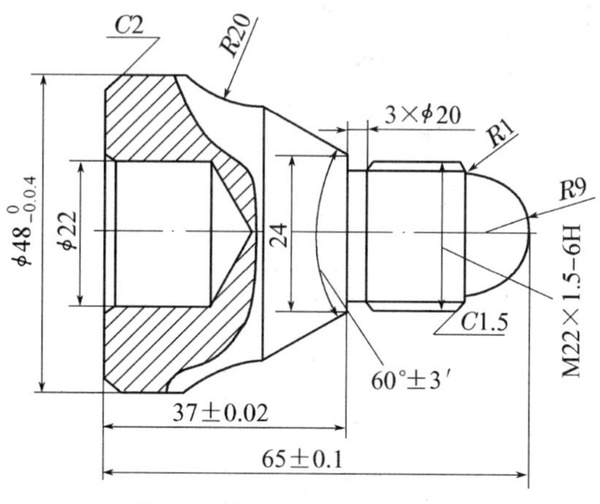

图 10－28　综合零件图 1

2. 在数控车床上加工如图 10－29 所示的零件，试选择刀具的种类和型号。刀具的选择包括以下 6 个方面：

(1) 对工件外形进行粗加工，要求在满足刚性的情况下尽快地去除多余的毛坯。

(2) 对工件外形进行精加工，要求保证工件的尺寸要求、表面粗糙度要求和形位公差要求。

(3) 螺纹退刀槽加工时要考虑槽宽、槽深及表面粗糙度要求。

(4) 三角形螺纹加工时应考虑螺距及精度。

(5) 标准椭圆加工要考虑到是内表面，要求表面光滑、形状和尺寸准确。

(6) 中心孔的加工刀具。

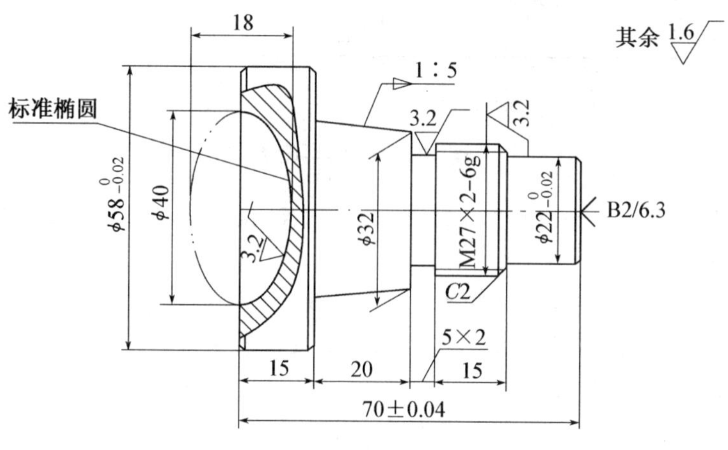

图 10－29　综合零件图 2

3. 在数控铣床上加工如图 10－30 所示的零件，试选择刀具的种类和型号。

刀具的选择包括以下 6 个方面：

(1) 每个定位点的加工所选的刀具。

(2) 外形铣削时要根据圆弧的半径、表面粗糙度及余量来选择刀具。

(3) 加工 $\phi 10$ 通孔时所选刀具。

(4) 加工 $\phi 25$ 通孔和 $\phi 40$ 沉孔所选刀具。

(5) 对腰圆槽的加工所选刀具的种类及半径。

(6) 倒内圆角 $R7.5$ 所选刀具的种类及半径。

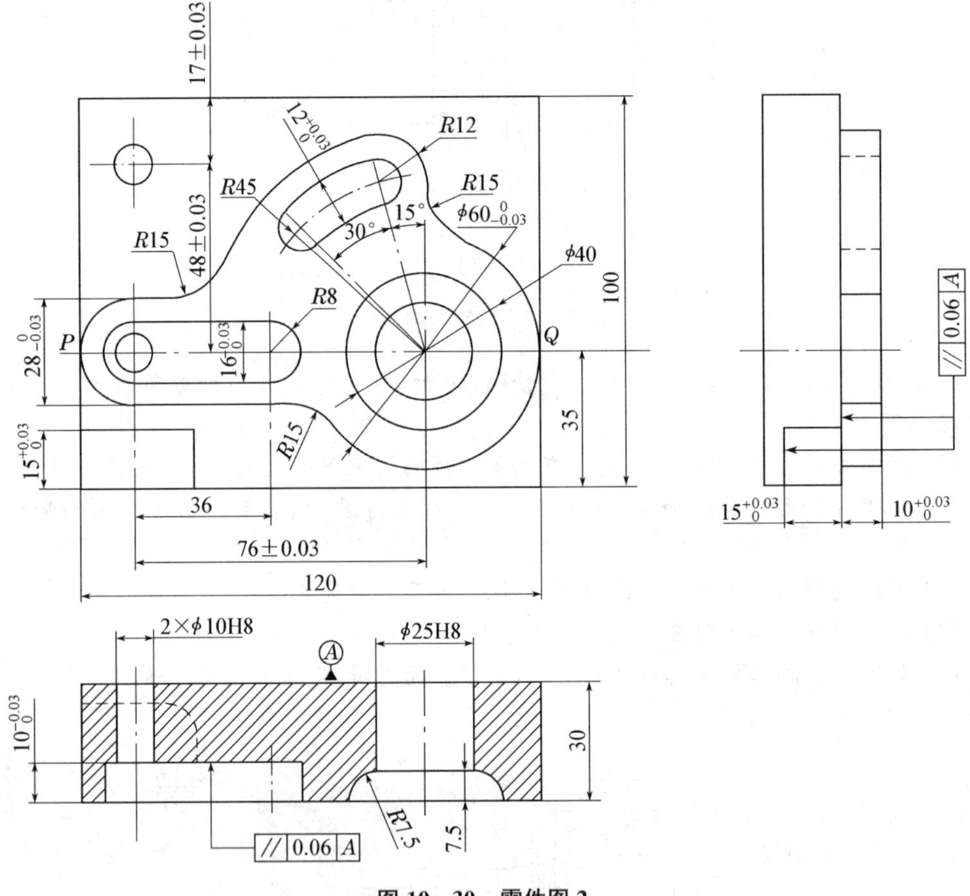

图 10-30 零件图 2

4. 在数控加工中心上加工如图 10-31 所示零件，试选择刀具的种类和型号。

刀具的选择包括以下 6 个方面：

(1) 每个定位点的加工所选的刀具。

(2) 外形铣削时要根据圆弧的半径、表面粗糙度及余量来选择刀具。

(3) 加工 $\phi 12$ 通孔时所选刀具。

(4) 加工 $\phi 30$ 通孔和 $\phi 40$ 沉孔所选刀具。

(5) 对腰圆槽的加工所选刀具的种类及半径。

(6) 斜半圆 $R24$ 所选刀具的种类及半径。

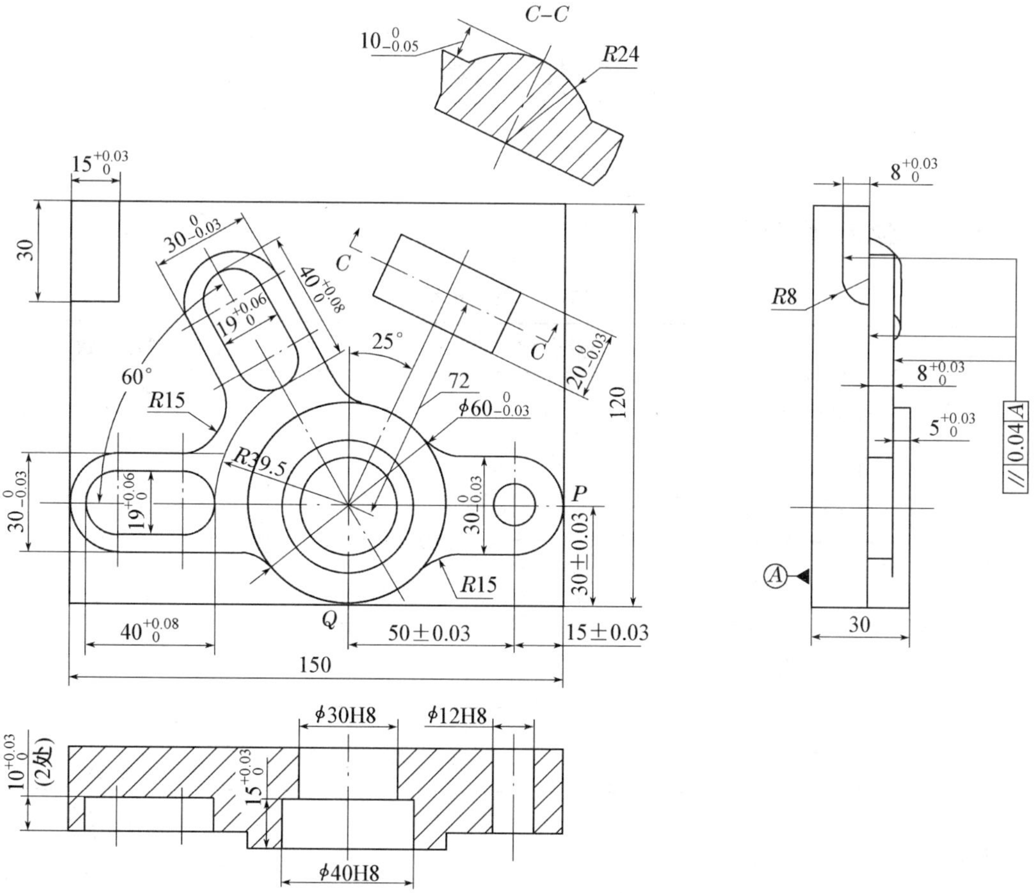

图 10－31　零件

5. 要在数控加工中心上加工如图 10－32 所示的零件，试合理选择相应的数控加工中心刀具。

图 10－32　旋转叶片

附　录

一、数控刀具的代号

附表 1　形状代号

代号	刀片名称	刀片形状
N	正六角形	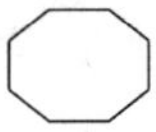
O	正八角形	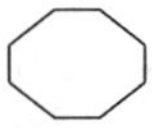
P	正五角形	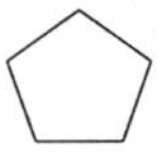
S	正方形	
T	正三角形	
C	菱形顶角 80°	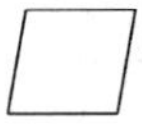
D	菱形顶角 55°	
E	菱形顶角 75°	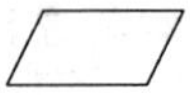
F	菱形顶角 50°	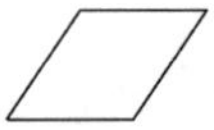
M	菱形顶角 86°	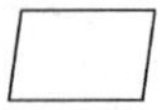
V	菱形顶角 35°	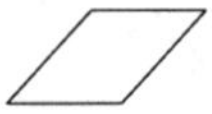
W	等边不等方形	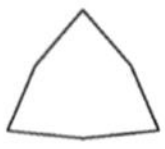
L	长方形	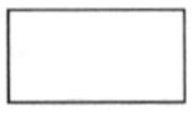
A	平行四边形 85°	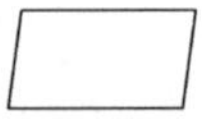

（续表）

代号	刀片名称	刀片形状
B	平行四边形 82°	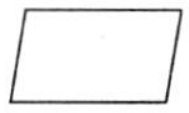
K	平行四边形 55°	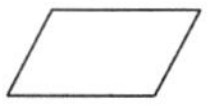
R	圆形	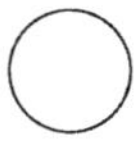

附表 2　后角代号

代号	后角(度)	形状
F	25	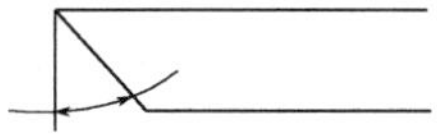
G	30	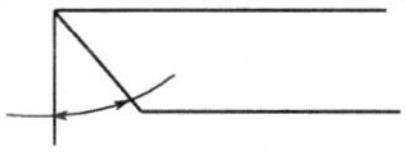
N	0	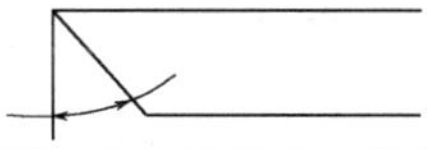
P	11	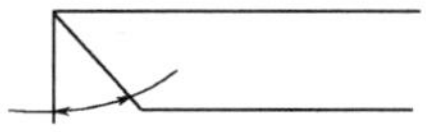
O		其他的后角

后角是指对主切削刃法向后角

附表 3　精度代号

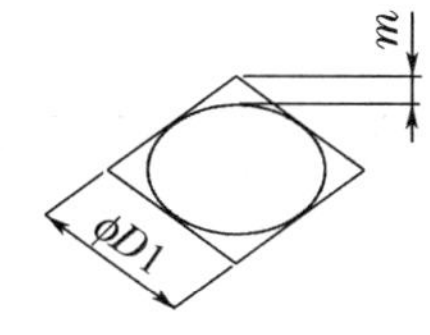

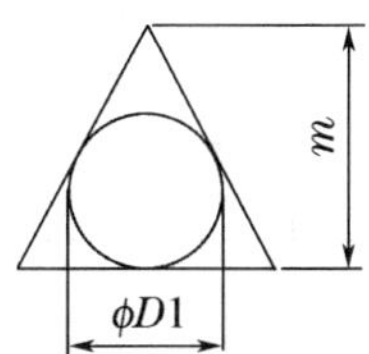

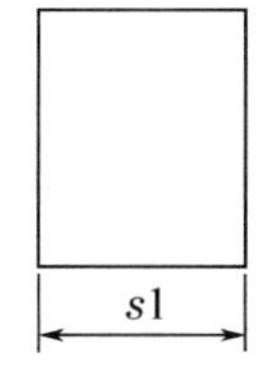

代号	刀尖高度允差 (mm)	内接圆允差 ∮D_1(mm)	厚度允差 S_1(mm)
A	±0.005	±0.025	±0.025
F	±0.005	±0.013	±0.025
C	±0.013	±0.013	±0.025
H	±0.013	±0.013	±0.025
E	±0.025	±0.025	±0.025
G	±0.025	±0.025	±0.13
J	±0.05	±0.05～0.15	±0.025

（续表）

代号	刀尖高度允差 (mm)	内接圆允差 ∮D_1 (mm)	厚度允差 S_1 (mm)
K*	±0.013	±0.05～0.15	±0.025
L*	±0.025	±0.05～0.15	±0.025
M*	±0.08～0.18	±0.05～0.15	±0.13
N*	±0.08～0.18	±0.05～0.15	±0.025
U*	±0.13～0.38	±0.08～0.25	±0.13

印*表示其侧面不研磨的刀片

附表 4 切削刃长度代号和内接圆代号

刀片形状							内接圆(mm)
R	W	V	D	C	S	T	
	02		04	03	03	06	3.97
	L3	08	05	04	04	08	4.76
	03	09	06	05	05	09	5.56
06							6.00
	04	11	07	06	06	11	6.35
	05	13	09	08	07	13	7.94
08							8.00
09	06	16	11	09	09	16	9.525
10							10.00
12							12.00
12	08	22	15	12	12	22	12.70
	10		19	16	15	27	15.875
16							16.00
19	13		23	19	19	33	19.05
20							20.00
			27	22	22	38	22.225
25							25.00
25			31	25	25	44	25.40
31			38	32	31	54	31.75
32							32.00
⑤切削刃长度代号和内接圆代号							

附表 5 刀具厚度代号

＊厚度指刀片地面与切削刃最高部分之间的高度	
S_1	1. 39
01	1. 59
T_0	1. 79
02	2. 38
T_2	2. 78
03	3. 18
T_3	3. 97
04	4. 76
06	6. 35
07	7. 94
09	9. 52

附表 6 刀尖圆弧代号

代号	圆弧头半径(mm)	代号	圆弧头半径(mm)
00 V5 02 08 16 24 32	无圆角 0. 05 0. 2 0. 8 1. 6 2. 4 3. 2	V 01 04 12 20 28	0. 03 0. 1 0. 4 1. 2 2. 0 2. 8
刀片直径尺寸 00(INCH) M_0(mm)	圆形刀片		

附表 7　刃口处理代号

⑧刃口处理代号		
形状	刃口修磨	代号
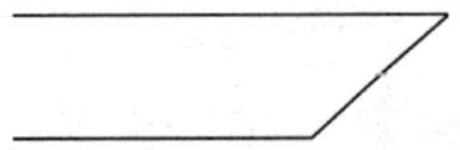	尖锐刀刃	F
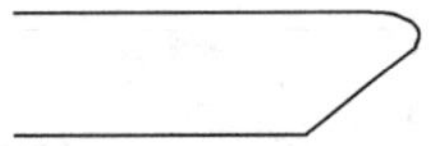	倒圆刀刃	E
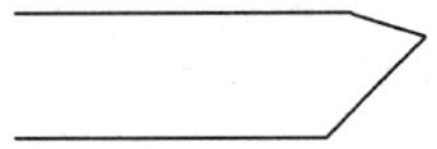	倒棱刀刃	T
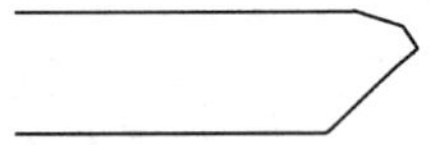	双重处理刀刃	S
本公司省略了刃口修磨代号		

附表 8　切削方向代号

⑨切削方向代号		
形状	切削方向	代号
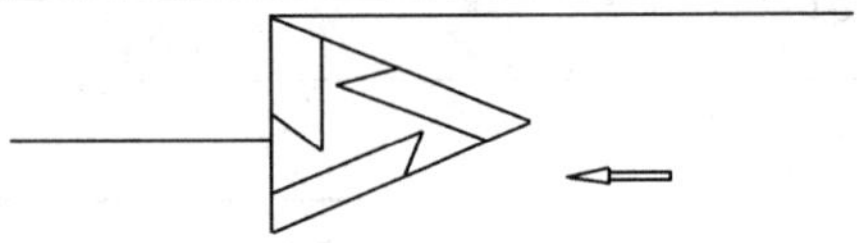	右手	R
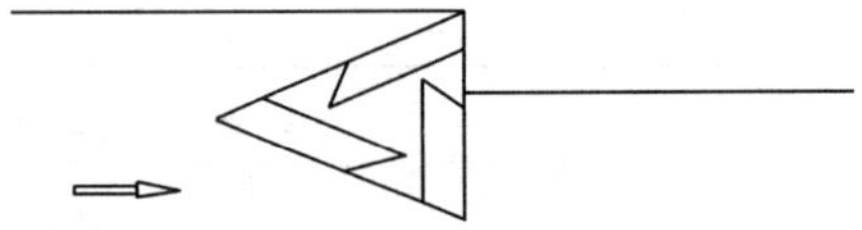	左手	L
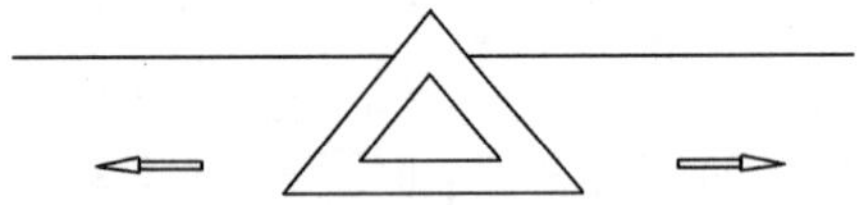	左右	N

附表 9　刀片断屑槽代号

⑩刀片断屑槽代号		
无代号	C	ES
FH	FJ	FS
FV	GH	GJ
HV	HX	HZ
MA	MH	MJ
MS	MV	MW
SA	SH	SW

附表 10 刀片的加紧方式

	T-MAX P					CoroTurn 107	T-MAX 陶瓷和立方氮化硼
3=最佳选择	(RC) 刚性夹紧	杠杆	楔块	楔块夹紧	螺钉和上夹紧	楔钉夹紧	楔钉和上夹紧
安全夹紧/稳定性	3	3	3	3	3	3	3
仿形切削/可达性	2	2	3	3	3	3	3
可重复性	3	3	2	2	3	3	3
仿切削形/轻工序	2	2	3	3	3	3	3
间歇切削工序	3	2	2	3	3	3	3
外圆加工	3	3	1	3	3	3	3
内圆加工	3	3	3	3	3	3	3
刀片 80° C　55° D R　S T　35° V 80° W	有孔的负前角刀片 双侧和单侧 平刀片和带断屑槽的刀片					有孔的负前角刀片 单侧 平刀片和带断屑槽的刀片	有孔和无孔负前角和正前角刀片 双侧和单侧

二、刀片形状的选择

正型(前角)刀片:对于内轮廓加工,小型机床加工,工艺系统刚性较差和工件结构形状较复杂应优先选择正型刀片。

负型(前角)刀片:对于外圆加工,金属切除率高和加工条件较差时应优先选择负型刀片。

一般外圆车削常用 80°凸三角形、四方形和 80°菱形刀片;仿形加工常用 55°、35°菱形和圆形刀片;在机床刚性、功率允许的条件下,大余量、粗加工应选择刀尖角较大的刀片,反之选择刀尖角较小的刀片。

刀具前角的作用:

前角对切削力、切屑排出、切削、刀具耐用度影响都很大。

机加工类型		内孔加工												外圆加工											
可转位刀片类型		$L:D$		$L:D$		$L:D$		$L:D$		$L:D$		$L:D$		不稳定	稳定	不稳定	稳定	不稳定	稳定	不稳定	稳定	不稳定	稳定	不稳定	稳定
		2.5	4	2.5	4	2.5	4	2.5	4	2.5	4	2.5	4												
80°	正型	**	**	**	**	**	**						**	*	**	*									
	负型	*		*		*							*	**	*	**									
55°	正型							**	**											**	*				
	负型	*		*		*		*												*	**				
圆形	正型																		**						
	负型																								
95°	正型	**	**											*	*										
	负型	*												*	**										
60°	正型	*	*	*	*	**	**									**	*								
	负型			*		*										*	**								
35°	正型									**	**	**	**									**	**	**	**
	负型																								
10°	正型			**	**	**	**							**	*	**	*								
	负型	*		*		*								*	**	*	**								

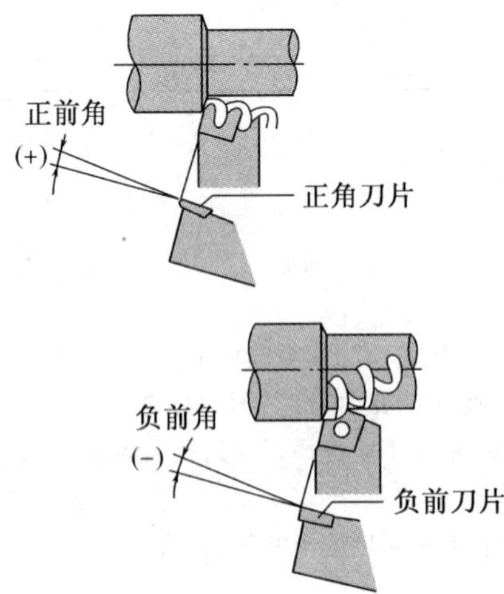

切屑排出与前角的关系

前角的影响：(1) 正前角大，切削刃锋利。(2) 前角每增加 1°，切削功率减少 1%。(3) 正前角大，刀刃强度下降；负前角过大，切削力增加。

大负前角用于：切削硬材料需切削刃强度大，以适应断续切削、切削含黑皮表面层的加工条件。

大正前角用于：切削软质材料易切削材料被加工材料及机床刚性差时。

刀具后角的作用

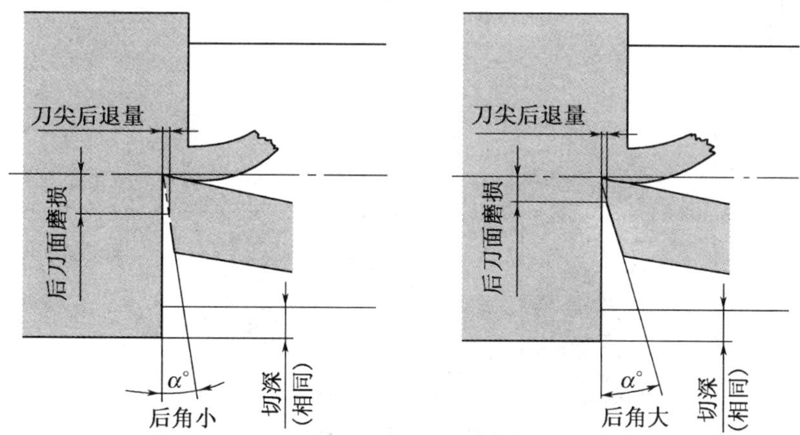

后角使刀具工件有间隙，其大小与后刀面磨损有很大关系。

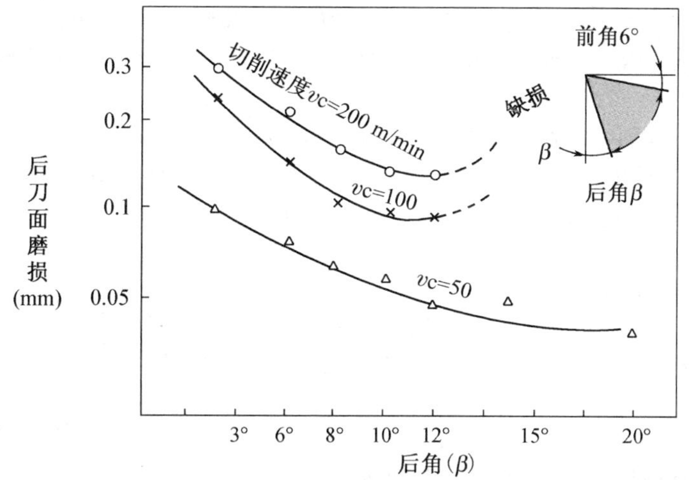

切削条件　工件材料　SNCN431(HB200)

刀片材料　STi20　刀具形状 0・6・β・β・20・20・0.5

切深　1 mm　进给量　0.32 mmrev　切削时间 20 分

刀具后角的变化与磨损量的关系

后角的影响：(1) 后角大，后刀面磨损小。(2) 后角大，刀尖强度下降。

小后角用于切削硬材料需切削刃强度高时。

大后角用于切削软材料切削易加工硬化的材料。

主偏角的作用(余偏角等于 90°减主偏角，其作用是缓和冲击力，对进给力、背向力、切削厚度都有影响)

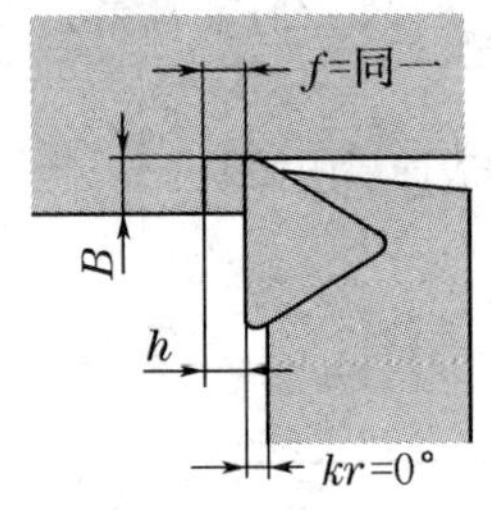

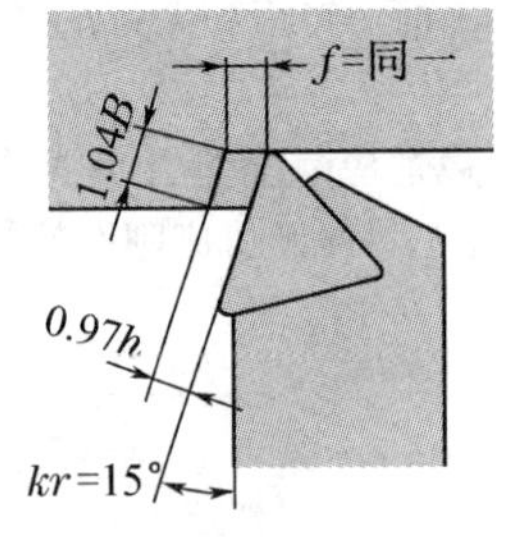

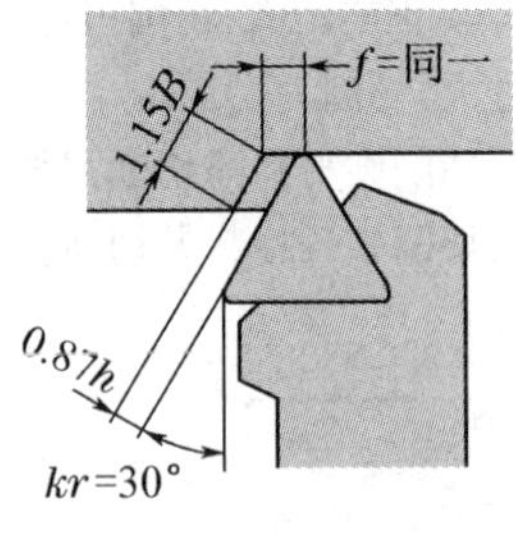

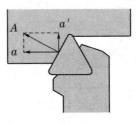

B：切削宽度
f：进给量
h：切削厚度
kr：余偏角

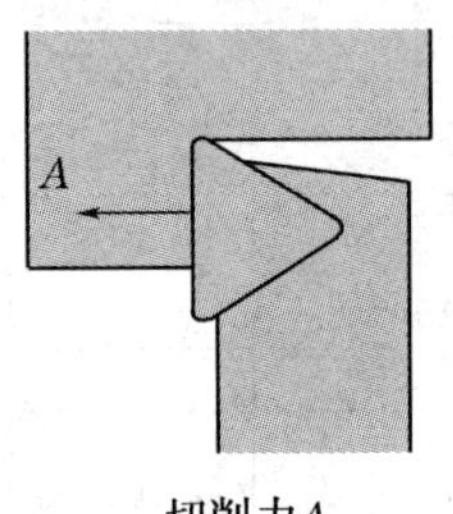

切削力A　　A可分解为a，a'

余偏角与切削厚度的关系

主偏角的影响：(1) 进给量相同时，余偏角大，刀片与切屑接触的长度增加，切削厚度变薄，使切削力分散作用在长的刀刃上，刀具耐用度得以提高。(2) 主偏角小，分力 a' 也随之增加，加工细长轴时，易发生挠曲。(3) 主偏角小，切屑处力性能变差。(4) 主偏角销，切削厚度变薄，切削宽度增加，将使切屑难以碎断。

大主偏角用于：切深小的精加工，切削细而长的工件，机床刚性差时。

小主偏角用于：工件硬度高，切削温度大时，大直径零件的粗加工，机床刚性高时。

副偏角的作用(副偏角具有减少已加工表面与刀具摩擦的功能。一般为 5°～15°)

副偏角的影响

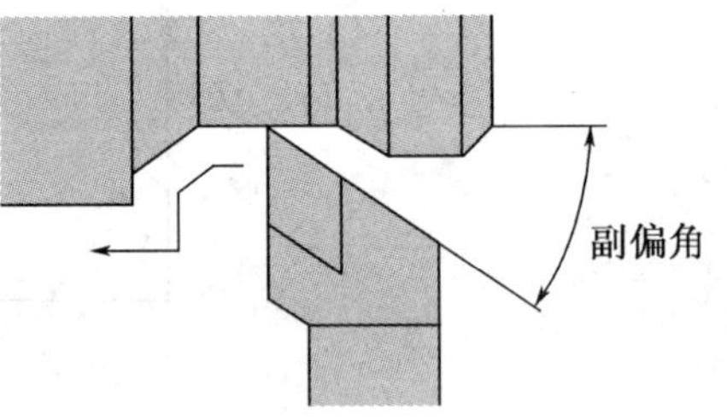

(1) 副偏角小，切削刃强度增加，但刀尖易发热。

(2) 副偏角小，背向力增加，切削时易产生振动。

(3) 粗加工时副偏角宜小些；而精加工时副偏角则宜大些

刃倾角

刃倾角是前刀面倾斜的角度。重切削时，切削开始点的刀尖上要承受很大的冲击力，为防止刀尖受此力而发生脆性损伤，故需有刃倾角。推荐车削时为 3°～5°；铣削时 10°～15。

刃倾角的影响：

(1) 刃倾角为负时，切屑流向工件；为正时，反向排出。

(2) 刃倾角为负时，切削刃强度增大，但切削背向力也增加，易产生振动。

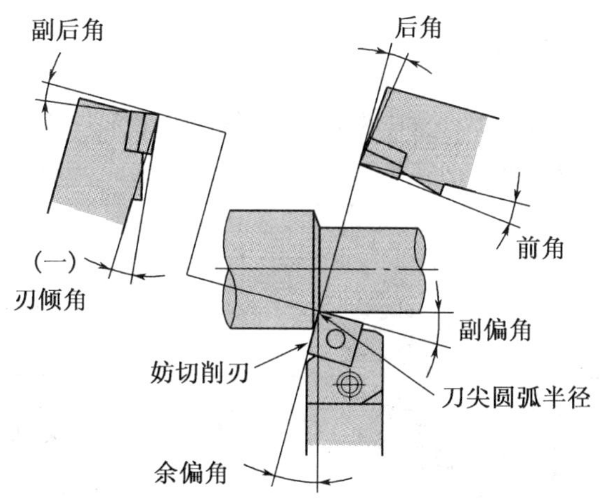

刀尖圆弧半径的作用

刀尖圆弧半径对刀尖的强度及加工表面粗糙度影响很大,一般适宜值选进给量的 2~3 倍。

刀尖圆弧半径的影响

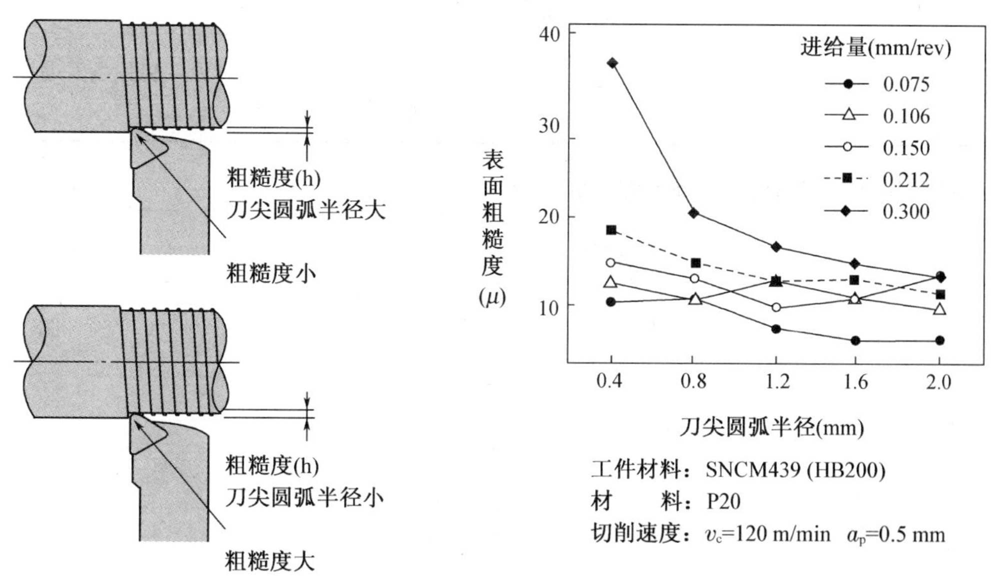

刀尖圆弧半径与表面粗糙度

(1) 刀尖圆弧半径大,表面粗糙度下降。

(2) 刀尖圆弧半径大,刀刃强度增加。

(3) 刀尖圆弧半径过大,切削力增加,易产生振动。

(4) 刀尖圆弧半径大,刀具前、后面磨损减小。

(5) 刀尖圆弧半径过大,切屑处理性能恶化。

刀尖圆弧小用于:

切深削的精加工。细长轴加工,机床刚性差时。

刀尖圆弧大用于:

需要刀刃强度高的黑皮切削,断续切削,大直径工件的粗加工。机床刚性好时。

三、可转位刀的选用

断屑槽的参数直接影响到切削的卷曲和折断，目前刀片的断屑槽形式较多，各种断屑槽刀片的使用情况不尽相同，选用时一般参照具体的产品样本。

切削范围	代号	断屑槽形状	特点
精加工切削	FH		精加工专用断屑槽
轻切削	SH		适合用于小切深，大进给，大的前角刃口锋利
中切削	MV		适用于仿形向上切削加工，正角刀棱锋利
准重切削	GH		大进给粗加工断续、黑皮切削，两面均有断屑槽
重切削	HX		不等棱边刀刃不仅刀刃锋利且强度也好，连续或继续加工均适合

MITSUBISHI 推荐的适用于加工钢材的断屑槽形

参考文献

[1] 洪惠良.金属切削原理与刀具[M].北京:中国劳动社会保障出版社,2006.
[2] 唐建生.金属切削刀具[M].武汉:武汉理工大学出版社,2009.
[3] 刘党生.金属切削原理与刀具[M].北京:北京理工大学出版社,2009.
[4] 陆剑中,孙家宁.金属切削原理与刀具[M].北京:机械工业出版社,2005.
[5] 王文丽,高玉霞.金属切削原理与刀具[M].北京:煤炭工业出版社,2004.
[6] 蒋林敏.数控加工设备[M].大连:大连理工出版社,2004.